Intelligent Autonomy of UAVs
Advanced Missions and Future Use

智能自主无人机
先进任务与未来应用

[法] 雅斯米娜 · 贝索伊 · 塞班（Yasmina Bestaoui Sebbane） 著

祝小平 周洲 何其之 王飞 译

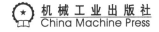

机械工业出版社
China Machine Press

图书在版编目（CIP）数据

智能自主无人机：先进任务与未来应用 /（法）雅斯米娜·贝索伊·塞班著；祝小平等译 .
—北京：机械工业出版社，2020.3（2023.1 重印）
（智能系统与技术丛书）
书名原文：Intelligent Autonomy of UAVs: Advanced Missions and Future Use

ISBN 978-7-111-64970-0

I. 智… II. ①雅… ②祝… III. 无人驾驶飞机 IV. V279

中国版本图书馆 CIP 数据核字（2020）第 039180 号

北京市版权局著作权合同登记　图字：01-2018-6316 号。

智能自主无人机：先进任务与未来应用

出版发行：机械工业出版社（北京市西城区百万庄大街 22 号　邮政编码：100037）
责任编辑：蒋　越　　　　　　　　　　　责任校对：殷　虹
印　　刷：北京建宏印刷有限公司　　　　版　　次：2023 年 1 月第 1 版第 2 次印刷
开　　本：186mm×240mm　1/16　　　　印　　张：16
书　　号：ISBN 978-7-111-64970-0　　　定　　价：99.00 元

客服电话：（010）88361066　68326294

版权所有·侵权必究
封底无防伪标均为盗版

译 者 序

随着电子、控制、通信及能源动力等技术的迅猛发展，无人机技术及其民事应用得到了长足发展。无人机系统在工业生产、服务民生、资源监测和保护、气象探测、自然灾害应对、公共安全服务和科考研究等数十个领域具有上百种应用需求。特别是近20年来，无人机系统已在航拍娱乐、农林植保、安防监测、地质测绘、电力巡检、物流运输等领域获得广泛应用，且已形成一定的市场规模。随着人工智能等新技术和新方法的不断发展，民用无人机还在不断拓展新的应用场景，如未来城市智能空中交通应用、智能物流等。在未来社会的高度信息化、自动化、智能化趋势背景下，民用无人机系统将会加快对各行业的渗透、冲击乃至颠覆，未来民用无人机将会像今天的手机一样影响着人们的生活，发展空间十分广阔。

本书提供了一种无人机完成典型任务的基本工作方法，并指导如何应用通用机器人的方法来解决相关问题。本书是一本反映智能自主无人机方面的最新著作，突出了智能自主无人机的先进任务和未来应用。本书特色为：（1）突出了无人机使用的最新政策和应用研究案例、风险分析、隐私问题等内容；分析了无人机在工业应用、土木工程、安全保障、环境应用、精准农业、赈灾和辅助通信等方面的应用需求和解决方案。（2）内容新颖。给出了无人机技术的最新发展，包括自主性、同构无人机协同、异构无人机协同、无人机 - 无人地面车辆协同，以及任务分析（包括任务复杂性、人的独立性和环境复杂性）等内容，并提供了大量的最新研究文献。（3）基础理论性强。给出了关于通用机器人方面的基础理论，以及设计和分析方法，包括覆盖和定向运动，部署、巡察与捕获，以及搜索、跟踪和监视等机器人学、人工智能以及运筹学的核心内容。（4）实用性好。本书还提供了相关应用的解决方案，包括监视和侦察、三维绘图、城市监控、精准农业、林业、灾害评估和监测、安全性和工业场地巡察，等等。因此，本书很值得我国无人机领域的科研人员和工程技术人员参考，相信对我国无人机技术的发展具有较大的促进和推动作用。

无人机系统理论和方法还在大力发展中，许多新理论、新方法会不断出现和应用。鉴于译者水平有限，难免存在偏差，敬请读者批评斧正。

译者

2019 年 7 月于西安

前　言

　　无人驾驶航空是一个令人兴奋且快速发展的行业，且有望成为航空领域的基本组成部分。本书的主题是**无人机**（UAV）的民事应用（或任务）。无人机具有遍及许多行业的潜在创新应用。无人机是较为经济的合理选择，为了增强其生产力，提高无人机的自主性变得至关重要。**无人机系统**（UAS）正在改变航空系统的特性，这是经济增长的主要推动力。

　　无人机能够携带多个传感器、发射器和成像设备。目前，大多数无人机应用都属于遥感领域，例如用摄像机或超光谱成像传感器进行测量。随着无人机的应用不断增加，它们涉及各行各业：从娱乐业到农业，再从建造业到快递市场，以及执法跟踪运动目标、追踪野生动物、勘测灾害现场、搜索或救援、物体操纵、全球网络和电信、远程监控和数据采集，等等。无人机的能力是成功的关键因素。无人机的用途很可能会持续多年并不断增加，因此，迫切需要了解当前已有的以及未来的无人机类型。

　　本书的目的是提供无人机完成典型任务的基本工作方法，并指导如何采用不同的通用机器人方法来解决这些问题，使得任务与方法相适应。因此，本书旨在为无人机项目提供系统的工程方法，找到真正需要解决的独立于应用之外的问题。第 1 章的概述能让读者进入飞速发展的航空机器人领域。第 2 章介绍无人机的任务框架，包括自主性、任务分析、人 – 无人机协同、同构和异构无人机协同、无人机 – 无人地面车辆（UAV-UGV）协同。第 3 章主要考虑通用机器人方面，包括定向运动和覆盖。第 4 章介绍了无人机部署、巡察和捕获（搜寻目标）。第 5 章探讨了无人机的一个重要应用——航空搜索、跟踪与监视。

　　本书适用于无人机行业的工程技术人员和研究人员。

　　1. 对于工程技术人员，它提供了根据任务进行分类的现有解决方案，包括：监视和侦察，三维绘图，城市监控，精准农业，林业，灾害评估和监测，安全性，工业场地巡察，等等。

　　2. 对于研究人员，它提供了关于通用机器人方面的综述，包括定向运动和覆盖，部署、巡察和捕获，以及搜索、跟踪和监视。对许多相关领域，包括机器人技术、运筹学、控制理论和计算机科学等，给出了独特的综合问题算法的设计和分析。

本书的结构如下。

第 1 章解释本书的目的和范围。介绍了美国和欧洲的法规，包括联邦航空管理局（FAA）和欧洲航空安全局（EASA）的相关要求。然后提供了一些案例研究，并回顾无人机领域的现状。本章还考虑了无人机领域典型的应用情况，包括精准农业与环境、测绘海岸线或土壤侵蚀、监视物种和建筑工地、探测矿山、监控大型网络、诊断建筑物的状况以及土建工程和灾害。配备红外和光学传感器的无人机可用于探测和监视在重要救援任务中困在危险区域的人。配备热、视觉、多光谱成像和化学检测传感器的无人机可用于工业中的遥感作业、精准农业、搜索和救援以及安全等任务。与有人驾驶飞机不同，为了提高传感器数据的精度，无人机能非常靠近地面设施飞行，即使在夜间或没有通常干扰的环境中，无人机也能按照规定的要求进行作业而不会危及驾驶员的生命安全。到本章结束，读者可掌握一些风险分析和经济可行性的快速变化规律，以及各种可能的无人机任务。

第 2 章的主要内容包括自主性、人－无人机协同、同构和异构无人机协同、无人机－无人地面车辆协同，以及任务分析。自主性系统有两个主要目标：一是理解任务，二是在执行任务过程中对不确定的任务、环境和系统做出相应的反应。能够适应各种任务的高级自主性系统可以进行自动任务规划并识别要执行的任务。协同无人机系统对于快速感知和探测任务是一种非常好的方式，可以提高信息融合的精度，完成一架无人机无法完成的任务。协同无人机系统包括同构无人机协同和异构无人机协同。另一种机器人协同是具有互补能力的无人机－无人地面车辆协同，它可以以更高精度完成更复杂的任务。自主性构架是在不同的自主性级别上形成的。无论什么应用，不同的任务都有着共同的特征，都可以使用一些通用算法来提高性能和可靠性。当然，任务的特殊性也应该考虑。由于监管控制系统固有的不确定性，因此人类要参与更高级别的规划、决策和远程操作，人－无人机协同是有益的。到本章结束，读者将掌握当前研究的无人机任务系统的方法，以及了解不同类型机器人在空中或地面的协同方法。

第 3 章主要讨论通用机器人方面的内容，如定向运动和覆盖范围。定向运动是机器路径问题和相关内容的概述。协同的定向运动是一个多层次的组合优化问题。在航空机器人中，覆盖范围定义如下：无人机必须通过传感器对有界区域内的所有可用空间进行全覆盖。一些子问题也需要解决，如栅栏覆盖、面积和边界覆盖。区域和边界监视是最显著的无人机应用。

这样的任务可能是重复的或危险的，因此可以使用受控的无人机协同以更有效和更安全的方式来解决。与传统覆盖相比，无人机协同持续覆盖环境，环境的覆盖水平总是在不断变化。出于这个原因，无人机必须不断飞行以保持所需的覆盖面。无人机通常可以确定地或随机地放置在感兴趣的区域中。到本章结束，读者将获得可行的搜索算法及其在无人机定向运动和覆盖中的应用等知识。

第 4 章中部署方法的选择在很大程度上取决于无人机传感器的类型、应用以及无人机所在位置的飞行环境。当无人机非常昂贵或其飞行严格受到所在位置的影响时，按受控节点进行部署是可行的，也常常是必要的。在无人机任务规划中，一些无人机可能需要携带各种传感器来巡察一组目标，每个目标都指定了一个收益，规划者的目标是使总收益最大化。为了解决任意多个机器人协同的区域巡察问题，需要智能的协同策略，以便目标区域内需要警惕的所有监视点都可见。捕获涉及 3 个基本技能：感知和目标定位、接近目标至可达的范围、以某种方式处理目标。这可能涉及需要与发现目标的无人机进行通信，或者对单架无人机无法运输的大型物体进行协同运输。到本章结束，读者将掌握使用一些通用机器人算法来实现无人机部署、巡察和捕获。

第 5 章讨论的是搜索运动目标并在发现目标后进行跟踪的问题。该问题因为以下几个因素变得复杂：多架无人机、运动目标、有限资源，以及异构无人机的性能。此外，搜索规划和任务分配的紧密耦合增加了问题的复杂性。为了完成目标监视，必须设计一系列复杂的行为。它们通常包括尽可能多地收集给定限制条件下的信息，以及针对发现的目标与操作人员进行通信等，观察员通常在信息快速变化且不可预测的环境下进行操作。他们必须决定采取什么行动以及如何几乎同时地与其他观察员协调操作，并接受高强度训练以做出快速的反应。与此同时，观察员在有限的资源、可预期的无人机剩余寿命以及规定时间内适合的目标等情况下做出战略性的决策行动。到本章结束，读者将获得现实生活中遇到的不同类型的搜索、跟踪和算法方法等知识。

第 6 章给出了一些总结性的结论，同时对未来环境中民用无人机任务进行了综述。

CONTENTS

目 录

译者序

前言

第1章 概述 …………… 1

1.1 引言 …………… 1

1.2 无人机系统的使用 …………… 2

1.2.1 条例 …………… 2

1.2.2 风险分析 …………… 6

1.2.3 经济潜力 …………… 8

1.2.4 隐私问题 …………… 9

1.3 无人机系统 …………… 9

1.3.1 地面控制站 …………… 11

1.3.2 无人机操作员 …………… 12

1.3.3 无人机模拟 …………… 13

1.4 案例研究 …………… 15

1.4.1 工业应用 …………… 16

1.4.2 土木工程 …………… 18

1.4.3 安全保障 …………… 20

1.4.4 环境应用 …………… 22

1.4.5 精准农业 …………… 25

1.4.6 赈灾 …………… 27

1.4.7 辅助通信系统 …………… 33

1.5 结论 …………… 33

参考文献 …………… 34

第2章 任务框架 …………… 44

2.1 引言 …………… 44

2.2 自主性 …………… 45

2.2.1 自主性级别 …………… 45

2.2.2 决策 …………… 47

2.2.3 基本原理 …………… 50

2.3 同构无人机协同 …………… 54

2.3.1 建模 …………… 54

2.3.2 规划 …………… 56

2.3.3 协同路径跟踪 …………… 59

2.3.4 通信 …………… 61

2.3.5 任务分配 …………… 63

2.4 异构无人机协同 …………… 65

2.4.1 一致性算法 …………… 65

2.4.2 任务分配 …………… 66

2.5 无人机-无人地面车辆协同 …………… 67

2.5.1 协调框架 …………… 68

2.5.2 相对定位方法 …………… 68

2.5.3 物流服务站 …………… 69

2.6 任务分析 …………… 70

2.6.1　方法 ┈┈┈┈┈┈┈ 71

2.6.2　任务特异性 ┈┈┈┈ 75

2.6.3　人－无人机协同 ┈┈ 80

2.7　结论 ┈┈┈┈┈┈┈┈┈ 84

参考文献 ┈┈┈┈┈┈┈┈ 84

第3章　定向运动与覆盖范围 ┈┈ 92

3.1　引言 ┈┈┈┈┈┈┈┈┈ 92

3.2　初步研究 ┈┈┈┈┈┈┈ 92

3.2.1　一般飞行器路径问题 ┈ 92

3.2.2　旅行商问题 ┈┈┈┈ 93

3.2.3　邮递员问题 ┈┈┈┈ 97

3.2.4　背包问题 ┈┈┈┈┈ 103

3.3　定向运动 ┈┈┈┈┈┈┈ 104

3.3.1　公式化定向运动问题 ┈ 104

3.3.2　无人机传感器的选择 ┈ 109

3.4　覆盖范围 ┈┈┈┈┈┈┈ 110

3.4.1　栅栏覆盖 ┈┈┈┈┈ 112

3.4.2　边界覆盖 ┈┈┈┈┈ 114

3.4.3　区域覆盖 ┈┈┈┈┈ 116

3.5　结论 ┈┈┈┈┈┈┈┈┈ 135

参考文献 ┈┈┈┈┈┈┈┈ 135

第4章　部署、巡察与捕获 ┈┈┈ 143

4.1　引言 ┈┈┈┈┈┈┈┈┈ 143

4.2　空中部署 ┈┈┈┈┈┈┈ 144

4.2.1　部署问题 ┈┈┈┈┈ 144

4.2.2　移动传感器网络 ┈┈ 152

4.3　巡察 ┈┈┈┈┈┈┈┈┈ 160

4.3.1　边界巡察 ┈┈┈┈┈ 161

4.3.2　区域合作巡察 ┈┈┈ 164

4.4　捕获 ┈┈┈┈┈┈┈┈┈ 172

4.4.1　问题的表述 ┈┈┈┈ 172

4.4.2　空中操纵 ┈┈┈┈┈ 178

4.5　结论 ┈┈┈┈┈┈┈┈┈ 183

参考文献 ┈┈┈┈┈┈┈┈ 184

第5章　搜索、跟踪与监视 ┈┈┈ 192

5.1　引言 ┈┈┈┈┈┈┈┈┈ 192

5.2　搜索理论与决策支持的

相关基础 ┈┈┈┈┈┈┈ 194

5.2.1　搜索问题的类型 ┈┈ 194

5.2.2　摄像机属性 ┈┈┈┈ 198

5.2.3　操作人员 ┈┈┈┈┈ 200

5.3　信息收集 ┈┈┈┈┈┈┈ 201

5.3.1　检测 ┈┈┈┈┈┈┈ 202

5.4　目标的移动性 ┈┈┈┈┈ 205

5.4.1　固定目标 ┈┈┈┈┈ 206

5.4.2　移动目标 ┈┈┈┈┈ 207

5.5　目标搜索和跟踪 ┈┈┈┈ 211

5.5.1　协同监测 ┈┈┈┈┈ 212

5.5.2　通信 ┈┈┈┈┈┈┈ 215

5.6　监视 ┈┈┈┈┈┈┈┈┈ 218

5.6.1　随机监视策略 ┈┈┈ 218

5.6.2　城市监控 ┈┈┈┈┈ 220

5.6.3　山火边界监控 ┈┈┈ 222

5.6.4　概率天气预报 ┈┈┈ 228

5.7　结论 ┈┈┈┈┈┈┈┈┈ 229

参考文献 ┈┈┈┈┈┈┈┈ 229

第6章　总结 ┈┈┈┈┈┈┈┈ 235

缩写词对照表 ┈┈┈┈┈┈┈ 237

第 1 章

概　　述

1.1　引言

无人机（UAV）是机上没有飞行员或机组人员的飞机。然而，任何无人机都必须视为有飞行员，因为他可以远程控制或者通过装载在飞机中计算机上的程序自主控制，这个加载程序并启动自动驾驶仪的人被视为飞行员。

无人机的尺寸范围从翼展近300m的大型军用无人机到小型和微型的商用无人机。它们的飞行范围各不相同，包括从只能在操作员身边飞行几米的商用无人机到可以飞行超过25 000km而无须降落的高级军用无人机。同样，它们的最大飞行高度也存在巨大差异，可以从几米到最大20 000m的任何高度。一般来说，飞行器的特点是能够以各种速度飞行，稳定其位置，盘旋在目标上空，并在接近障碍物过程中机动规避，同时在感兴趣的地方固定或巡察以及在室内或室外进行飞行。

无人机在民用和公共领域具有广泛的应用前景。目前，小型、低成本、低飞行高度的无人机可以提供大量潜在的应用和服务，并且这正在涌现出巨大的市场。它们可以携带如摄像机等带有视觉或红外线的有效载荷，以及其他感兴趣的传感器。因此，它们可以用于监视和侦察、环境问题、灾害评估及管理、灵巧地操纵和抓取、识别和跟踪、搜索和救援、城市监测和检查、海岸线监测、基础设施检查、交通管理和监视等。任何商业用途都与企业有关，包括出售利用**无人机系统**（UAS）拍摄的照片或视频，提供工业设备或工厂检查等合同服务，提供精准农业、安全或电信、房地产、电影摄影或电视制作等专业服务，提供制图或土地调查、快递等合同服务。无人机制造商、服务提供商和平台集成商正在认真考虑这些应用类型的业务潜力[98]。对于专业操作员而言，将最终产品所需的设备和软件交付给客户非常重要。在一些国家（例如日本），无人机已经商业化地使用了至少20年，但在其他国家，商用无人机才刚刚起步。

越来越受欢迎的各种应用证明了在民用航空领域无人机的发展前景。在这个新的航空领域，以最低成本实现最高性能是主要目标。到2020年，预计将有数千架无人机飞向天空。在业余爱好者使用和帮助农业、监控建筑工地等商业应用方面，无人机的购买量正在上升。据航空机构预测，42% 的商用无人机应用于工业检查，另外 19% 应用于农业，15% 用于保险，22% 用于房地产或航空摄影，而政府使用只有 2%[47]。由于该领域涉及许多不同类型的学科，因此人们还需要了解授权的标准、规则和法规。商用无人机市场预计在 2016～2020 年间的**复合年均增长率**（CAGR）为 19%，相比而言军事方面的增长率只有 5%。

无人机主要的系统构型是固定翼和旋翼这两种。在民用操作中，旋翼无人机相对于固定翼无人机的关键优势之一就是它们的悬停能力，同时固定翼无人机较直升机具有更大的机动范围。特别是，直升机能够减速后以非常小的半径转弯并很快加速回到其巡航速度。与其他飞行器相同，无人机也需要维护、修理或用略微高级的部件来不断提高和保证其可靠性，以应对潜在的损害。与维护有关的成本约占总成本的三分之二。事实上，人们希望无人机能够使用很多年，特别是对于昂贵的无人机。

1.2　无人机系统的使用

无人机系统（UAS）中的**无人机**是空中飞行器的一部分，包括两种基本类型：一类是**遥控无人机系统**（RPAS），它是一种由飞行员从**地面控制站**（GCS）遥控操纵的无人机；另一类是半自主无人机。遥控无人机系统由一组可配置的单元组成，包括遥控无人机、与其相关的遥控地面站、传输命令和控制指令的链路，以及在飞行作业期间可能需要的任何单元。无人机经营者是从事无人机经营的个人、组织或企业。

1.2.1　条例

所有民用无人机，无论是遥控，还是完全自主或其组合，都应当遵守 1944 年 12 月 7 日在芝加哥签署并经**国际民航组织**（ICAO）修订的《国际民用航空公约》（DOC 7300 号文件）的第 8 条规定。

无人机系统和有人驾驶的飞机有着本质上的不同，将无人机系统纳入空域管理对于美国联邦航空局（FAA）、欧洲航空安全局（EASA）以及一般的国家机构和航空界来说都是一项挑战。无人机行业要共同努力遵守以下原则[2]：

1. 根据每次作业的风险，无人机需要被视为具有相应规则的新型飞机。
2. 需要制订无人机提供安全服务的规则。
3. 需要开发技术和标准，以便将无人机完全整合到国家空域。
4. 公众接受度是无人机服务增长的关键。
5. 无人机的操作员负责其使用。

国际民航组织指导无人机系统在非隔离空域的整合时考虑了无人机系统使用的附加条件：许可、空中规则、航空器运行、航空器适航性、航空通信，从而安全保证国际民用航空免受非法干扰和无线电频谱的影响[55]。由于无人机上没有机载人员，因此适航性的目标主要是保护地面上的人员和财产。无人机系统控制站和其他远程设备的功能是控制起飞、持续飞行和着陆。

定义 1　**适航性**是飞机安全飞行的适用性。每架飞机都有根据其姿态定义的操控范围，在操控范围内可以飞行，在操控范围外可能导致姿态不稳定且可能无法恢复。

无人机的安全操作取决于其在操作范围内保持的姿态。当姿态因外部因素（这些外部因素被称为扰乱条件，例如阵风或湍流）改变时可以采取纠正措施，并在范围内进行操纵。

2016 年，美国联邦航空局和欧洲航空安全局已批准小型商用无人机的飞行。要使用无人机进行商业工作，大多数国家都需要证书。该证书适用于那些受雇于进行商业工作操作的无人机操作员。如果一个人操纵的无人机导致财产损失，或者导致人员受到伤害或死亡，则必须对事故负责，并负责赔偿[31]。许多国家的法律强调了飞行员的责任以及飞行员接受培训和许可的必要性。

备注 2 在有人居住的地区或不为每架无人机指定操作员的情况下（例如，允许一个无人机操作员同时操作或监视多架无人机的情况），相应法规的关键部分将扩展到无人机被操作的**超视线范围**（BVLOS）。

1.2.1.1 美国法规

FAA 采用以下方法保证无人机系统集成的安全性[3]。不同类型的无人机系统运行规定如下。

1. **政府运营**：对于公共飞机的运营，FAA 颁发**豁免或授权证书**（COA），允许公共机构和组织在特定区域内为特定目的操作特定飞机。COA 允许操作员使用规定的空域，该证书还包括仅适用于提议操作的特有安全规定。COA 通常在特定时期内实行。

2. **民事运营**：任何不符合公共飞机运营法定标准的运营都被视为民用航空器运营，必须按照适用于该运营的所有 FAA 规定进行操作。

3. **模型飞机**：在娱乐场所操作无人机的个人必须遵守的安全准则包括：飞行低于 150m 并远离周围障碍物，始终保持飞机在视线范围内，不要干扰有人驾驶飞机的运营，不要靠近人口稠密地区，飞机质量不要超过 25kg 等。操作员必须在白天目视飞行规则（VFR）下飞行，将无人机系统保持在飞行员的**视线范围**（VLOS）内，并与飞机场或直升机保持一定距离。

（1）距离设有操作控制塔的机场 5n mile（海里）。
（2）距离有发布仪表飞行程序但不是操作塔的机场 3n mile。
（3）距离没有发布仪表飞行程序或操作塔的机场 2n mile。
（4）距离有发布仪表飞行程序的直升机场 2n mile。

联邦法律要求所有在户外飞行的飞机（包括无人机系统和无线电/遥控飞机）必须在 FAA 注册并标有注册号。对于每一架想要开展工作或业务的无人机，必须由其拥有者单独注册。任何操作无人机系统的人都有责任在 FAA 的指南和法定范围内飞行。操作员应该知道无人机的位置以及在哪些地方飞行不安全。操作无人机用于民事应用的规则如下。

1. **飞行员要求**：必须拥有遥控驾驶员和飞行员证书，年满 16 岁，通过安全管理局（TSA）的安全背景检查，身体或精神状况不会影响小型无人机系统的安全操作。飞行员认证过程的目标是确保申请人作为**遥控机长**（PIC）拥有符合遥控飞行员证书的知识，并且有能力操作已被评级的**小型无人机系统**（sUAS）以及管理飞行风险。

2. **飞行器要求**：必须小于 25kg，如果超过 25kg 则必须在线注册，并且在飞行前必须进行检查以确保无人机系统处于安全运行状态。

3. **位置要求**：G 级空域，通常来说是非常靠近地面的空域。

4. **操作规则**：必须保持飞机在视线范围内，在 400ft(1ft = 0.3048m) 以下且白天飞行，以小于或等于 180km/h 的速度飞行，通行权低于有人驾驶的飞机，不可在行人上方飞行，不在行驶的交通工具上飞行。

5. **法律或监管基础**："联邦法规"条例 14 （14 CFR） 第 107 部分。

操作包括无线电通信程序（通过无线电通信，无人机系统飞行员在飞行之前、期间和结束时提供和接收信息）、有/无操作控制塔的机场操作、应急程序（计划和通信、电池、飞机控制链路丢失和飞行中 GPS 信号丢失、频谱和相关限制）、航空决策（有效的协同通信、任务管理、机组人员资源管理、态势感知、危险识别和风险评估）、生理学（压力和疲劳、吸毒或酗酒、视力、飞行适配度），以及维护和检查程序（基本维护、预先检查、减轻机械故障的技术、适当的记录保存）。天气来源（航空例行天气报告、航站楼天气预报、天气图、自动地面观测系统和自动天气观测系统） 以及天气对无人机系统性能的影响也是需要考虑的重要事项。一些重要的参数如下：密度高度、风海流、大气稳定压力和温度、气团与锋面、雷暴和微下击暴流、龙卷风、结冰、冰雹、云幕能见度、闪电。对飞行员的通知 （NOTAM） 也应该考虑到无人机的最大地面速度、高度限制、最小能见度和云间隙要求等操作限制。

备注 3 2013 年，FAA 认证了首架用于商业目的的无人机：航空环境公司的"美洲狮"RQ-20 和波音公司的"扫描鹰"X200。"美洲狮"是一种用于监视的小型无人机 （2.8m 翼展，最大起飞质量 5.9kg）。它在手上起飞，用电池供电，飞行时间为 2 小时，飞行范围为 15km。"扫描鹰"同样是小型监视无人机 （翼展 3.1m，起飞质量 22kg），使用了气动发射器，并且它的 1.12kW 单活塞发动机能够保证 20 小时的飞行时间[77]。

备注 4 美国现在正在安装一种新型雷达，它将使空中交通管制人员看到飞机和无人机联合在一起的情况。美国空军和俄亥俄州为这项雷达测试投入了 500 万美元。目前，无人机只能在视线范围内或与控制器间无障碍路径上飞行；超过视线范围，这个距离将增加到 321km，高度可达 3km。联邦航空管理局对该州这个项目的批准意味着私营公司可以在俄亥俄州进行测试。无人机操作员的指导人员应该是盯着地面拖车中的特殊雷达的空中交通管制员。塔内的空中交通管制员将继续关注飞机。由于知道无人机和飞机的位置和方向，因此操作员就可以告诉小型无人机飞行员调整方向、速度或高度，以避免碰撞。

1.2.1.2 欧洲法规

在监管方面，欧盟在 2016 年提出了一个围绕无人机操作的框架，它是协调整个欧洲监管并使得更多应用得以实现的共同基础。欧洲航空安全局 （EASA） 委员会已经为所有类型的无人机操作提出了一个基于风险的框架[2]。该框架确保无人机在民用空域内的安全使用，并将为该行业创建确定性法律。在这种情况下，还必须考虑到与隐私和数据保护、安全、责任及保险或环境有关的问题。

考虑到无人机的广泛操作范围和类型，建立了 3 类操作及相关的监管制度。

1. 无人机的**开放操作**类别不会要求航空当局授权后才能飞行，而是在规定的范围内进行操作。在公开场合，无人机必须在**视线范围** （VLOS） 内飞行，即 500m，在地面或水面以上不超过海拔 150m 及指定预留区域 （机场、环境、安保） 以外飞行。无人机的质量应该小于 25kg。

2. **特定操作**类别需要进行风险评估，以获得操作授权，并对操作进行特定限制。特定类别应涵盖不符合开放操作类别特征的操作，其中需要通过附加的操作限制或相关设备和更高水平的人员来降低某些风险。

3. **认证操作**类别针对具有较高风险的操作，或者在自愿基础上要求专业机构提供服务的操作（远程驾驶或远程设备等），例如**检测与规避任务**。

这项立法中包括对**超视线范围**（BVLOS）无人机操作的初始许可，对于许多此类无人机操作，在经济上可行是至关重要的。超视线范围许可的例子包括：西班牙允许2kg以下的无人机在超视线范围飞行；法国允许2kg以下的无人机在超视线范围飞行，不受横向限制，此外，允许距离远程飞行员1km以内的25kg以下的无人机在超视线范围飞行。

备注5　其他国家提供了允许超视线范围操作的例子，包括澳大利亚和日本，它们需要个案许可，而瑞士则需要全面的风险评估。

由于无人机系统的形状、尺寸、性能和操作的多样性，因此很难对其进行分类；开发了不同的交通等级来管理大量的遥控无人机系统。遥控无人机系统的交通等级是一套适用的飞行规则、操作流程和系统能力，遥控无人机系统的操作员在操作部分空域时也应该选择适用于该空域的服务。空中规则不适用低级遥控无人机系统在这个高度上操作，因此保持了在世界各地已实施的1km边界，它提供**指挥控制**（C2）服务，实现了检测、规避和自分离能力。遥控无人机系统的交通等级如下所示。

1. 等级1：保留用于欧洲航空安全局A类遥控无人机系统（仅限视线范围）。
2. 等级2：自由路径（视线范围和超视线范围）。
3. 等级3：有组织的商业中/长途交通（仅限视线范围）。
4. 等级4：特殊操作（视线范围和超视线范围）。

大多数飞机操作员都需要保险，无论其飞行目的如何都要对其投保，以便在发生事故时履行责任。除其他事项外，欧洲法规还规定了进入、越过或在欧盟（包括UAS）内运行的飞机的第三方事故和风险保险的最低水平，具体取决于其**最大起飞质量**（MTOM）。

其目的是为无人机用户提供安全、保险和环保的低层空域。**U-空间**覆盖的高度为150m。无人机及操作员的登记、电子身份识别和区域限定应在2019年之前到位。这个概念是要开发一个类似于航空公司载人航空管理系统的系统。该系统将为高度自动化或自主无人机提供信息，使其能够安全飞行，避免障碍物或碰撞。

1.2.1.3　英国法规

民航局（CAA）的政策是，在英国运行的无人机必须至少达到与有人驾驶飞机相同的安全和操作标准。民航局为无人机系统引入了**操作概念**（ConOps）这个方法。《芝加哥公约》要求每一个缔约国承诺确保在民用航空器开放的区域内无人机的飞行应受到严格的控制，以避免对民用航空器造成危险。**技术复杂性**这个词就是用来描述系统复杂性的；而**操作环境复杂性**这个词描述了环境的复杂性。但有一些场景没有被描述，这需要不同的评估级别（例如，一个非常轻且具有极其复杂的飞行管理系统的无人机系统在复杂环境中进行操作）。操作的概念如下。

1. 在**视线范围**内操作意味着遥控飞行员能够与无人机保持直接的无辅助的视觉接触，无人机能够监控自身与其他飞机、人员、船只、车辆和建筑物的飞行路径，以避免碰撞。进行遥控操作的视线范围通常被认为是无人机到操作员间最大500m的水平距离和150m的垂直距离。如果提交了一个可接受的安全案例，则可以允许遥控飞行员进行较大距离的操作。如果飞机很大，则可以在500m以外对它的飞行路径进行视觉监测，这是合理的。相反，对于一些小型无人机来说，距离500m的操作可能意味着无法保证或保持足够的视觉接触。

2. **扩展视线范围**（EVLOS）操作是在500m/150m以内或以上的操作，遥控飞行员仍然能够遵守避免碰撞的责任，但远程飞行员与无人机保持直接视觉接触的要求是通过其他方法或程序得到解决的。避免碰撞仍然是通过视觉观察实现的（由遥控飞行员和遥控无人机观察者）。操作人员必须提交安全案例，包括操作的风险评估。考虑到的因素必须包括以下内容。

(1) 避免碰撞的程序；

(2) 飞机大小；

(3) 飞机颜色和标记；

(4) 飞机观测辅助设备；

(5) 气象条件和能见度，包括背景条件（云/蓝天）；

(6) 部署观察员的使用；

(7) 操作范围的限制：必须安装合适的无线电设备，以便能够在任何时候对无人机进行有效控制。

3. 无人机的操作超出遥控飞行员能够通过视觉手段进行响应或避开其他空域用户的距离被认为是**超视线范围**（BVLOS）。超出飞行员视距范围进行操作的无人机需要获得经过批准的空中分离和避免碰撞的方法。这种避免碰撞的要求适用于根据**仪表飞行规则**（IFR）进行的所有飞行以及通过空中交通管制许可进行的飞行，以及根据**目视飞行规则**（VFR）进行的飞行。

1.2.2　风险分析

每一项新技术都会带来风险。有效、安全地应用无人机技术是非常重要的。

定义 6　安全是将风险意识应用到实践的过程中的知识积累。安全风险管理是无人机系统可能导致的可预见风险或遇见的风险的主动管理和缓解。它包括设计、操作限制、飞行员行动、天气、维护或地理/空域限制方面的保证。

安全风险管理可用于确保合规性，还可用于识别、评估和解决法规未涵盖的独特风险。所考虑的安全风险必须包括：与载人飞机的空中碰撞、对人员的伤害，特别是对关键和敏感基础设施的损害。安全风险评估涉及适航性、操作流程和环境、相关人员和组织的能力以及空域问题。适航性的最低安全水平基于安全风险评估的结果，它可以通过符合可接受的行业标准来定义和证明。通过操作风险缓解因素（对操作的特定限制和人员的特殊资格等）来补偿某些适航风险因素是可以接受的。适航性评估与操作环境和流程密切相关，例如，当无人机具有一些附加功能（例如，自动丢失链路程序、冲击能量限制装置）并且操作流程足够时，接近人群的操作是可接受的。

无人机对地面人员造成的风险可以用与给定飞行相关的预计死亡人数来描述，这可以通过确定可能的坠毁地点并将无人机坠毁概率乘以潜在坠毁地点的人数来确定。通常，这被量化为二维概率分布，表示在距离故障点的一定位置处发生碰撞的可能性。

备注 7　在过去几年，越来越多的民用无人机在靠近世界各地的机场飞行，这可能会在飞机起飞或着陆时损坏飞机。例如，中国目前正在研究一种将无人机保持在安全距离的高科技解决方案，以提高飞机安全。这项名为电子围栏的技术旨在切断无人机与操作员之间的通信，当无人机与机场的距离在 10km 以内时，它将无法接收到任何信号，并且只能返回发射它的地方。

鉴于实际运营数据的稀缺性，一个具有挑战性的方案是对民用无人机系统的安全风险进行建模。通过创建概率模型，可以定量地推断出事故形成的状态或因果因素的变化。这些预测安全性推断源于基于数据、假设和前提的定性推理到合理结论，并使分析师能够识别出导致风险因素优先化的最显著的因果因素。这种方法还有助于研究可能的缓解效果。参考文献［76］说明了向无人机系统开发**面向对象的贝叶斯网络**（OOBN），其任务是进行航空测量以进行桥梁检查。作为一种系统方法，面向对象的贝叶斯网络有助于子系统级别的分解，但也能在高阶系统级别上进行综合。该方法可作为预测安全性的分析平台，支持从假设或前提中得出合理结论的推理。通过建立概率安全风险模型，可以对因果因素状态的变化、缓解措施的存在或不存在进行推断。这些推论可以建立在定量或定性推理基础上，或两者兼而有之，并使分析师能够确定最显著的因果因素分组（即飞行器或无人机、操作、环境或人类），从而对最具影响的因果因素进行优先排序。风险敏感因素分析的系统方法可能有助于发现尚不存在缓解措施的危险因果因素的缓解方式。

对于通常低空和慢速飞行的无人机，需要通过识别可能的危险并评估缓解措施来研究与附近通用航空飞机发生空中碰撞的可能性。**航空系统风险模型**（ASRM）是第一代社会技术模型，它使用**贝叶斯置信网络**（BBN）方法来整合可能的危险，以评估非线性安全风险。航空系统风险模型可用于评估与无人机或导致不安全状态的系统和程序相关的潜在原因，以及导致安全风险的因素之间的相互作用。航空系统风险模型还可以评估缓解的预计影响，它还有助于对假设的事故场景进行有力的归纳推理。最近，通过使用**危险分类和分析系统**（HCAS）对其进行了更新，该系统为与无人机、飞行员、操作和环境相关的危险分类提供了分析结构。安全风险分析包括以下 6 个步骤：

1. 选择和分析事故/事件场景；
2. 确定基于案例的因果因素；
3. 构建描述因果因素相互作用的影响图；
4. 建立贝叶斯置信网络；
5. 插入缓解和价值函数；
6. 评估与插入相关的相对风险。

由于其组成系统之间存在复杂的相互作用，因此这给大型系统集成或体系的动态规划和开发带来了重大挑战。参考文献［49］中涉及的工作开发了一种工具，该工具基于成本、性能、调度和风险度量，对系统体系级规划采用基于运筹学的方法。该方法允许在不断发展的系统架构中识别近似最优的多阶段决策。除了逻辑过程之外，实践者还需要一个分析解决方案框架，以客观地量化后续行动的状态和结果，以发展系统体系结构。采取的行动可能涉及一系列决策，包括添加新系统、淘汰旧系统、升级系统等。典型问题可能包括：如何处理来自多个独立组织的决策间的相互作用，如何处理系统中产生的不同时间尺度，如何处理由涉及的不确定变量的数量引起的复杂性等。

风险管理的目标是主动识别与安全相关的危害并减轻相关风险。美国联邦航空局做出的良好决策的步骤如下：

1. 识别对安全飞行有害的个人态度；
2. 学习行为修正技术；
3. 学习如何识别和应对压力；
4. 开发风险评估技能；
5. 使用所有资源；

6. 评估航空决策技能的有效性。

察觉、处理、执行（3P）模型为航空决策者提供了一种系统方法，该方法可用于飞行的所有阶段。使用它无人机飞行员能完成以下工作：

1. 察觉航班的既定情况；
2. 行动中评估对飞行安全的影响；
3. 实施最佳行动方案。

欧洲航空安全局（EASA）提出了一种基于风险的方法，以对基于无人机的规范提出基于性能的框架。与所需无人机技术（例如，检测和规避、数据链接、区域限定）相关的交通管理解决方案是实现安全的关键因素。欧洲有一个特别工作组决定关注应用于大众市场的无人机（相当于欧洲航空安全局的开放类别，如小于 25kg），即只评定现今飞行的绝大多数无人机，可将其分为 4 类：大型（3~5kg）、中型（1~5kg）、小型（0.5kg）和最小型（0.25kg）。已建立了无人机的威胁简化模型，考虑到某些参数被认为有助于影响潜在的严重性，从而将无人机的电池和电机确定为关键部件。对于每种产品类型，已根据定义的 4 类无人机评估了所选飞机部件的脆弱性。正如预期的那样，大型无人机和大型旋翼无人机的规模和设计要求通常在与无人机发生碰撞时更具弹性，但对于最小的无人机类别（小且无害），其严重程度有限。对于较小的飞机和轻型旋翼飞机，更多的部件是脆弱的且损坏程度更高。起落架和着陆灯被认为是最脆弱的部件。

更具体地说，在与中型无人机碰撞的情况下，只有巡航速度超过 3km/h 的碰撞才会导致严重影响。在高度不高时，由于撞击时的动能较低，因此认为该类无人机碰撞的严重程度较低。根据无人机威胁规范的定义，高度保护规范可能在某些无人机设计中得以实施，这被认为是减轻大型飞机机身部件与中型无人机碰撞后果的一种手段。对于旋转部件（即发动机、螺旋桨和转子）、旋翼无人机或通用航空飞机的机身部件，使用高度保护几乎没有帮助。与最小无人机类别的碰撞被认为是无害的，至少对大型飞机是无害的。需要进一步研究以确定其他飞机产品类型的后果。

1.2.3 经济潜力

通过在稳定的飞行平台上使用摄像机，全球无人机市场有望实现显著增长，可以帮助航空娱乐和广告业。娱乐灯光显示广告无人机使用 LED 技术进行创新性的空中书写。空中可视化让广告公司以相对较低的成本、有效的手段有了吸引大量观众的新途径，并让无人机以自动化方式完成工作[12]。像 Facebook 和 Google 这样的科技巨头正计划使用太阳能无人机，这些无人机在地球大气层中盘旋，为最偏远的地方提供互联网接入，可以充当飞行互联网接入点或热点。其他应用包括成像和数据收集活动，如环境监测和绘图、自然灾害研究和监测、大气监测、高光谱成像、羽流扩散和跟踪、土壤湿度成像和气溶胶源测定。美国航空环境公司（Aero Vironment Inc.）、英国宇航系统公司（BAE Systems PLC）、中国深圳大疆（DJI）、Draganyfly 公司、Elbit 系统公司（Elbit Systems Ltd.）、美国通用原子公司（General Atomic）、以色列航空航天公司（Israel Aerospace Industrie）、美国洛克希德马丁公司（Lockheed Martin Corporation）、美国诺斯罗普鲁曼公司（Northrop Grumman）、法国 Parrot 公司（Parrot SA）、西班牙德事隆公司（Textron Inc.）和美国波音公司（The Boeing Company）目前占据着商用无人机市场[11]。到 2020 年，无人机市场的价值预计将超过 600 亿美元。分析人士预计到 2020

年将有900万架消费级无人机和600万架商用级无人机投入使用。

不断增长的无人机市场显示出巨大的潜力，欧洲的需求表明，到2035年，名义上该市场的每年估值超过100亿欧元，到2050年，每年估值超过150亿欧元。民用任务的影响预计将占其中的大部分，因为预计到2035年相关服务的年度价值将超过50亿欧元，这突出了它们在市场中的重要性。其他主要部门（即国防和休闲），将继续为这一市场做出贡献，并在短期内仍然是最大的价值来源。从长远来看，两者在欧洲的年产品相关营业额近20亿欧元。根据市场预期，在未来5～10年，需要至少投入2亿欧元进行额外的研究和开发，以缩小与代表大多数未来无人机操作的**极低水平**（VLL）活动的差距。

就无人机的潜在数量和经济影响而言，一些最具影响力的任务例子包括以下内容。

1. **农业部门**：预计将有超过10万架无人机能够实现精准农业，能够提高所需的生产力水平，并支持更环保的农业实践。由于农作物监测导致产量增加，农业有望在预期内成为无人机主要的应用部门。

2. **能源部门**：接近1万架无人机通过执行预防性维护检查等手段来减轻人员和基础设施的风险。环境通过适当维护财产得到保护。

3. **物流和电子商务**：目标是拥有近10万架无人机，具有为社会提供某种紧急服务的能力，如运送紧急医疗用品和高级物流。城市和偏远地区都将从中受益。

4. **公共安全和保密**：大约5万架无人机将为警察和消防部队等机构提供更高效和可有效定位受害公民和评估危险的手段，也可以开展民事保护和人道主义任务，如搜救任务。

1.2.4　隐私问题

无人机使监视的侵入性大大增加，特别是视觉监视。与无人机使用相关的一个主要问题是隐私。无人机很容易通过安装摄像机或设备来捕获信息，这可能偶尔会侵犯人们的隐私。为了克服这些顾虑，**美国民主技术中心**（CDT）要求联邦航空局发布隐私规则，并建议使用数据收集声明，以了解收集的信息是否会被保留、使用或披露。最合适的维护隐私的方法是**设计隐私**（PbD），这有助于维护标准并为安全漏洞提供补救措施。采用设计隐私原则，隐私入侵受到限制，隐私可以在早期得到保护。作为隐私教育活动和无人机系统注册流程的一部分，该机构向所有无人机用户提供建议的隐私准则。

当无人机超出视线范围时，隐私被认为是一个主要问题，但无人机通常也需要视线范围外的操作，例如搜索和救援或对某个区域进行调查。相当数量的美国无人机系统操作员也应该意识到，根据其行为和意图，他们可能会因为拥有不当的犯法视频而遭到指控。

各国需要修订或扩大现有的监管框架，或建立一个一致、全面和平衡的监管框架。主要有两个与商用无人机系统使用相关的隐私问题：隐私在航空系统中的定义，选择哪些政府部门来监督这些问题。

1.3　无人机系统

无人机系统是一个**系统集成**（SoS）：一组互补的技术汇集在一起以完成特定的任务。组成无人机系统的系统组件包括飞行器、地面控制站、有效载荷、数据链路和支持设备[21,90]。无人机系统能力（例如通过无线通信和自动驾驶功能实现的远程人机交互）是这些系统的核心。基本设计中有一个微控制器作为**飞行控制系统**（FCS），通常带有执行器、无线电接收器、电子速度控制器和电池。此外，惯性测量单元（IMU）、陀螺仪和其他传感器可以增加无人机的空中稳定性，并可以使用 GPS 设备进行导航。大多数无人机还携带至少一个用于航拍图像的摄像机和一个用于增加图像稳定性的万向节。此外，可以安装其他传感器，但需要在功能和质量之间进行权衡。超声波传感器或激光雷达可直接集成在避障操作中，而激光测距仪则为障碍物探测和三维环境绘图提供距离测量。视觉立体或单镜头摄像机系统能够为避障和测绘任务提供深度测量。使用的大多数高性能摄像机具有有用的变焦功能。万向节技术是捕捉高质量航空照片、电影或三维图片所必需的。万向节可以让摄像机不受来自 UAV 的任何抖动影响。另外，万向节可以与**惯性测量单元**紧密耦合，用于视觉惯性自我运动估计，以及基础设施检查所需的原始图像流[65]。

一些无人机具有雷达定位和返航，以及禁飞区等技术。**第一人称视角**（FPV）技术也很普遍，这意味着无人机上安装的摄像机可以从无人机的实时地面位置向无人机的操作员播放实况视频。第一人称视角控制可以更精确地绕过障碍物，特别是无人机可以轻松地在室内和森林中飞行。另一个使用 4G/LTE 的实况视频可以提供无限范围和低延迟视频，包括摄像机模块、数据模块和 4G/LTE 模型。LED 飞行指示器用于指示无人机机头的位置。远程控制系统和接收器通常由制造商提供。多光谱、激光雷达、摄影测量和热传感器现在用于无人机中以提供建筑物和景观的三维模型。**数字高程地图**（DEMS）提供农作物、花卉、动物、灌木和树木健康的精确数据。热检测可以在局部空间尺度上获取高分辨率的地理校正热图像，从而满足各行业的需求，应用可包括精准农业、搜索和救援任务、空中消防，甚至工业建筑或电力设施的热损失分析。红外图像可以缩短响应时间并使维护工作集中，从而节省时间、金钱和生命。在大型无人机上，也可以实现**广播式自动相关监视**（ADS-B）。无人机技术的不断发展产生了新的创新和大量投资，每隔几个月就会有更先进的无人机投入市场。无人机技术和科学涵盖了从空气动力学、实物无人机制造材料，到电路板、芯片组件和软件等很多领域。

无人机营运的关键属性如下所示[25]：

1. 知道无人机在操作空间内的位置、方向及移动速度。
2. 传感器和远程数据传输能够及时保持对位置、姿态和运动的感知。
3. 对无人机的姿态、方向和移动速度进行一系列控制，以便在各种大气条件下维持飞行。
4. 机动性：无人机对控制的反应足够快。
5. 在飞行期间应有足够的能量以保持运动、实施控制，以及操作传感器和进行数据传输。
6. 导航到操作空间内目的地的能力。
7. 态势感知：监视行动空间的能力。
8. 碰撞规避：避开障碍物进行导航的能力。
9. 抵抗风切变、湍流、闪电和鸟击等威胁事件的鲁棒性。

最近的发展增加了小型无人机在任务应用程序中的使用[50]。重要的是开发了适用于所有自主操作级别的工具，从较低级别的内环控制到与较高级别的操作员和任务管理系统的交互[51]。无人机系统与**国家空域系统**（NAS）中的有人航空器相结合的挑战包括探测和避障系统、鲁棒且容错的飞行控制系统、通信、自主性级别、网络控制协同以及与法规相关的挑战、安全、认证、操作限制和频率管理等。

1.3.1 地面控制站

地面控制站为无人机操作员提供工作环境。远程工作人员面临的挑战是如何创建一个受控的工作环境，尽管它们可能在各种条件下运行。必须考虑以下因素：

1. 受控空域
2. 限制空域
3. 附近的机场和直升机场
4. 地面敏感区域
5. 无人机飞行路径中的障碍或从地面控制系统位置到无人机的视线
6. 起飞和降落时无人机的危险
7. 无人机飞行路径下方未受保护的人员

根据无人机的类型和任务阶段的不同，当前的无人机可在自主或手动控制模式下进行控制，最常见的控制模式如下所示。

1. 手动控制。

（1）由**外部飞行员**（EP）使用第三人称远程视角进行控制的**无线电控制**（RC）飞机在小型无人机中很常见。

（2）飞行控制台（类似于驾驶舱）使用前向固定摄像机视图，允许外部飞行员如同在模拟器中一样操作无人机。

（3）**虚拟现实**（VR）方法采用多种形式的第一人称视角飞行，包括头部跟踪技术。

2. 自主控制。

（1）自动驾驶仪控制通常使用**全球定位系统**（GPS）航路点来定义飞行计划。

（2）用于内环机身控制的惯性、空速和压力传感器。

（3）一些自动驾驶仪提供的**自动起飞和降落**（ATOL）功能。

在降落和起飞期间，手动控制仍然很常见。尽管大多数无人机事故发生在起飞和降落期间，特别是无人机依靠飞行员完成这些任务时[114]。

基于远程飞行员和无人机之间操作范围的类别如下所示。

1. **视线范围**（VLOS）操作：操作员在没有视觉辅助的情况下看到无人机。无人机应始终无障碍地保持在飞行员的视野内。

2. **扩展视线范围**（EVLOS）操作：指挥无人机的操作员可能依赖于处于无人机视线范围内的其他远程观察员。远程观察员必须能够实时将关键航班信息传递给操作员。

3. **超视线范围**（BVLOS）操作：无人机基于无人机和远程地面导航站之间的仪表进行远程操作。无人机可以超出视距范围。通常使用机载摄像机系统，但这不足以进行超视线范围操作。为了安全起见，在这些系统上增加了诸如检测和避障技术等额外级别的自主性。

4. **第一人称视角**（FPV）操作：操作员利用机载摄像机提供的无人机实时视频进行操作。它还用于在飞行中收集传感器和图像数据。

民用无人机行业的发展取决于无人机在空域中各个区域的运行能力，特别是在目前通常被定义为低于150m的**极低水平**。

1.3.2 无人机操作员

操作员在无人机系统中的作用取决于执行的任务。确定任务类型之间的相似性有助于利用无人机操作进行跨领域研究。无人机需要完成多项任务才能达到特定的目标。每种任务类型包括3个阶段：任务规划、任务管理和任务重新规划。选择这3个阶段，以便及时反映操作员任务的变化。每个阶段都包含称为阶段目标的许多步骤。阶段目标可用于推导界面所需的功能和信息要求，以支持相应的目标。人类操作员所需的特定功能也可以从每种任务类型的阶段目标中得出。根据决策支持工具和无人机上的自动化水平，操作员可以通过多种方式进行操作。这些任务类型如下所示[87]。

1. **监测无人机的健康和状态**：无人机的健康和状态是无人机正常运行的基本属性。

2. **通知利益相关者**：在许多无人机任务中，操作员是利益相关者中的一员。在这些任务中，操作员必须能够与利益相关者进行沟通，以便通知他们任务目标的成功或失败。

3. **最佳位置监督**：许多无人机任务需要在预定位置执行一项或多项活动。任务类型通常需要最佳位置监督，这是操作员必须参与的，因为它基于任务目标。

4. **路径规划监督**：无人机到达某个位置的路径是任务执行成功的重要组成部分，特别是在拥挤或危险的操作环境中。因此，仔细规划和重新规划路径是操作员在许多任务中的重要作用。

5. **资源分配与调度**：许多无人机任务类型涉及将无人机资源分配到多个子目标上。

1.3.2.1 训练环境

目前，无人机系统中两个主要的新兴问题是：如何尽可能减少操作员数量以优化人力资源，如何改进培训流程以获得更多合格的无人机操作员。主要目标是使无人机操作变得更容易[105]。为确保训练过程有效，必须确定最相关的结果，如**知识、技能和态度**（KSA）。为了提取这些信息，训练过程的分析主要集中在两种不同的技能上：任务监测和任务规划。

从训练过程中提取的数据可生成飞行员资料。用户配置文件提取是**人机交互**（HMI）系统中的一种方法。给定用户交互环境，可以基于其态势感知生成用户配置文件。这个过程是通过从用户和环境之间的交互中收集数据来执行的。它高度依赖任务、环境和传感器、架构和无人机设置。

数据信息可以概括为一组**性能指标**，描述交互的质量，并帮助定义用户配置文件。无人机培训过程通常需要昂贵的工具来确保操作员能够尽可能多地处理实际问题，但是，仍然可以使用更简单的环境评估操作员的技能。主要问题是如何收集正确的数据以定义其配置文件。为了能够提取要评估的问题，可以开发无人机模拟器以简化训练过程，重点关注目标的最相关任务，并确保更好的便携性和可用性。操作员必须引入初始任务计划。在环境尚未完全了解或理解的情况下，无人机航线必须在时间压力下进行规划和执行。有效的路径规划是一项艰巨的任务，当在远程操作工具中规划和执行路径时，操作员报告具有工作量大和精度低[108]的特点。

备注8 困难之一是视频上的图像源于感知的具有挑战性的激励。与自然视觉相比，视频提供的视觉信息少于观察员实际可用的视觉信息。在此计划期间，将发生意外事件。这是操作员必须做出决定以完成或中止任务的时刻。

决策提供了有关用户技能和态度的相关信息。但是，需要提取和翻译这些信息；因此，在任务期间，应收集与用户相关的不同数据，并在以后用于定义用户配置文件。

在 2035 年，预计欧洲约有 25 万名飞行员将支持约 40 万架无人机的运行。由于飞行员的技术专长和责任因任务类型而异，因此不同类型的飞行员会有不同的工资。

1.3.2.2 辅助系统

为了使无人机的制导方式类似于有人驾驶飞机的制导方式，无人机应配备一个系统，该系统应能解释当前整体任务和战术情况下的具体任务，并以特定方式执行这些具体任务。这些系统类型可以使用人工认知，通过使用更抽象的命令来解释、执行和通信[120]。

在无人机上引入高度复杂的自动化系统，带来了将自动化交给人类操作员的挑战。在有人驾驶飞机的自动化系统上的经验表明，复杂的自动化可能导致其引起错误，并可能在工作负载已经处于临界水平的情况下增加人力负载。引入**辅助系统**可以解决这个问题。为了帮助操作员指导无人机，辅助系统需要决定是否、何时以及如何通知操作员关于任务进展的任何问题。因此，辅助系统应能够预测操作员应该执行哪些任务，以实现任务目标。

在参考文献［37］中描述了如何用认知和协同辅助系统来协助操作员的方法。使用人类行为模型可以研究实际操作员任务和关键操作员工作量的检测问题。在任务不同的情况下，可以观察到任务处理期间的操作员表现和人为错误。为了帮助操作员，需要遵循以下关于认知辅助系统预期行为的指导原则。

1. 全面介绍工作情况。

2. 确保操作员注意最紧急的任务。

3. 如果操作员在执行最紧急任务时负担过重，则辅助系统应自动将情况转换为可管理状态。

4. 如果任务风险或成本过高，或操作员无法执行任务，则接管或重新分配任务至操作支持手段。

备注 9 认知自动化提供的认知能力类似于人类飞行员。这些功能包括规划、决策和对不断变化的情况和环境的动态响应。操作员能够专注于高级任务目标，并实现基于任务的先进概念。

操作员将向无人机发出一组抽象任务。这些将在机载人工认知单元上进行处理，以创建完整而详细的任务议程，并在不可预见的事件中进行动态调整[115]。

1.3.3 无人机模拟

无人机复杂功能的实现涉及同时执行各种实时任务的软件平台。用于实时可视化和与多维飞行器数据集进行交互的飞机环境和技术是必要的。高级用户界面的开发促进了相关任务的完成。定义基于通用软件标准和实践的支持软件架构，可以提出一种改进数据可视化无人机软件以在不同平台上重复使用的方法[64]。该研究产生了一套可重复使用的面向对象的软件，即用于无人机任务规划、执行和监控的软件工具。该系统的中央模块是可视化仿真平台，它因为模拟通过大气的运动增加了难度。一些无人机模拟器如下所示。

1. X-Plane[10]是由 Laminar Research 开发的商用飞行模拟器。由于飞机模型和可视化的高保真模拟，X-Plane 已被一些飞机供应商和航空航天机构用作训练模拟器。

2. 微软的飞行模拟器[8]为真实地形数据提供了广阔的环境。它需要专有的软件开发套件，用于创建风景和驾驶舱。但是，必须使用第三方三维建模工具创建无人驾驶飞机模型。

3. CAE[1]开发了合成环境作为无人机模拟真实世界的实际代表。地面控制站用于在合成环境中操作模拟无人机。合成环境表示现实世界的实际表现，包括无人机飞行器模拟、有效载荷模拟和综合环境。

4. MATLAB[7]提出了一个数值模拟环境。它可以用于许多模拟应用；但是，它不提供必要的实时高保真可视化或物理模拟。它可以与高保真可视化环境一起成功地使用。

5. FlightGear[5]是一种通用的开源飞行模拟器。它提供了可扩展的风景基础，以及一组预定义的驾驶舱环境。必须在外部三维建模应用程序中创建模拟器的飞机模型。此外，它还需要一个可扩展的标记语言配置文件，用于描述必须手动创建的飞机的各种功能。整个源代码可修改，并且正在不断开发中。模拟器可以在不同的操作系统上运行。除了提供广泛功能的仿真环境外，它还有专门的解决方案，以涵盖数据可视化的特定领域。

6. OpenGC[9]是一个开源的 C++ 环境，可以为仿真环境开发和实施高品质的玻璃驾驶舱显示。它能被 FlightGear 和 Flight Simulator 所使用。Atlas 是一种专门为 FlightGear 用户生成和显示高保真地图的工具。除了无人机数据可视化软件功能和表现要求外，还有一些问题需要考虑，例如，修改和重新使用解决方案以支持新方案的能力以及实现和运行平台方面的平台独立性水平。

7. 机器人操作系统（ROS）Gazebo[48]是一个专门用于机器人应用程序的软件包开源集合。其主要目的之一是在用户、计算机操作系统和计算机外部设备之间提供通信。该设备可包括传感器、摄像机以及机器人。机器人操作系统的好处在于硬件抽象及其控制机器人的能力，尤其是无人机，用户无须了解机器人的所有细节。无人机可以使用三维 Gazebo 模拟器进行模拟，该模拟器包括无人机在模拟环境中移动时的物理特性。Gazebo 的碰撞检测引擎使用碰撞属性来识别对象边界。

1.3.3.1 架构

架构是定义系统结构和行为的概念模型。

定义 10 系统架构过程包括**聚合、分区、集成**和**最终验证**系统架构。架构过程是创建标准、协议、规则、系统结构和接口以实现系统要求来响应给定需求的过程。

无人机架构评估模型还应考虑复杂和动态的系统硬件和软件，以使无人机能够满足复杂的任务要求。在专门为无人机制订的系统架构生成和评估模型中，必须有一个有效的评估模型来确定建模的系统架构是否可行和可接受[102]。

集中式多无人机架构是单个操作员与网络中可见的每架无人机进行交互。但是，集中式网络需要重要的操作员认知资源。分散式多无人机网络是另一种更复杂的可能架构，操作员与自动任务和有效负载管理器进行交互，该管理器协调一组无人机任务。虽然单个操作员可以保持对相对较小的集中式无人机网络的有效控制，但分散式架构具有扩展性，特别是在操作员工作量方面，并对单点故障更具鲁棒性。基于控制任务的无人机架构作为分散式网络具有更高的自主性，可以减少操作员的工作量[32]。

1.3.3.2 人–无人机接口注意事项

目前的无人机通常配备许多传感器和控制装置，位置感知和控制尤为重要。配备摄像机的无人机可以完成许多不同的任务。这些任务包括从桥梁检查、新闻报道到野外搜索和救援。合适的设计界面应该提供可以解释视频背景和支持无人机任务和控制的环境，所有这些都在一个显示屏幕内[28]。

手机和平板电脑目前提供了一种监控和控制无人机的方法。该方法可以提高无人机系统中飞行员对运行环境、飞机状态和方向以及有效载荷数据的态势感知,可以提高无人机系统技术应用的安全性、效率和有效性[121]。无人机系统与操作员物理分离的事实产生了独特的问题,并且难以保持高度的态势感知。这种系统必须通过将不同程度的自动化和自主性纳入设计中来进行补偿,以便减轻隔离的传感器和降低的态势感知的影响。

人–无人机接口必须考虑以下几个关键的因素[97]:

1. 小型无人机的动态性要求支持无人机自主性界面,使无人机可供许多用户使用。

2. 许多用户,特别是业余爱好者,几乎没有飞行无人机的经验,并且可能因为无人机的多自由度而混淆和迷失方向。

3. 如果用户失去了对无人机的控制,则可能很快就会导致无人机的损坏或破坏。

4. 由于无人机可以远离操作员飞行很远(这取决于环境的可访问性),因此在发生碰撞时无人机可能无法恢复。

5. 每架无人机都需要持续维护。这包括物理维护(例如叶片更换和例行服务检查)以及固件更新,电池也需要定期检查。

1.4 案例研究

随着应用的不断发展,无人机市场有望迅速发展。无人机具有各种各样的形状、尺寸、功能和配置方法。随着新技术和程序的引入,预计**国家空域系统**(NAS)将在未来几年内发生重大变化[36]。本节的目的是概述自主飞行技术的广泛潜在应用:灾难响应、执法、搜索和救援、环境保护、地质应用、通信、娱乐等。私营公司现在正在投资并提供摄影测量产品,主要是**数字表面模型**(DSM)和基于无人机的航拍图像的正射图像,因为它具有使用可变尺寸、小质量和高地面分辨率无人机的可能性。一种可能的应用是监测可能难以观察的大面积区域,这可能是受到地形或负面环境的影响。问题和局限性仍然存在,但无人机依然是各种应用中成像数据的有效来源[88]。从理论上讲,这些选项也适用于卫星,但是有一些重要的限制。卫星传输的带宽是有限的,因此使用卫星传输很昂贵。云还会遮挡图像,从而延迟监控。但是这不会限制无人机,它们可以在云层之下很容易地实现无线数据传输;另一个优点是,由于高度较低,因此可以创建更好的特写镜头[107]。无人机可能需要观测感兴趣地点,以及执行监视、监控、分发、覆盖等任务,在这种情况下,一个挑战是设计一种策略以分配和调度对广阔地理区域定义的服务或目标需求[24]。

定义 11 调度是一个时间表,其中每个任务都有特定的开始时间、结束时间或两者兼具。

人口稠密地区或农村的非详尽案例研究清单在民用无人机能力中介绍。

1. 展示、交流、宣传和娱乐

2. 渔业和农业管理

3. 地形、测绘、地理和地质应用

4. 基础设施的检查和监视/安全监测

5. 天气和气象

6. 房地产

7. 环境保护

8. 安全和国土安全

9. 危机管理、搜索和救援以及灾害响应

10. 物流、运输

可以考虑不同的操作方案。

1. 在人口稠密地区之外进行日间飞行，距离飞行员应不到1km。

2. 在人口稠密地区进行日间飞行，无人机在飞行员的100m范围内。

3. 分析故障模式和影响，以及减轻相关风险的方法：推进系统的部分或全部损坏；失去外部导航系统，如全球导航卫星系统（GNSS）；伺服执行器损坏；失去指挥和控制逻辑；丢失高度计；失去链接命令和控制。

具有智能功能的无人机的范围为从大型飞机到微型机器人，运营成本通常很低，但是任务能力可能很高[43]。操作员必须掌握与无人机位置有关的信息。无人机应配备能记录关键飞行参数的装置，以便分析最后几分钟的飞行时间。自动装置可防止无人机超过最大高度（虚拟天花板）。主要功能包含自动驾驶仪和手动操控、GPS导航、通信链路、机载计算、电力和电气、机载摄像机、有效载荷传输和地面站仪表这些航电设备。关键系统包括自动驾驶仪、机载计算机、配电系统、成像软件、任务管理和有效载荷传输系统[6]。

无人机大小、有效载荷、操作范围和操作模式通常是用户定义的主要标准[111]，请回答以下问题：

1. 要调查的区域是多大？

2. 无人机需要操作的飞行高度是多少？

3. 需要什么样的摄像系统和摄像机安装系统？

4. 该地区是否有第三方人员？

5. 是否存在其他物理障碍？

6. 有哪些起飞/降落空间？

1.4.1 工业应用

工业场所通常包含难以进入或对人类有害的区域和设施。无人机对于监控可用的基础设施非常有用。无人机可以降低运营成本，执行监控流程，并可用在人无法值守检查的情况下。无人机已经在许多工业领域中使用。除了降低成本，无人机系统不会对机组人员造成危害，可以在更恶劣的天气条件下飞行，并且对邻近区域或动物来说不那么突兀。携带光电和热成像有效载荷的无人机在执行监控任务时，悬停飞行是必要的，并且有效的数据必须实时提供给操作员并记录。

无人机有望改进维护并用于检查，检查分为两种主要任务类型。

1. 当地现场检查，在视线范围和150m高度以下由当天多机执行。

2. 远程公用事业检查，机队可由飞行高度近150m的超视线范围固定翼无人机组成，其中可有一些经认证的无人机在较高海拔（可能在300～3000m之间）位置上运行。

1.4.1.1 基础设施监测

检查和监测油气管道、道路和发电电网对于确保这些民用系统的可靠性和预期寿命非常重要。基于视觉反馈的无人机可用于监测道路、高速公路和运河。无人机上使用的摄像机跟随结构主要有两部分[100]：基于视觉的结构检测和控制无人机跟随结构。实时视觉传感器允许无人机与环境进行被动交互，这是其他传感器无法完成的。凭借这种能力，无人机可为许多后续的建议应用提出更实际的解决方案。

电力线路监测 无人机系统可以通过安装的所需传感器（超光谱）和摄像机（热和红外）进行电力传输线的监测，以检测电力传输设备上的缺陷、故障和毁坏。监控电力线路廊道对电力可靠传输至关重要。树木和灌木常常在廊道中形成障碍并对电线构成风险，因此公共事业公司需要仔细检查树木在电线廊道中或靠近电线廊道的位置和方式。管理风险的需求促使通过电线廊道收集数据和识别感兴趣的物体，以评估风险水平并指导现场工作人员在廊道中清除植被。遥感是在电线廊道中进行监测的一种特别有吸引力的解决方案。实际上，航空器已经在电线检测中长期使用[74]。传统上，在丘陵或山区，使用载人直升机进行电力线路的空中检查是一项昂贵且危险的行为。旋翼无人机非常适合电力线路的检测。无人机需要在结构周围近距离飞行，因此有发生碰撞的风险。无人机操作员需要在视线之外进行检查，如远距离检查电线，这时问题就复杂得多。电线检查任务还要求无人机达到目标或多个子目标，例如访问已粗略调查过的一组输电塔。由于环境中障碍物的精确位置有时是先验未知的，因此无人机需要根据目标检测这些障碍物，并修改规划路径[61]。

电厂监控 燃煤火力发电厂的锅炉单元就是危险区域的一个例子。为了降低工人的工作风险，设计者在设计之初就增加了全方位的防范措施。此外，通常需要安装脚手架，以便检查难以到达的部分。这些措施将导致工厂大量停机并遭受巨大的经济损失。无人机几乎可以进入任何区域，并且不受铁磁表面的限制。然而，飞行系统的使用带来了许多挑战，例如有效载荷能力有限及计算资源有限，在没有 GPS 信号、高质量**惯性测量单元**（IMU）等设备的情况下如何了解可靠的无人机状态或运动估计。通过关注预先设计好的区域轨迹，操作员可以自动获取图像组并进行视觉检查。在这方面，该自主性系统使大型结构建筑检查及远程区域检查成为可能。此前，在封闭或无线电接收设备受损的情况下该项工作几乎无法完成[89]。

石油和天然气应用 管道在石油和天然气生产过程中起着关键作用，因为它们用于提供相对便宜和更加快速的运输原油或精炼产品的方法。与**地理信息系统**（GIS）相结合的航空与卫星遥感测量有助于评估管道风险，以确保管道设施的安全[106]。**数据采集与监视控制系统**（SCADA）的部署使得实时监控原油在设备间运输时的流量、压力和温度变成可能。当检测到压力下降时，系统将通知操作员并自动向该管道流动站的操作员**发送检查请求**（RFI）。操作员起动无人机，并使用飞行控制器将其引导至该位置。当无人机移动至可疑活动点时，将提供**管道通行权**（ROW）的视频反馈。管道网络将被分成由处理设备控制的一些广域区域，例如集油站的区域大小由位于这些站点的无人机的运动范围来确定。该系统提供了导致压力下降的准确信息[62]。无人机与单个区域大小的选择是以缩短无人机到达关键位置所需飞行时间为标准的。例如，可以通过缩小单个区域的范围以缩短无人机的飞行时间。无人机拍摄的图像或视频记录实时地传送到地面控制中心，使操作员能够判定管道的状态，并在管道发生事故时部署适当的响应。机载摄像机应具有通过地面控制中心进行平移、倾斜及变焦的功能。除此之外，这些摄像机还应具有热成像功能及夜视功能，以便无人机在夜间采集数据。无人机也可以将飞行计划及路径预编程到机载控制器中以进行常规监控。例如，通过对无人机飞行路径的预编程，可以实现无人机沿着一条特定路径飞行并捕获沿途的视频信号[93]。

基于数据融合和评估过程，远程监控系统必须能够识别威胁管道的对象及情况。就性价比而言，它必须至少与目前使用的方法相同甚至更好[60]。对于远程操作，无人机在自动驾驶模式下作为一个配备 GPS 及惯性传感器的远程系统，可以同时发送并接收来自地面操作员的信号[110]。

改进石油管道基础设施风险管理能力的决定为油气管道风险管理引入了一套新的决策方法。该方法是基于风险的决策支持系统，使用**多准则决策分析**（MCDA）框架，有效地减少了检查所花费的时间。这被陈述为携带管道损伤检测传感器的无人机监测轨迹设计问题。无人机从基地自主飞行，并且它们的移动不受管道限制。从形式上来看，使用多架无人机监测输油管道的问题可以看作基于多个移动智能体的联合标准函数的最优化问题[92]。

1.4.1.2 光伏组件监控

光伏发电（PV）经过近10年的快速扩张之后，该行业最重要的开放性问题之一是找到适当的检测方法来评估光伏电站的实际性能和故障。大规模的光伏发电区域监测与性能评估是十分困难的[119]。由于光伏组件是影响整体系统性能的关键部分，因此人们担心该部分可能会发生任何类型的故障。天气条件肯定会影响系统性能，即使在短期内也会使光伏组件出现各种故障。太阳辐射和温度是光伏组件使用寿命降低的主要应力因素。其他天气和环境条件（例如风、冰雹、雪、灰尘和许多腐蚀性气体），可间接地增加和减少上述两个主要因素带来的影响。监测光伏电站的概念是指使用无人机系统来运行和维护光电伏站。为此，可以选择一些热成像摄像机和可视摄像机作为光伏组件的扫描工具进行监视。无人机现场监测光伏阵列具有成本低、覆盖面积大、图像精确、可在恶劣环境下工作，以及检测时间相对较少等优点。

在对太阳能光伏组件进行监测的过程中，可以利用小型无人机对光伏发电厂进行联合检测，并利用GPS寻找最佳路径图。通过在无人机上安装检测光伏组件表面高温区域的热成像与红外摄像机可快速可靠地执行监测任务。因此，可以采用热成像技术来检测不同模块的缺陷。发电设备的检查一般可以通过多种设备来完成。通常，光伏系统的监控可以通过高精度光电传感器与高分辨率红外摄像机来执行。实际上，上述这些装置可检测光伏组件中受热点影响的温度区域。检测设备有助于在模块老化之前发现缺陷和故障，并根据该领域内专家工程师推荐的解决方案解决故障以及减轻光伏组件的老化。热成像分析可以了解光伏组件表面的升温速率，这种检查方法通常在光伏系统工作期间进行[58]。分析和可视化相似物体的差异对于扫描对齐、标称/实际值比较、表面重建来说很重要[96]。

1.4.2 土木工程

结构健康监测（SHM）是维持基础设施稳固的关键组成部分。随着城市的扩张与发展，兴建了大量桥梁、水坝等基础设施，相关部件的老化增加了对常规结构完整性评估的需求。几十年来，已开发出各种传感器和传感系统来监测和评估结构的安全性。结构健康监测是土木工程中必不可少的组成部分，主要用于建筑物、桥梁、发电厂和隧道等土木结构的安全性和完整性监测。同时，先进的传感器和机器人技术极大地促进了基础设施系统的自动化施工[83]。通过将获取的图像与视频处理成三维模型，无人机可以对施工现场进行勘察，监测正在进行的工作，创建安全文件，并检查现有结构，特别是人类难以到达的区域[20]。也可以使用**建筑信息模型**（BIM）作为先验信息，把收集的数据转换和可视化为可操作的性能信息。机载图像监控程序的作用如下所示。

1. 从项目网站的视图中收集相关图像或视频。
2. 分析它们是否有先验的信息模型，以推断施工期间出现性能偏差的原因。

3. 监测正在进行的生产及操作安全。

4. 描述目前民用基础设施系统的情况。

5. 为现场及非现场项目参与者描述并展示最新的项目开发动态。

无人机可以提供在建项目或民用基础设施现有状态的准确性能信息，并将项目或相关设施现场收集到的数据以图像及视频形式发出[59]。从无人机上获取的图像序列具有如下特征：摄像机是移动的，距离物体较远，摄像机轴与地面之间的角度非恒定。因此，必须开发特定技术来分析其内容。例如，可以提取光度与几何特征，以对图像中的建筑物与非建筑物进行区分。有效地利用遥感数据的多个特征（包括光谱、空间和多时间信息），对提高图像分类的准确性是尤为重要的[122]。

1.4.2.1 三维建筑成像

准确的三维重建已成为非传统地图应用的必要条件。如果低成本的数码相机、激光扫描器和导航系统在硬件和软件级别已正确集成，就可以提供准确的制图服务。无人机已成为一种移动测绘平台，并具有一定的经济及实用优势[81]。旋翼无人机能够使用数码相机进行摄影测量数据的采集，可以在手动、半自动和自主模式下进行工作。对于典型的摄影测量管道，可以使用合理的自动化方式生成三维结果，如**数字表面模型**（DSM）或**数字地形模型**（DTM）、等高线、纹理三维模型、矢量数据等[101]。创建三维模型的过程包括以下步骤：

1. 制作初步地图；

2. 确定特征及特征点；

3. 确定匹配点；

4. 组合后续图像；

5. 图像坐标的规格；

6. 创建三维模型。

地区的气候与环境对扫描和生成三维模型所需的时间有直接影响[41]。三维建筑模型的质量与使用时的优化情况、飞行稳定性、电子设备的效率直接相关。当在无人机上放置上述诊断设备（摄像机等）时，应考虑机器重心偏离其设计位置带来的影响，目的是产生无噪声的控制信号[23]。

1.4.2.2 屋顶保温检查

配备高分辨率热成像仪的无人机可以显示建筑内温度的变化，并以图形方式描述能源效率低的情况，以及检测屋顶或其他地方的湿式保温[125]。可使用热红外摄像机进行屋顶检查以检测及定位湿绝缘区域。这种非接触式和非破坏性方法提供了一种快速、准确且廉价的方法来定位湿绝缘区域和潜在的泄漏区域。无人机利用机载热红外摄像机对屋顶进行探测以产生可用图像，这时需要考虑的两个重要图像规范是热灵敏度和图像分辨率。热灵敏度或**噪声等效温差**（NETD）是热成像在存在电子噪声时可以检测到的最小温差测量值。热灵敏度越低，热成像图上的细节越多，噪点越少。高灵敏度（低 NETD）的热成像显示更多的温差，因此有更多的图案。图像分辨率对于从远处捕捉清晰的图像很重要。当从更远的距离观察屋顶时（例如在天桥中）则需要高分辨率。

无人机财团（PDC）是一家由保险公司、行业领导者与支持企业组成的合作公司，与美国国土安全部科学技术局签订了**合作研究与开发协议**（CRADA）。该协议利用各方的知识库、能力和资源，促进公众对无人机系统用于公共安全事务的理解。无人机系统采集的数据可供第一响应者以及其他财产、结构保险公司和所有者使用，以寻求评估损害并采取相关补救措施，如向受害者提供援助、快速评估索赔和紧急维修。

1.4.2.3　桥梁检查

虽然桥梁只代表国家基础设施的一部分，但它们仍然是一个关键因素。其大多数结构都需要定期目视检查。除了规范检查程序和检查员资格外，桥梁检查指南还对评级系统进行了标准化，以量化3个主要桥梁构件的各种结构健康水平：桥面、上部结构与下部结构[80]。结构检查是一个漫长的过程，需要大量人员和各种专业设备的参与。因此，对更好解决方案的需求催生了基于无人机的结构检查。使用专用软件对无人机获得的图像及数据进行后期处理，并考虑文丘里效应，重建结构的虚拟模型。尽管基于无人机的结构检查取得了进展，但仍有一些挑战需要解决。例如，无人机沿着结构进行导航和飞行是一项重要挑战，包括围绕整个结构飞行的轨迹规划。无人机执行结构检查任务的固有性质意味着要有不同领域的相互作用，包括无人机稳定性和控制、导航和避障、无线通信、计算机视觉等。在这些任务中，资源优化以及风险和操作成本最小化是无法避免的基本问题[20]。这里可以应用多种技术，例如势场法、单元分解法、路径图法、快速探索随机树法、混合整数线性规划和各种基于网络的方法等。

1.4.3　安全保障

无人机为其他昂贵的设备提供了经济有效的解决方案，可以为当地公共机构提供巨大的投资回报。本节的目的是介绍无人机如何在危险的公共安全情况下使用，以及无人机对公共安全组织的价值和启动公共安全无人机业务的挑战和回报。这些需求创建了3种常规任务类型。

1. 通过现场操作多旋翼无人机执行日常侦察任务。

2. 未来技术升级后，在超出视线范围且高度在150m以内执行远程侦察任务。

3. 具有较高飞行高度（如超过150m）的侦察无人机可用于边境安全检查、海上监视和环境保护等作用。

1.4.3.1　交通监控

无人机在安全保障任务中一个有希望的应用是加强交通监管系统。目前，交通监管系统已被广泛部署且已成为**智能交通系统**（ITS）基础设施的重要组成部分。尽管该系统很重要，但它在许多农村地区部署较少，只在特定位置存在且只能进行简单的交通计数，无法用于综合交通运营，这主要考虑到成本与效益的影响。在这方面，无人机提供了一种经济有效的手段来满足农村交通监管系统的需求。公路交通流量具有一定的动态性及不确定性，需要在可到达且偏远地区提供即时和准确的信息[104]。

拥塞监控　近年来，交通拥堵日益严重。人们可以通过收集交通状况的实时信息来改善对交通设施的控制及响应，从而有效减少出行延误，并通过缩短伤员获得救助服务的时间来改善医疗卫生状况。在特定的时刻，监控网络的最大价值仅来自监控网络中的一小部分。不幸的是，监控网络中价值最高的部分是不断变化且通常是未知的。例如，由于交通事故而形成车辆拥堵的位置取决于不可预测事件发生时的位置。传统的交通监管系统通过高密度地部署位置固定的探测器（包括摄像头），来保证整个交通网络在变化条件下快速响应的能力。当需要这些固定探测器范围以外的信息时，需要进行人工评估[26]。

美国国家交通流量遥感联盟（NCRST-F）　已经认识到利用无人机提供**鸟瞰**和运输作业的快速响应是一种成本较低的方法。在无人机交通监控中收集的有用信息，包含车辆的车道变换频率、车辆平均距离、重型车辆的数量、事故类型、车辆轨迹和类型。尽管可以使用环路检测器，但它们仅提供本地信息，不能提供诸如车辆变道之类的细节。另一方面，配备摄像机的无人机可以提供高速公路的全局视图和相关信息，增强了道路的实时监控能力。此外，无人机比有人驾驶飞机更具优势。例如，无人机可以在较低的高度飞行；在天气条件不适合有人驾驶飞机飞行时也可使用无人机。该类应用在通过无人机收集信息时应解决两个问题：让道路保持在摄像机的视野中；处理图像并收集相关数据[99]。

通常，无人机捕获的交通数据中包含的信息要比传统监测系统获得的复杂得多。无人机视频不仅包括交通流平均速度、密度和流量等传统数据，还包括每辆车的水平数据，例如车辆轨迹数据、车道变化数据和道路上的汽车跟踪数据。另外，无人机拍摄的视频帧中包含多辆车，且视频的帧率非常高，因此待处理的数据量将非常大。考虑到这些特征，数据收集、还原和分析被视为在传输中大数据分析的重要组成部分。必须解决的问题包括物理层问题、通信问题和网络层问题[112]。

该项目在参考文献[95]中提出，作为无人机在遥感和多式联运中使用的案例来研究。该项目的主要目标如下所示。

1. 开发可靠的软件和硬件架构，包括用于无人机自主控制的协调和反应组件。

2. 开发感官平台和感官解释技术，重点放在主动视觉系统上，以实现感官数据处理的实时约束。

3. 开发有效的推理和算法技术，以获取与操作环境相关的动态及静态的地理、空间和时间信息。

4. 开发计划，预测和记录识别技术，以指导无人机并预测和处理地面车辆的行为。

5. 基于复杂环境和功能的仿真、规范、项目、验证技术以及建模工具的开发。

驾驶行为监控　在驾驶行为研究中，还需要详细准确的车辆轨迹数据。驾驶行为模型捕捉驾驶员在不同交通条件下的机动决策，这是微观交通仿真系统的重要组成部分。与传统的交通监管系统相比，通过无人机捕获的图像检测和跟踪车辆具有一定的挑战。首先，无人机监视平台上的摄像机频繁变化。因为无人机上的摄像机在视频录制过程中可能会旋转、移动和翻转。此外，由于风的波动也可能会突然震动，这可能引起车辆跟踪中的负面影响。另一方面，在驾驶员行为研究模型（例如汽车跟随和车道变换模型）中需要每辆汽车的精确轨迹数据。缺少汽车数据和跟踪错误可能会影响模型参数的准确性。因此，高分辨率的图像对于在车辆检测和跟踪过程中进行精确计算车速和横向位置至关重要。车辆识别方法可以分为光流和特征提取匹配方法[123]。异常驾驶行为已被用于识别**酒后驾驶**（DWI）并防止相关事故的发生。目前，执法人员依靠视觉观察来检测此类行为并识别潜在的酒后驾驶员。然而，这种方法受到人为错误的限制，并且仅限于小范围内的车辆。为了克服这些限制，无人机可用于监控驾驶行为，以防止事故和提升公路安全，并有效、及时地检测和分析高速公路上的危险驾驶活动。执法人员常常使用这些不良行为来识别**美国国家公路交通安全管理局**（NHTSA）在2010年总结的潜在酒后驾驶员。为了观察8种潜在的不良行为，必须确定并量化6个关键指标。这些关键指标包括车辆ID、速度、前进距离、车道变换频率、车道变换时间及加速度。因此，计算这些关键指标是确定计算机视觉算法并量化不良行为的首要任务。计算6个关键指标需要车辆相对于车道线的位置以及通过视频帧对车辆进行识别及跟踪[126]。

1.4.3.2　核、生物和化学事故

核、生物和化学（NBC）事故是有人和无人系统合作的另一个例子。在灾后恢复项目中，通常需要对人们难以到达或不可能到达的区域进行绘制和量化放射性元素的污染量。此任务是机器人系统的理想应用场景。特别是，无人机提供了一种有希望的通用解决方案。无人机项目可用于应急响应时事故现场的放射性调查，也可对核反应堆外壳的结构进行检查。然而，无人机平台在核现场难以使用。因为无人机通常依靠 GPS 来实现稳定性并对其进行控制，而在金属包层建筑物附近或其内部 GPS 是不可靠或失效的。无人机捕获的数据对污染情况的定量测量也很困难的[109]。

在另一个紧急侦察案例中，无人机应飞入有毒的云中并带回污染物样本进行分析。由于人类操作员不希望靠近事故现场，因此无人机需要具有长时间飞行及抵抗强烈逆风的能力[54]。它要估计大气中气源产生的烟羽浓度，来源位置的检测有与环境以及搜索和救援任务相关的多种应用。实时的烟羽浓度估计使定位气源位置及部署烟羽产生不利影响的对抗措施成为可能[39]。在气体运输模型的帮助下，可以使用烟羽区域中的固定、表面或空中传感器来解决烟羽估计问题。该程序使用指定位置处的初始假设来测量浓度和气源位置以构建可能的气源定位图。传感器移动控制是通过收集传感器的测量值来支持同一个检测的，例如环境测量。当传感器安装在无人机平台上时，最重要的是规划传感器路径以实现无人机的低工作时间或低能耗，并可以在非结构化动态环境中躲避障碍，或高效地收集目标信息。

1.4.3.3　地雷探测

无人机显然适合在雷区使用，且不会在执行任务期间触发地雷。空中探测系统的功能如下所示。

1. 基于图像拼接法进行地形绘制，并生成覆盖地形的马赛克图像。
2. 实时地检测类似地雷的物体。

对于排雷任务来说，无人机的导航控制对于实现更安全的地形测绘和精确侦察至关重要。参考文献［27］中提出了使用经济实惠的航空系统，其中包括以下传感器：CMOS 摄像机、GPS 和 IMU、基于人工视觉方法探测部分掩埋的类似地雷的物体、利用地雷的 GPS 定位创建地形的地理参考地图，该系统需要：

1. 通信驱动器。它在无人机和基站之间无线传输导航、传感器及控制数据。
2. 处理飞行控制的导航系统。该系统为视觉马赛克模块提供摄像机和 IMU 数据。
3. 视觉马赛克通过组合摄像机捕获的多个摄影图像来构建全景图像并生成覆盖地形的地图。
4. 利用图像识别方法实时地检测部分掩埋的类似地雷物体。
5. GPS 数据。根据 GPS 信息启用检测到的地雷的地理位置。

视觉算法用于分析图像并确定是否已找到地雷，该算法可以通过分析从无人机底部摄像机中获得的图像来开发。

1.4.4　环境应用

使用配备简单环境传感器的无人机进行数据搜集是安全且划算的。无论应用程序中使用的无人机数量如何，使用无人机考虑的关键因素是如何定位它们以便从其位置或路径上获得

有用的信息。**动态数据驱动应用系统**（DDDAS）提供了通过由传感器获得的实时数据来高效定位 UAV 的手段。在数据动态地输入运行的应用程序时使用应用程序来引导测量过程（例如，环境模拟），DDDAS 框架被驱动。DDDAS 框架广泛用于野火模拟、空气污染物识别和天气预报。DDDAS 是一种系统级方法，在许多现象中可获得良好的仿真模型[94]。

1.4.4.1　地理参考

今天，大量的地理传感器正在运行。可用的地理传感器包括从简单的静态传感器到捕获任何物理现象的传感器（如温度或湿度），以及安装在无人机系统上的复杂传感器。通过捕获的实时近距离图像，地理传感器的应用场景包含自然灾害（如地震）后的决策支持，以及无人机系统的虚拟驾驶。利用小型无人机系统捕获的视频流可以实时地集成到虚拟地球技术中。有两种不同的集成方法：一种称为增强监控，另一种称为虚拟监控。增强监控方法支持任意地理对象的实时绘图，并使用协作框架在众多虚拟地球客户端之间共享此信息[44]。

另一种解决方案是将最先进的协同虚拟地球技术与先进的地理空间成像技术和无线数据链技术相结合，支持在可扩展的操作范围内实现数字视频、高分辨率静止图像、任务控制数据的高度可靠传输[85]。获取的视频数据可以通过使用无人机平台上的控制数据直接定位或者使用综合定位方法获得实时地理坐标。在增强监控或虚拟监控场景中，带有地理参考的视频流在虚拟地球内可以直接被利用。

1.4.4.2　地球观测和制图

其主要目标是为用户提供领土的俯视图，而无须借助更昂贵的典型航空摄影测量。该系统旨在收集用于绘图和土地监测的数据，这是完善现有的以陆地为基础的移动制图系统中较为艰难的任务。根据参考文献［30］中提出的项目规范，无人机可勘测有限范围内的区域，如露天煤矿、小河流、耕地，也可以监测土地演变和地形形态的局部变化以及排查非法使用土地资源的情况。现阶段，已经开发了几种用于采集摄影测量数据及地形或物体建模的无人机。例如，已开发的系统将激光扫描仪和数码摄像机与 GPS 和惯性导航传感器获得的数据集成在一起，用于构建数字表面模型。无人机可以携带不同的摄像机系统，如微型、中型和全景式摄像机和摄影机[29]。

自 2000 年以来，无人机在摄影测量中的应用已经变得很普遍。这种情况得益于低成本的**全球定位系统/惯性导航系统**（GPS/INS）的普及。现阶段，可以获得空间精度在厘米内的地理参考产品。与基于**全球导航卫星系统**（GNSS）测量或从航空/卫星平台上获得图像的传统方法相比，无人机系统可以在不损失精度的情况下降低成本[78]。处理**摄影测量数据**需要从无序的、重叠的航空图像集合中生成有地理坐标的三维点云。

定义 12　**运动结构**（SfM）根据图像特征之间仅给出稀疏的对应集合来估计来自多个图像的三维点位置。虽然这个过程通常涉及同时估计三维几何（结构）和摄像机姿态（运动），但它通常被称为运动结构。

给定刚性结构中 4 个非共面点的 3 个不同的正交视图，与 3 个视图兼容的结构和运动是唯一确定的。现有的 SfM 算法自动提取图像中的特征，例如，轮廓线、边和特征点。

震后响应　地震是造成巨大破坏的自然灾害之一，其会损坏房屋并导致大量人员伤亡。对于城市中拥挤地区的应急物流系统设计，无人直升机是多模态网络中进行救援分配的合适载体。地震发生后，对于救援人员未打通的受损道路，无人直升机能够将水、应急物资以及医疗包转移到受灾地区。如今，设计一个可以检测破坏和伤亡并将特殊需求品运送到灾区的自动系统是非常必要的。经过初步估计之后，无人直升机可以飞往地面救援队无法到达的地方，并运送急救物品与急需物资。完成工作后，无人直升机返回急救中心，补充相关物资后飞往新的受灾地区。不同的受灾地区必须根据受灾状况与受伤人数进行受灾等级划分。受灾信息可有多个来源，如平民手机、救援人员、警察报告、社交媒体、建筑物运动监测系统、卫星监测和无人直升机监控系统。**数据分析中心**（DAC）必须分析数据，以便能够区分受灾的位置和情况、伤害的优先级、每个位置急需的物资、到急救中心的距离，以及交通拥堵或道路破坏等道路状况。最终报告必须指明一个顺序，其中包括事件的位置、所需商品的类型及数量。此类报告还必须发送到一般地震响应中心，该中心将把援助人员和商品运送到受灾地区，并控制整个响应活动[86]。

山地风险 雪崩是覆盖在陡峭山峰上的积雪量发生变化的固有后果。虽然雪崩是罕见的自然灾害，但它仍是冬季死亡事故发生的重要来源，并在全球范围内引起严重的基础设施损失。因此，雪崩研究是风险研究，通过试图了解在时间、空间上的雪崩信息以及气象学上触发雪崩的因素可降低雪崩带来的风险。传统上，雪地特性的现场测试、雪崩活动与其动力学的现场勘察以及两者的建模被用于研究雪崩的形成。遥感技术能够对不同空间尺度的雪崩进行客观、安全和空间上的连续观测。今天，通过可探测多种波长的传感器平台可以检测雪崩和积雪的相关过程。无人机就是可选择的平台之一[38]。如果雪崩发生在崎岖的地区且跨越较大范围，则搜索幸存者是资源密集且耗时的。随着解救时间的延长，生存率迅速下降。超过一半的雪崩受害者在地面只被部分掩埋，即受害者是可见的。参考文献［14］讲解了使用旋翼无人机进行山区搜救行动的可行性评估。

在瑞士，每年约有 3000 人失踪。有些人患有失智症，有些人则在回家的路上迷路，有些人在外出途中遇到健康问题。目前，救援人员和警犬队通常在地面进行大范围搜索。现在，**瑞士民用无人机联合会**（SVZD）通过使用配备热成像和夜视摄像机的无人机，给相关人员提供搜索区域内的航拍图像。通过使用无人机可以更加容易且快速地在困难、陡峭或广泛的地形中进行搜索。

1.4.4.3 大气监测

在文献［40］中描述了一种能够在恶劣气象条件下进行现场气象勘察的无人机，它旨在测量雷暴中存在的电场和 X 射线。无人机和地面管理中心之间的无线电实时传输保证了生态监测系统的运行。无人机的高稳定性和良好的处理性能保证了基于有限的点进行大范围环境参数的复杂监控系统的开发[34]。

在全球变暖的情况下，对工业排放气体进行采样是非常有用的。此功能下使用的无人机不需要具备长距离飞行与长续航能力。随着保真度的提高，人们可以几乎实时地模拟大气现象。将机载自主传感器与环境模型相结合，可以收集到检查大气基本特性所必需的数据。小型无人机系统在中低海拔地区运行的主要挑战是航程与续航能力以及恶劣天气下的飞行。通过集成的传感器和模型与低水平的自动控制系统相结合，无人机可以检测中尺度的天气特征并避免出现飞机性能降低或遭受不可接受风险的情况。未来机载采样和监视任务的主要挑战是在复杂的大气条件下如何通过无线通信网络紧密集成物理和计算资源。物理资源包括传感器平台、移动多普勒雷达和无人机、复杂的运行条件、感兴趣区域或目标。自主操作需要通过分层无线通信连接的分布式计算来运行。大气模型可以增强机载决策和协调算法，这些模型都是以物理模型为基础，并由多条输入信息推导而来的。最后，风场环境驱动了计算和物理系统之间的强大交互，以改善系统适用范围及耐久性。文献［53］中描述了能够在复杂大气条件下执行持久采样和监视的**能量感知空中动态数据驱动应用系统**（EA-DDDAS）。EA-DDDAS解决的主要挑战包括将基于传感器处理的信息更紧密地集成到在线预测工具中，在利用可用风能的规划环路中使用这些工具，并且通过更高的自主学习能力改进了机载能量状态估计。

1.4.4.4　野生动物评估

无人机可使蚊虫传播媒介控制过程中的关键步骤实现自动化，比如**室内残留喷洒**（IRS）、**室外残留喷洒**（ORS），以及通过**杀幼虫剂**（LSM-LC）控制幼虫来源。该项目的主要目标是在撒哈拉以南的非洲、南亚和东南亚、中美洲和南美洲的疟疾流行国家建立他们可负担且可持续的综合社会技术系统，使全球流行的疟疾得到控制、镇压、消除并最终消灭。目前在流行区域的室内和室外进行喷洒的最实用且经济的方法是使用手动背负式喷雾器。现阶段，正在研究基于多旋翼无人机控制蚊虫传播媒介的解决方案，以取代昂贵的（直升机和固定翼飞机）空中喷射、地面车辆喷射和背包喷洒[18]。

1.4.5　精准农业

精准农业是农场管理的一种创新趋势。无人机系统的应用为精准农业提供了显著的益处。精准农业应用地理空间技术和传感器（例如，地理信息系统、遥感、GPS）来识别该区域的变化并使用替代策略来处理它们。无人机用于精准农业有两种主要任务类型。

1. 长距离测量（主要由固定翼无人机执行），在海拔约150m处执行远程检测。
2. 应用远程轻载无人机在海拔50m以下精确喷洒化学品，如日本农业的现状。

例如，传感器可以实现检测田地变化的功能，此时同时可使用**变量技术**（VRT）和谷物场监视器及高位置精度GPS。基于无人机的高分辨率遥感技术可在植物病害检测和绘图等其他领域中应用[84]。

1. 用于土壤/农作物监测、预测和决策的空中和地面机器人平台
2. 日/夜连续运行低成本传感器的方法
3. 非结构化环境中的长期自主性和导航
4. 对长期自主性的外观和几何变化的感知（可能由季节和天气变化或新作物的种植引起）

在农艺学研究中，新的品种和产品需要在试验场进行测试，如新型除草剂测试、新型杀虫剂测试、新型杀菌剂或肥料测试。现阶段，这些现场测试属于劳动密集型工作，比如由经验丰富的员工每周进行一次叶子性状检查。在这种定性方法中，植物健康评估通常基于植物叶子的数量、大小和生长环境。基于光学卫星的遥感技术可成功地进行大规模现场测试。然而，1m²左右的普遍的小型试验地块以及具有较短重访周期的地块需要新的解决方案。农艺研究需要具有空间分辨率在厘米到分米范围内的高分辨率机载遥感功能[33]。载人机载平台受到操作高度复杂性和成本的限制。无人机系统的检测结果更精确且更具成本效益和灵活性。现阶段，无人机具有定位和感知能力，使其能够在自动或远程操作中执行部分机动动作，并收集在任务框架内确定的必要行动，这些行动可能在任务期间发生变化[52]。

备注13　商业和娱乐业无人机系统的用户应该意识到，在偏远农村及农业地区，有人驾驶的飞机在飞行时可能非常接近地面。执行农业、重建、执法、紧急医疗、野生动物调查行

动和各种其他服务的飞行员在低空域工作。在这些区域内控制无人机系统的操作员应该保持态势感知状态，与这些低空载人飞机和直升机保持安全距离。

FAA 咨询通告 137-1A[45]中提供了农业飞机运行认证过程的详细信息。使用**危险分类和分析系统**（HCAS）分类法，从**航空系统风险模型**中识别出危害。**美国国家农业航空协会**（NAAA）对使用无人机系统进行农业应用表示担忧，并且还向 FAA 报告了无人机系统许多潜在的危害[46]。基于航空系统风险模型的精准农业概念场景为整合与无人机系统、撒药飞机、运行和环境有关的社会技术危害提供了系统级框架。区域限定为避免空中碰撞提供了一种预防策略。区域限定是实现无人机系统自主性的一个重要部分，使用 GPS 来检查无人机系统是否在指定的运行区域内。

1.4.5.1　生物量检查

生物量估算对预测农作物产量至关重要。生物量等农作物参数经常用于评估农作物健康状况、养分供应与农业管理实践的效果。对于管理优化，**氮营养指数**（NNI）起着关键作用，而计算 NNI 需要生物量作为参考。估计生物量的方法是计算**近红外区域**（NIR）中的**植被指数**（VI），这里定义的范围为 700~1300nm。场光谱辐射仪通常用来收集用于计算的高光谱反射率数据，另一种方法是使用植物高度信息对生物量进行建模。在高时空分辨率下获得的植物高度信息是最有用的。通过三维点云导出的多时相**作物表面模型**（CSM）方法可提供所需的厘米级分辨率。由于高分辨率消费级数码摄像机的普及，可以使用无人机获得具有厘米级分辨率的**红绿蓝**（RGB）航空影像。同时，基于**运动结构**（SfM）软件的出现使得能够有效地创建三维点云和详细的正射影像。从而由正射影像计算出**可见光带 RGB**（VIRGB）。由于绿色植被中红色和 NIR 反射之间特征的差异性，因此**近红外 VI**（VINIR）被更广泛地使用。此外，在可见波段带中存在较小但显著的光谱差异，这是由生物化学特性（如叶绿素）引起的。通过对无人机采集的 RGB 图像进行作物监测，可以从同一数据集中获得 VIRGB 和植物高度信息，建议将两个参数结合起来以改进生物量估算[19]。

农作物生产　使用红外线和彩色摄像机通过作物颜色的变化来检测疾病的发生是可行的。一种单优种群落的例子是豆科植物和草类的组合，其中营养特性和生态振幅相互补充。单优种群落是拥有单一优势物种的生态群落。然而，为了该方法生效，需要通过实时地修改肥料的使用情况、害虫控制或成分校正进行监督和干预。使用卫星和航空图像虽然可以提供迅速且准确的动作，但却无法满足合适的时间分辨率，而无人机能够快速且廉价地提供关键区域的图像。参考文献［72］中提出的研究目的是探索使用配备**可见光**（VIS）和**近红外**（NIR）传感器的无人机获取的航空摄影的可能性，以及植物成分和 3 组豆－草混播的状态估计。文中分别对各个豆－草混播组中的相对份额进行取样和测定，并对取样点进行分析，显示各部分的份额。尽管无人机的使用展示了其对 3 组豆－草混合播种植物的组成和动态状态进行估计的潜力，但相关的数据管理与土地覆盖测量的解析也是非常重要的。

小麦图像的正交拼接　获取作物和杂草空间信息的最成功方法之一是对遥感图像进行处理、分类并将其划分为一系列子图，再根据特定杂草的出现进一步调整应用。使用远程图像绘制杂草生长图的两个最重要的变量是图像空间分辨率和作物与杂草的物候期。关于物候期，考虑到杂草，晚季杂草检测图可用于设计**现场特定杂草管理**（SSWM），即季节性出苗后除草剂处理或后续年份出苗前的处理。考虑到杂草侵袭出现在每年相对固定的时期，因此，区分杂草不同的物候期可以减少除草剂的使用并减小成本。在大多数杂草控制情况下［包括**早期的特定杂草管理**（ESSWM）］，通常需要在作物的早期生长阶段控制杂草。无人机拍摄的高空间分辨率图像已被证明具有监测农艺和环境变量的潜力，捕获大量拼接在一起的重叠图像可以产生一个能准确表示整个工作区域的正交图像。因此，必须获取**地面控制点**（GCP）以确保拼接过程的准确性。由于使用卫星或驾驶飞机在早期生长阶段对小型植物进行辨别有很大局限性，因此通过无人机获取图像并对图像进行正交拼接的方法正成为早期管理特定场地内杂草的重要工具。飞行高度的微小变化对于低海拔区域内的图像采集是至关重要的，因为这些变化会导致正交影像的空间分辨率产生重要差异。此外，飞行高度的降低减少了单个重叠图像所覆盖的区域，这意味着在获得覆盖整个区域的正交图像过程中增加了图像序列以及图像拼接过程变得更加复杂[56]。

1.4.5.2　土壤监测

土壤监测对于最大化作物产量很重要。获取准确且实时的水资源状况、营养缺乏及虫害侵扰的地图使农民能够采取快速、有针对性的行动，最大限度地降低成本和环境影响。人工监测包括采集地面样本并估算随机点的土壤水分状况。对于大面积区域，这是耗时且成本较高的，此外，这也只能给出该区域的稀疏样本状况。成像和计算方面的进步使得光谱成像技术更加经济实惠。现阶段可以结合遥感技术，使用一种经济可行的方式对农业用地进行频繁的调查并由此获得高分辨率图像。基于无人机系统的**光谱成像**（SI）获取不同波长测量样本的空间分辨图像，并将它们组合成三维立体图像。获取高光谱图像数据的两种经典方法是波长扫描和空间扫描。两种方法的共同之处在于为了获取高光谱图像集合需要较多的测量时间。将图像序列拼接在一起并计算**归一化植被指数**（NDVI），同时对图像中的每个像素进行分类[35]。

1.4.5.3　林业

在自然资源中，城市森林非常适合应用小型无人机[103]。无人机为城市林业生产的产品可以使用在很多方面。城市森林管理目标取决于人类对树木周围区域的使用。空间树种调查对于人们了解如何使用城市森林并保证树种多样性非常重要。整个地区的树种多样性可以通过树种目录进行准确的辨认。使用无人机进行树种分析的间接好处是这些搜集到的航空图像可和今后的图像进行比较。由于无人机影像可重复获得，因此使得通过时空分析检测变化成为可能。现阶段正在规划使用战略上的起飞/着陆点，从而有效地利用地形和摄影参数。使用GPS建立大地地面控制点以辅助图像的空间参考。分析结果可以评估高度偏好、无线电连接、图像分辨率/细节和飞行参数。

在参考文献［116］中开发了**林业决策支持系统**（FDSS）以用于**短周期森林**（SRF）管理，FDSS将来自无人机的遥感数据与农作物动态生长模型相结合。无人机的任务是通过航空照片重建分辨率达2cm的人工林三维结构。类似的，还可以生成高分辨率近红外与归一化植被指数的冠层覆盖度图像。通过对这些数据的多时相分析及其在作物生长模型中的顺序同化分析，林业决策支持系统可以提供植物生态生理活动及可能发生的病虫害的准确信息与生物产量。

1.4.6　赈灾

自然灾害每天都在世界范围内发生，是影响人类生活和发展的重要因素。为了应对不同类型的自然灾害，制订可行的灾害管理技术和方法，了解灾害的性质、阶段和成分是非常重要的。当灾难发生时，需要解决的首要问题是保护人类的生命。在这种情况下，灾难发生后的 72 小时是最关键的，这意味着必须进行快速有效的**搜救**（SAR）行动。配备遥感仪器的无人机在灾害后为救灾工作提供了大量帮助。无人机的空中监视可以作为发现早期危险事件的重要途径。在危急时刻，机载监视系统是提供实时信息和协调救援部队的必要工具[124]。在无人机参与管理自然灾害的情况下，提出了三阶段使用周期。

1. 灾前准备注重在灾难来临之前的与检测相关的事件，包括基于阈值检测及安装**早期预警系统**（EWS）的静态无线传感器网络监测事件。

2. 灾害评估实时提供灾害期间的态势感知能力，并完成后期规划的损害研究。

3. 灾害响应和恢复，包括 SAR 任务。

每个阶段会对无人机施加一系列任务要求，各任务的持续时间不同，具有不同的优先级[42]。当无人机通过适当图像数据获取摄影测量数据时，可以进一步提高无人机在灾害研究和管理方面的能力。分析高分辨率图像并可将其用于生成灾害地图、密集表面模型、详细的建筑物渲染图、全面提升模型和其他灾害区域特征。然后再使用遥感技术或目视判读来分析这些数据，以协调救援工作，记录灾后建筑物的情况，检测建筑物受损情况，调查访问问题以及验证实验灾难模型。通过适当的元数据可以收集摄影测量中的高质量图像，这有助于快速创建由无人机影像衍生的地图。这些地图可用于帮助灾害响应工作，因为它们包含最新的空间信息[15]。

由于其性质极其多变，因此任务规划必须考虑到多种情景，包括任意的、未知的环境和天气条件。预先考虑任务期间可能发生的大量不可预见事件也是不可行的。在广域监视中，低空无人机监视可以覆盖关键区域或发生突发事件的区域。特别的，在通过其他途径检测目标需要近距离信息时，无人机必须进入目标位置收集现场信息。无人机仪表的发展使半自动甚至全自动的图创建功能成为快速响应的有力工具。

1.4.6.1 搜救

搜救（SAR）有多种形式，包括城市搜救、野外搜救、海上搜索等。每种形式都有相应的风险并对受害者及搜救人员带来危险。

城市搜救

定义 14　**城市搜救**（USAR）*被定义为定位查找的战略、策略及操作，并为受害者提供医疗和解救服务。*

USAR 是一个无人机有可能发挥作用的领域。在救援人员进入之前，它们可以确定一种处理搜救的方法。USAR 在倒塌建筑物的快速救援中至少有 7 个难点[113]。

1. 随着城市搜救任务的发展，为了获得最优方法和经验教训，需要对该任务的有效经验进行客观地评估和分析。

2. 救援技术包括伤亡情况评估、监测和解救工具的开发及优化。

3. 区域参与在专业救援协同和基于区域的第一响应者之间建立了协作关系，以实现专业知识和资源的平衡。

4. 信息系统能识别、收集和管理多个数据流并将其转换为信息，以便提供更好的高级规划和时间线态势感知。

5. 技术集成涉及最先进技术的验证和集成。

6. 危机管理是一个适应实际情况且可扩展的管理系统。

7. 可用预算影响购买，也影响系统和技术的快速部署和使用。从长远来看，它会对新系统和技术发展产生重大影响。

USAR 团队可以执行以下任务：在倒塌的建筑物中进行物理搜救；为被困者提供紧急医疗评估和护理；评估和控制危险，如燃气或电力服务；评估及加固受损建筑物[79]。人 - 无人机工作团队的任务是探索灾区，并提供足够的信息进行情况评估。人 - 无人机救援团队至少由一架无人机、若干名位于远程控制室的人员，以及一名或多名人类无人机操作员组成。该团队在地理上分散。无人机团队主要在参考文献 [68] 提出的领域进行部署。这个无人机团队包括：

1. 无人机操作员，在现场操纵无人机

2. 无人机任务专家，观看无人机视频流并指导无人机操作员执行任务

3. 保护无人机团队安全的措施

在部署期间，无人机任务专家主要与无人机操作员一起合作，为无人机操作员提供额外的视角。无人机团队随后对视频资料进行评估。从视频资料中获得的信息直接提供给国家消防总队，也用于随后的**无人驾驶地面车辆**（UGV）来执行任务。对于态势感知，这要求该方法能够将对于环境的不同看法整合起来，得到不同的观点和需求[69]。为了实现这一目标，无人机需要更多的自主性来感知环境并自主巡航。然而，灾区是环境恶劣的地方[70]。这为在城市环境中运行的无人机系统的持久性带来挑战。此外，灾区也无法保证无线电链路宽带的稳定性。移动系统在恶劣环境中运行时，计算资源和低质量传感器的有限可用性也对实现无人机自主性带来巨大挑战[117]。这些任务特性要求无人机在传感器和规划能力方面可以实现模块化且具有一定灵活性。无人机必须能够在非结构化的室内和室外环境中运行，例如倒塌的建筑物。导航系统必须能在没有外部辅助设备（例如 GPS）的情况下工作，因为无法保证其可用性。由于这种环境中存在局部风况变化的情况，因此无人机还必须提供鲁棒性的飞行能力。在城市灾区实现完全自主性的一个关键特征是机上处理和决策。搜索分配还需要无人机具有特定的任务识别功能。识别和定位人员、动物或物体（例如，地标、标志或着陆区）是 USAR任务的核心问题。

野外搜救 野外搜救（WiSAR）需要经常在道路崎岖的偏远地区搜索大片区域。由于地面搜索机器人在救援时需要面临搜索面积大且可能存在移动性受限的情况。因此，使用小型无人机为野外搜救提供搜索区域的航空图像是最佳的替代方法[57]。如果要成功实现广泛部署，辅助野外搜救的无人机需要具有可携带性、耐用性和操作简便性这些特点。这些要求增加了许多限制，包括由选定的特定无人机产生的限制；由人为因素（特别是来自最低训练要求）产生的限制；由所使用的控制装置施加的限制；来自手头特定任务的限制，包括进入已有团队结构的必要性。

路径规划的动机：在 WiSAR 的优先搜索阶段，无人机机载摄像机应在规定时间内覆盖尽可能多的重要区域，这时会产生以下问题。

1. 如何自动快速地生成这样的飞行路径？

2. 如何为无人机操作员规划直观、平稳、有效的任务，以减少工作量并提高搜索效率？

这些动机定义了无人机智能路径规划问题。这个问题有 3 个组成部分[75]。

1. 第一个挑战是找到合适的方法帮助 SAR 工作人员生成概率分布图，找出可能有失踪人

员的区域。在 WiSAR 的优先搜索阶段，基于地形特征、失踪人员的建档文件、天气状况和专家搜索者的主观判断来创建找到失踪人员可能地点的概率分布图。该地图是 SAR 操作的关键组成部分，因为事件指挥员使用此地图来分配资源，指导搜索和协调救援人员。首先应搜索概率高的区域，以期快速找到失踪者。这种概率分布图也可以使用在有人驾驶或无人驾驶飞行器上用于路径规划，从而促进有效的航空搜索。其次，自动生成的概率分布图有助于减少 SAR 工作人员的工作量。他们以生成的地图作为基础，增加地图以包含其他信息。系统生成的地图也可以减少 SAR 工作人员可能忽略的、应该分配更高概率的失误机会。最后，这个创建的地图通常有非常粗略的尺度，反映了各个区域的搜索优先级，但没有精确地表示期望的概率分布。

2. 确定了概率分布图后，第二个挑战是在允许的飞行时间内自动创建飞行路径。该地图可以作为 SAR 工作人员增加相关信息的基础，以包含其他信息。一旦概率分布图就位，首先搜索具有较高概率的区域，以便在最短预期时间内找到失踪人员。当使用无人机支援搜索时，机载摄像机应在设定时间内覆盖尽可能多的重要区域。具有设定目的地的路径规划能力还使得无人机操作员能够策略性地规划路径，同时让无人机自主规划路径。

3. 最后一个挑战是开发一个界面，使操作员能够更有策略地进行规划，而算法则使用允许的飞行时间作为控制参数来进行战术规划。

不确定性：搜索是排除失踪人员可能位置的过程，该过程具有一定的不确定性。通过识别**最近看到的点**（PLS）和旅行方向，通过找到失踪人员最近在某个区域内的迹象，或通过覆盖没有找到标志的区域，可以消除不确定性。地图是整个搜索区域的代表，但是操作人员观察到的是被机载摄像机拍摄的内容，其画面由无人机及摄像机的姿势所控制。在山区，由于天气和气象条件的突然变化，无人机使用受限的情况并不罕见。因此，在山区，为了尽可能减少无人机的飞行次数，使无人机单次获得的信息尽量多是非常重要的。通常，参与搜索任务的无人机需要两个操作员或单个操作员来充当两个角色：飞行无人机的飞行员和解释图像及其他传感器的传感器操作员。在 WiSAR 中，**事件指挥员**（IC）创建了失踪人员可能位置的概率分布图。这张地图很重要，因为它指导事件指挥员分配搜索资源和协调工作，但这通常取决于先前的经验和主观判断[75]。

可见性：当使用配备摄像机的无人机进行远程操作时，远程操作员通常难以知道摄像机的位置或者所看位置，因为摄像机拍摄画面返回的信息有限，人类在这个系统中看到的图像有限。这种锁孔效应已被证明会导致无人机探索的空间出现缺失。通过在界面上显示其他可用的外部信息来增加摄像机显示的信息，可以改善用户的态势感知。SAR 操作依赖于对目标观察区域的彻底覆盖。然而，覆盖不仅是看到该区域，图像还应足够清晰以便检测到感兴趣的目标。使用无人机获取的地理登记地形及空中参考图像的视频创建了地理空间视频覆盖质量图和指数，它们一般基于各种检测因素（诸如图像分辨率、观察数量和各种视角）来显示相对视频质量。当视频用于后期分析或在线查看时，这些地图还可以对视频进行地理空间质量过滤或优先级非顺序访问。评估航拍视频的可用性及覆盖范围不仅取决于飞机上的摄像机是否可以看到一个点，还包括是否能以更好的方式看到它。一旦视频地理登记到底层地形，确定摄像机是否看到特定点是观察几何体这种简单的问题，即**可见性**。但仅基于可见性的覆盖范围并不足以确定视频的有用性，观察分辨率以及所看到的次数、视角的变化往往在检测中也会发挥作用[82]。

海上搜索　使用合适的无人机系统可以更有效地进行海上搜索。用作**系统集成**（SoS）的海上 SAR 是实现和演示架构方法的区域场景。它利用各种系统，包括无人机、协调指挥控制系统、通信系统和其他更大的载人船。目前正在使用的各种传感器和数据源有：沿海雷达、巡察或监视飞机、船舶雷达、民用飞机或船舶上的报告等。每个传感器都有其特性。例如，沿海雷达站在其雷达地平线内连续覆盖，但在该地平线外完全失效。对于超视线范围和连续海军监视，观察感兴趣区域最有效、最经济和最灵活的方法是使用监视无人机进行定期监视[63]。该方法提供了利用所有系统之间相互依赖的能力。因此，必须生成稳健、高效、以网络为中心，并且可以生成的架构[16]。为 SoS 生成体系结构是一个具有许多变量及约束的多目标优化问题。生成架构所需的信息如下。

1. SoS 的首要目的：选择海岸警卫队的搜救能力作为问题。

2. 利益相关者：海岸警卫队拥有众多具有不同能力的系统，这些系统可在该地区的多个站点使用。此外，渔船、民用船只和商业船只可临时加入 SoS，以便在灾难发生时提供援助。协调和指挥控制中心指导操作中有人驾驶船和无人驾驶飞机的组合。

3. **粗略数量级**（ROM）预算。

4. SoS 的**关键性能属性**（KPA）：性能、可执行性、鲁棒性、模块性和网络中心性。

带有多架无人机的海上 SAR 面临着几个问题。首先，商用无人机的燃料容量有限，因此无法无限期运行。其次，幸存者在给定区域内的幸存概率随着时间和风而变化，这种可能性通常被称为**遏制概率**（POC）。第三，应该自动控制许多无人机和燃料加油站系统[73]。

如果没有对基本漂移性及相关的不确定性进行适当估计，预测搜索区域的漂移和扩展仍然很困难。直接方法是使用电流表测量物体相对于环境水的运动。**搜索和救援最优规划系统**（SAROPS）采用环境数据服务器，从多个来源获取风和当前预测。该系统给出多个搜索单元的搜索路径，以最大限度地提高搜索增量的检测概率。当基于观察或建模的矢量场重建粒子离散度时，海洋的扩散性是一个重要因素。在许多情况下，一个简单的随机模型足以估计 SAR 对象在相对较短的时间段内的离散度。应仔细考虑离散度和积分时间尺度的区域估计（可能是季节性），因为它们对 SAR 物体扩散的影响可能很大[22]。

1.4.6.2　火灾监测

在野外火灾飞行中，无人机可以持续操作并替代人类执行沉闷且危险的工作。生成的数据用于以下场景[4]。

1. 描述野外燃料中的火灾行为

2. 记录被城市与**荒地交界处**（WUI）火灾毁坏的社区资源

3. 支持未来事件

当天气条件容易引发火灾时，无人机可用于巡察森林和脆弱的作物以寻找火灾发生的热点地区。在任何火灾中，它们还可帮助使用消防材料，无论是农村还是城市。有效载荷将是电光和热视频传感器。可以使用**团队定义语言**将团队定义为一组飞机，其中一些能够携带大量水或阻燃剂，另一些配备传感器（如摄像机、红外线、二氧化碳浓度或温度传感器）以便能检测火灾。**场景描述语言**文件包含所有静态环境元素，例如团队可以使用的操作基础描述（包括机场）；可能的空中交通管制员（对作战基地或任务区具有管辖权）；以及现有的飞机类型。**域描述语言**文件将指定火灾的特征：环境中存在多少火灾；它们的位置和发生时间；

运动模式；初始大小和增长模式；详细描述火灾中每个组成部分的增长或离散模型，例如温度、一氧化碳或二氧化碳浓度、烟雾密度等。**任务描述语言**文件被指定由两个阶段组成：在第一阶段，团队应该在给定区域中检测任何可能出现火灾的地方（使用具有必要传感器的车辆）；在第二阶段，当检测到火灾时被触发，携带水或阻燃剂的飞机应飞越火灾上方后放下负载以灭火。

森林火灾：多架无人机可以帮助对抗野火[71]。此时可以考虑两个任务。

1. 配备视觉和红外传感器的无人机合作跟踪火灾前沿，提供态势感知。这意味着无人机的足迹持续覆盖火灾前沿。足迹是 UAV 下面的区域，其位于感测/行动区域内。

2. 配备灭火剂的无人机合作灭火。

由于火灾增长和传播的动态性取决于若干环境因素和天气条件，因此在无人机的帮助下进行灭火具有挑战性。预测森林火灾增长的模型有助于协调无人机飞行。森林火灾操作场景基于典型的森林火灾的 4 个阶段：预点火、燃烧、闷烧和发光阶段。考虑到森林火灾的各个阶段，可以制订方案，包括 5 个操作阶段[66]。

1. 预警监视和火灾探测（火灾的预点火阶段）：在预点火阶段，来自点火源或火焰前沿的热量蒸发以及来自燃料的低分子量挥发物中的水，并开始热解过程。

2. 警报及团队的初始行动（火焰在生长时的燃烧阶段）：在燃烧阶段，热解产物（气体和蒸汽）与空气一起燃烧。燃烧产生的热量加速了热解速率并产生更多的可燃气体，这些气体也会被氧化，导致燃烧增加。

3. 团队的大规模行动计划（火焰在完全发展的燃烧阶段）：闷烧阶段是活跃的火焰前沿已经消失之后产生大量烟雾的过程。

4. 在现场和区域疏散的搜救行动（火灾的闷烧阶段）。

5. 监测区域，结束现场部署（火灾的发光阶段）：在发光阶段，大部分挥发性气体已被燃烧，氧气与烧焦燃料的表面直接接触。当燃料氧化时，它会以特有的光泽进行燃烧，直到温度降低太多以至于不能继续燃烧，或消耗掉所有可燃物质。可以使载人火灾地面车辆和无人驾驶车辆进行合作，以降低火灾在炎热地带爆发并向邻域扩张的风险。

火灾演变的实时监测涉及前方的动态信息和其他参数，如火焰高度和火灾前沿的宽度，以及房屋、道路和公用设施。远程操作系统有助于在低能见度条件下进行试验工作，并使与其他自动和遥控飞行器的合作成为可能。此外，远程操作系统还可以作为自主导航系统的备份，以防出现导航困难的条件或需要人为干预的困难任务[91]。

露营公园火灾 露营公园发生火灾的频率相对较高，有些情况下会导致死亡事故。露营公园的火灾可能来自公园内部，也可能来自外部，因为公园通常位于森林地区。公园内发生火灾的主要火源是电气设备，包括使用明火或其他做法进行烹饪，或忽视一些常见的潜在点火器（如煤气灯、蜡烛等）。露营区外的火灾可能要求疏散露营公园内的人员和货物。使用的可燃性野营配件如帐篷、大篷车、睡床、床垫等会使火灾持续，并且在其他森林燃料的支持下，通过辐射机制或散射的火星可使露营公园的火势蔓延。除了所有这些风险之外，露营公园的点火、传播和灭火知识仍然很匮乏，需要进行有条理的分析。考虑到外部火灾经常威胁到露营公园，对露营公园附近的调查也很有意义。必须对露营公园进行航空摄影调查，以生成该地区的可燃物地图。为了开发模拟露营公园火势蔓延的工具，需要两组与可燃材料相关的输入。

1. 第一组的输入包括可影响火势蔓延的典型野营配件的类型。

2. 第二组的结果与露营公园所在区域的可燃物覆盖特征有关。

确定某一地区的火灾风险需要对植被类型、可燃物负载、占用空间分布、邻近水源和可用通路等因素进行描述。为了便于描述程序，无论是远程控制还是自动进行，都可以从飞越露营公园区域内的无人机航拍图像中获得高分辨率的拼接图[17]。

1.4.7　辅助通信系统

无人机可用于建立通信系统，以便为应急管理现场工作人员提供连接[118]。无线中继通信系统中无人机部署的成功取决于几个因素。通过最大化平均数据速率可以找到最佳的无人机位置，同时保持误差率低于某个阈值。通过控制无人机航向角可以优化通信系统中地面到中继链路的性能，其中无人机作为地面终端和基站之间的中继。使用多架联网的无人机作为中继节点可以增强频谱和链路连接，并在受阻的**视距**（LOS）环境中维持用户之间可靠的无线通信链路。高不间断带宽要求发射器和接收器之间的视距，以最大限度地减少质量下降。中继器用于处理小型无人机的有限通信范围。通过创建监视单个目标的中继链和多个目标的中继树，可以解决质量下降和有限的通信范围问题。由于不同的信道质量和延长的链路中断，无人机应用在高移动性下无线数据传输是一个具有挑战性的问题。通过使用多个发射器和接收器并利用所产生的天线波束分集和并行传输效应，可以增加吞吐量和接收范围。系统包括3个主要部分。

1. 端到端通信系统：网络层结合了连接模块、地理路由协议和实现这些目标的无人机部署策略。在地理路由中，节点能够自己定位。

（1）连接模块用于检测连接问题，例如网络分区和通信性能的好坏。

（2）地理路由协议用于在节点之间中继消息。

（3）无人机部署策略是在基站中运行的算法，产生要发送到无人机的部署命令。它接收操作员指令、连接模块的信息和当前无人机位置作为输入。

2. 导航系统在系统成功运行中起着关键作用。它是一种分层混合反应软件架构，概念上可分为两个子系统。

（1）低级子系统用于访问硬件，实现连续控制法则，控制模式切换以及协调机载计算机系统之间的实时通信。

（2）高级子系统包括系统的协商服务，例如路径规划服务器、**地理信息系统**服务和其他服务。

3. 编队控制策略定义为多架无人机协同控制一个子任务时面对的集中或分散的策略。在分散编队控制策略中，控制任务分为两个层次。首先，每架无人机的动力学性质必须由控制无人机内部状态的本地控制器在内部稳定控制。其次，动态解耦的无人机的相对位置由编队控制器控制，该控制器需要从其他无人机和外部参考中获取信息。

1.5　结论

由于能源基础设施检查、公共安全、采矿和建筑、保险（财产检查）和其他媒体的需要，在视线范围内使用无人机进行局部监测的范围有可能迅速增加。因为许多这些操作可以在视觉范围内进行，无人机仅具有相对较低的管理障碍需要克服。

在超视线范围的应用中，无人机能够产生更大的潜力，包括遥测农作物和牲畜，检查电线、管道和铁路网络。将来，公共机构可以使用超视线范围（BVLOS）功能直接从每个站操作无人机，并可以补充或替换无人机中携带的视线范围（VLOS）单元。用于覆盖交通状况或体育赛事的媒体无人机也可以在大型建筑和采矿场所以及新形式研究中使用。除了检查之外，在欧洲的天空中可能还会出现将高空风转换为电能的空中发电无人机。

参考文献

[1] http://www.cae.com (date of access 2018/01/10)

[2] https://www.easa.europa.eu/easa-and-you/civil-drones-rpas (date of access 2018/01/10)

[3] https://www.faa.gov/uas (date of access 2018/01/10)

[4] https://www.firelab.org (date of access 2018/01/10)

[5] http://www.flightgear.org (date of access 2018/01/10)

[6] http://www.flirtey.com (date of access 2018/01/10)

[7] http://www.mathworks.com (date of access 2018/01/10)

[8] http://www.microsoft.com/games/fsinsider (date of access 2018/01/10)

[9] http://www.opengc.org (date of access 2018/01/10)

[10] http://www.x-plane.com

[11] http://industryarc.com/Report/17144/commercial-drones-market.html

[12] https://goo.gl/n0UeUx (01/06/2017)

[13] SESAR European Drones Outlook Study, http://dronerules.eu/en/, 2016. (date of access 2018/01/10)

[14] Abrahamsen, H. B.: *Use of an unmanned aerial vehicle to support situation assessment and decision-making in search and rescue operations in the mountains*, Scandinavian Journal of Trauma, Resuscitation and Emergency Medicine, pp. 16, 2014.

[15] Adams, S. M.; Friedland, C. J.: *A survey of unmanned aerial vehicle (UAV) usage for imagery collection in disaster research and management*, publisher not identified, 2011.

[16] Agarwal, S.; Pape, L. E.; Dagli, C. H.: *A hybrid genetic algorithm and particle swarm optimization with type-2 fuzzy sets for generating systems of systems architectures*, Procedia Computer Science, vol. **36**, pp. 57-64, 2014.

[17] Almeida, M.; Azinheira, J. R.; Barata, J.; Bousson, K.; Ervilha, R.; Martins, M.; Moutinho, A.; Pereira J. C.; Pinto, J. C.; Ribeiro, L. M.; Silva, J.; Viegas, D. X.: *Analysis of fire hazard in camping park areas*, http://hdl.handle.net/10316.2/34013, 2014.

[18] Amenyo, J. T.; Phelps, D.; Oladipo, O.; Sewovoe-Ekuoe, F.; Jadoo-nanan, S.; Jadoonanan, S.; Hossain, A.: *MedizDroids Project: Ultra-low cost, low-altitude, affordable and sustainable UAV multicopter drones for mosquito vector control in malaria disease management*, In IEEE Global Humanitarian Technology Conference (GHTC), pp. 590-596, 2014.

[19] Bendig, J.; Yu, K.; Aasen, H.; Bolten, A.; Bennertz, S.; Broscheit, J.; Gnyp, M. L.; Bareth, G.: *Combining UAV-based plant height from crop surface models, visible, and near infrared vegetation indices for biomass monitoring in barley*, International Journal of Applied Earth Observation and Geoinformation, vol. **39**, pp. 79-87, 2015.

[20] Bestaoui Sebbane, Y.: *Lighter than air robots: Guidance and control of autonomous airships*, Springer, 2012.

[21] Bestaoui Sebbane, Y.: *Smart autonomous aircraft: flight control and planning of UAV*, CRC Press, 2016.

[22] Breivik, O.; Allen, A. A.; Maisondieu, C.; Olagnon, M.: *Advances in search and rescue at sea*, Ocean Dynamics, vol. **63**, pp. 83-88, 2013.

[23] Bulgakov, A.; Evgenov, A.; Weller, C.: *Automation of 3D Building Model Generation Using Quadrotor*, Procedia Engineering, vol. **123**, pp. 101-109, 2015.

[24] Cassandras, C.; Ding, X.; Liu, X.: *An optimal control approach for the persistent monitoring problem*, IEEE Conference on Decision and Control and European Control Conference, pp. 2907-2912, 2011.

[25] Clarke, R.: *Understanding the drone epidemic*, Computer Law and Security Review, vol. **30**, pp. 230-246, 2014.

[26] Coifman, B.; McCord, M.; Mishalani, M.; Redmill, K.: *Surface transportation surveillance from unmanned aerial vehicles*, In Procedings of the 83rd Annual Meeting of the Transportation Research Board, 2004.

[27] Colorado, J.; Mondragon, I.; Rodriguez, J.; Castiblanco, C.: *Geo-mapping and visual stitching to support landmine detection using a low-cost UAV*, International Journal of Advanced Robotic Systems, DOI: 10.5772/61236, 2015.

[28] Cooper, J. L.; Goodrich, M. A.: *Integrating critical interface elements for intuitive single-display aviation control of UAVs*, International Society for Optics and Photonics Defense and Security Symposium, pp. 62260, 2006.

[29] Coppa, U.; Guarnieri, A.; Pirotti, F.; Vettore, A.: *Accuracy enhancement of unmanned helicopter positioning with low-cost system*, Applied Geomatics, vol. **1**, pp. 85-95, 2009.

[30] Coppa, U.; Guarnieri, A.; Camarda, M.; Vettore, A.: *Development of unmanned aerial vehicle at Padova University*, International Archives of Photogrammetry, Remote Sensing and Spatial Information Sciences, vol. b, Part 5, 2010.

[31] Cracknell, A. P.: *UAVs: regulations and law enforcement*, International Journal of Remote Sensing, vol. **38**, pp. 3054-3067, 2017.

[32] Cummings, M. L.: *Operator interaction with centralized versus decentralized UAV architectures*, In Handbook of Unmanned Aerial Vehicles, Springer Netherlands, pp. 977-992, 2015.

[33] Cunliffe, A. M.; Brazier, R. E.; Anderson, K.: *Ultra-fine grain landscape-scale quantification of dryland vegetation structure with drone-acquired structure-from-motion photogrammetry*, Remote Sensing of Environment, vol. **183**, pp. 129-143, 2016.

[34] Danilov, A. S.; Smirnov, U. D.; Pashkevich, M. A.: *The system of the ecological monitoring of environment which is based on the usage of UAV*, Russian Journal of Ecology, vol. **46**, pp. 14-19, 2015.

[35] De Biasio, M.; Arnold, T.; Leitner, R.; McGunnigle, G.; Meester, R.: *UAV-based environmental monitoring using multi-spectral imaging*, In SPIE Defense, Security, and Sensing, International Society for Optics and Photonics, 2010.

[36] DeGarmo, M.; Nelson, G. M.: *Prospective unmanned aerial vehicle operations in the future national airspace system*, In AIAA 4th Aviation Technology, Integration and Operations (ATIO) Forum, pp. 20-23, 2004.

[37] Donath, D.; Rauschert, A.; Schulte, A.: *Cognitive assistant system concept for multi-UAV guidance using human operator behaviour models*, Conference on Humans operating unmanned systems (HUMOUS), 2010.

[38] Eckerstorfer, M.; Buhler, Y.; Frauenfelder, R.; Malnes, E.: *Remote sensing of snow avalanches: Recent advances, potential, and limitations*, Cold Regions Science and Technology, vol. **121**, pp. 126-140, 2016.

[39] Egorova, T.; Gatsonis, A.; Demetriou, M.A.: *Estimation of gaseous plume concentration with an unmanned aerial vehicle*, AIAA J. of guidance, control and dynamics, vol. **39**, pp. 1314-1324, 2016.

[40] Ely, J.; Nguyen, T.; Wilson, J.; Brown, R.; Laughter, S.; Teets, E.; Richards, L.: *Establishing a disruptive new capability for NASA to fly UAV's into hazardous conditions*, In SPIE Defense Security (International Society for Optics and Photonics), 2015.

[41] Emelianov, S.; Bulgakow, A.; Sayfeddine, D.: *Aerial laser inspection of buildings facades using quadrotor*, Procedia Engineering, vol. **85**, pp. 140-146, 2014.

[42] Erdelj, M.; Natalizio, E.: *UAV-assisted disaster management: Applications and open issues*, In IEEE International Conference on Computing, Networking and Communications (ICNC), p. 1-5, 2016.

[43] Erdos, D.; Erdos, A.; Watkins, S. E.: *An experimental UAV system for search and rescue challenge*, IEEE Aerospace and Electronic Systems Magazine, vol. **28**, pp. 32-37, 2013.

[44] Eugster, H.; Nebiker, S.: *UAV-Based Augmented Monitoring-Real-Time Georeferencing and Integration of Video Imagery with Virtual Globes*, The International Archives of the Photogrammetry, Remote Sensing and Spatial Information Sciences, **37**, 2008.

[45] Federal Aviation Administration, Certification Process for Agricultural Aircraft Operations, Advisory Circular AC 137-1A, October 10, 2007.

[46] National Agricultural Aviation Association, Comments to the FAA. Docket ID: FAA-2014-0397, August 4, 2014.

[47] Federal Aviation Administration, Aerospace forecast, Fiscal years 2016-2036, March 24, 2016.

[48] Fairchild, C.; Harman, T. L.: *ROS robotics by example, bring life to your robot using ROS robotic applications*, PACKT publishing 2016.

[49] Fang, Z.; DeLaurentis, D.: *Dynamic planning of system of systems architecture evolution*, Procedia Computer Science, vol. **28**, pp. 449-456, 2014.

[50] Francis, M. S.: *Unmanned air systems: challenge and opportunity*, AIAA Journal of Aircraft, vol. **49**, pp. 1652-1665, 2012.

[51] Fregene, K.: *Unmanned aerial vehicles and control: Lockheed Martin advanced technology laboratories*, IEEE Control Systems, vol. **32**, pp. 32-34, 2012.

[52] Freeman, P. K.; Freeland, R. S.: *Agricultural UAVs in the US: potential, policy, and hype*, Remote Sensing Applications: Society and Environment, vol. **2**, pp. 35-43, 2014.

[53] Frew, E. W.; Argrow, B.; Houston, A.; Weiss, C.; Elston, J.: *An energy-aware airborne dynamic data-driven application system for persistent sampling and surveillance*, Procedia Computer Science, vol. **18**, pp. 2008-2017, 2013.

[54] Galinski, C.; Zbikowski, R.: *Some problems of micro air vehicles development*, Technical Sciences, vol. **55**, 2007.

[55] Gimenes, R.A.; Vismari, L.F.; Avelino, V.F.; Camargo, J.B.; de Almeida, J.H.; de Almeida, J.R.; Cugnasca, P.S.: *Guidelines for the integration of autonomous UAVs into the global ATM*, J. Intelligent Robot Systems, vol. **74**, pp. 465-478, 2014.

[56] Gomez-Candon, D.; De Castro, A. I.; Lopez-Granados, F.: *Assessing the accuracy of mosaics from unmanned aerial vehicle (UAV) imagery for precision agriculture purposes in wheat*, Precision Agriculture, vol. **15**, pp. 44-56, 2014.

[57] Goodrich, M. A.; Morse, B. S.; Gerhardt, D.; Cooper, J. L.; Quigley, M.; Adams, J. A.; Humphrey, C.: *Supporting wilderness search and rescue using a camera-equipped mini UAV*, Journal of Field Robotics, vol. **25**, pp. 89-110, 2008.

[58] Grimaccia, F.; Aghaei, M.; Mussetta, M.; Leva, S.; Quater, P. B.: *Planning for PV plant performance monitoring by means of unmanned aerial systems (UAS)*, International Journal of Energy and Environmental Engineering, vol. **6**, pp. 47-54, 2015.

[59] Ham, Y.; Han, K. K.; Lin, J. J.; Golparvar-Fard, M.: *Visual monitoring of civil infrastructure systems via camera-equipped Unmanned Aerial Vehicles (UAVs): a review of related works*, Visualization in Engineering, vol. **4**, pp. 1-9, 2016.

[60] Hausamann, D.; Zirnig, W.; Schreier, G.: *Monitoring of gas transmission pipelines-A customer driven civil UAV application*, In 3rd ODAS (ONERA-DLR Aerospace Symposium) Conference, 2003.

[61] Hrabar, S.: *3D path planning and stereo-based obstacle avoidance for rotorcraft UAVs*, In IEEE/RSJ International Conference on Intelligent Robots and Systems, pp. 807-814, 2008.

[62] Idachaba, F. E.: *Monitoring of Oil and Gas Pipelines by Use of VTOL-Type Unmanned Aerial Vehicle*, SPE Oil and Gas Facilities, vol. **5**, pp. 47-52, 2016.

[63] Ince, A. N.; Topuz, E.; Panayirci, E.; Isik, C.: *Principles of integrated maritime surveillance systems*, Springer, 2012.

[64] Jovanovic, M.; Starcevic, D.; Jovanovic, Z.: *Reusable Design of Data Visualization Software Architecture for Unmanned Aerial Vehicles*, AIAA Journal of Aerospace Information Systems, vol. **11**, pp. 359-371, 2014.

[65] Kanellakis, C.; Nikolakopoulos, G.: *Survey on Computer Vision for UAVs: Current Developments and Trends*, Journal of Intelligent and Robotic Systems, pp. 1-28, DOI 10.1007/s10846-017-0483-z, 2017.

[66] Karma, S.; Zorba, E.; Pallis, G. C.; Statheropoulos, G.; Balta, I.; Mikedi, K.; Statheropoulos, M.: *Use of unmanned vehicles in search and rescue operations in forest fires: Advantages and limitations observed in a field trial*, International Journal of Disaster Risk Reduction, vol. **13**, pp. 307-312, 2015.

[67] Krispel, U.; Schinko, C.; Ullrich, T.: *A survey of algorithmic shapes*, Remote Sensing, vol. **7**, pp. 12763-12792, 2015.

[68] Kruijff, G. J. M.; Tretyakov, V.; Linder, T.; Pirri, F.; Gianni, M.; Papadakis, P.; Priori, F.: *Rescue robots at earthquake-hit Mirandola, Italy: a field report*, In IEEE International Symposium on Safety, Security and Rescue Robotics (SSRR), pp. 1-8, 2012.

[69] Kruijff, G.; Colas, F.; Svoboda, T.; Van Diggelen, J.; Balmer, P.; Pirri, F.; Worst, R.: *Designing intelligent robots for human-robot teaming in urban search and rescue*, In AAAI Spring Symposium on Designing Intelligent Robots, 2012.

[70] Kruijff, G.; Janicek, M.; Keshavdas, S.; Larochelle, B.; Zender, H.; Smets, N.; Mioch, T.; Neerincx, M.; van Diggelen, F.: *Experience in System Design for Human-Robot Teaming in Urban Search and Rescue*, In Field and Service Robotics, Springer, pp. 111-125, 2014.

[71] Kumar, M.; Cohen, K.; Homchaudhuri, B.: *Cooperative control of multi-UAV for monitoring and fighting wildfires*, AIAA Journal of Aerospace, Computing, Information and Communication, vol. **8**, pp. 1-16, 2011.

[72] Kutnjak, H.; Leto, J.; Vranic, M.; Bosnjak, K.; Perculija, G.: *Potential of aerial robotics in crop production: high resolution NIR/VIS imagery obtained by automated unmanned aerial vehicle (UAV) in estimation of botanical composition of alfalfa-grass mixture*, In 50th Croatian and 10th International Symposium on Agriculture, pp. 349-353, 2015.

[73] Lee, S.; Morrison, J. R.: *Decision support scheduling for maritime search and rescue planning with a system of UAVs and fuel service stations*, In IEEE International Conference on Unmanned Aircraft Systems (ICUAS), pp. 1168-1177, 2015.

[74] Li, Z.; Bruggemann, T. S.; Ford, J. J.; Mejias, L.; Liu, Y.: *Toward automated power line corridor monitoring using advanced aircraft control and multisource feature fusion*, Journal of Field Robotics, vol. **29**, pp. 4-24, 2012.

[75] Lin, R.: *UAV Intelligent path planning for wilderness search and rescue*, PhD thesis, Brigham Young university, Utah, 2009.

[76] Luxhoj, J. T.: *A socio-technical model for analyzing safety risk of unmanned aircraft systems (UAS): An Application to Precision Agriculture*, Procedia Manufacturing, vol. **3**, pp. 928-935, 2015.

[77] Marta, A. C.; Gamboa, P. V.: *Long endurance electric uav for civilian surveillance missions*, In 29th Congress of the International Council of the Aeronautical Sciences, St. Petersburg, 2014.

[78] Mesas-Carrascosa, F. J.; Notario-Garcia, M. D.; de Larriva, J. E. M.; de la Orden, M. S.; Porras, A. G. F.: *Validation of measurements of land plot area using UAV imagery*, International Journal of Applied Earth Observation and Geoinformation, vol. **33**, pp. 270-279, 2014.

[79] Messina, E.; Jacoff, A.: *Performance standards for urban search and rescue robots*, In Defense and Security Symposium, International Society for Optics and Photonics, pp. 62301V-62301V, 2006.

[80] Miller, J.: *Robotic systems for inspection and surveillance of civil structures*, Doctoral dissertation, The University of Vermont, 2004.

[81] Mohamed, H. A.; Hansen, J. M.; Elhabiby, M. M.; El-Sheimy, N.; Sesay, A. B.: *Performance Characteristic Mems-Based IMUs for UAVs Navigation*, The International Archives of Photogrammetry, Remote Sensing and Spatial Information Sciences, vol. **40**, 2015.

[82] Morse, B. S.; Engh, C. H.; Goodrich, M. A.: *UAV video coverage quality maps and prioritized indexing for wilderness search and rescue*, In Proceedings of the 5th ACM/IEEE international conference on Human-robot interaction, pp. 227-234, 2010.

[83] Myung, H.; Wang, Y.; Kang, S. J.; Chen, X.: *Survey on robotics and automation technologies for civil infrastructure*, report of Dept. of Mechanical Engineering, University of Canterbury, Christchurch, New Zealand, pp. 15, 2014.

[84] Nebiker, S.; Annen, A., Scherrer, M.; Oesch, D.: *A light-weight multispectral sensor for micro UAV Opportunities for very high resolution*

airborne remote sensing, International Arch. Photogrammetry and Remote Sensing Spatial Information, vol. **37**, pp. 1193-1198, 2008.

[85] Nebiker, S.; Eugster, H.; Flckiger, K.; Christen, M. : *Planning and Management of Real-time Geospatial UAS Missions within a Virtual Globe Environment*, In International Archives of the Photogrammetry, Remote Sensing and Spatial Information Sciences, Conference on Unmanned Aerial Vehicle in Geomatics, Zurich, Switzerland, Vol. **38**, 2011.

[86] Nedjati, A.; Vizvari, B.; Izbirak, G.: *Post-earthquake response by small UAV helicopters*, Natural Hazards, vol. **80**, pp. 1669-1688, 2016.

[87] Nehme, C. E.; Crandall, J. W.; Cummings, M. L.: *An operator function taxonomy for unmanned aerial vehicle missions*, In 12th international command and control research and technology symposium, pp. 1-9, 2007.

[88] Nex, F.; Remondino, F.: *UAV for 3D mapping applications: a review*, Applied Geomatics, vol. **6**, pp. 1-15, 2014.

[89] Nikolic, J.; Burri, M.; Rehder, J.; Leutenegger, S.; Huerzeler, C.; Siegwart, R.: *A UAV system for inspection of industrial facilities*, In IEEE Aerospace Conference, pp. 1-8, 2013.

[90] Nonami, K., Kendoul, F., Suzuki, S., Wang, W., Nakazawa, D.: *Autonomous flying robots: unmanned aerial vehicles and micro-aerial vehicles*, Springer, 2010.

[91] Ollero, A.; Alcazar, J.; Cuesta, F.; Lopez-Pichaco, F.; Nogales, C.: *Helicopter teleoperation for aerial monitoring in the COMETS multi-UAV system*, In 3rd IARP Workshop on Service, Assistive and Personal Robots, 2003.

[92] Ondracek, J.; Vanek, O.; Pechoucek, M.: *Monitoring oil pipeline infrastructures with multiple unmanned aerial vehicles*, In Advances in Practical Applications of Heterogeneous Multi-Agent Systems. Springer International Publishing, pp. 219-230, 2014.

[93] Ong, J. K.; Kerr, D.; Bouazza-Marouf, K.: *Design of a semi-autonomous modular robotic vehicle for gas pipeline inspection*, Proceedings of the Institution of Mechanical Engineers, Part I: Journal of Systems and Control Engineering, vol. **217**, pp. 109-122, 2003.

[94] Peng, L.; Silic, M.; Mohseni, K.: *A DDDAS Plume Monitoring System with Reduced Kalman Filter*, Procedia Computer Science, vol. **51**, pp. 2533-2542, 2015.

[95] Puri, A.: *A survey of unmanned aerial vehicles (UAV) for traffic surveillance*, Department of computer science and engineering, University of South Florida, Tampa, 2005.

[96] Quater, P. B.; Grimaccia, F.; Leva, S.; Mussetta, M.; Aghaei, M.: *Light unmanned aerial vehicles (UAVs) for cooperative inspection of PV plants*, IEEE Journal of Photovoltaics, vol. 4, pp. 1107-1113, 2014.

[97] Quigley, M.; Goodrich, M. A.; Beard, R. W.: *Semi-autonomous human-*

UAV interfaces for fixed-wing mini-UAVs In Proceedings of IEEE/RSJ International Conference on Intelligent Robots and Systems, Vol. **3**, pp. 2457-2462, 2004.

[98] Rao, B.; Gopi, A. G.; Maione, R.: *The societal impact of commercial drones*, Technology in Society, vol. **45**, pp. 83-90, 2016.

[99] Rathinam, S.; Kim, Z.; Sengupta, R.: *Vision-based following of structures using an unmanned aerial vehicle (UAV)*, report UCB-ITS-RR-2006-1, Institute of Transportation Studies, UC Berkeley, 2006.

[100] Rathinam, S.; Kim, Z.; Soghikian, A.; Sengupta, R.: *Vision-based monitoring of locally linear structures using an unmanned aerial vehicle*, Journal of Infrastructure Systems, vol. **14**, pp. 52-63, 2008.

[101] Remondino, F.; Barazzetti, L.; Nex, F.; Scaioni, M.; Sarazzi, D.: *UAV photogrammetry for mapping and 3d modeling: current status and future perspectives*, International Archives of the Photogrammetry, Remote Sensing and Spatial Information Sciences, vol. **38**, C22, 2011.

[102] Renault, A.: *A Model for Assessing UAV System Architectures*, Procedia Computer Science, vol. **61**, pp. 160-167, 2015.

[103] Ritter, B.: *Use of UAV for urban tree inventories*, PhD thesis, Clemson University, 2014.

[104] Ro, K.; Oh, J. S.; Dong, L.: *Lessons learned: Application of small uav for urban highway traffic monitoring*, In 45th AIAA Aerospace Sciences Meeting and Exhibit, pp. 596-606, 2007.

[105] Rodriguez-Fernandez, V.; Menendez, H. D.; Camacho, D.: *Automatic profile generation for UAV operators using a simulation-based training environment*, Progress in Artificial Intelligence, vol. **5**, pp. 3746, 2016.

[106] Roper, W. E.; Dutta, S.: *Remote sensing and GIS applications for pipeline security assessment*, ESRI User Conference Proceedings, Vol. **15**, 2005.

[107] Schon, S.; Band, R.; Pleban, J. S.; Creutzburg, R.; Fischer, A.: *Applications of multimedia technology on autonomous flying robots for university technology transfer projects*, In International Society for Optics and Photonics, IST/SPIE Electronic Imaging, pp. 86670Q-86670Q, 2013.

[108] Schuster, D.; Fincannon, T.; Jentsch, F.; Keebler, J.; William Evans, A.: *The role of spatial ability in the relationship between video game experience and route effectiveness among unmanned vehicle operators*, Report of University of Central Florida, Orlando, 2008.

[109] Shippen, A.: *RISER: 3D Contamination Mapping with a Nuclear Capable Drone*, International Workshop on the Use of Robotic Technologies at Nuclear Facilities, 2016.

[110] Shukla, A.; Karki, H.: *Application of robotics in onshore oil and gas industry: A review Part I*, Robotics and Autonomous Systems, vol. **75**, pp. 490-507, 2016.

[111] Siebert, S.; Teizer, J.: *Mobile 3D mapping for surveying earthwork projects using an Unmanned Aerial Vehicle (UAV) system*, Automation in Construction, vol. **41**, pp. 1-14, 2014.

[112] Srinivasan, S.; Latchman, H.; Shea, J.; Wong, T.; McNair, J.: *Airborne traffic surveillance systems: video surveillance of highway traffic*, In Proceedings of the ACM 2nd international workshop on Video surveillance and sensor networks, pp. 131-135, 2004.

[113] Statheropoulos, M.; Agapiou, A.; Pallis, G. C.; Mikedi, K.; Karma, S.; Vamvakari, J.; Dandoukali, M.; Andritsos, F.; Thomas, C. P.: *Factors that affect rescue time in urban search and rescue (USAR) operations*, Natural Hazards, vol. **75**, pp. 57-69, 2015.

[114] Stevenson, J. D.; O'Young, S.; Rolland, L.: *Assessment of alternative manual control methods for small unmanned aerial vehicles*, Journal of Unmanned Vehicle Systems, vol. **3**, pp. 73-94, 2015.

[115] Theissing, N.; Kahn, G.; Schulte, A.: *Cognitive automation based guidance and operator assistance for semi-autonomous mission accomplishment of the UAV demonstrator SAGITTA*, Deutsche Gesellschaft fr Luft-und Raumfahrt-Lilienthal-Oberth eV, 2013.

[116] Teobaldelli, M.; Chirico, G. V.; Cona, F.; Rassi, F., Mandelli, A.; Medina, G. H.; Saracino, A.; Saulino, L.: *Forestry Decision Support System (FDSS) in Management of Short Rotation Woody Plantations*, Conference: AIIA Mid Term Conference New Frontiers of Biosystems and Agricultural Engineering for Feeding the Planet, Naples, Italy, 2015.

[117] Tomic, T.; Schmid, K.; Lutz, P.; Domel, A.; Kassecker, M.; Mair, E.; Burschka, D.: *Toward a fully autonomous UAV: Research platform for indoor and outdoor urban search and rescue*, IEEE robotics and automation magazine, vol. **19**, pp. 46-56, 2012.

[118] Tuna, G.; Nefzi, B.; Conte, G.: *Unmanned aerial vehicle-aided communications system for disaster recovery*, Journal of Network and Computer Applications, vol. **41**, pp. 27-36, 2014.

[119] Tyutyundzhiev, N.; Lovchinov, K.; Martnez-Moreno, F., Leloux, J.; Narvarte, L.: *Advanced PV modules inspection using multirotor UAV*, Aircraft engineering and aerospace technology, vol. **77**, pp. 352-360, 2005.

[120] Uhrmann, J.; Strenzke, R.; Schulte, A.: *Task-based Guidance of Multiple Detached Unmanned Sensor Platforms in Military Helicopter Operations*, In Proceedings of Cognitive Systems with Interactive Sensors, Crawley, UK, 2010.

[121] Vincenzi, D. A.; Terwilliger, B. A.; Ison, D. C.: *Unmanned Aerial System (UAS) Human-machine Interfaces: New Paradigms in Command and Control*, Procedia Manufacturing, vol. **3**, pp. 920-927, 2015.

[122] Vu, H.; Le, T. L.; Dinh, T. H.: *Selections of Suitable UAV Imagery Configurations for Regions Classification*, In Asian Conference on Intelligent Information and Database Systems, Springer Berlin Heidelberg, pp. 801-810, 2016.

[123] Wang, L.; Chen, F.; Yin, H.: *Detecting and tracking vehicles in traffic by unmanned aerial vehicles*, Automation in Construction, 2016.

[124] Wetjen, W.; Schilling, H.; Lenz, A.: *An advanced airborne hyperspectral remote sensing system for infrastructure monitoring and disaster control*, report of Fraunhofer Institute of Optronics, System Technologies and Image Exploitation IOSB, 2014.

[125] Zhang, J.; Jung, J.; Sohn, G.; Cohen, M.: *Thermal Infrared Inspection of Roof Insulation Using Unmanned Aerial Vehicles*, The International Archives of Photogrammetry, Remote Sensing and Spatial Information Sciences, vol. **40**, 381, 2015.

[126] Zheng, C.; Breton, A.; Iqbal, W.; Sadiq, I.; Elsayed, E.; Li, K.: *Driving-Behavior Monitoring Using an Unmanned Aircraft System (UAS)*, In International Conference on Digital Human Modeling and Applications in Health, Safety, Ergonomics and Risk Management, pp. 305-312, 2015.

第 2 章

任 务 框 架

2.1　引言

可以从人工智能、控制理论、形式方法和混合系统的角度考虑任务规划。自动任务规划可以为各种操作场景提供高度自主性。任务规划通过制订一系列步骤来定义飞行计划。在执行决策之前应从战略层面出发选择合适的基准航路点。这些决定与无人机航程、续航能力、地形、通信条件以及任务要求等因素密切相关。飞行计划的制订涉及多个要素,这些要素可以分为连续和离散的,包括非线性飞行器结构和性能、大气条件、风力预报和操作约束。此外,在飞行计划中也应考虑多个飞行阶段[79]。调度算法必须集成到嵌入式体系结构中,以允许系统根据其状态与动态环境调整其行为。该方法可以通过在线重新规划或在规划过程中考虑公差来减少动态环境中固有的不确定性[57]。运动计划受飞机动力学和环境/操作限制的约束。此外,计划路径必须满足多个可能相互冲突的目标,例如燃料效率与飞行时间。轨迹优化的集成必须考虑到由事件触发的激活轨迹优化功能。

备注 15　**态势感知**包括监测和诊断。对计划及执行分组,选择分层规划方法以便能够快速有效地响应动态任务事件。

嵌入式架构必须通过规划物理任务和推理任务来满足这两个目标。该反应的条件是在控制架构中包含执行期间的计划。每个控制器由一组用于计划、监视、诊断和执行的算法组成。该架构可以解决需要分层分解的复杂问题。任务问题逐渐被分解为更小的子问题,一直分解到最低级别的功能活动。多无人机任务的控制算法通常有两个层次,分别为:更高级别的任务分配和决策算法,即根据无人机的性能为任务分配合适的无人机;另一个为包含运动控制算法的无人机级执行算法,这种方法为实时、闭环规划和执行问题提供了可行的解决方案。

1. 较高级别算法创建了包含最大时间范围的计划,但计划活动中的详细程度较低。

2. 较低级别中时间范围减小,但计划活动的细节有所增加。

在最低分解级别,功能活动在秒的时间量级上运行。这些活动在树结构中彼此相关,最低级别的节点向制导、导航和控制系统提供输出命令。为了保证任务的有效执行并最大化执行效果,两种算法都必须紧密协调[41]。战略、战术和作战决策层之间的区别得到了广泛认可[47]。而支持此类决策的预测本质上是不同的。例如，战略决策需要在总体水平上进行长期预测，而高度动态的作战决策层则需要短期、非常详细的预测。时间粒度的差异会影响这些预测的生成方式。由于这些预测是通过不同方法产生的，并且基于不同的信息集，因此结果有时并不相同。这种分歧可能导致不同的决策。

2.2 自主性

开发一个框架来提供表征和测量无人机系统自主性级别的标准和度量是非常重要的。

定义 16 **自主性**是自我管理的质量。当应用于无人机系统时，自主性可以被定义为无人机系统自身集成传感、感知、分析、通信、计划、决策、行动/执行的能力，通过设计的**人机界面**（HRI）或与无人机系统通信的其他系统可实现人类操作员指定的目标。

定义 17 **无人机系统**被定义为在确定范围内无论是否与人或其他外部系统进行交互，在成功完成指定任务时**相对于给定任务**（任务关系），它是自主的。如果无人机系统在没有任何人或其他外部系统干预的情况下成功完成指定的任务，同时适应操作和环境条件，则无人机系统是完全自主的。

2.2.1 自主性级别

当考虑无人机的**自主性级别**（LOA）并且评估其自主能力时，该类无人机系统一般都具有高度的复杂性及动态性。无人机与无人机操作环境之间的动态交互必须包含在涉及安全的关键性能属性评估中。

定义 18 **自主性级别**被定义为一组渐进式标志，通常是一些数字或名称，用于识别无人机系统执行任务的能力（任务具有复杂性）、执行任务的环境（环境复杂性）、相对于任何外部系统（包括任何人为因素）的独立性（外部系统独立）。

可以在自动、自主性和智能系统之间进行区分。

1. **自动系统**将完全按照程序来执行，因为它没有推理、决策或规划的能力。

2. **自主性系统**有能力做出决策并规划任务和路径，以实现指定的任务。

3. **智能系统**具有自主性系统的能力，并且能够通过动机从内部生成自己的目标，而无须任何的外部指导或影响。

备注 19 除了自主性表征和评估之外，另外两个方面对于比较和评估无人机系统也非常重要：**性能**和**可靠性**。自主性与无人机系统可以做什么有关，性能与无人机系统满足任务要求的程度（准确性、时间等）有关，可靠性与无人机系统完成任务的频率（成功率、失败率等）有关。

制导、导航与控制包括以下自主性级别。

0级：**遥控**，所有制导功能均由外部系统（主要是人类飞行员或操作员）执行。可以由无人机系统执行感测，所有数据都由外部系统处理和分析。控制命令由远程外部系统（主要是人类飞行员）给出。

1级：**自动飞行控制**，涉及预编程或上传飞行计划（航路点、参考轨迹等）。所有分析、计划和决策都由外部系统完成。大多数感测和状态估计是通过无人机系统和人类操作员得到的所有感觉和态势感知而得出的。控制命令由远程外部系统给出。

2级：**外部系统独立导航**（非 GPS），涉及预编程或上传飞行计划（航路点、参考轨迹等）。所有分析、计划和决策都由外部系统完成。所有感测和状态估计均由无人机系统（无GPS等外部系统）给出，所有感知和情境感知均由操作员给出。

3级：**故障/事件自适应无人机系统**，涉及健康诊断、有限的适应性、机载的保守和低水平决策，以及预编程任务的执行。大多数健康和状态感测是由无人机系统给出的，包括检测硬件和软件故障。鲁棒性的飞行控制器可以重新配置或自适应控制补偿大多数故障、任务和环境的变化。

4级：**实时障碍物/事件检测和路径规划**，涉及规避危险、实时路径规划和重规划、事件驱动决策以及对任务变化的鲁棒性响应。它拥有障碍和风险的感知能力，能够检测目标和环境变化并执行实时映射和低保真态势感知。它需要有准确且稳定的三维轨迹跟踪能力。障碍是飞行路径规划的核心问题，必须找到从初始点到目的地的无碰撞最短路径。

5级：**实时协作导航和路径规划**，涉及避免冲突、协作路径规划和执行以满足对共同目标、组或群的优化。无人机系统的协作感知、数据共享、碰撞检测与共享低保真态势感知之间存在相对导航。它可以执行分布式或集中式飞行控制架构以及协调操纵。

6级：**动态任务规划**，涉及推理、高层决策、任务驱动决策、高度适应任务变更、战术任务分配和执行监控。它使用高级感测来识别并分类检测到的对象/事件并推断它们的一些属性以及情况意识，可以执行分布式或集中式飞行控制架构以及协调操纵。

7级：**实时协同任务规划和执行**，涉及对多无人机任务性能的评估和优化，以及为每架无人机分配战术任务。在对抗不确定环境以及高度复杂的5级与6级功能组合中，优先考虑中保真度协同态势感知。可以使用分布式或集中式飞行控制架构，也可在机上进行协调演习。

8级：**态势感知和认知**，涉及推理和更高层次的战略决策及战略任务规划。大多数监督以及战略目标都是由无人机系统完成的。认知是对复杂环境和态势有意识的知识，对自我/其他意图的推断，以及对近期事件和结果的预期（高保真态势感知）。系统能够基于对当前情况/背景和未来结果的理解来改变或在不同的控制策略之间切换。

9级：**群体认知和群体决策**，涉及分布式战略群体规划、战略目标选择、无监督协助的任务执行、与协同成员和外部系统的协商。它具有对非常复杂的环境和情况的长期意识，对其他无人机意图和策略的推断和预期，以及存在高级协同态势感知。基于对当前情况/背景和未来结果的理解，能够选择适当的控制架构。

10级：**人力资源决策**，涉及大多数任务的完成，无须外部系统的任何干预，并在操作范围内识别所有人。大多数任务都存在类似人类的导航功能，在极其复杂的环境和情况下，系统表现出优于人类的快速态势感知是很有意义的。可以在相同情况和条件下获得相同或更好的相对于有人驾驶飞机的控制性能。

备注20 对于无人机、任务或环境而言，最高级别的自主性可能不是最理想的操作级别。有时监督自主或直接控制无人机（确保它不会无法通信和丢失传感器数据链路）将保证最佳的任务性能。对于无人机而言，完全自主的智能控制系统无法确保在情景不断变化的情况下或者对时间敏感的目标保持最佳的任务完成状态[29]。

将**自主性功能级别**（F-LOA）的概念与以下两种配置相结合，可以扩展无人机的功能能力框架。

1. 较低的F-LOA配置包含足够的信息，以便操作员生成解决方案并做出解决扰动事件的决策。

2. 较高的 F-LOA 配置会反映无人机的 F-LOA 信息，允许操作员解释自主生成的解决方案和决策，并决定是否决做出决策。

F-LOA 用于描述无人机特定功能子系统的自主性，而不是由自主性级别描述的整架无人机实体[15]。

2.2.2 决策

无人机协调和部署面临的一个挑战是成功执行任务所需的人员参与量。目前，对于无人机的控制和协调通常需要多名操作员来控制单架无人机。操作员较少参与系统的直接手动控制，但更多地参与更高级别的计划、决策和远程操作。

定义 21 **决策**是无人机系统根据可用的分析信息从几种备选方案中选择方案和行动的能力。达成的决定与有效且安全地完成指定任务有关。决策过程和复杂程度各不相同，一般从低级别到高级别的制订决策。轨迹生成、路径规划和任务规划是决策过程的一部分。

另一种分类是人机协作分类。它采用信息处理流模型，专注于决策的制订。动态决策考虑了环境的状态、态势感知、行动的决策和表现[14]。

2.2.2.1 人为影响

定义 22 **人工监督控制**（HSC）是人类操作员间歇性地与计算机进行交互，从受控过程或任务环境中接收反馈并向其提供命令的过程。

无人机操作中的 HSC 是分层的。最里面的循环代表基本的制导和运动控制，这是必须遵守的自然物理定律（例如无人机的空气动力学和飞行包线约束）并且是最关键的循环。在此循环中，操作员仅关注短期和本地控制（使飞机保持稳定飞行），并且通常在此循环中人类有技巧的控制需要依赖自动化系统。第二个循环（即导航循环），表示某架无人机必须执行的操作以满足任务约束，例如到达航路点的路由、到达目标所需要的时间以及避免碰撞和禁飞区。最外层循环代表最高级别的控制，即任务和有效负载管理。在此循环中，必须监视传感器并根据传入信息做出决策，以满足整体任务要求。最后，系统运行状况和状态监视循环表示必须由人工或自动化，或两者同时进行的持续监督，以确保所有系统都在正常范围内运行。最外部的控制回路代表人类的高度间歇性循环，最优先考虑最内层循环，健康和状态监测成为次要任务[42]。

无人机的应用场景给交互系统的设计者带来了许多挑战，特别是，动态操作环境和交互的异步。混合主动性需要灵活的架构来协调多个异步通信过程[55]。

1. **图形用户界面**（GUI）在当前操作环境中显示地图，包括无人机的路线计划、航路点和位置。

2. **对话管理员**负责协调用户的多模式输入、解释操作员和无人机间的对话动作、更新和维护对话上下文、处理无人机报告和问题，以及向操作员发送输出。

3. **控制和报告软件**负责将来自对话界面的命令和查询转换为对无人机的命令和查询。相反的，从无人机上接收报告并查询。

备注 23 由于监督控制系统固有的不确定性，因此**人与自动化协作**可能是有益的。然而，人们无法理解自动开发解决方案的方法，特别是在时间压力的情况下，这可能导致自动化偏差。这种自动化偏差会导致技能和性能下降，并可能导致态势感知能力的丧失。人类操作员应该有能力修正用于协同决策制订的自动规划器[18]。

2.2.2.2　作战自主性

区分自动化和自主性很重要。在自动系统中，动作与背景无关。该系统以固定方式响应传感器输入，不参与更灵活的行为。相比之下，自主性系统的设计可以获取关于背景的知识，并使用它来做出更多依赖于情境的有效决策。

定义 24　无人机的**作战自主性**是无人机实现作战目标的决策能力。

随着自主性级别（LOA）的提高，无人机面临的不确定性和决策复杂性不断增加。每架无人机对多个人类操作员的依赖可能是整个组成部分中的最大成本。操作员的注意力和精力会受到疲劳和误差的影响，操作员承受很大的压力。增加无人机自主性的困难源于如何将若干个动态不确定性（如地图误差、建模误差、传感器误差、驱动误差、阵风、电磁（EM）和声学干扰等）传播到这些系统的性能中。由于系统正在运行中，因此这些不确定性的任意组合会无法预测大多数系统的性能。

定义 25　**性能**可以将一系列任务配置文件量化，并且可以用 3 类度量进行评估：**点性能能力**、规范化任务配置文件的**任务性能**边界和紧急任务完成的可能性。确定每个任务应该配置哪些飞行器型号的思想，应该基于无人机性能的灵活性和评估效率进行检查[70]。

备注 26　为了成为民用应用中现有技术的替代品，无人机应该是可以的，并具有有效载荷和多任务能力。为了实现功能灵活性，可以要求无人机执行不同类型的操作[16]。

在不久的将来，无人机将越来越多地用于与人类或其他机器人的协作互动，努力实现共同目标。协同无人机之间以及无人机与人类操作者之间的交互设计和实现对于该协同系统能否成功使用至关重要。非隔离空域一体化的关键研究领域如下：探测和避障、空域和机场接入、指挥及控制和通信（C3）、人为因素、应急、安全和自主。

无人机的性能和风　了解空域内存在的名义上和潜在危险的天气类型对于无人机的成功飞行非常重要，在低海拔地区尤其如此，其中热效应和风可能是无法预测的，并且可能对无人机操作造成灾难性后果。预测产品以及单个位置的实时传感器数据和计算流体动力学可以结合使用，因为它们本质上是互补的。每个产品根据以下因素而不同：预测变量、预测范围、空间和时间粒度、预测网格、基础预测模型和模型运行频率。实时移动的大气边界层剖面可能包括两个远程对流层剖面仪，分别是扫描多普勒激光雷达和结合了移动气象塔的微波温度和湿度剖面仪[28]。了解城市地区（例如建筑物周围）的风力也很重要。

在各架无人机中发生的常见情况是空速的变化。在任何两架无人机之间，预计巡航空速可能相差标称空速的 10%。风力很重要，因为它对制导算法具有明显的非线性效应。风效应对轨迹规划的影响可以通过迭代具有移动虚拟目标的无风案例来解决问题，或者通过生成平面中初始点和最终点之间平滑（连续曲率）的最优路径的候选来处理。这些方法仅搜索开始和最终配置之间的水平计划，不考虑可能的障碍[7]。

健康意识规划　由于多架无人机之间的协调和通信很非常复杂，因此可以预见到群体无人机应使用群体智能系统。对于群体智能系统，控制发生在无人机的微观层面，宏观层面的紧急行为应符合应用目标。然而，低级无人机行为与宏观级紧急行为之间的关系是非线性的，目前未被清楚地理解，并且难以预测。对于诸如无人机群等实时群应用，必须探索其他工具和方法以改进对无人机群的控制。参考文献 [37] 中提出的框架将群应用程序合并到**动态数据驱动应用系统**（DDDAS）中。DDDAS 能够将其他数据合并到正在执行的应用程序中。这些数据有助于推动决策过程，从而影响未来实时数据的测量以及未来的模拟。模拟和执行应用程序之间的协同反馈控制循环可以提高实时系统的分析和预测能力。

无人机健康状况分为 4 类[86]。

1. **结构/执行器的健康状况**：表示无人机结构和执行器部件的损坏和功能状态。此类别包括机翼损坏、方向舵损坏、叶片损坏和主机损坏等故障。这些健康成分影响与运动相关的能力，例如目标追踪。

2. **传感器健康状况**：代表传感器硬件的功能，如成像传感器、录像机、声音探测器和红外传感器。

3. **通信**：表示无人机通信中硬件（例如无线调制解调器）的功能。该组件的健康状况会影响无人机通信的距离和可靠性。

4. **燃料**：表示影响所有功能的每个过渡阶段中无人机的燃料或功率消耗量。

定义 27 智能体的**能力**被定义为衡量智能体如何能够很好地执行任务（如目标跟踪）或稳定地捕获图像的度量。**任务**被定义为可由单个或多个智能体完成的整个任务中的子目标。任务具有不确定性，例如跟踪任务中的不确定目标、动态或精确降落任务中的不确定天气条件。因此，成功完成任务是一个随机变量，取决于智能体的能力。

通用的**健康意识规划问题**需要使无人机由不同的位置出发完成任务，以使累计完成的任务数量最大化。此外，假设无人机健康状况会随着时间的推移而降低，并且健康意识规划人员需要确定何时将无人机返回到基地维修是最佳的。环境可以被形象化为一个图形，该图形的顶点是无人机的工作区域，图形中由边组成的区域描绘了无人机可以转换状态的区域。此外，可以使用这些子系统提供的诊断来评估航空电子设备的功能。然而，估计无人机的相关运动能力是困难的，因为它们必须通过无人机的动态响应来推断。为了解决这个问题，在线生成的动态健康模型被用来描述无人机故障后的性能。随着智能体能力的变化，无人机发生故障后，需要将估计动态模型中包含的数据传递到规划层。

多无人机任务分配（MRTA）问题的分类基于无人机、任务和时间的主要特征，如下所示。

1. **单任务无人机**（ST）与**多任务无人机**（MT）：单任务无人机一次最多可以完成一项任务，而多任务无人机可以同时完成多项任务。

2. **单无人机任务**（SR）与**多无人机任务**（MR）：单无人机任务只需要一架无人机即可完成，而多无人机任务则需要多架无人机来完成。

3. **瞬时分配**（IA）与**延时分配**（TA）：在瞬时分配中，任务在无人机到达时分配；在延时分配中，任务在规划范围内调度。

4. **时间窗**（TW）与**同步和优先级**（SP）约束：

（1）硬时序约束与软时序约束。硬时序约束要求不违反时序约束，而软时序约束允许违反一些时序约束，并给予惩罚。

（2）确定性模型与随机模型。在确定性模型中，模型的输出完全由初始条件决定，而通过随机模型假设不确定性模型是可以使用的。

同步和优先级约束可用于模拟任务之间建模不同类型的时间关系。优先级约束通常采用的形式是任务的开始时间不能早于任何前一个任务的结束时间（结束到开始）。其他优先级模型包括开始到开始、开始到结束以及结束到结束的约束。多无人机任务分配问题中，时间约束的性质非常广泛，例如在搜索和救援领域，搜索任务必须尽快完成。在动态环境中，无人机可能延迟完成一些任务，也可能错过一些任务。另一方面，一些监视任务要求不能延迟完成。在某些情况下，任务需要按照特定的顺序执行，例如城市灾难场景中，在救护车能够运送受伤人员之前，警察必须清除道路上的封锁。有些任务可能需要同时进行，如无人机必须与跟踪人员同时避开障碍物并且完成监视[68]。

2.2.3 基本原理

2.2.3.1 图论基础知识

图论在本书中被广泛使用，本节介绍了一些定义[93]。

定义 28 图 $G(V, E) = V + E$，由 V（顶点集合）、非空顶点集（或节点）和 E（边集合）组成。每条边都有与之相关的一个或两个顶点，这称为端点，边连接其端点。

定义 29 **三角不等式**：如果顶点集 a，b，$c \in V$，且 $t(a, c) \leqslant t(a, b) + t(b, a)$，其中 t 为成本函数，则 t 满足三角不等式。

定义 30 **相邻顶点**：如果顶点 u 和 v 是 G 中边 e 的端点，则在无向图 G 中 u 和 v 被称为相邻（或邻居）。这样的边 e 被称为与顶点 u 和 v 是关联的，并称 e 连接 u 和 v。

定义 31 在无向图中一个**顶点的度**是与该顶点有关的边数。在除环路顶点外，顶点的度是 2。

定义 32 **有向图** (V, E) 是由非空顶点集 V、一组有向边（弧）E 所组成的。每个有向边与一对有序顶点相连，与有序顶点对 (u, v) 相连的有向边从 u 处开始并在 v 处结束。有向图 G 由顶点集 $V(G)$ 和边集 $E(G) \subseteq V(G) \times V(G)$ 组成。边集 $e = (u, v) \in E(G)$，u 被称作 e 的起点，v 被称作 e 的终点。

如果 $(u, v) \in E(G)$ 可以表示所有的 $(v, u) \in E(G)$，那么图是无向的。如果对于 $u \in V(G)$ 没有形式为 (u, u) 的边，则该图很简单。存在两种标准方式表示没有多个边 $G = (V, E)$ 的图：为邻接列表的集合或邻接矩阵。两种方法都适用于有向图和无向图。对于图 $G = (V, E)$ 的邻接矩阵表示，顶点编号为 1，2，$\cdots$，$|V|$，其中 $|V|$ 表示 V 的大小。

定义 33 图 $G = (V, E)$ 的**邻接矩阵**为一个 $|V| \times |V|$ 的矩阵 $\boldsymbol{A} = (A_{ij})$，它满足：

$$A_{ij} = \begin{cases} 1 & 如果 (i,j) \in E \\ 0 & 其他 \end{cases} \tag{2-1}$$

如果 G 是定向的，当且仅当 (v_i, v_j) 在 E 中时，A_{ij} 为真。在 E 中最多有 $|V|^2$ 个边。

备注 34 无向图的邻接矩阵 $\boldsymbol{A}$ 是其自身的转置 $\boldsymbol{A} = \boldsymbol{A}^T$，邻接矩阵也可以表示加权图。当表示稠密图时，优先选择邻接矩阵；当表示稀疏图时，优先选择邻接列表。

定义 35 顶点 u 的**入度**是指以 u 为头顶点的弧数，曲线 G 的入度矩阵表示为 $\boldsymbol{D}(G)$，是大小为 $|V(G) \times V(G)|$ 的对角矩阵，其定义如下：

$$\boldsymbol{D}(G)_{ii} = \text{indegree}(u_i) \quad u_i \in V(G) \tag{2-2}$$

定义 36 类似的，图 G 中顶点 u 的**出度**是指以 u 为尾顶点的弧数。

定义 37 具有关联矩阵 $\boldsymbol{A} \in \mathbb{R}^{n \times m}$ 的图 G 的**拉普拉斯矩阵** $\boldsymbol{L}$ 是一个 $n \times n$ 矩阵：

$$\boldsymbol{L} = \boldsymbol{A} \cdot \boldsymbol{A}^T \tag{2-3}$$

定义 38 **Fiedler 值**（也称为**代数连通性**）是评估图连通性的频谱度量。它是与整个图相关的全局连通性度量。Fiedler 值是拉普拉斯矩阵的第二小特征值。Fiedler 值越大，整体连通性越好。代数距离是局部连通性度量。

定义39 **加权邻接矩阵**是加权图的矩阵表示。令 v_i 和 v_j 为顶点编号（其中 $1 < i, j < n$）。令 w_{ij} 为有向边的权重。假设所有边的权重为正，即 $w_{ij} > 0$。矩阵 $M(i, j)$ 是邻接矩阵，如果存在边 $e = (v_i, v_j)$，则 $M(i, j) = w_{ij}$。对于图中的每个顶点 i，$M(i, i) = 0$，并且对于不存在的路径，$M(i, j) = \infty$。

定义40 图 G 的**连通性**是足以使 G 断开的边（顶点）的最小删除数量。通信图连接通常被定义为通信图的顶点连通性。

代数连通性被认为是衡量图连通性良好程度的指标，它与连接组件的数量直接相关。具有小代数连通性的图比具有大代数连通性的图更容易分割。

定义41 当且仅当每个顶点 $v \in V$ 和每个顶点 $u \in V$ 都能互相可达时，图 $G = (V, E)$ 是**强连通的**。

定义42 给定**有向图** G，$P = (u_1, \cdots, u_k)$ 是 G 中的有向路径，对于 $1 \leqslant i < k$，存在边 $(u_i, u_{i+1}) \in E(G)$。

定义43 **树**是没有循环的有向图，其中所有节点都有几个输出边，每个边对应另一个称为子节点的节点。子节点又可以有其他子节点。除根之外的所有节点都有一个且只有一个来自父节点的传入边，根没有父节点。

定义44 给定有向图 G，如果 T 是 G 的子图，则 T 被称为 G 的**有根有向树**。它没有周期，至少存在从一个顶点发生（根到 T 中的其他顶点）的有向路径。

2.2.3.2 时序逻辑

符号规划主要基于线性时序逻辑和自动化，本节介绍了一些基本概念。线性时序逻辑是一种丰富的规范语言，可以表达许多期望的特性，包括安全性、可达性、不变性、响应和这些特性的组合。线性时序逻辑公式由时间运算符、布尔算子和以任何合理方式连接的原子命题组成[44]。标准线性时序逻辑建立在有限组原子命题、否定、析取等逻辑算子和时态模态算子基础上的[58]。下面介绍一些定义。

时间运算符的示例包括 **X**（次态）、**F**（最终）、$\Diamond$（总是）、**U**（直到）。布尔算子包括 $\neg$（非）、$\wedge$（与）、$\vee$（或）、$\Rightarrow$（蕴含）、$\Leftrightarrow$（等价）。原子命题是系统感兴趣的属性，例如障碍和目标的集合。线性时序逻辑公式的定义由标记转移图给出。

定义45 任何**原子命题** π 都是线性时序逻辑公式：如果 ϕ 和 ψ 是线性时序逻辑公式，则 $\neg \phi, \phi \vee \psi, \phi \wedge \psi, \phi \mathbf{U} \psi$ 也是线性时序逻辑公式，其中，$\neg$（非）、$\vee$（或）、$\wedge$（与）是标准布尔算子，**U** 是时间运算符。

定义46 原子命题 Π 上的**线性时序逻辑公式** ϕ 定义如下：

$$\phi :: = \text{True} \mid \alpha \mid \phi \vee \phi \mid \phi \wedge \phi \mid \neg \phi \mid \mathbf{X}\phi \mid \phi \mathbf{U}\phi \tag{2-4}$$

其中 $\alpha \in \Pi$ 是原子命题，**X** 和 **U** 是时间运算符。

Π 上的线性时序逻辑公式被解释为 ω-words，即 2^Π 中的无限序列。设 $\omega = \omega_0 \omega_1 \omega_2 \cdots$ 是这样的表达。

定义47 在位置 i 上写入 $\omega_i \Diamond \phi$ 时，ω 对 **LTL** 的**满意度**公式 ϕ 递归地定义为如下形式：

1. 对于任何原子命题 $\pi \in \Pi$，当且仅当 $\pi \in \omega_i$ 时有 $\omega_i \pi$；

2. 当且仅当 $\pi \in \omega_i$ 时有 $\omega_i o \phi$；

3. 当且仅当 $\omega_i\phi$ 或 $\omega_i\psi$ 时有 $\omega_i\phi U\psi$。

该描述可以表示无人机之间的相对位置。这些信息对于优化无人机运动是必要的[85]。线性时序逻辑公式可通过无穷多个 words 被解释，它生成于切换系统的 True。例如 $X\alpha$ 表明一个 word 的下一个状态，命题 α 为真且 $\alpha_1 U\alpha_2$ 表明未来某时刻命题 α_2 为真且命题 α_1 至少在 α_2 为真之前为真。利用这些时间运算符，可以构造另外两个时间运算符。

1. **某个将来状态**（即未来）**F**：定义为 $F\phi = True\ U\phi$，这表示 ϕ 最终在 word 中变为真。
2. **所有将来状态**（即总是）**G**：定义为 $G\phi = \neg\ F\phi$，这表示 ϕ 在 word 的所有位置都为真。

通过组合时间运算符和布尔算子，可以从原子命题集 $\varPi$、逻辑连接词和时态模态算子上构建 LTL 公式。LTL 公式可以在无限字符串 $\sigma_0\sigma_1\sigma_2\cdots$ 上解释，其中 $\sigma_i \in 2^{\varPi}$（所有 $i \geq 0$）。这里给定一个关于命题 p_1 和 p_2 的 LTL 公式，$p_1 U p_2$ 表示 p_1 必须保持为真，直到 p_2 变为真。安全公式 $\Box p_1$ 简单地断言，在执行过程中属性 p_1 保持为真不变。可达性公式 $\Diamond p_1$ 表示在执行中属性 p_1 至少变为真一次（即存在满足 p_1 的可达状态）。转换系统和自动机也是线性时序逻辑中的重要概念。如果顶点依据它们在障碍物或目标中所处的位置被打上标签，或者边被认为是无人机可以使用的转换状态，则转换系统可由感兴趣区域归纳出的分区对偶图获得。如果反馈控制器 u_{r_i,r_f} 可以设计成在有限时间内通过分离面从区域 r_i 飞行到区域 r_f，则无人机可以从区域 r_i 转换到区域 r_f，而不管 r_i 中无人机的初始位置如何。如果设计反馈控制器 u_{r_i,r_i} 使无人机在有限时间内保持该状态，则状态 x_i 可以自由转换。这种控制器的计算可以通过操作多面体来执行。具体而言，此过程生成的自动机详尽地描述了该问题的所有可能解决方案，这对应于所有离散解决方案的集合。

更高的自主性级别意味着包含路线引导决策以及最佳航路点的更高层次任务。对于无人机，高级任务以及安全行为可以使用线性时序逻辑来制订，例如在 A 区进行持续监视，直至找到目标；然后向区域 B 报告数据，避开区域 C 飞行，最后返回基地[6]。需要制导和控制算法来规划和执行无人机运动以满足这些规范。

2.2.3.3 传感器覆盖

假设传感器节点的检测覆盖范围遵循**二元测量模型**时，在概率为 1 的情况下检测到传感器节点的检测半径内发生的事件，且单位圆外的任何事件都未被检测到。这时事件的识别可能性在检测范围内等于 1，否则概率为 0：

$$P(S_i) = \begin{cases} 1 & \text{如果 } d(S_i, P) < r \\ 0 & \text{其他} \end{cases} \tag{2-5}$$

其中 $d(S_i, P) < r$ 是点 P 和传感器 S_i 之间的距离；$P(S_i)$ 是事件在第 i 个传感器检测范围内的概率。有两种二元测量模型。

1. 在理想的二元测量模型中，每个节点都能够在目标落入感知范围 R 内的情况下进行识别。
2. 在不完全或脆弱的二元测量模型中，目标总是在半径为 R_{in} 的内圆盘内进行检测。

在参考文献［92］中，两个已完成的假设总结如下：

$$\begin{cases} H_0: X = 0 \\ H_1: X = 1 \end{cases} \tag{2-6}$$

其中 H_0 是表示事件尚未发生的零假设；H_1 表示事件的替代假设已经发生。$P(X; H_0)$ 和 $P(X; H_1)$ 分别是 H_0 或 H_1 下事件发生的概率分布函数。通常，目标是最小化错过检测 $P(H_0;$

H_1）的概率，从而保持误报概率 $P(H_1; H_0)$。

问题表述 使工作空间 $W \subset \mathbb{R}^2$ 成为一个紧凑集合，最小和最大速度 $0 \leqslant v_{\min} < v_{\max}$［由于失速的原因，0 对于旋翼无人机（非固定翼飞机）是可以接受的］，无人机的状态（质心的位置、速度矢量的大小和方向）是 $\zeta = (x, y, v, \psi) \in D = W \times [v_{\min}, v_{\max}] \times S$，其中 $x(\zeta)$ 是 $\zeta \in D$ 在集合 W 上的投影。恒定高度的无人机运动模型可以由下式给出：

$$\dot{x}(t) = v(t)\cos\psi(t)$$
$$\dot{y}(t) = v(t)\sin\psi(t)$$
$$\dot{v}(t) = u_1(t)$$
$$\dot{\psi}(t) = \frac{u_2}{v(t)} \tag{2-7}$$

其中切向和横向加速度 u_1，u_2 是控制输入。允许的控制输入值是紧凑域：

$$U = \left\{ (u_1, u_2) \in \mathbb{R}^2; \frac{u_1}{\alpha^2} + \rho^2 u_2^2 \leqslant 1 \right\} \tag{2-8}$$

其中常量 α，ρ 是预先指定的。集合 W 被划分为凸多面体子区域，该子区域也可称为单元格。两个单元格的交叉是空的，或者是单个顶点的，或者是位于两个单元格边界上长度有限的线段。令单元格数 $N^c \in \mathbb{N}$ 和 $R^i \subset W$ 是与第 i 个单元格相关的子区域（$i = 1, \cdots, N^c$）。无向图 $G = (V, E)$ 与该子区域相关联，G 的每个顶点唯一地与单元格相关联，且 G 的每条边与一对几何相邻的单元格相关联。如果两个单元格交点是长度有限的线段，则它们被认为是几何相邻的。

定义48 轨迹 $\zeta(t; \zeta_0; u)$（$t \in [0, t_f]$）的 **G 轨迹**是最小长度的路径 $\mathrm{tr}(\zeta, G) = (v_0, v_1, v_p) \in L_G$，因此：

1. $x(\zeta(t; \zeta_0; u)) \in \mathrm{cell}(v_0)$
2. 对于每个 $k = 1, \cdots, P$，存在严格增加的正序列 $\{0, t_1, \cdots, t_f\}$ 和 $x(\zeta(t; \zeta_0; u)) \in \mathrm{cell}(v_k)$，$t^i n [t_{k-1}, t_k]$。

线性时序逻辑（LTL）可以表示系统随时间的行为规范。

问题49 给定 LTL 公式中的 ϕ 和 $\zeta_0 \in D$，确定路径 $L_{\Gamma_\phi} \subset L_{\Gamma_{\zeta_0}}$ 的集合，使得 L_{Γ_ϕ} 中的每个路径满足公式 ϕ。

路线规划算法 路线规划涉及搜索无碰撞路径，同时考虑无人机的飞行能力。参考文献［20］中提出的解决方案依赖于遍历性分析，并将转移成本分配给图 G 中的边序列。它使用了提升图的概念：无人机模型的某些可达性属性与图中的过渡边相关联。通过定义一个转移成本函数可计算路径的成本。该图和相关转移边的成本计算定义了代表无人机动力学模型的有限状态转移系统。Dijkstra 算法用于在此图上找到最短路径。通常，面向高质量航空摄影的基本飞行路线是指具有最小高度、无地面碰撞、足够轨迹平滑度和足够地形覆盖范围的飞行路线。

$$F_{\text{cost}} = \omega_1 C_{\text{coverage}} + \omega_2 C_{\text{altitude}} + \omega_3 C_{\text{collision}} + \omega_4 C_{\text{smooth}} \tag{2-9}$$

其中 $C_{\text{coverage}} = S_{\text{terrain}}/S_{\text{coverage}}$ 惩罚不能覆盖整个地形的路线；C_{altitude} 惩罚整个飞行过程中路线 – 地面之间的高度误差相结合的高海拔航线；$C_{\text{collision}} = L_{\text{under}}/\mathrm{FR}$ 惩罚可能与地面发生碰撞的航线；$C_{\text{smooth}} = \sum_{i=1}^{\text{Dim}} \theta_i/\mathrm{Dim}$ 惩罚不够流畅的路线；参数 $\omega_1, \cdots, \omega_4$ 是用户指定的惩罚参数；S_{terrain} 是整

个地形表面；$S_{coverage}$ 是无人机在地面上覆盖的区域；L_{under} 是飞行路线到地面的总长度；FR 是飞行路线；$\theta_i \in [0, \pi/2]$ 是第 i 个和第（$i+1$）个网格点之间的交叉角（$i = 1, \cdots, \mathrm{Dim} - 1$）。为了计算 $S_{coverage}$、L_{under}、N_{f_e} 沿着（$\mathrm{Dim} + 1$）间隔均匀生成的采样点，沿着整个飞行路线产生 $\mathrm{Dim} + 2 + (\mathrm{Dim} + 1)N_{f_e}$ 个均匀分布的采样点：$L_{under} = n \cdot \mathrm{FR}/[\mathrm{Dim} + 2 + (\mathrm{Dim} + 1)N_{f_e}]^{[59]}$。

2.3　同构无人机协同

在许多应用场景中，通过将任务分解成可同时执行的不同部分，并使用几架能够自主协同工作的无人机可以加速检测或探测过程。此外，融合从不同来源获得的信息可以提高协同模式获取信息的准确性。在一些情况下，多架无人机的协同能够完成单架无人机无法完成的任务。基于群体的智能搜索策略使用完全分布式方法，其中每个物理智能体自主操作并与周围邻居协作以探索环境并获取检测数据。在这种策略中，无人机分两个阶段运行。在第一阶段，无人机执行探测行为，即检测环境中超过固定警报阈值的数据。无人机通过选择不同的通信信道广播传感器检测到的数据，使得系统的其他智能体（至少那些足够接近的）可以接收这些数据。如果在该状态期间无人机检测到的值高于警报阈值，则无人机将其状态改变为搜索状态，策略进入第二阶段。在任何其他情况下，无人机将继续探测行为，直到接收或检测到高于警报阈值的数据[88]。目前，操作多架小型无人机是被禁止的。

2.3.1　建模

一组 N 架无人机在 $\mathbb{R}^3$ 中被建模为刚体。第 i 架无人机的配置由位置 $p_{B_i} \in \mathbb{R}^3$ 和旋转矩阵 $\boldsymbol{R}_{B_i} \in \mathrm{SO}(3)$ 在公共惯性框架中表示。旋转角也可以由欧拉角描述：即有偏航角 ψ、俯仰角 θ 和滚动角 ϕ。对于旋翼无人机平台来说，只能跟踪四维空间 $\mathbb{R}^3 \times S^1$ 中的平滑参考轨迹。例如，直升机和四旋翼无人机，以及任何其他无人机的位置 p_{B_i} 和偏航角 $\psi_{B_i}(t)$ 都是平滑输出的，即用代数方法表示无人机状态量、控制量及导数[32]。由于它们的小尺寸和有限的速度范围，跟随者无人机必须在领导者无人机之后将其位置保持在相对较小的误差，这需要更准确的相对定位和更精确的位置控制。

2.3.1.1　SISO 系统

对于包含 N 架无人机的编队，每架无人机都可由仿射输入非线性微分方程描述。

$$\begin{aligned} \dot{\boldsymbol{x}}_k &= \boldsymbol{f}_k(x_k) + \boldsymbol{g}_k(x_k)u_k \\ y_k &= h_k(x_k) \end{aligned} \tag{2-10}$$

其中状态为 $x_k \in X_k \subset \mathbb{R}^{n_k}$；无人机 k 的输入 $u_k \in \mathbb{R}$ 和输出为 $y_k \in \mathbb{R}$；$\boldsymbol{f}_k$、$\boldsymbol{g}_k$ 是在 X_k（$\forall k \in \{1, \cdots, N\}$）中定义的平滑矢量场。因此，每架无人机是**单输入单输出**（SISO）系统。为了实现无人机合作，所有无人机的输出轨迹应该一致并收敛到一组共同的输出轨迹上，并执行人们期望的行为。

$$y_k(t) - y_j(t) \to 0 \quad （当 \ t \to \infty \ 时） \tag{2-11}$$

参考文献［77］中提出了由两个级别组成的分级控制方案：在无人机级别上，每架无人机配备本地控制器，实现对给定参考轨迹的渐近跟踪；在网络级，同步机制实现参考信号的一致。

定义 50　同步约束指定任务之间的时间约束。

本地跟踪控制问题和网络级别的同步问题是解耦的。主要的挑战是建立从无人机到网络级别的反馈，以便无人机团队抵消单架无人机产生的干扰。

无人机级别 若每架无人机配备一个控制器，可以实现某些参考输出 $y_k^*(t)$ 的渐近输出跟踪。如果该参考信号 $y_k^*(t)$ 由以下形式的线性动态参考模型生成：

$$\dot{z}_k = A z_k + B w_k$$
$$y_k^* = C z_k \tag{2-12}$$

其中 $z_k \in \mathbb{R}^n$，$y_k \in \mathbb{R}$，$w_k \in \mathbb{R}(k \in N)$，那么渐近输出跟踪控制问题变为渐近模型匹配问题。

网络级别 网络级别的协调问题可以简化为线性参考模型式（2-12）中的同步输出问题。这些模型对于所有无人机都是相同的，并且每架无人机都可以访问模型的完整状态，因为它是控制器的一部分。所以，网络级别的同步问题可以通过以下形式的静态扩散耦合来解决：

$$w_k = K \sum_{j=1}^N a_{kj}(z_j - z_k) \tag{2-13}$$

其中 K 是耦合增益矩阵；a_{kj} 是网络通信图邻接矩阵中的项。如果 (A, B) 具有可控性及可稳定性，则存在矩阵 K，使得式（2-13）可以解决同步问题。

2.3.1.2 MIMO 系统

每架无人机是**多输入多输出**（MIMO）系统。将无人机建模为动力学上的偏航智能体是多机器人文献中的常见假设。

$$\dot{\psi}_i = w_i \tag{2-14}$$

$w_i \in \mathbb{R}$ 是偏航率输入。该位置在一阶水平或运动学水平上被表示为：

$$\dot{p}_i = u_i \tag{2-15}$$

其中 u_i 是线速度。

在二阶水平或动力学水平，位置和速度由以下微分方程给出：

$$\dot{p}_i = v_i \quad M_i \dot{v}_i = u_i - B_i v_i^2 \tag{2-16}$$

其中 u_i 是力；v_i 是速度；M_i 是无人机 i 的对称正定惯性矩阵；$B_i \in \mathbb{R}^3$ 是正定矩阵，表示为平滑地稳定无人机而增加的人工阻尼，并且考虑了典型的物理现象，如风/大气阻力。由于其具有较高的复杂性，因此动态智能体不太被采用。然而，动态智能体提供了更好的模拟实际无人机动态的近似方法。因此，当无人机的动态特性受到更大压力的时候（如间歇性的相互作用），假设为动态智能体更为适用。无人机的输入由任务控制器、障碍物控制器和拓扑控制器生成。拓扑控制器产生的输入可实现期望的相互作用。例如，精确达到规定的一组相互配置或大致保持无人机之间的给定间隔。所有相互作用的集合都可以通过**交互拓扑图** $G = (V, E)$ 来描述，其中顶点 V 代表无人机，而加权边 $E \subset V \times V$ 代表两架无人机之间相互作用的强度。存在非零权重建模交互，而零权重意味着没有交互并且等同于没有该边。可以考虑 3 种可能的交互图。

1. **常量拓扑**，当任务要求交互对总是相同时。
2. **无约束拓扑**，当拓扑可以随时间自由变化时，允许组断开甚至连接成几个子组。
3. **连通拓扑**，当交互图仍然可以自由改变但在任何时候都保持连接的约束，以确保群组内的聚力。

假设选择了交互拓扑图，则通常通过在每个无人机对 $(i;j) \in E$ 之间分配期望的相对行为可以描述编队。

2.3.2 规划

在许多情况下，可能有一个人类操作员指导半自主性系统，但是越来越多的系统必须在没有这种干预的情况下长期独立工作。人们显然需要这样的系统，特别是在以下条件下。

1. 当无人机部署在直接和局部人为控制不可行的偏远或危险环境中时

2. 当环境相互作用的复杂性或速度对于人来说太高而无法处理时

基于智能体的建模和仿真将系统表示为自主智能体，它们彼此之间以及与环境之间相互作用。智能体行为旨在捕获本地交互，通过这种重复交互，系统的集体特征随着时间的推移而出现。与传统的自上而下模型（如参考文献［64］中的方程式）相比，在智能体级别对系统建模采用的是自下而上的方法。无人机群控制和导航中的一个问题是**任务调度**。参考文献［69］中考虑了动态环境中的自主性和分散的任务分配问题。关键是重叠联盟，它允许智能体成为多个联盟中的成员。一种基于市场的分散联盟形成算法被提出，该算法在动态环境中具有有限的通信范围。虚拟市场中的智能体在邻居内进行协商，在通信范围内定义智能体，使用本地信息来最大化群组效用。智能体之间的网络拓扑是连接图，以保证每对顶点之间存在路径。智能体根据预定的时间表以同步方式彼此进行通信。虚拟市场遵循设计的市场机制，具有不同的阶段，例如广告准备、项目经理对应用程序的共识以及最终的任务分配。

无人机协同任务规划 在无人机领域，任务规划问题不仅关注轨迹规划，还关注任务规划。任务可以定义为以下数据结构：

任务 = ｛航路点，子任务，无人机｝，其中航路点 = ｛x, y, z｝

子任务 = ｛任务位置，任务状态，目标｝

无人机 = ｛无人机状态，传感器，任务｝

无人机状态 = ｛未开始，工作，活性，停止服务｝

任务状态 = ｛未分配，已分配，已完成，已失败｝

对于一组无人机和一组任务，无人机的任务分配包含从无人机的当前位置到任务位置所需时间以及这些任务的优先级。因此，任务分配的多重标准函数描述如下[83]：

$$J = \min_{i=1,\cdots,M} \left(\sum_{j=1}^{N} (t_{ij}, p_j) \right) \tag{2-17}$$

其中 N 和 M 分别是任务和无人机的数量；p_j 是任务 j 的优先级因子；参数 t_{ij} 是第 i 个无人机位置到任务 j 的位置所需的飞行时间。

无人机群任务规划 主要研究无人机群的动态任务规划问题。提出了一种集中分布式混合控制框架，用于任务分配和调度。动态数据驱动的应用系统原则应用于框架，以便它能够适应环境和任务的变化性质。在该框架中，中央控制器基于群的最新信息将待分配任务分配给不同的无人机。在接收到分配任务后，无人机尝试将新任务调度到本地任务队列中，以便最小化总任务完成成本。由于中央控制器没有关于群的实时信息，因此它包含群中发送的状态信息，并利用该信息更新群模型以用于将来的任务分配。为了评估提出的框架，参考文献［90］中实现了原型仿真框架。该群能够执行多项任务，并即时接受新的任务。

问题 51 给定一个无人机群 S, 无论是已有任务或是一个新的任务 MS, 问题是如何将任务安排到无人机群上, 以便最大限度地降低总任务成本。

任务包括多项子任务, 子任务可由任何无人机来完成。调度过程产生从任务集 T 到无人机集合 S 的映射或赋值 M。该映射指定将哪个子任务分配给哪架无人机。任务成本是所有子任务成本的总和。对于不同类型的任务, 任务成本可能不同。通常, 它包括旅行费用和任务完成费用。为了解决这个问题, 可以采用混合方法, 其结合了全局任务分配和本地任务调度。这里有两种类型的智能体被应用, 一种是**集群控制智能体**（SCA）, 另一种是无人机智能体。无人机群操作环境包括单个 SCA 和多架无人机。SCA 是人类操作员和无人机群之间的接口, 通常在地面站运行。其设计目标是将新到达的任务分解为多个子任务, 将这些子任务分配给无人机, 并监视群体和任务的状态。另一方面, 无人机智能体表示无人机群中的一架能够完成不同任务的无人机。智能体通过消息彼此通信。这些消息要么要求收件人采取操作, 要么包含发件人的最新信息。

令 $S = \{v_1, v_2, \cdots, v_n\}$ 表示多无人机系统, $n = |S|$ 表示团队中无人机的数量。在运行时, 无人机数量是一个常数。无人机具有以下属性。

1. 速度。当前是恒定速度, 但是不同的无人机可以有不同的速度。

2. 最大容量。无人机的容量是维持无人机飞行的动力源, 如燃料或电池。

在群体执行任务期间, 对于任何给定时间 t, 每架无人机都有一个状态, 定义为 $X_i(t)$。状态包含以下信息。

1. 无人机的当前位置。所有无人机都在同一高度上飞行, 因此当前位置包含 x 和 y 坐标。

2. 目前的无人机航向。

3. 剩余容量。

4. 测量的容量消耗率。该值以及无人机的最大燃料量, 决定了无人机在返回基地之前可以在操作区域内停留多长时间。该测量值随时间变化。

5. 分配给此无人机的任务列表可能为空。在这里, 所有无人机都是同构的, 也就是说, 无人机可以接管任何任务。

协同状态由两部分组成。一个是无人机状态的集合, 另一个是协同调度所有任务的任务状态集合[90]。任务包括一项或多项任务, 子任务详细说明任务的步骤。如果将每个子任务视为一个节点, 并将两个子任务之间的依赖关系视为有向边, 那么子任务可以由**有向无环图**表示。当团队安排任务后, 对于任何给定时间 t 都有与之相关的状态。任务状态是三元集合 $\text{MS}_t = \{C, P, W\}$, 其中 C 是已完成任务的集合, p 是正在执行的任务集, W 是等待完成的任务集。在 $P = W = \varnothing$ 和 $C = T$ 时, 任务被认为已完成。由于任务中的子任务彼此之间存在依赖关系, 因此无法同时分配任务。集群控制智能体需要决定准备分配哪些任务。

定义 52 **准备好的任务**是没有任何前任任务或所有前任任务都已完成的任务。任务完成后, 依赖于该任务的其他任务可能已准备就绪。

集群控制智能体监视每个任务的状态, 并在无人机准备就绪时将任务分配给无人机。对于每个就绪任务, 集群控制智能体通过以下步骤选择无人机进行任务分配。

1. 为每架无人机计算完成任务的成本。集群控制智能体将使用关于无人机群的最新信息来估计完成成本。对于不同的无人机, 这种成本是不同的, 因为无人机位于不同的位置, 它们可能有也可能没有任务。有两种情况:

（1）无人机没有计划任务。在这种情况下，成本是从无人机的当前位置到任务位置的路程成本加上任务的完成成本。用于比较的容量是无人机的当前剩余容量。

（2）无人机上已经安排了任务。在这种情况下，估计的最终位置和最终剩余容量用于计算任务成本。

2. 对计算出的成本进行排序，选择成本值最小的无人机作为任务候选。

任务分配为无人机提供任务，但没有指定如何在无人机上安排此任务。集群控制智能体用来指定是立即执行新任务还是在现有任务完成后再执行，无人机控制着这个决定。有几种可能的调度策略。

1. **先到先服务**（FCFS）：将在所有早期任务完成后执行新任务。

2. **基于插入的策略**：如果无人机上没有计划任务，则新任务将立即开始执行。否则，无人机将安排新任务。

3. **路由问题**：调度问题也可以建模为路由问题。

4. **自适应策略**：此策略仅使用所有其他策略来计算任务成本，并选择每次无人机执行任务调度时产生最低成本的策略。

在参考文献［53］中，算法1给出的伪代码是创建一个计划，该计划被驱动从而以下列方式使用可用资源，这通常会产生时间效率特征。

算法1　最早可用时间算法

1. 位置可用性。
2. 对于顺序中的每个任务有以下要求。
   （1）任务被抽象分解为可能的飞行和其他涉及开始和结束位置的动作。
   （2）检查是否存在前任任务。如果存在前任任务，则保留任务的最后完成时间戳。
3. 对于无人机团队中的每架无人机（保存无人机就绪时间，检查每架无人机的任务占用率）有以下要求。
   （1）无人机必须有足够的电池电量，至少能飞到最近的充电站。
   （2）如果执行任务后无人机没有足够的电量飞去充电站，则无人机需要去最近的充电站。
   （3）总体可用性检查。结合此任务的可用性和无人机的可用性，计算各自任务的开始时间戳。

1. 平衡：向最早可用的无人机分配任务，即与其他无人机相比相对空闲的无人机。
2. 安全：
   （1）没有多架无人机可以同时占据一个位置。
   （2）任务执行的优先顺序。
3. 早：
   （1）尽早地选择充电站，它运送已充好电的无人机到下一个目的地。
   （2）整个任务的完成时间。

该算法的输入是任务序列（序列）、无人机列表（无人机），而输出是无人机上的任务调度（时间表）。

与手头任务的复杂性相比，无人机群具有高冗余度并且由相对简单的无人机组成。此外，它们使用分布式控制，使用本地规则和本地通信。无人机群的这些特性使其具有高度鲁棒性、可扩展性和灵活性。因此它存在3个主要优点：可扩展性、灵活性和鲁棒性。

1. **可扩展性**被定义为无人机群系统在不影响性能的情况下与更多或更少数量的无人机一起操作的能力。本地传感和通信的使用是无人机群系统可扩展的主要原因。

2. **灵活性**是指无人机群系统能够适应新的、不同的或不断变化的环境要求。当问题发生变化时，系统必须足够灵活，以便及时响应新问题。在群体中，冗余性、无人机行为及机制的简单性、随机性共同促进了无人机群的灵活性。

3. **鲁棒性**可以定义为系统存在部分故障或有其他异常情况时可以继续运行的能力。由于高冗余，无人机群系统更可靠。任何个体都可以被消耗，因为其他个体可以弥补这个损失。由于设计的简单性，单架无人机不易发生故障。此外，通过没有机长或间歇性可替换机长的分散控制，保证了在失去一架无人机甚至一组无人机时不会对无人机群的整体运行产生巨大影响。此外，分布式检测使系统不易受噪声影响。

2.3.3 协同路径跟踪

在对多无人机协同控制研究中，跟踪无人机需要实时估计该无人机及相邻无人机的姿态、位置，以便通过协作策略完成任务。刚体运动是否可以被足够快地预测，以及是否可以在长时间内保持积分精度是成功控制多无人机的关键。传统方法涉及使用微分方程对动力学建模并使用数值方法求解这些方程。近年来，利用微分几何理论对刚体运动进行建模，并直接离散**拉格朗日－达朗伯方程**，然后利用变分原理推导出刚体运动方程，这一方式已经取得了一些进展。这些方法确保了离散化过程中系统的几何特征得以保留，并且在迭代计算中保留了相关的物理量。这些方法包括**离散的 Moser-Veselov（DMV）算法和 Lie-group 变积分器**[60]。

2.3.3.1 编队控制

在基于梯度的编队控制中，采用刚性图论来识别稳定的编队，其中图的顶点表示智能体，边表示智能体之间被编队形状约束的距离。刚性编队与由智能体相对位置确定的潜在函数相关联。智能体的距离之间存在一个潜在的最小值，因此，其梯度致使编队控制器可以保证刚性编队的稳定。对于与图 G 相近又相关联的且由 n 个智能体组成的编队，可以用最简单的方法将智能体建模为 $\dot{p}_i = u_i$，其中 $u_i \in \mathbb{R}^m$（$i = 1, \cdots, n$）是控制输入。对于每个边 E_k，可以用期望距离 $\|z_k^*\|$ 处的最小值构造势函数 V_k，使得这些函数的梯度可以用来衡量与分布式控制智能体之间的距离。

$$V(\overline{\boldsymbol{B}}^{\mathrm{T}}p) = V(z) = \sum_{k=1}^{|E|} V_k(z_k) \tag{2-18}$$

其中，关联矩阵 $\boldsymbol{B}$ 的定义为：

$$\boldsymbol{B}_{ik} = \begin{cases} +1 & \text{如果 } i = E_k^{\mathrm{tail}} \\ -1 & \text{如果 } i = E_k^{\mathrm{head}} \\ 0 & \text{其他} \end{cases} \tag{2-19}$$

其中 E^{tail}、E_k^{head} 分别表示节点 E_k 的尾节点和头节点。将梯度下降控制应用于每个智能体，如下所示：

$$u_i = -\nabla_{p_i} \sum_{k=1}^{|E|} V_k(z_k) \tag{2-20}$$

如果以下二次函数族：

$$V_k(\|z_k\|) = \frac{1}{2l}(\|z_k\|^l - d_k^l) \quad l \in \mathbb{N} \tag{2-21}$$

以下沿着 z_k 的梯度为：

$$\nabla_{z_k} V_k(\|z_k\|) = z_k \|z_k\|^{l-2}((\|z_k\|^l - d_k^l)) \tag{2-22}$$

因子 l 对于设计所需的编队稳态运动起着重要作用。闭环系统动力学可以写成：

$$\dot{p} = -\bar{B}D_z D_{\tilde{z}} e$$
$$\dot{z} = -\bar{B}^T \dot{p}$$
$$\dot{e} = lD_z D_{\tilde{z}}^T z \tag{2-23}$$

其中 $e_k = \|z_k\|^l - d_k^l$，$\tilde{} \in \mathbb{R}^{|E|}$ 是由所有 $\|z_k\|^{l-2}$ 组成的堆叠列向量；矩阵 D_z、$D_{\tilde{z}}$ 是 z、$\tilde{z}$ 的块对角矩阵[35]。

2.3.3.2 合作任务

参考文献［91］中考虑的合作任务要求无人机遵循无碰撞路径，并在到达最终目的地时具有相同的到达时间（时间关键型操作）。在已采用的设置中，无人机被分配了所需的标称路径和速度曲线。然后适当地对路径进行参数化，并且请求无人机执行协作路径跟随，而不是开环轨迹跟踪操纵。这种策略允许无人机通过在辅助通信网络上交换信息来协商其飞行速度。在面对外部干扰时，它会表现出鲁棒性。为了策略的有效实施，必须实时满足时间约束以协调整个无人机群。通过在无人机时变通信网络之间交换协调信息可以调整每架无人机的速度曲线。

问题53 时序要求严格的协同路径跟踪问题：给定包含**多无人机通信网络**的一组无人机以及期望的三维时间轨迹序列 $p_{d,i}(t_d)$，设计反馈控制律，如下所示：

1. 所有闭环信号都是有界的。

2. 对于每架无人机 i（$i \in \{1, \cdots, n\}$），路径跟随广义误差向量收敛到原点的邻域。

3. 对于每对无人机 i 和 j（$i, j \in \{1, \cdots, n\}$），协调误差收敛到原点附近，保证同时（准时）到达并确保无碰撞行为。

在一组适当的假设下，路径跟踪协同控制律能够保证单独处理路径跟踪和时间关键型协同问题时的稳定性和最终有界性。

在参考文献［9］中，任务规划涉及为任务分配无人机、目标和传感器。其主要目的不是制订飞行计划，而是沿着路线正确分配和配置传感器，其中路线以最佳方式覆盖分配的任务；每个目标可以是一个点、一个线性对象（河流、道路）或一个区域。在多无人机情景中，这个目标更加复杂，必须以最佳方式结合所有无人机的计划特性和传感器使用情况来优化任务。无人机优化能力基于几种知识和信息的可用性。

1. 无人机和传感器的物理及操作特性。比如无人机的最大速度和最大燃料容量，以及传感器的最大分辨率或**视野**（FOV）。

2. 估计任务计划中未明确给出但需要检查有效性的参数模型。如给定路线长度和无人机的燃料消耗估计、给定无人机的高度和传感器视野的目标覆盖范围。

3. 任务限制通过考虑任务要求来限制任务计划的内容。典型的例子是检查路线的每一段是否只属于一个任务，以及任务的估计持续时间是否在指定的时间范围内。

参与合作任务的无人机通常在共同的工作空间中飞行。在合作规划期间必须考虑自碰撞，以使所有规划的参考轨迹都是可行的。降低碰撞风险对于机载系统尤为重要，因为机载系统可能会导致平台的灾难性损失并对环境造成破坏。如果协同规划没有明确考虑安全限制，则优化的协同决策可能不会按计划执行。实时反映方法的附加层可能被频繁地激活。这将导致协同规划过程中计算能力和通信工作量的浪费，并且还可能导致整个系统行为的不确定性。附加约束经常出现在现实场景中，忽略这些约束可能会限制多无人机协调策略的适用性。分散数据融合和分散决策可能要求协同工作时保持一定的通信拓扑。无视协同网络完整性的计划轨迹可能会导致通信链路断开，从而限制进一步的信息共享和分散规划。它还存在进一步的空间约束，例如场地上的障碍物和禁止进入区域，或者时间覆盖约束，其中无人机必须经过地面站或用户以任意时间间隔报告观测值。在连续域中为信息收集任务规划的常用方法是将问题表述为在未来有限的行动范围内优化信息理论的目标函数。由于以下原因，将约束集成到优化问题中具有挑战性：在无人机的行动范围内，碰撞和网络连接限制是连续的；由于移动障碍物，约束也可能随时间而变化；在计划期间可能无法解决约束。例如，当考虑无人机－无人机冲突时，在优化期间会有耦合约束。找到无人机的可行轨迹取决于合作中其他无人机选择的轨迹。在参考文献［34］中，这些连续约束被转换为离散形式并保持连续性，从而导出分析梯度。使用增广拉格朗日公式将约束集成到统一的优化框架中，使用异步分散梯度下降方法来求解问题，并使用多步后退法执行计划。因为约束被离散地表示并具有闭合形式的梯度，所以可以以在线方式有效地执行决策，同时确保满足无人机轨迹的连续性。

2.3.4 通信

2.3.4.1 准备知识

在环境中移动智能体需要进行通信以实现对共同目标的协调。

1. 显式通信方法。无人机可以向其他智能体广播或发送信号。这需要引入意图声明机制，其中每个智能体在固定时刻传达其位置，或者存在知道智能体网络拓扑的监督者。

2. 隐式通信方法。智能体不需要广播它们的位置，因为它们可以感觉到其他智能体或一般对象的存在，从而避免冲突。此外，隐式通信还用于捕获通过声波嵌入消息来扰乱环境的无线电信号（或类似的）。隐式通信不一定能代替直接通信，但可以在对环境扰动立即响应的情况下用作冗余且更快速的通信方式[12]。无人机可以使用隐式通信，即使用它们的传感器来捕获由于其他智能体而引起的环境扰动。在存在噪声和环境威胁的情况下可以使用隐式通信，以及在受到发送者或接收者影响或故障的情况下使用它。

智能体之间为了实现共同目标进行沟通与协调。此外，它们在一个动态变化的环境中移动，并且它不一定是通过直接通信而是通过观察环境变化来检测彼此存在的。因此，世界变量用于表示智能体所感知的环境变化，实现隐式沟通。

无人机通信网络的所有组成部分都提出了待解决的具有挑战性的问题。与许多其他无线网络不同，无人机网络的拓扑结构保持流动，节点和链路的数量发生变化，节点的相对位置也在变化。无人机可以根据不同的移动速度，间歇地建立链路。但这种行为可能会带来某些挑战，如下所示。

1. 结构设计的某些方面不直观。流体拓扑结构、消失的节点和链路都将挑战设计者在超出正常的专用网状网络上运行。

2. 路由协议不能是主动或被动方案的简单实现。当无人机失效时，无人机间的骨干网必须反复重组。在某些情况下，网络可能会被分区。挑战将是把数据包从源路由发送到目标节点，同时优化所选择的度量。

3. 应该通过不间断地将离线无人机转换为活动无人机的方式，使用户通话一直保持。

4. 应该保存无人机的能量以增加网络寿命。节点可能由于许多原因而消亡，并且可能被新的节点取代。无人机可以随机或在有组织的群体中移动，不仅在二维平面中，在三维物体中也可以快速改变位置。小型无人机网络的能量限制要大得多。描述网络特征，了解其性质、约束和可能性是非常重要的。

可能会有以下问题[38]。

1. 拓扑结构随时间变化的速度有多快？

2. 当节点发生故障或离开时，网络分区的频率是多少？

3. 如何提高网络寿命？什么类型的架构更适合？

4. 它需要自组织、自我修复能力吗？

5. 哪些协议可以在不同层运行？它是否支持动态添加和删除节点？

6. 链接是否断断续续，质量如何？

虽然无人机在操作员不间断的视线范围内，但操作并不构成重大挑战。在视距条件下，无线链路可能经历很少且短暂的中断。当无人机开始移动并且物体阻挡链路时，指挥无人机开始逐渐变得具有挑战性。链路上的损失可能经常发生，并且控制命令会在传输过程中丢失，这导致无人机操作短暂间断。**微自主性**允许在不确定性下做出决策，跟踪远程控制系统的状态。无人机具有的物理组件可以通过分组交换链路控制。可以使用无线链路，但由于信道的性质，这将发生丢包[73]。当丢包发生时，它可以决定物理组件应该执行哪个短期操作。该补偿机制使系统能够潜在地纠正或抵消丢包的影响。该机制不是为了系统提供长期自主性，而是为了补偿持续数十到数百毫秒的链路中断。

2.3.4.2　信息架构

编队控制的一项基本任务是保持一些规定的几何形状，以使飞行器保持最佳的传感配置[81]。这里提出了一种被称为**刚度**的图论概念来描述信息架构以保持编队形状。如果编队可以作为一个整体而移动，并在整个运动过程中保持距离不变，则称编队是刚性的。可以通过两种方式控制特定飞行器之间的距离。

1. 将责任分配给所有无人机以主动维持距离，由无向图建模的对称信息架构。

2. 将责任分配给一架无人机以维持距离，而其他无人机无法维持该特定距离，由有向图建模的非对称信息架构。

编队表示为 $F(G, p)$，其中 G 是信息架构图，$p: V \rightarrow \mathbb{R}^{2|V|}$ 是将平面中的位置分配给每个顶点的映射。顶点表示无人机，边表示无人机之间的信息。每当两架无人机之间的距离被主动维持时，在两个顶点之间存在边。如果顶点 j 通过边连接到顶点 i，则 j 是 i 的邻居。使用控制律可维持距离以控制每个飞行器的运动。每架无人机的控制律需要与其相邻的飞行器在任意局部坐标中的相对位置。考虑由下式定义的刚度函数 $f: \mathbb{R}^{d|V|} \rightarrow \mathbb{R}^{|E|}$。

$$f(p) = [\cdots, \|p_i - p_j\|^2, \cdots] \tag{2-24}$$

其中 f 的第 k 项表示当它们通过边连接时，对应于顶点 i 和 j 之间距离的平方。假设编队移动但 $f(p)$ 保持不变（E 中的边对应于保留距离的链路），并且在泰勒级数中围绕恒定值扩展而忽略高阶项（对于经历平滑运动的编队），则可得以下关系：

$$J_f(p)\delta_p = 0 \Rightarrow J_f(p)\dot{p} = 0 \tag{2-25}$$

其中 δ_p 是编队的无穷小扰动，刚度矩阵 J_f 是 f 的雅可比矩阵。

当编队是刚性时，唯一允许的平滑运动是整个编队的平移和旋转。在平面中，这解释了3个线性独立的向量，因此 J_f 的内核应具有三维。

定理 54 当且仅当秩 $|J_f| = 2|V| - 3$ 时，编队 $F(G, p)$ 才是**刚性**的。此时 J_f 可能达到最大值。

对于通用配置，有关编队刚度的信息包含在图中，这允许完全的组合刚度表征。

定理 55 平面中的图 $G(V, E)$ 是**刚性图**，当且仅当存在边的子集 E'' 时，诱导子图 $G'(V', E')$ 满足以下条件：

1. $|E'| = 2|V| - 3$；

2. 至少具有两个顶点的 G' 的任何子图 $G''(V'', E'')$ 满足 $|E''| \leq 2|V''| - 3$。

定义 56 如果图形是刚性的并且不存在具有相同顶点数和较少边数的刚性图形，则该图形称为**最小刚性**。

如果移除任何边会导致刚度损失，则图形是最小刚性的。所需边的最小数量关于无人机的数量上是线性的。相比之下，在所有信息架构中，对于无人机间距离的积极维持，所需边数就是二次的。

非对称信息架构由有向图建模，其中方向被分配给每个边，来自无人机的向外箭头负责控制无人机间距离。因为只有一架无人机负责控制特定的无人机间距离，所以信息复杂度整体降低了一半。这种结构最大限度地减少了信息链接的数量，并且在传感器范围受到限制时可能是有必要的。在这种情况下，刚性是必要的，但不足以用有向图保持编队中的所有无人机间距离。

通过**约束一致性**可以概括有向图的刚性概念。为了区分刚性，它被称为**一致性**。如果图形具有最小刚性和约束一致性，则该图形被称为具有**最小持久性**。约束一致性排除了某些信息流模式，从而保证了编队形状。

定理 57 在顶点没有两个以上输出边的平面中，任何有向图都具有约束一致性。

定理 58 平面中的有向图具有最小持久性，当且仅当它具有最小刚性和约束一致性时。

持久性信息架构的一个特例是**主从式结构**，其中一个飞行器可以在平面中自由移动而其余飞行器在主机周围保持形状不变。

备注 59 分散式设计与分散式实施之间存在重要区别。**刚性**和**持久性**本质上是编队的集中性质，因为单架无人机不可能保证整个编队的刚性。所以，严格和持久的信息架构为设计具有分散实施的控制律提供了基础。一旦建立了架构，设计实施就会分散，因为无人机只能使用本地信息进行操作。

2.3.5 任务分配

2.3.5.1 内部路径约束

独立任务域中协调方法唯一地推断出瞬时分配，即在同一时间每个智能体只分配一个任务。其他方法也可使用时间扩展分配，即为智能体分配一组要在一段时间内完成的任务。对于时间扩展分配进行推理可以提高性能，因为智能体可以发现任务之间的协同作用和依赖关系。智能体必须确定待执行任务的顺序。内部路径约束的存在使智能体需要援助，以便确定环境中要采用的路径，并为任务进行准确且合适的规划。由于内部路径约束是优先级约束的灾难响应，所以以智能体的调度被耦合为一个域。

定义 60 优先约束指定任务对之间的局部排序关系。

在参考文献［49］中，一个基于时间扩展的分层拍卖系统使用两种启发式方法来分配共享前置条件的任务组。任务目标函数的形式与分配的任务难度有关。任务分配问题可以用混合的整数线性或非线性程序编写：

$$\max_{x,\tau} \sum_{i=1}^{N_a} \sum_{j=1}^{N_t} F_{i,j}(x,\tau) x_{ij} \tag{2-26}$$

使得：

$$G(x,\tau) \le d; x \in \{0,1\}^{N_a \times N_t} \tag{2-27}$$

其中 $x \in \{0,1\}^{N_a \times N_t}$ 是一组 $N_a \times N_t$ 的二元决策变量 x_{ij}，用于指示任务 j 是否分配给智能体 i；$\tau \in \mathbb{R}^{+ N_a \times N_t}$ 是实际正决策变量 τ_{ij} 的集合，指示智能体 i 何时将执行分配的任务 j；对于给定的整体分配，$F_{i,j}$ 是智能体 i 执行任务 j 的分数函数；$G = (g_1, \cdots, g_{N_c})$ 与 $d = ((d_1, \cdots, d_{N_c}))$ 定义了满足非线性约束 $g_k(x,\tau) \le d_k$ 的一组 N_c，该非线性约束主要捕获转换动态、资源限制、任务分配约束、协作约束等功能。这种编程问题是 NP 问题难以解决的。本地信息算法可能会产生任意的、不良的分配结果，有些算法甚至可能会导致结果无法收敛。在参考文献［48］中提出了一种称为**基于意见一致的计价扭曲捆绑算法**。

2.3.5.2 城市环境

无人机在城市环境中的任务是使用多架无人机对建筑物进行识别和绘图[13]。无人机的通信链路仅限于人的视线范围内，因此这可能会被它们之间的障碍物遮挡。参考文献［89］中提出的方法将任务分配问题分解为以下形式。

1. 使用启发式函数在搜索智能体中分配 NP_T **兴趣点**（建筑物）。初始分配是基于地面站位置的，它是相对于覆盖区域的中心位置，以分配给每个智能体的点数 NP_i。分配尝试均衡所有 NA_{ex} 个智能体的 NP_i 点数：

$$NP_i = \text{floor}\left(\frac{NP_T}{NA_{ex}} + \delta_i\right); \forall i = 1, \cdots, NA_{ex} \tag{2-28}$$

其中 $\delta_i = \begin{cases} 1 & \text{如果 } i \le S \\ 0 & \text{如果 } i > S \end{cases}$，

$$S = \left[\frac{NP_T}{NP_{ex}} - \text{floor}\left(\frac{NP_T}{NA_{ex}}\right)\right] \cdot NA_{ex} \tag{2-29}$$

为了改善这种分布，在基于该启发式函数的迭代过程中，第 i 架无人机的启发式百分比为

$$H_i = 100 \frac{H_i^p}{\sum_{i=1}^{NA_{ex}} H_i^p} \tag{2-30}$$

原始启发式值为

$$H_i^p = A_i + M_1 F_i + M_2 NP_i + M_3 P_i + M_4 MD_i \tag{2-31}$$

其中 A_i 的范围被每组点的凸集包含；F_i 是从地基到每组最远点的距离；P_i 是凸包的周长；MD_i 是凸集中两个连续点的最远距离；M_i 是相应的乘数。

2. 每组节点的**访问序列生成**：无人机的**路径规划问题**是将无人机分配给感兴趣的点集并对它们进行排序的过程。第一条路线仅涉及该组点的凸集，这是这些点的最佳访问顺序，对于它的任何更改都将导致无人机路线相交。在获得该初始序列之后，开始添加剩余点。距离该序列中已有路径最近的点会添加到此路线中。该过程将继续，直到所有点都在序列中。最后一步是对获得的路径进行启发式改进，检查所有点是否有更接近的路径而不是连接序列中此点之前和之后的路径。

3. 一旦生成访问序列，就使用可视图进行**路径生成**。可视图是来自不同障碍物节点的图形，它们可以相互看到。路径生成仅考虑每个步骤中连续点之间的障碍，而不是处理整组障碍。场景中的每栋建筑物都可能成为障碍。每一步中，路径规划仅计算两点之间的障碍。使用可视图方法执行连续点的连接。

4. **通信链路维护**：在特定通信范围内彼此可见的所有智能体之间能够进行通信。虽然两架无人机在通信范围内，但它们之间的可见性可被建筑物所遮挡。为了确保链路可靠，每个通信中继器将监视两个搜索智能体。对通信中继器无人机附近的搜索智能体分配的目标是最小化监控无人机之间的平均距离，并基于离散的时间步长进行通信链路检测。

2.4 异构无人机协同

使用具有不同功能的异构无人机可以达到更高的任务绩效。无人机在任务中的表现与协同分组有关。团队性能是各架无人机能力的总和，例如，它拥有的资源量。无人机团队之间存在协同作用，团队在特定任务中的性能不仅取决于单架无人机的能力，还取决于团队本身的构成。特定的无人机可能具有或可获得与任务相关性较高的功能，这使得该类无人机作为一个编队比具有相同功能但与任务相关性较低的其他无人机表现更好。

2.4.1 一致性算法

一个激励场景是**城市搜索和救援**（USAR）领域。当灾难发生时，来自世界各地的研究人员带着他们的城市搜索与救援无人机到达灾区。由于安全性和空间限制，只有一部分无人机可以部署到现场。选择高效的编队是一个特定问题，其中智能体性能和协同效果最初是未知的。为了与其他无人机更好地配合，它们被编队在同一组中。在某些情况下，不同来源的无人机在同一编队中可能具有更好的协同效果。因此，有必要研究多无人机的协同作用并对其进行建模，从而选择最佳的无人机团队进行部署[56]。

考虑一个网络，其通信拓扑由无向图 G 表示，无向图 G 由边链接的一组节点 $V = \{v_1, \cdots, v_n\}$ 组成，即边 e_{ij} 代表节点 v_i 能够与节点 v_j 通信。对于单架无人机 $a_i \in N_j$，从节点 i 到节点 j 分别存在一个与无人机 a_i 和 a_j 相关联的弧。对于图 G，**一致性算法**是一种交互规则，它指定每个节点 v_j 如何根据接收到的值 v_{ij} 更新在相邻点之间共享信息 $s \in S$ 的估计值。例如，它指定了函数 $\zeta: S \times S \to S$：

$$s_i^+ = \zeta(s_i, s_j) \quad i, j = 1, \cdots, n \tag{2-32}$$

如果每个节点的迭代都收敛到同一个值，则达成一致。典型的一致性算法假设交换数据是用实数表示的，并且通常根据加权平均规则进行组合。在参考文献 [63] 中引入了一种更通用的一致性算法，允许无人机共享本地收集到的信息，并最终收敛到唯一的网络决策。节点是用来使无人机监控周围无人机的，它们可以与图 G 的其他节点通信，并对被检测无人机的信誉达成共识。一种无人机共享任何直接测量或重构信息的解决方案被提出，并通过逻辑一致性检验邻近点。在为通用智能体的编码器映射值建立了协议之后，一致性算法将使用相同的决策规则，从而决定相同的分类向量。

为了建模基于任务的关系，在已连接加权图结构中顶点代表智能体，边代表基于任务的关系，一组智能体的协同水平可以定义为智能体之间最短路径的函数。团队性能的非二元度量可以基于单个智能体能力的高斯模型，捕获动态世界中团队性能的内在可变性。团队性能这种表述包含了许多有趣的特征，例如将新智能体加入团队的影响。

2.4.2　任务分配

2.4.2.1　动态资源分配

本节中给出的资源分配系统提出动态地重新配置无人机团队，这些编队暂时成立以执行任务或部分任务。一旦任务完成，编队就会被取消，以便编队成员可以加入其他任务的编队中。当前的大多数无人机资源分配系统往往是**特定于单个问题**的，例如，侧重于广域搜索、检测和补偿、数据收集任务。这些任务中的每一个都有一组与之相关的无人机，它们只执行该特定任务。特定问题的规划解决方案通常不适用于多个任务场景的操作限制。资源分配器需要映射以下主要性能属性：**效力、效率和鲁棒性**。资源分配问题被建模为连接的节点网络，其中每个节点表示一个位置和与该位置相关的特征，无论它是任务、基础还是初始位置。节点模拟了 3 个类别：基础、初始位置和任务。资源在连接节点之间传递，并从实现的任务中获益或由于行进、维护和传感器操作而被消耗。节点具有不同的要求和约束，并以不同的方式影响资源。主要目标是确定一个以最低总成本满足所有要求的任务计划。因为每个平台和传感器的组合在执行特定任务时可提供不同的有效性，所以有效性的价值取决于特定任务值（增益）。这个问题的详细数学公式可以在参考文献［50］中找到。

2.4.2.2　基于拍卖的方法

为了在异构无人机团队之间执行分布式任务分配，已经开发了基于拍卖的方法。这些方法假设无人机在任何时候都可能失败，并且通信可能不可靠。**基于拍卖的方法**假设投标人仅对他们能够执行的任务进行投标，并假设所有无人机具有分配任务的必要能力，其中任务分配也是一个任务，该任务被授权给更有能力的无人机。算法需要预先创建可能任务的描述并描述完成任务所需的工作单元。

定义 61　最低要求决定了无人机为执行任务必须具备的**适用性**或能力。对于满足最低要求的无人机，适用性表达式定义了无人机适合执行该任务的程度。最低要求和适用性表达在本质上是启发式的，并且在任务开始之前由人类专家来确定。

例如，映射任务的最低要求表达式可以描述为任务需要一架具有映射一个区域能力的无人机。该任务的适用性表达可以通过具有激光测距仪和声呐的无人机赋予其更大的适用性。在这种方式下，描述任务是基础。基于任务描述，无人机可以推断出用于完成指定任务的最有可能的团队成员。这些信息还可以表明当前协同结构何时不够充分，并描述了理想的新协同成员的需求。为了帮助进行有效的任务分配并指派一般责任，角色依据该任务被定义，无人机充当该角色被期望能够执行任务。

备注62 角色可以被看作对满足该角色的无人机通常会遇到的任务类型的描述。因此，任务所期望的角色决定了无人机满足该角色所需的能力。由于制订了任务需求，因此使得无人机对执行任务的适用性可以计算出来，满足该角色的无人机是完成角色所期望的每项任务适用性的总和。可以将任务分配给通常期望执行该任务角色的编队成员，从而消除进一步推理的需求。期望的编队确定所需的角色和每个角色的数量，以便建立一个有效的编队。这个描述最终决定了编队框架维护操作预期达到的目标。所需的协同编队高度依赖于域和设备，并且由人在操作之前来确定[37]。

2.4.2.3 死锁问题

针对多异构无人机协同任务分配中的死锁问题，提出了一种基于图论的集成方法，它涉及协同决策和控制。由于异构性，一个任务不能由任意架无人机在异构组中执行。执行多个任务的无人机需要更改其路径，并等待执行其他前序任务的无人机到达。这会有死锁的风险。两架或更多架无人机可能会陷入无限等待的状态，原因是共享资源和任务之间的优先约束。此时，可以绘制并分析用于检测死锁的解决方案——**任务优先级图**。转换操作用于解锁死锁中涉及的解决方案。另外，在无人机的路径延长中使用了拓扑分类任务。因此，获得了无死锁解决方案并完成路径协调。以集中形式研究了异构无人机多重连续任务分配问题，并系统地提出了该方法。多架异构无人机被分配在参考文献［22］中提到的已知地面目标时执行一组预定义的连续任务。任务分配问题被描述为**组合优化问题**。分配多架无人机在多个目标上执行多个任务的分配都是候选解决方案。基于图的一种解决死锁的集成方法被提出。任务中的每个可行分配是组合优化问题的可行解决方案。非死锁条件是后续进程的先决条件。根据两种类型的任务关系，首先将初始分配变为两个组，然后为分析解决方案和检测死锁构建**任务优先级图**（TPG）。如果发现初始解决方案的任务优先级图通过图算法具有强连接组件（即图不是非循环的），则必须对**死锁**进行编码，并通过转化操作进行修改直到解锁。最后，将每个可行方案的拓扑分类用于任务路径的延长。

2.5 无人机–无人地面车辆协同

由于每种类型机器人提供的互补技能可以克服特定限制，因此，通过在任务中加入不同类型的机器人可以实现更复杂的任务并提高精度。例如，无人机比**无人地面车辆**（UGV）要快得多，而且视野更广。因此，无人机能够提供粗略的地图，但是，它们不能精确地检测到小的地面物体。另一方面，无人地面车辆更接近地面物体，可以部署到长时间任务中。然而，在多智能体系统中使用异构类型的智能体会使问题更具挑战性，这种复杂性是由于异构智能体的不同动态和约束产生的。无人机和无人地面车辆合作在信息收集中发挥核心作用。具体而言，无人机提供更广泛的搜索能力和更广阔的视野。但是，目标定位信息的准确性受到各种因素（如速度和高度、机载传感器分辨率和环境扰动等）的限制。无人地面车辆的观测范围通常小于无人机，可能会受到附近障碍物的阻碍。空中智能体的目标跟踪问题可以看作地面目标和飞行器之间的相互作用[2]。

参考文献［30］中提到了一种基于**动态数据驱动的自适应多尺度仿真**（DDDAMS）的规划和控制框架，用于无人机和无人地面车辆进行有效的监控和集群控制。监视和集群控制是一项复杂的任务，涉及各种主题，包括监视区域的选择和车辆分配、车辆搜索和路径生成、收集和处理检测数据、目标检测和分类、物体运动跟踪、车辆编队控制和协调。该框架主要由集成规划器、集成控制器和 DDDAMS 决策模块组成。集成规划器在**基于智能体的仿真**（ABS）环境中被设计，为人群检测、人群跟踪和无人机/无人地面车辆运动规划的每个功能制订最佳控制策略。其次，集成控制器通过收集检测数据和控制处理实际的无人机/无人地面车辆，并根据决策规划人员为人群检测、跟踪和运动规划提供的策略来生成控制命令，再控制命令通过无线电传输到真实系统。基于所提出的保真度选择和分配算法，DDDAMS 决策模块通过仿真和信息采集的保真度的动态切换提高了所提出框架的计算效率。

2.5.1 协调框架

拟议的框架允许无人机和无人地面车辆编队根据任务导向模式进行协调。协调由特定的执行参数和系统条件动态启动。特别是，与记录和融合空中及地面机器人数据能力有关的挑战性问题，为管理和执行多机器人规划提出了计划数据库组件。最后，在合作搜索场景中，多架无人机和无人地面车辆的不同信息合并策略表明，即使是预先定义的和有固定路径的无人机，这些策略也比不合作搜索更好[46]。

任务由一系列子任务组成，通过结构顶部以任务为导向的关于应用程序的描述来提供。**核心框架**模块负责任务并将相关信息传送给涉及的无人机组。使用专用的适应模块为无人机和无人地面车辆定制信息。一般框架的底部包含一组与平台相关的模块，用于与无人机或无人地面车辆交换特定信息。在堆栈的顶部有由两个子层组成的应用程序层。

1. 任务子层载有整个任务的定义（例如，幸存者搜救区搜索）。
2. 子任务层提供任务中各个子任务（例如，搜索目标、到达目标等）的序列。

对象到对象层管理每个任务的协作实施，每个任务通过无人机之间的特定交换信息被处理。**网络工作层**允许无人机之间的通信和协作。它承载应用级的**地空协议**，这对于通过创建/维护无人机网络并在无人机中分配任务来完成指定任务至关重要。特别是，该协议传输来自上层的消息，并在单播或组播模式下将它们分配给无人机。最后，**接入层**根据无人机支持的网络接口为信息交换提供通信技术支持。除了无人机之外，体系结构还需要远程控制器节点的存在。在任何情况下，任务的定义都是在无人机–无人地面车辆编队之外决定的，远程控制器实体描绘任务界面。一旦确定了任务，控制器就将这些信息传送给无人机–无人地面车辆编队，以决定谁将执行相关任务以及如何执行。节点还包含任务控制器块，本模块首先提供一个用户界面，将任务定义成为无人机执行的一组任务，并监视任务的执行情况。任务描述可以通过空中–地面协议传输到所有无人机[45]。

2.5.2 相对定位方法

具有无人机和无人地面车辆的异构机器人系统可以增强三维意义上的能力并改善可访问性。可用于移动智能体的定位方法可以分为以下几种。

1. **绝对定位**赋予机器人完全定位的能力。最直接的方法是使用 GPS 或者差分 GPS 传感器（其精度受 GPS 精度限制）。
2. **相对定位**已被开发并用于有效且准确地执行多机器人协同任务的解决方案，其中机器人在各自的体固定坐标系中跟踪周围机器人。此外，相对定位已被确定为在异构多机器人系统中为能力较弱的机器人建立定位的一种可行方法。在相对定位中，机器人基于其体坐标系统使用机器人内部的相对测量值（通常是范围和方位信息）可以跟踪其周边机器人。大多数基于观察的方法采用基于过滤器的解决方案或基于几何/模型的解决方案进行定位。常见的滤波器是**扩展卡尔曼滤波器**（EKF）、**粒子滤波器**和**无迹卡尔曼滤波器**（UKF）。基于几何/模型的方法使用相对测量值和观察到的机器人姿势来计算机器人内部的变换。

3. **同步定位和映射**（SLAM）使用在任务开始时定义的公共参考框架，以及通过共享传感器信息和机器人间的观察进行协作定位，多机器人系统中的成员改进其在公共参考框架中的姿势。应用卡尔曼滤波器的不同变体可以解决 SLAM 问题，其中非线性相对容量已被代数地转换为使用传感器融合的线性格式。这种基于伪线性的方法在参考文献［59］中被引入，以克服与 EKF 中的与测量线性化相关的不稳定性和偏差问题。

在无人机－无人地面车辆的协作任务中，地面车辆的运动是被独立控制的，并且是先验未知的。无人机的作用是通过扩展（移动）传感器设备来协助地面车辆，该设备通过无人机上的互补传感器和不同的视野来提供附加信息。无人机可以提供无人地面车辆根本无法获得的信息，或者提供的信息早于无人地面车辆使用自己的传感器检测到的信息。此时，需要车辆之间的相对定位。基于能见度的相对定位可以以不同方式实现，例如，使用安装在地面机器人上的摄像机检测悬停在无人地面车辆上方的无人机。可见区域和无人机的较高移动性可用于收集附加信息。通过覆盖该区域可以收集尽可能多的信息并通过动态覆盖策略和循环运动方法可实现这些[32]。

2.5.3 物流服务站

无人机和无人地面车辆集成作为自动化**物流服务站**（LSS），可以使无人机为多个客户提供持久服务。无人机依次为客户提供服务，并根据需要替换无人机以处理任务。物流服务站可以补充消耗品（例如无人机的电池），并启用持久性操作。通信网络跨越现场将系统状态信息和控制/规划命令分发到网络中。在最大化系统目标之前确保向无人机提供必要资源是任务规划算法所执行的任务。控制算法实时指导无人机动作。对于无人机的自动化物流服务站，求解 p **的中值问题**可确定 $n \times n$ 网格上站点的位置。p 的中值问题是定位 p 设施，以最小化需求节点与所选最近设施间的需求加权平均距离。可以开发和测试自动电池更换系统以支持几乎不间断的无人机飞行。网络化合作系统还包括协同规划器和学习算法，以控制具有燃料限制和随机风险的无人机。系统专注于无人地面车辆和无人机之间的相互作用，以扩展无人机的耐力。在执行任务期间，无人地面车辆充当对接站并托管无人机。同步及协调由**地面控制站**（GCS）来管理。使用仅配备轴承传感器的无人机团队解决了在不能使用 GPS 的环境中定位静止目标的问题。无人机使用合作定位来定位自己和目标。任务规划方法分为马尔可夫决策过程、整数规划和博弈论。对于马尔可夫决策过程和**混合整数线性规划**（MILP）方法，已经进行了一些研究并将物流服务站纳入规划过程。利用马尔可夫决策过程方法，集中式实时算法能够在随机环境中实现持续运行，指导无人机在规划期内多次飞行，并包括对物流服务站的访问。该方法解决了无人机健康和燃料水平等不确定因素。它们结合了近似动态规划和强化学习来解决与马尔可夫决策过程方法相关的挑战。已经有了考虑燃料的 MILP 方法，但没有追求持久性。决策变量的灵感来自用于**车辆路径问题**中的经典 MILP 公式。开发的**滚动时域任务分配**（RHTA）方法可为物流服务站实现单一站点的持久性。策略和约简的 MILP 模型用于管理无人机的健康状况。基于 MILP 的方法用于管理无人机系统的持续操作，其中物流服务站分布在一个操作区域内，它们的任务是在有限的时间内为客户提供不间断的安全护送服务[80]。

2.5.3.1 连续近似模型

在参考文献［17］中开发了物流网络的数学模型，其中使用无人机－无人地面车辆作为进行运输的潜在模式，足够数量的机器人始终可服务于需求点。目标是最小化预期总成本，包括定位设施的成本。考虑树状网络，每个配送中心可以为多个客户需求点提供服务。由于假设它在为圆形的影响区域中由客户需求点产生的需求，因此每个配送中心的需求遵循泊松过程。假设集群 C_i 中客户需求点的单位时间需求是具有速率 θ_i 的独立且有相同分布的**泊松过程**，集群 C_i 对具有相似需求的客户进行分组。假设每个配送中心位于影响区域的中心。如果整个区域 R 覆盖了大小为 $A_{r_i}(x)$ 的影响区域，那么每个集群 $N_{r_i}(x)$ 所需的分配中心 C_i 的总数由下式给出：

$$N_{r_i}(x) = \int \left(\frac{R}{A_{r_i}(x)} \right) + 1 \tag{2-33}$$

可以考虑 3 种成本函数：总设施成本、总运输成本和配送中心的平均库存持有成本。许多重要因素（例如爬升、悬停、下降、转弯、加速和减速、旋转和恒速成本）有助于计算无人机的单位成本。为了解决这个问题，可以使用两阶段算法：在第一阶段，使用网格覆盖耦合方法；在第二阶段，使用连续近似方法的配送中心影响区域可以被提出。

2.5.3.2 互操作框架

多智能体系统固有的模块化和分布式特性提供了可扩展性、容错性和并行性。基于行为的多智能体体系结构通过将系统分解为可以执行任务的子系统提高了机器人在线快速决策能力。对于面向服务的无人机应用程序，多智能体体系结构通常面向感兴趣的平台，这使得相同的应用程序对应多种体系结构。面向服务的无人机算法是通用的，并可以在各种平台上使用这些算法，而不管其实现细节如何。**自主机器人耦合分层体系架构**（CLARATy）是具有通用和可重用机器人组件的异构机器人平台框架。CLARATy 为应用于流动站平台的通用算法提供了一个框架，无论其实现细节如何。定义共同特征的智能体设计模式允许引入新的硬件和软件组件而无须修改架构。**混合协商/反应架构**（HDRA）是用于无人机系统的分布式架构。在 HDRA 中，无人机的基本通用功能被隔离，以便有效地集成低级（导航子系统、低级控制与运动规划）和高级（任务规划和执行）功能[4]。

2.6 任务分析

上下文自主性功能如下所示。

1. 任务复杂性：

（1）指挥结构

（2）任务类型、所需信息

（3）动态规划、分析

（4）情境意识

2. 人的独立：

（1）交互时间百分比、计划时间百分比

（2）启动无人机通信

（3）互动水平

（4）工作量/技能水平

3. 环境复杂性：

（1）静态的

（2）动态的有物体频率、密度、类型

（3）城市、乡村

（4）操作有天气、地貌、制图、威胁等

2.6.1　方法

无人机任务一般可分为规划、管理和重新规划阶段，以分辨人类操作员将承担的功能。例如，无人机任务段可包括以下任务。

1. **任务规划**意味着使用调度机制可以规划健康和状态报告、威胁区域和禁飞区信息以指定部署区域，并使用决策支持机制来指定等待地点

2. **任务管理**意味着使用指标来监测无人机的健康、状况和进展

3. **任务重新规划**意味着使用路径规划来重新指定部署区域

鉴于这些任务，无人机任务需要人类操作员监督任务规划，并监测无人机的健康和状态。

2.6.1.1　无人机摄影

无人机拍摄的图像与传统航空摄影有许多不同的地方[84]。

1. 飞行和摄像机配置通常是任意的。

2. 飞行高度相对于地面物体较低，导致明显的视角畸变。

3. 图像重叠量和图像之间的旋转角度存在很大差异。

因此，无人机摄影具有传统航空摄影和地面摄影的特征，无人机摄影适用于拍摄上述两种类型的图像。为了自主地管理完整的视频传送，传输完成的影片应完成预备任务：

1. 分析影片的应用

2. 回想拍摄的合法性

3. 使用无人机实现艺术计划

4. 使用无人机制作视频帧

5. 根据顺序、拍摄情况/拍摄地点，提出拍摄动作

6. 根据客户需求制作图像

7. 识别并理解拍摄图像条件（风、光、湍流、轨迹）的影响

8. 按照以下情况选择相关的框架轴

无人机摄影测量　由于飞机、天气和卫星轨道的可用性限制，无人机影像的时间分辨率优于卫星和传统航空摄影平台收集的影像。由于无人机影像覆盖面积小，必须开发自动化技术以对图像进行几何校正和拼接，从而可以监视更大的区域。此时可以利用**特征匹配**和**运动结构**（SfM）摄影测量技术进行无人机影像的几何校正和拼接。目前，配备高清摄像机和免费SfM摄影测量软件的小型无人机组合可以生成适合可视化或三维打印的虚拟三维物体。SfM摄影测量通常需要昂贵的测量设备［例如，实时动态全球定位系统（RTK-GPS）或全站仪］以对场景中的物体提供精确的真实世界地图坐标。**直接地理参考**（DG）是指一种解决方法，其根据图像获取时摄像机位置和方向的精确和准确的信息来确定摄影测量解决方案。这种方法通常用于全尺寸机载摄影和 LiDAR 测量（没有摄像机校准要求）[11]。最初应在任意模型空间中处理图像以创建三维点云。使用直接地理参考技术（使用估计的摄像机位置）或通过**地面**

控制点（GCP）技术将点云转换为真实世界坐标系，该技术使用点云内自动识别的地面控制点。然后使用点云来生成校正图像所需的**数字地形模型**（DTM）。最后将后来的地理参考图像连接在一起以形成研究区域的拼接。影响可以分为两类[1]：

1. 第一类包括传统飞机上已知的主要环境问题，例如**排放/污染**、**噪声**和**第三方风险**（TPR）。由于无人机比传统飞机小，因此排放可能不那么令人担忧。TPR 涉及非自愿暴露于飞机事故中的当地群众的安全。根据定义，飞机上的人员（机组人员和乘客）以及在机场工作人员分别被视为第一方和第二方。

2. 第二类可能涉及逐渐变得重要的问题，例如夜间操作中的光污染、隐私和对群落生活环境的影响。它对社会的影响尚不明确，需要进一步分析才能研究真正的影响。

最重要的目标如下所示：

1. 学习自动飞行技术来收集数据和地理参考图像。

2. 用无人机拍摄照片。

3. 理解并处理收集的图像以供分析。

4. 回顾可见区域的合法性。

5. 在网站上制作无人机摄影测量的实际案例。

6. 准备任务。

7. 选择并校准摄像机。

8. 使用有精确规格的无人机进行调查。

9. 根据测量需求设置自动飞行计划。

10. 执行自动飞行。

11. 控制措施和紧急情况。

例如，无人机系统摄影测量任务规划的典型特征通过大的前向和交叉重叠，补偿飞机的不稳定性。任务管理的一个特征是根据执行任务时该区域的实际风况进行计划。任务规划和实时任务管理子系统是利用无人机系统进行摄影测量和遥感开发的关键。自动驾驶仪通常包括导航系统。根据要求，**定位系统**（OS）通常包括制图级或大地测量级传感器组，其可以实现厘米级定位，并且实现直接和间接的传感器定向。自动图像匹配也适用于不规则无人系统模块以及运动方法结构。**数字表面模型**（DSM）和**正射影像**是无人机系统的两个主要绘图产品[19]。

无人机海岸侵蚀监测　对于沿海地区，复杂的地理属性、广阔的海岸线以及对偏远的近海地区的活动兴趣日益增加，对海洋环境保护和可持续管理提出了挑战。参考文献［61］中给出了海岸侵蚀监测的详细实例。为了开发高效的基于无人机的数字高程建模方法，整体方法分为 4 个不同的类别。

1. **任务规划**涉及将项目的所有方面结合起来，并确保每个目标都得到满足和规划。这些方面包括获得可用分辨率的图像、足够的图像覆盖、用于数据处理的足够多的图像以及精确的 GPS 坐标。它利用摄影测量原理，如最低点、入射角、地面分辨率等。在**数字高程建模**（DEM）中，Z 值精度可能是最重要的因素，X 精度通常比它高 2~3 倍，还有由相同 GPS 获得的 Y 值。在设计任务时必须考虑这个误差范围。GPS 设备的质量和准确性具有优先级，因为虽然运动软件的结构是准确的，并且将根据分配的比例正确地放置点，但模型仍然依赖于用户和 GPS 设备应用的地面控制点。

2. **场地准备**基于**遥感**和 DEM 中的方法，这些方法包括使用地面控制点和初步调查。它还需要规划适合场地和条件的飞行路径。为了开发布局地面控制点，应检查用于任务规划的卫星图像的准确性，确保无人机路径上没有障碍物。评估环境条件以确定是否可以安全地飞行。场地准备可能是最重要的一步，因为 DEM 和正射影像取决于地面控制点的正确放置。必须达到地面控制点放置的最低要求。

3. **飞行操作**可能依赖于业余爱好者社区中开发和实践的方法，例如开源软件。

4. **数据处理**依赖于资源密集型计算和高度自动化的脚本，以便获取在飞行期间获得的图像并将数据转换为三维数字高程模型。

所有这些类别都是更大方法的组成部分，如果需要准确的结果，则不能单独列出它们。每个类别都涉及摄影测量、无人机操作和侵蚀监测的特定方面。参考文献［5］中提出的算法允许在通用框架中解决多异构无人机系统的区域分解、分区和覆盖问题。该方法将计算几何技术和图像搜索算法结合在多无人机系统环境中。特别是，考虑了以下要求。

1. 该区域应该被精确分解，无论是否存在复杂性或禁飞区，没有单元格在感兴趣的区域之外或部分在感兴趣的区域内。然后，每个子区域应该是分解单元格的精确总和。

2. 区域划分应根据所涉及的无人机系统的相对能力来完成，以平衡其工作负载。因此，每个无人机系统将负责整个区域的给定百分比，并且测量上述区域分解过程中生成的单元格数量。

3. 单个无人机系统的配置空间不能与另一个配置空间或障碍物脱节或相交。生成的分区必须防止重叠的覆盖路径。

4. 应该从这些位置均匀地生成子区域的形状，因为找到感兴趣对象的概率从这些位置均匀地减小。此外，为了减少匝数并在提供更平滑轨迹的同时最小化覆盖时间，每个区域必须尽可能对称。

无人机基础设施监控　使用无人机进行质量检查需要特定的技术和组织技能。最重要的目标如下所示。

1. 学习飞行技术以收集可见光谱中的数据和图像：了解不同类型的工作、结构的构造和操作、适用于不同类型结构或网络的方法。

2. 使用无人机执行技术检查任务：使用无人机执行技术检查的实际案例，用无人机准备任务，校准和调整传感器，编程悬停无人机，根据精确的规格对无人机进行调查。

3. 了解和处理收集的数据：了解数据处理能力、控制测量和紧急情况，并进行调查。

灾害管理中的图像集合　为了响应灾害，收集基础设施的基本资料是一个重要任务；然而，任务可能是危险的，并且在保持成本降低的同时收集受影响区域的详细信息通常是具有挑战性的。特别是对于大型活动，调查团队可能无法提供数百公里之外的住宿和食品，这使得收集现场数据更加困难。当无人机可获取具有适当图像数据的摄影测量数据时，无人机用于灾害研究和管理的能力可以进一步实现[2]。

1. 可以分析高分辨率图像并用于生成危险图、密集表面模型、详细的建筑物渲染图、综合高程模型和表示其他灾害区域特征。

2. 然后可以使用遥感方法或视觉解释来分析这些数据以协调救援工作，记录建筑物对灾害的响应，检测建筑物故障，调查访问问题以及验证实验灾难模型。

3. 还可以在灾难发生之前收集数据，以便记录关键设施和基础设施的事故前即时状况，监控易受影响的环境问题，并记录历史条件和站点。

精准农业的数据收集 理想的测量路径必须平衡耐久性和样品密度。这样的飞行模式可以关注兴趣点，同时保持不在感兴趣区域之外。这可遵循以下流程[67]。

1. 定义边界顶点
2. 通过考虑无人机的尺寸将边界转换为增广空间
3. 定义规划网格
4. 利用规划网格定义统一的测量路径

环境建模 环境建模是**信息融合**（IF）和**动态数据驱动应用系统**的交集。参考文献［8］中使用了**广域运动图像**（WAMI）应用。天气和气象预测以及应急响应的飓风模型也是潜在的应用。2016 年，对于飓风"马修"，行动计划如下：登陆前任务规划、船员部署、实时新闻报道、新闻瞄准、基础设施检查、重新部署以及对客户的任务后汇报。

三维测绘对测量地理信息系统至关重要，包括测绘街道、隧道和民用基础设施、矿山和工业场所的应用、建筑物、文化遗产、自然地形、洞穴和森林。激光扫描技术用于捕获精确的距离测量，以生成三维点云模型。低空机载平台进行扫描可以进入一些无法到达的地方，并能够测量无法在地面观察的地点。**同步定位和映射**（SLAM）解决方案是解决此问题的首选方法，因为它避免了对额外定位基础设施或环境先验知识的需求。传感器在相对宽的三维视场内重复获取测量值。适当的速率可以促进可靠的增量运动估计。为了精确建模，扫描仪轨迹必须表示为连续时间的函数，因为在使用这种传感器配置进行扫描时，不可能依赖于离散姿势下保持足够静止的无人机。参考文献［51］中提出的连续时间 SLAM 解决方案基于视图法，该方法侧重于估计传感器有效载荷的轨迹。它有两个主要的算法组件。

1. 非刚性轨迹估计和地图配准算法。非刚性配准既可用于线增量运动估计（激光测距），也可用于整体轨迹的全局优化。

2. 地点识别解决方案。对于持续时间较长的数据集，累积漂移误差可能很明显，需要粗略的配准步骤为全局优化提供更好的初始轨迹估计。还可以使用位置识别自动合并多个数据集，然后进行全局非刚性注册。

非刚性配准可以表示为非线性优化问题，其将先前轨迹作为输入并计算轨迹的校正以最小化测量和运动约束之间的误差。轨迹被定义为函数 $T(\tau)$，该函数为域中的任何时间值 τ 指定 6 个自由度（DoF）的变换。在实践中，轨迹将在时间 τ 测量的点 p 从传感器帧 S 变换到世界帧 W，如下：

$$p_w = T_w^s(\tau) \oplus p_s = r_w^s(\tau) \oplus p_s + t_w^s(\tau) \tag{2-34}$$

其中 p 是指定帧中的点；t、r 分别是该六自由度变换的平移和旋转分量；$\oplus$ 是变换合成运算符。轨迹被分解为基线轨迹 $t_0(\tau)$、$r_0(\tau)$ 和较小的校正 $\delta t(\tau)$。$\delta r(\tau)$ 为

$$T(\tau) = t_0(\tau) + \delta t(\tau); r_0(\tau) + \delta r(\tau) \tag{2-35}$$

轨迹存储为样本，样条线在样本之间插入时间转换。包含非刚性配准公式中的主要约束类型如下：最小化激光数据中的对应误差，最小化轨迹相对于惯性测量的偏差，最小化速度相对于先前轨迹的偏差，并确保轨道的平滑性和连续性。

2.6.1.2 无人机应急响应

紧急响应按以下需求分类。

1. 损害评估

2. 监测

3. 医疗救助物资

4. 搜救工具

任务协调系统可根据操作人员或现场授权应急响应人员的要求,通过移动设备应用程序输入需求。每个请求都与一个地理位置相关联,该地理位置可以由移动设备自动生成,也可以由设备操作员手动输入。评估情况的最常用方法是:

1. 驾驶无人机穿过

2. 空中低空飞行

3. 步行访问现场

救援机器人学是机器人有可能发挥作用的领域,这些机器人具有在人类禁止环境中工作的能力。应提供一系列自动驾驶机器人来满足输入的一系列要求。为了提供广泛的能力,编队可能包括3种不同类型的机器人。

1. 具有中等载荷和高速飞行的固定翼侦察无人机

2. 地面车辆建立本地部署站,具有较大的有效载荷能力和较长寿命

3. 由具有较小的有效载荷和高灵活性的旋翼无人机提供物资和工具

应急响应系统旨在以时间最优的方式提供来自现场的援助请求。更正式地说,该系统的目标是最小化每个请求的服务时间总和,并按请求优先级加权。这个问题分解为两部分。

1. 确定地面车辆作为交货地点的最佳部署位置。

2. 解决车辆路径问题,确定沿援助请求位置生成旋翼飞机的轨迹,包括确定每架无人机中的货物。

对于移动设备,无人机的控制可以从自主的航路点跟随变成手动控制。通过允许应急人员夺取对无人机的控制权,可以基于人类感觉信息和态势感知来对无人机进行引导和降落。在操作过程中,无人机将信息传递回任务指挥控制中心[65]。

2.6.2 任务特异性

为了定义各种无人机任务,必须开发无人机任务的通用本体。本体可以被视为内容理论,该理论侧重于来自特定领域对象之间的属性和关系,充当描述领域词汇的**知识体**[39]。

定义 63 **本体**是一个元组 $\langle S, A \rangle$,其中 S 是本体的词汇(或签名),A 是指定预期域词汇的本体公理集。签名 S 分为3组。

1. 概念集(C)

2. 关系集(R)

3. 实例集(I)

无人机本体工程正处于十字路口,来自不同领域的专家将自己的语言、实践和方法用于创造和存储知识,从而创建本体。任何无人机任务都可以描述为点和路径的组合。数据库包含每个点/路径段的飞行配置文件(如高度、速度和悬停时间)。此外,任务可以间隔重复,并具有优先级值[74]。可以使用高级概念来指定多无人机任务的形式化。开发新语言的动机可以汇总任务信息,这个动机来自代表异构无人机中智能体之间的协调方法框架。为了具体说明要执行的任务,**任务描述语言**(MDL)表示了几种任务,以及任务描述及其具体特点。这种语言应该易于被机器和人类读取,并且与所使用的系统无关;此外,还必须包括几个概念,

它们分别代表任务可能的多个阶段、目标、要求等。该语言应该足够灵活，以描述许多典型实体及更高级别的特征，以便快速部署任务[78]。编队和任务的描述可分为两类。

1. **静态组件**包括以下内容。

（1）**场景描述语言**（SDL）描述了无人机将在其中运行的场景，包括可以使用的设施描述、全局环境限制和一些全局控制结构。

（2）**协同描述语言**（TDL）描述了编队（包括特定的编队限制），以及组成编队的所有车辆的描述、它们的特征以及运输的传感器/货物。

2. **动态组件**还包括**干扰描述语言**（DDL），其描述了任务环境中存在的干扰。无人机必须越来越来越具有自主性。无人机应采取的路线可能取决于任务参数，在路线的某些点可能需要采取额外的行动，并且必须处理不可预见的情况。应不断检查运行状态，包括电池寿命和环境条件（如风和天气条件），以便在必要时安全地中止任务。

实时健康状况诊断和失败状态适应是重要的控制级趋势。监测信息和结果可能有利于任务执行的决策。建立监控数据和系统性能之间的内部关系对于确认计划任务的执行至关重要。此外，任务执行决策问题侧重于在一组可能的任务中最佳的执行选项，预计任务控制将在外部和内部干扰下安全可靠地运行，并能够适应故障条件而不会显著降低性能。针对参考文献[36]中提出的无人机任务的分配和调度，提出了一种集中分布式混合控制框架。

2.6.2.1 高级语言

在指定任务时，需要采取更高级别且独立于平台的方法。使用**图形域特定语言**（DSL）描述无人机任务的方法是基于对用例和概念分组进行分析的，并使用可扩展模型[75]。已开发的语言概念模型是以识别许多任务为目标，因此，可以确定一组共同的概念并将其用作语言的基础。

1. **路由元素**是描述无人机任务的核心概念。它们用于将无人机从某个位置移动到另一个位置。路由元素的例子是正在起飞、触及或飞向某个位置或区域。

2. 可以使用**行动**来为任务提供目的，而路由元素提供构建任务结构的手段。在任务期间各个阶段都可以开展广泛的行动。示例包括拍照、使用激光扫描仪或扫描诸如无线局域网（LAN）之类的信号。

3. 可获得**分支机构**。它们根据运行时的条件允许指定备用任务。这一概念改编自一般编程语言理论，允许表达广泛的无人机任务。

4. 引入了**处理操作**，例如，识别图像或解释激光扫描。对于条件分支，需要输入数据并对这些数据进行某种处理。

5. 引入了**滤波器**这个概念，用于增强具有单独运动策略的路由元素。这是基于以下观察的，由于无人机运动经常需要遵守某些约束（例如，保持指定速度或在线避开障碍物），因此，滤波器可能会影响路由元素。

6. 提供**并行模块**以支持旨在同时运行到主流的活动。这可以监视传感器输出、记录视频或每分钟的拍照。结合条件分支，并行模块能够影响程序流。

影响图 参考文献[76]中提出了一个多标准决策框架。它引用了一个联盟形成算法库，用于选择适用于广泛任务的最合适的算法子集。该框架基于影响图，以处理动态现实环境中的不确定性因素。已经提出了许多联盟形成算法以解决组合优化问题，每个组合优化问题针对特定任务条件而定制。例如，可以将一组合理智能体用作启发式，以通过最小化整体系统成本来生成重叠和不相交联盟。现实世界的任务涉及任务间约束、任务内约束和需要无人机计划和安排任务的空间约束。例如，两阶段分布式编队算法可以集中精力最小化联盟规模并最小化任务完成时间。参考文献［76］中提议的决策模块具有以下组成部分。

1. **分类表**存储分类特征和相应的域值，以便联盟算法进行分类。分类维度被划分为 4 个基于关系的类别：智能体、任务、域和算法。设 F 是包含 N 个分类特征的集合，其中每个特征都有各自的非空域集。设 Dom 是一个集合集，其中包含 N 个分类特征中的所有相应域集。所有这些信息都包含在：

$$\forall F_i \in F, \exists D_i \in \text{Dom} \mid 1 \leqslant i \leqslant N, D_i \neq \varnothing \tag{2-36}$$

其中 D_i 是特征 F_i 的域值集。特征 $F_i \in F$ 可以用其域值集 D_i 的任何特定值来实例化。

2. **效用计算**确定了创建影响图的效用表所必需的特征值对效用分数。每个联盟形成算法都可以链接到由算法适用性控制的相关特征值对的子集上。因此，算法和特征值对可以分别可视化为**集线器**和**权限**。设 V 是一组尺寸 d，其中包含从分类特征集 F 及相应的域集 Dom 中派生的所有可能的特征值对，如：

$$V = \left\{ (F_x, d_i) \mid F_x \in F, d_i \in D_x, D_x \in \text{Dom} \right\} \tag{2-37}$$

特征值对集合 V 的大小定义为 $d = \sum_{x=1}^{N} |D_x|$，其中 $|D_x|$ 表示 $F_x \in F$ 的域范围。

3. **特征提取**是确定区分算法的最重要特征，可以减少问题维度。选择算法利用 $p \times N$ 矩阵 U，其中 p 是算法的数量，N 是分类特征的数量。元素 u_{ij} 是特定特征值对的基本效用分数，其特征 j 与算法 i 相关联。该矩阵的每个特征向量 $u_{ij}(i=1, \cdots, p; j=1, \cdots, N)$ 解释了原始数据集中的一些方差，并且表示为 N 个分类特征的线性组合。第 k 个本征向量 p_{c_k} 由以下公式定义：

$$p_{c_k} = z_{k_1} F_1 + z_{k_2} F_2 + \cdots + z_{k_N} F_N = FZ \tag{2-38}$$

其中 F 是大小为 N 的行特征向量，$F_i \in F$ 代表第 i 个分类特征；Z 是大小为 $N \times N$ 的矩阵，包含所有 N 个本征向量的权重系数；系数 z_{k_i} 的相对大小表示对应特征 $F_i \in F$ 的相对贡献。

4. **影响图**基于提取的突出特征在运行时动态地构建系统的影响图/决策网络。一旦特征提取算法识别出最突出的特征，影响图就会在运行时动态构建它。影响图通过引入决策变量和表征决策者偏好的效用函数来增强贝叶斯网络。对于框架，可通过确定最大化预期效用得分的最优策略来解决该决策问题。

提取区分联盟算法的突出特征可以解决维度灾难。

决策图 分阶段任务系统由连续的非重叠阶段或以下各阶段组成，其中在每个阶段执行各种任务。阶段通常按顺序执行，因此给定阶段的成功执行通常取决于其前一阶段的成功。对分阶段任务进行分析，需要确定每个阶段以及整个任务的失败概率。决策图是根有向**非循环图**（DAG），可表示大型切换函数。在分析分阶段任务系统的耐灾害性时，对不同的运行模式进行建模，而不仅是二元故障或正常运行的情况。为了解决这些问题，提出应用**多值逻辑决策图**，应用图像算法计算任务成功的概率，同时模拟任务组件退化或失败[62]。

定义64 **决策表**是有序的五项式 $DT = \langle U, C, D, V, f \rangle$，$f$ 是信息函数；U 是对象集；V 是所有可能的特征值集合；集合 C 中的元素是条件特征；集合 D 中的元素是决策特征。

无人机以基于组件的方式构建，具有基于智能体的决策者和连续控制系统。基于智能体的决策者被视为人类飞行员或操作员的替代者，否则它们将与控制系统交互。对于自主性系统，验证复杂决策算法最关键的一个方面是确定控制智能体从不故意做出它认为不安全的选择[23]。

此时，需要一种支持设计自主性决策系统的方法。自主性系统可以在需要应用战略和战术决策的动态领域中运行。在这些领域中有效性能需要该系统有平衡**反应性**和**主动性**等性能。自主性系统不仅必须是**目标导向**的，而且还必须能够在环境发生重大变化或者发现当前操作方法的一个假设无效时切换焦点。它可能还需要与正在朝着相同目标努力的同伴协调活动。这些能力（即**自主性、反应性、主动性和社交能力**）是基于智能体的系统特征。任务表达了自主性系统需要实现的目标以及潜在风险等其他信息[30]。在某些情况下，即使是简单的无人机侦察场景也可能需要复杂的决策能力。在最简单的情况下，它所要做的只是到指定位置拍摄目标，然后返回基地。然而，意外事件可能要求它重新考虑目前如何实现任务，甚至可能意味着必须放弃目标。

决策问题的**认知模型**（CM）由包含因子的有向图和因子之间的连接组成。它可以由相互关系矩阵表示。在有向图中，节点指定因子、箭头表示对应关系。认知模型涉及诸如概念、分析层次、对象、外延、关联、同义词、反义词、连接和内容等现象。它使用以下一系列程序来开发。

1. 收集信息并确定问题
2. 选择合适的方法来解决问题
3. 根据模糊量表制订问卷
4. 寻找专家组
5. 向专家发送问题
6. 收集专家的答案
7. 构建计算认知模型
8. 解决直接问题并估计不同的行动方案
9. 解决逆问题并找到最优决策
10. 制订决策

直接问题解决方法评估了输出因子的时空动态，这依赖于不同输入脉冲的组合。在认知模型中，使用逆认知问题解决方法来优化解决方案。逆问题解决方法可以使用软计算技术来确定最佳输入组合，该组合为了获得输出期望值满足了指定条件。输入因子是控制变量，输出因子是目标变量。在逆向建模中，决策参与者搜索产生所需输出值的输入值[72]。

2.6.2.2　模型检查任务

任务优化构成了一个**多目标问题**，因为无人机任务的特点是具有多个属性。无人机**调度/路由**问题也被建模为网络的**最小成本问题、旅行商问题**和**动态编程问题**。当集成时，规划和模拟软件应该会理想地提供信息。但是这些系统目前受到无人机领域规模和复杂性的挑战。任务的正确性取决于多种因素，包括无人机飞行轨迹、互操作性和冲突解决能力，以及可变地形、不可预测的天气和可能有移动目标的动态环境。在这种情况下，任务计划可能包含破坏任务正确性的错误。任务开发人员应通过软件验证方法分析无人机的任务计划，特别是在实际执行前校验概率模型可以检测到任务的关键错误。在参考文献［94］中描述的用于特定领域的模型检查方法（称为级联验证）可应用于复杂无人机任务计划的概率验证。模型检查是一种形式验证方法，模型检查器探索系统模型的状态空间，以验证每个状态是否满足一组所需的行为属性。特别是，模型构建器使用高级 DSL 来编码以通过模型检查分析系统规范。编译器使用自动推理来验证每个规范和领域知识之间的一致性。如果推导出一致性，则编译器使用显式和推断的域信息，这些信息是在模板代码中通过**离散时间马尔可夫链**（DTMC）模型和概率计算树逻辑（PCTL）合成的。因此，通过推理和分析的几个验证阶段进行级联。DSM 是一个模型驱动软件开发过程，使用特定于域的语言来编码系统。无人机域在不同粒度级别上表现出复杂性。无人机结合了复杂的有效载荷、多个传感器和增加的计算能力。这些能力可以及时使无人机执行复杂的多目标任务，减少人员监督。

一些对后续研究有用的定义介绍如下。

定义 65 **离散时间马尔可夫链**（MC）是元组 $M = \langle S, P, s_{\text{init}}, \Pi, L \rangle$，其中 S 是可数的一组状态；$P: S \times S \rightarrow [0, 1]$ 是转移概率函数，使得对于任何状态 $s \in S$，$\sum_{s' \in S} P(s, s') = 1$，$s_{\text{init}} \in S$ 是初始状态；Π 是一组原子命题；$L: S \rightarrow 2^{\Pi}$ 是标记函数。

可观察的一阶离散马尔可夫链被编码为具有状态转移特性的矩阵，它的行总和为 1，但列不一定这样。当 $a_{ii} = 1$ 时，**马尔可夫链**中的状态 S_i 是可吸收的，否则这种状态被认为是暂时的。

定义 66 **马尔可夫决策过程**（MDP）是根据元组 $\langle S, A, T, R \rangle$ 定义的，其中：

1. S 是一组环境状态有限集。

2. A 是一组有限的动作集。

3. $T: S \times A \rightarrow S$ 是状态转换函数。假设智能体在 s 中开始并执行动作 a，则每个转换与转换概率 $T(s, a, s')$ 相关联，即在状态 s' 结束时的概率。

4. $R: S \times A \rightarrow S$ 是从特定状态采取特定行动后收到的即时奖励函数。

定义 67 **特定的有限马尔可夫决策**过程由其状态、动作集以及一组动态环境来定义。给出任何状态 s 和动作 a，每个可能状态的概率 s' 是

$$P_{ss'}^a = \text{Prob}\{s_{t+1} = s' \mid s_t = s, a_t = a\} \tag{2-39}$$

其中 $P_{ss'}^a$ 表示转移概率；t 表示有限时间步长。

在马尔可夫决策过程中，$P_{ss'}^a$ 的值不依赖于过去的状态转移历史。每执行一步操作，智能体都会收到奖励 r。给定当前状态 s 和动作 a，以及任何下一个状态 s'，下一个奖励的预期值是

$$R_{ss'}^a = E[r_{t+1} \mid s_t = s, a_t = a, s_{t+1} = s'] \tag{2-40}$$

其中 $P_{ss'}^a$ 和 $R_{ss'}^a$ 完全指定有限 MDP 的动态。在有限 MDP 中，智能体遵循策略 Π。策略 Π 是从状态 s 和动作 a 到状态 s 下采取动作 a 的概率 $\Pi(s, a)$ 的映射。在基于 MDP 的随机计划计算中，决定策略 Π 使函数 $V^{\Pi}(s)$ 最大化。$V^{\Pi}(s)$ 表示在 S 中开始并且在 Π 之后的预期返回。$V^{\Pi}(s)$ 的定义是

$$V^{\Pi}(s) = E_{\Pi}\left[\sum_{k=0}^{\infty} \gamma^k r_{t+k+1} \mid s_t = s\right] \tag{2-41}$$

其中 E_{Π} 表示当智能体遵循策略 Π 并且 γ（$0 < \gamma < 1$）是折扣率时给出的期望值。如果 $P_{ss'}^a$ 和 $R_{ss'}^a$ 的值已知，则动态编程计算最大化值函数 $V^{\Pi}(s)$ 的最佳策略 Π。若 $P_{ss'}^a$ 和 $R_{ss'}^a$ 的值是未知的，在线强化学习等方法对于在学习环境中获得最佳策略 Π 是有用的[26]。在计划计算完成之后，选择最大化 $V^{\Pi}(s)$ 的动作值 a 的贪婪策略是最佳的。

定义68 通过 MDP 的**路径**是一系列状态，即

$$\omega = q_0 \xrightarrow{(a_0,\sigma_{a_0}^{q_0})(q_1)} q_1 \longrightarrow \cdots q_i \xrightarrow{(a_i,\sigma_{a_i}^{q_i})(q_i+1)} \longrightarrow \cdots \tag{2-42}$$

其中每个转变都是由当前步骤 $i \geq 0$ 中的动作引起的。路径 ω 的第 i 个状态由 $\omega(i)$ 来表示，所有有限和无限路径的集合分别由 Path^{fin} 和 Path 来表示。

控制策略定义了 MDP 中每个状态的操作选择。控制策略也称为**调度**。

2.6.3　人–无人机协同

人机界面（HRI）考虑了意识关系的不对称双向性质，以及人类可能与具有不同需求的机器人合作的事实[27]。人类对无人机和其他协同成员的理解与无人机对人类和其他无人机的信息要分开处理，可以根据人类和无人机的不同需求进行定义。类似地，一个聚焦于位置、特性、活动性、状态、环境的定义并不依赖于一个特别的无人机设施。然而，HRI 意识定义不符合第三个标准：无人机领域的特殊性。传感器和传感器解释仍然需要取得重大进展，以促进较低级别的情境意识活动，以便操作员具有更高层次的情境意识；并且必须找到方法来促进适当的沟通，以支持富有成效的协同流程。人机交互不应该被视为如何控制无人机，而是一个专家组如何利用无人机作为主动信息源[66]。

定义69　态势感知（SA）是指在一定时间和空间内对环境中元素的感知，对其含义的理解，以及在不久的将来对其状态的预测。

直接控制无人机的人，无论是指挥飞行控制还是传感器控制，都是**操作员角色**；附近飞机的飞行员是无人机操作员的同伴，空中交通管制员处于监督地位，因为他们指挥飞行员和无人机控制器的活动。无人机地面控制站的操作人员最需要了解无人机，但负责在空中指挥无人机的空中交通管制员和无人机附近飞机的飞行员也应对无人机有所了解。机组人员与飞机的物理隔离对无人机控制站的有效设计提出了挑战。许多人为因素问题（如系统时间延迟、机组人员协调不良、工作量大、情境意识降低）都可能对任务绩效产生负面影响。当飞机飞行时，飞行员和机组人员立即获得关于周围环境的丰富的多感官信息。然而，无人机操作员可能受限于几乎完全通过视觉通道传递的延时、减少的检测数据流[10]。

2.6.3.1　人–无人机交互

自主性是能够联合人机系统完成特定任务的能力。尽管这在自主性方面取得了重大成就，但现阶段仍无法处理复杂、不确定和动态变化的任务，大多数自主性系统在某种程度上仍然依赖于人为干预。自主性的真正价值在于扩展和补充人的能力。人与自主性系统之间的协同将带来最佳性能。为了充分发挥协同机器人的潜力，需要验证软件在安全性和功能要求方面的正确性。HRI 系统对软件验证提出了实质性挑战，该过程用于验证系统（无人机的代码等）的可靠性。无人机可以响应一个多方面且高度不可预测的环境。形式化方法可以实现对高度抽象交互模型的完全覆盖，但是实际上模型的细节水平仍受到限制。机器人代码通常以控制和监视机器人传感器和执行器的通信模块之间的高度并发性及决策为特征。在基于仿真的测试中，**覆盖驱动验证**（CDV）是可用于机器人助手的高级控制代码。CDV 是一种系统方法，可以有效地促进覆盖范围的封闭，即生成有效的测试，以检测被测系统；收集覆盖数据，从而有效地验证被测系统的要求[3]。

交互意识　M 个人中的每个人 m，对于在同步任务上一起工作的所有 N 架无人机中的每

架无人机 n，人 – 无人机交互意识由 4 部分组成。

1. **人 – 无人机间的交互意识**：关于 m 的理解有：N 个身份、当前 N 与其他物体（地球上的点、其他飞机、地形和目标）之间三维空间关系、预测未来的三维空间关系、N 附近的天气、N 的健康状况、其他（与非健康相关的）N 的状态、N 在作用于 M 指令时使用的逻辑、N 个任务的进度，以及对这些项目中的信任 m。

2. **人 – 人间的交互意识**：理解 M 中 m 的位置、身份和活动。

3. **无人机 – 人间的交互意识**：M 中 n 存储了一些必要信息，该信息用于指挥他们的活动、M 给 n 命令中的冲突、需要修正的行动步骤和不服从命令的约束。

4. **无人机 – 无人机间的交互意识**：n 有 N 发出的命令信息、N 的战术计划、N 中存在的任何健康状况、N 附近的任何天气情况，以及需要时在 N 之间动态重新分配任务所需的任何其他协调。

由于人 – 无人机交互意识分解的一般情况是假设有多架无人机的，因此完整的人 – 无人机意识意味着该界面使每个人能够理解每架无人机的状态，而不仅是一架无人机的状态。传感器操作员用万向架安装的摄像机进行各种各样的图像采集活动。视频图像质量可能会受到狭窄的摄像机视野、数据链路降级、恶劣的环境条件、带宽或高度混乱的视觉场景的影响。如果可以在各种情况下增强图像并使其更加稳健，则无人机执行任务的效率将大幅提高。当前的建模工作集中在开发和验证无人机操作员的细粒度认知过程。该模型基于**自适应控制的基本思想**（ACT-R）建模架构中实现。问题是评估模型如何准确地表示专家飞行员的信息处理活动，因为他们正在模拟无人机的基本操作。飞行员比控制仪器更频繁地关注仪器性能。操作员对操作的注意力分散受到操纵目标和要求的影响[71]。ACT-R 为信息的表示、处理、学习和遗忘提供了理论上的动机约束，这有助于指导模型的开发。

随机共享自主性 随机共享自主性系统捕获 3 个重要组成部分：操作员、自主控制器和人类操作员的认知模型。其可以表示完全自主性系统的马尔可夫模型、完全操作系统的马尔可夫模型、自主控制器对人或其他外部事件请求下人类认知状态演变的马尔可夫模型。从自主控制器到操作员的切换只能在人类认知状态的特定集合中发生，受到自主控制器对操作员请求的影响。可以在解决具有时间逻辑约束的多目标 MDP 时公式化该问题。一个目标是优化满足给定时序逻辑公式的概率，另一个目标是通过给定的成本函数在无限范围内最小化人类的工作。由人类操作员和自主控制器控制的随机系统产生两个不同的 MDP，它们具有相同的状态集 S，相同的原子命题集和相同的标记函数：$L \rightarrow 2^{AP}$，但可能有不同的动作集和转移概率函数。

1. 自主控制器：$M_A = \langle S, \Sigma_A, T_A, AP, L \rangle$，其中 $T_A : S \times \Sigma_A \times S \rightarrow [0,1]$ 是自主控制器下的转移概率函数；S, Σ 是有限状态和动作集；AP 是一组有限的原子命题；L 是一个标记函数，它为每个状态 $s \in S$ 分配一组在状态 s 有效时的原子命题 $L(s) \subset 2^{AP}$。

2. 人类操作员：$M_H = \langle S, \Sigma_H, T_H, AP, L \rangle$，其中 $T_H : S \times \Sigma_H \times S \rightarrow [0,1]$ 是基于人类操作员的转移概率函数。

建模的认知状态演变也可以建模为 MDP。

定义 70 对共享自主系统**操作员认知**被建模为 MDP：

$$M_c = \langle H, E, D_0^H, T_C, \text{Cost}, \gamma, H_s \rangle \tag{2-43}$$

其中 H 代表一组有限的认知状态；E 是触发认知状态变化的一组有限事件；$D_0^H \rightarrow [0, 1]$ 是初始分布；$T_c: H \times E \times H \rightarrow [0, 1]$ 是转移概率函数；Cost：$H \times E \times H \rightarrow \mathbb{R}$ 是成本函数，其中 Cost(h, e, h') 是事件 e 下从 h 过渡到 h' 的人力成本；$\gamma \in (0, 1)$ 是折扣率；$H_s \subset H$ 是操作员可以控制的状态子集。

给定两个 MDP，对于控制器 M_A 和操作员 M_H 以及操作员的认知模型 M_c，共享自主随机系统可以构建为另一个马尔可夫决策过程：$M_{SA} = \langle S, \Sigma, T, D_0, AP, L, Cost, \gamma \rangle$。

问题可以表述如下：

问题 71 给定一个随机系统并基于操作员和自主控制器之间的共享自主控制，建模为 MDPM_H 和 M_A、人类认知模型 M_c 和线性时序逻辑规范 ϕ，计算相对于两个目标的 Pareto 最优策略：

1. 满足线性时序逻辑规范 ϕ 的最大化折扣概率。
2. 最大限度地降低人力资源在无限期内的总折扣成本。

有关解决方案的详细信息，请参见参考文献 [33]。

2.6.3.2 操作员与无人机

许多任务需要多架无人机，这些无人机可能具有不同的能力并能进行长时间协作。一个无人机团队可以同时从多个位置收集信息，并利用从多个点获得的信息来构建可用于做出决策的模型。协同成员可以交换传感器信息、协同跟踪和识别目标，并执行检测和监控活动以及其他任务。此外，多无人机协同带来的冗余解决方案提供了更大的容错性和灵活性。鲁棒性和灵活性是多机器人系统相对于单机器人系统的主要优势。多无人机系统的自主性级别应根据所考虑的任务特性进行调整。一般而言，使用由一名或多名人类操作员监督或部分控制的半自主无人机组是目前唯一可行的解决方案，以便处理现实场景的复杂性和不可预测性。除此之外，人类的存在通常也是在高风险情况下承担关键决策责任的必要条件。

无人机操作员比值 必须研究允许单操作员同时控制多架无人机的适当条件和要求[21]。为了使单名人类操作员能够控制和协调一组无人机，必须向操作员提供决策支持。操作员远程与无人机组进行通信，并控制无人机组执行任务。可以使用先导控制模式和自主模式。在这两种模式中，无人机组以领导者与跟随者的方式进行控制，领导者无人机由操作员分配，跟随者将自己定位于其他无人机。在自主模式中，领导者无人机在没有操作员干预的情况下执行任务。在任何时候，操作员都可以接管并直接控制领导者无人机。因此，操作员可以中断任务并释放对无人机的控制。无人机组应该自动恢复执行任务[24]。

单名操作员控制多架无人机的系统架构要求：操作员需要与整体任务和有效负载管理器进行交互，同时将导航和运动控制任务降级为自动化。实现多架无人机有效管理的挑战在于确定是否可以使用自动化来减少工作量，以及在高工作负载环境下操作员需要何种决策支持。越来越多的任务必须自动化地实现单名操作员对多架无人机的控制。如果多架无人机的控制系统可靠性降低，则信任随着无人机数量的增加而下降，但是当人类积极参与规划并执行决策时，信任度会提高。由一名操作员指导多架无人机意味着操作员需要同时处理大量各种监督和监视任务，当意外事件发生的时候，操作员的注意力将被有严格时序要求的重规划任务所打断。为了支持操作员，特别是在关键工作负载情况下，认知员工系统需要机器了解操作员正在执行的实际任务，以及检测关键工作负载的情况以启动辅助系统进行干预。在参考文献 [25] 中描述了构建人类操作员行为模型的方法，以确定操作员的当前任务和任务完成中的推导过程。

单名操作员可以控制的无人机数量不仅取决于决策支持的自动化水平，还取决于运行需求。为了实现一个人控制多架无人机目标，操作员应该只监控无人机的驾驶/操纵，而不是自己动手。多无人机监督控制代表注意力分配问题，需要操作员确定如何以及何时将有限的认知资源分配给多个经常发生竞争的任务，应寻求最有效的操作员/无人机比值。目前，这个比值的估计在1附近变化很大，其中1是1名操作员/1架无人机的比值。无论如何，法规目前只允许这种配置，但它们可能会迅速发展。当前的操作系统需要许多人类支持者来发射、控制、引导、恢复和维护单架无人机。尽管存在这些困难，设计目标仍然是1名操作员/4架无人机的比值[40]。

人员管理至关重要，因为自动规划人员在存在未知变量和可能不准确的先验信息的情况下并不总是表现良好的。在动态环境中监督多架无人机时，事件往往是意料之外的，自动规划人员难以应对不可预见的问题。随着无人机的飞行，出现了新的任务，任务需要实现。自动规划器应适用于帮助制定实时决策并进行动态任务重规划。通过给人类操作员提供修正方法，自动规划器可用于合作制定决策；通过调整目标函数中变量的权重，人类操作员可以选择并排列这些条件，这就是**多资源任务分配**。**人/自动规划器协作**减少了整体工作量。为了评估无人机为操作员产生某种自信度的能力，可以研究无人机感知环境的方法。此外，还可以评估使用该传感器数据集合的代表性算法，以确定是否存在对无人机环境的错误感知情况，或者由于任务约束而无法正确使用传感器数据的情况。自主传感器的能力边界估计主要涉及输出质量和任务影响。第一维提供了明确的量化指标，第二维更加注重前后关系，即如果不需要高精度，则表现不佳的传感器可能不会影响任务。输出质量（如算法可以生成可行的解决方案吗）和任务影响（如果解决方案是可行的，则输出的变化如何影响任务）是优化/验证模块的**能力边界**[45]。

合并自主功能与操作员协助 自动化功能与工作流程相关联，作为主动执行明确定义子任务的工具，人类操作员成为监督流程的高端决策组件。人员组件和自动化的分层组合在任务完成过程中可能是各种由自动化导致的总体性能缺陷的根源。该问题涉及一个工作系统，该工作系统包括在地面工作的单名操作员或者监控若干架无人机的机载控制站。可以使用工作系统方法作为人为因素工程框架，以自上而下的方式分析这种有人–无人合作方案的设置[54]。传统的自动化措施（例如自动驾驶仪或飞行管理系统），并不能帮助操作员给出最高级别的任务目标决策。

与以接管人类责任为目标的自动化性能相比，应启用某种意义上的人机协同的协同自动化：与人类操作员合作，协商分配适应当前情况的任务，并在半自主性系统中考虑总体工作目标的情况下共同监督子任务的性能[54]。该系统由两个嵌入式工作系统描述。

1. 第一级工作系统由执行任务的工作目标构成。其总体工作目标将由外部权限发布，同时为工作系统提供适当的信息和资源。它由人类操作员和协作辅助系统组成的操作元素组成，为人机交互系统中的无人机导航子系统提供工作目标。

2. 第二级工作系统由指导无人机执行任务的工作目标构成。其工作目标将由第一级工作系统提供。它由协同辅助系统支持的无人机操作员组成，以构成该子系统的操作元素。

智能自适应接口（IAI）是用于增强多无人机控制性能的新兴技术。为了指导界面设计，该框架将把以用户为中心的设计方法与主动使用**自适应智能体**（AIA）的概念相集成，旨在最大限度地提高整体系统的性能。该框架使用多智能体分层结构在操作员和智能体之间分配任务，以优化操作员/智能体的交互，减少操作员工作量，提高情境意识和作战效率的手段[43]。为了增强整体的人机性能，操作员与各种自动化级系统的相互作用是受领域限制的。

定义72 **自适应智能体**是一种软件程序，它在完成用户任务时表现出适应性、自主性和协作性。

由于 AIA 旨在通过自动接管某些任务并使自己适应用户和智能自适应界面的变化来帮助用户，因此它们应该更像人类并且以类似于人类行为进行有效的交互。类似于人类行为的认知和适应过程的智能体范例是**信念欲望意向图**（BDI）方法。BDI 模型中的关键数据结构是计划库，是一组智能体计划，指定智能体可以采取的行动路线以实现其意图。智能体的计划库表示其关于生成系统状态的程序性知识。交互模型应该代表控制系统和受控系统以及操作员间的至少 3 个属性，如下所示。

1. 操作员想要对系统进行哪些更改？
2. 为什么要对系统目标和当前状态进行更改？
3. 如何对系统进行必要的更改（即为实现所需状态而进行的操作员活动）？

此外，如果存在并发活动，则在给定当前系统状态的情况下，模型应呈现出操作员可用的性质和选择。为了对设计有用，有效的交互模型必须具有描述性和规范性。它描述操作员实际做了什么，并指定操作员接下来应该做什么，以作为决策辅助。

2.7 结论

在本章的第一部分，考虑了自主性级别。其次，考虑了不同类型的协同：人 - 无人机协同、同构 - 异构无人机协同，最后是无人机 - 无人地面车辆协同。在本章的最后一部分，介绍了任务分析方法，即使执行了不同的任务，操作框架也是可比较的。

参考文献

[1] Aalmoes, R.; Cheung, Y. S.; Sunil, E.; Hoekstra, J. M.; Bussink, F.: *A conceptual third party risk model for personal and unmanned aerial vehicles*, In IEEE International Conference on Unmanned Aircraft Systems (ICUAS), pp. 1301-1309, 2015.

[2] Aghaeeyan, A.; Abdollahi, F.; Talebi, H. A.: *UAV-UGVs cooperation: With a moving center based trajectory*, Robotics and Autonomous Systems, vol. **63**, pp. 1-9, 2015.

[3] Araiza-Illan, D.; Western, D.; Pipe, A.; Eder, K.: *Coverage-Driven Verification-An approach to verify code for robots that directly interact with humans*, arXiv preprint arXiv:1509.04852, 2015.

[4] Arokiasami, W. A.; Vadakkepat, P.; Tan, K. C.; Srinivasan, D.: *Interoperable multi-agent framework for unmanned aerial/ground vehicles: towards robot autonomy*, Complex and Intelligent Systems, vol. **2**, pp. 45-59, 2016.

[5] Balampanis, F.; Maza, I.; Ollero, A.: *Area Partition for Coastal Regions with Multiple UAS*, Journal of Intelligent and Robotic Systems, pp. 1-16,

DOI 10.1007/s10846-017-0559-9, 2017.

[6] Belta, C; Bicchi, A.; Egerstedt, M.; Frazzoli, E.; Klavins, E.: Pappas, G. J.: *Symbolic planning and control of robot motion*, IEEE Robotics and Automation Magazine, vol. **14**, pp. 61-70, 2007.

[7] Bestaoui Sebbane, Y.: *Smart Autonomous Aircraft: flight control and planning of UAV*, CRC Press, 2016.

[8] Blasch, E.; Seetharaman, G.; Reinhardt, K.: *Dynamic data driven applications system concept for information fusion*, Procedia Computer Science, vol. **18**, pp. 1999-2007, 2013.

[9] Boccalatte, M.; Brogi, F.; Catalfamo, F.; Maddaluno, S.; Martino, M.; Mellano, V.; Prin, P.; Solitro, F; Torasso, P.; Torta, G.: *A multi-UAS cooperative mission over non-segregated civil areas*, Journal of Intelligent and Robotic Systems, vol. **70**, pp. 275-291, 2013.

[10] Calhoun, G. L.; Draper, M. H.; Abernathy, M. F.; Patzek, M.; Delgado, F.: *Synthetic vision system for improving unmanned aerial vehicle operator situation awareness*, In Proceedings of SPIE Enhanced and Synthetic Vision, vol. **5802**, pp. 219-230, 2005.

[11] Carbonneau, P. E.; Dietrich, J. T.: *Cost-effective non-metric photogrammetry from consumer-grade sUAS: implications for direct georeferencing of structure from motion photogrammetry*, Earth Surface Processes and Landforms, vol. **42**, pp. 473-486, 2017.

[12] Capiluppi, M., Segala, R.: *World automata: a compositional approach to model implicit communication in hierarchical hybrid systems*, arXiv preprint arXiv:1308.5335.

[13] Cheng, M. X.; Ling, Y.; Sadler, B. M.: *Network connectivity assessment and improvement through relay node deployment*, Theoretical Computer Science, vol. **660**, pp. 86-101, 2017.

[14] Chen, T.; Gonzalez, F.; Campbell, D.; Coppin, G.: *Management of multiple heterogeneous UAVs using capability and autonomy visualisation: Theory, experiment and result* In International Conference on Unmanned Aircraft Systems (ICUAS), pp. 200-210, 2014.

[15] Chen, T. B.; Campbell, D. A.; Coppin, G.; Gonzalez, F.: *Management of heterogeneous UAVs through a capability framework of UAVs functional autonomy*, 15th Australian International Aerospace Congress (AIAC15), 2013.

[16] Chowdhury, S.; Maldonado, V.; Tong, W.; Messac, A.: *New modular product-platform-planning approach to design macroscale reconfigurable unmanned aerial vehicles*, AIAA Journal of Aircraft, vol. **53**, pp. 309-322, 2016.

[17] Chowdhury, S.; Emelogu, A.; Marufuzzaman, M.; Nurre, S. G.; Bian, L.: *Drones for Disaster Response and Relief Operations: A Continuous Approximation Model*, International Journal of Production Economics, vol. **188**, pp. 167-184, 2017.

[18] Clare, A. S.; Cummings, M. L.; How, J. P.; Whitten, A. K.; Toupet, O.: *Operator object function guidance for a real-time unmanned vehicle scheduling algorithm*, AIAA Journal of Aerospace Computing, Information, and Communication, vol. **9**, pp. 161-173, 2012.

[19] Colomina, I.; Molina, P.: *Unmanned aerial systems for photogrammetry and remote sensing: A review*, ISPRS Journal of Photogrammetry and Remote Sensing, vol. **92**, pp. 79-97, 2014.

[20] Cowlagi, R. V.; Zhang, Z.: *Route guidance for satisfying temporal logic specifications on aircraft motion*, AIAA Journal of Guidance, Control and Dynamics, vol. **40**, pp. 390-401, 2017.

[21] Cummings, M. L., Bruni, S., Mercier, S.; Mitchell, P. J.: *Automation architecture for single operator, multiple UAV command and control*, The International C2 Journal, vol. **1**, pp. 1-24, 2007.

[22] Deng, Q.; Yu, J.; Mei, Y.: *Deadlock-Free Consecutive Task Assignment of Multiple Heterogeneous Unmanned Aerial Vehicles*, AIAA Journal of Aircraft, vol. **51**, pp. 596-605, 2014.

[23] Dennis, L. A.; Fisher, M.; Lincoln, N. K.; Lisitsa, A.; Veres, S. M.: *Practical verification of decision-making in agent-based autonomous systems*; Automated Software Engineering, vol. **23**, pp. 305-359, 2016.

[24] Ding, X. C.; Powers, M.; Egerstedt, M.; Young, S. Y. R.; Balch, T.: *Executive decision support, Single-Agent Control of Multiple UAVs*, IEEE Robotics and Automation Magazine, vol. **16**, pp. 73-81, 2009.

[25] Donath, D.; Schulte, A.: *Behavior Based Task and High Workload Determination of Pilots Guiding Multiple UAVs*, Procedia Manufacturing, vol. **3**, pp. 990-997, 2015.

[26] Doshi-Velez, F., Pineau, J., Roy, N. : *Reinforcement learning with limited reinforcement: Using Bayes risk for active learning in POMDP* Artificial Intelligence, vol. **187**, pp. 115-132, 2012.

[27] Drury, J. L.; Riek, L.; Rackliffe, N.: *A decomposition of UAV-related situation awareness*, In Proceedings of the 1st ACM SIGCHI/SIGART Conference on Human-Robot Interaction, pp. 88-94, 2006.

[28] D'Souza, S.; Ishihara, A.; Nikaido, B.; Hasseeb, H.: *Feasibility of varying geo-fence around an unmanned aircraft operation based on vehicle performance and wind*, In IEEE/AIAA 35th Digital Avionics Systems Conference (DASC), pp. 1-10, 2016.

[29] Durst, P. J.; Gray, W.: *Levels of Autonomy and Autonomous System Performance Assessment for Intelligent Unmanned Systems*, (No. ERDC/GSL-SR-14-1), Engineer research and development center, Vicksburg MS Geotechnical and structures LAB, 2014.

[30] Evertsz, R.; Thangarajah, J.; Yadav, N.; Ly, T.: *A framework for modelling tactical decision-making in autonomous systems*, Journal of Systems and Software, vol. 110, pp. 222-238, 2015.

[31] Flushing, E. F.; Gambardella, L. M.; Di Caro, G. A.: *Strategic control of proximity relationships in heterogeneous search and rescue teams*, arXiv

preprint arXiv:1312.4601, 2013.

[32] Franchi, A.; Secchi, C.; Ryll, M.; Bulthoff, H.H.; Giordano P.R.: *Shared control: Balancing autonomy and human assistance with a group of quadrotor UAVs*, IEEE Robotics and Automation Magazine, vol. **19**, pp. 57-68, 2012.

[33] Fu, J.; Topcu, U.: *Pareto efficiency in synthesizing shared autonomy policies with temporal logic constraints*, IEEE International Conference on Robotics and Automation, pp. 361-368, 2015.

[34] Gan, S. K.; Fitch, R.; Sukkarieh, S.: *Online decentralized information gathering with spatial-temporal constraints*, Autonomous Robots, vol. **37**, pp. 1-25, 2014.

[35] Garcia de Marina, H.; Jayawardhana, B.; Cao, M.: *Distributed rotational and translational maneuvering of rigid formations and their applications*, IEEE Transactions on Robotics, vol. **32**, pp. 684-697, 2016.

[36] Geng, J.; Lv, C.; Zhou, D.; Wang, Z.: *A mission execution decision making methodology based on mission-health interrelationship analysis*, Computers and Industrial Engineering, vol. **95**, pp. 97-110, 2016.

[37] Gunn, T.; Anderson, J.: *Dynamic heterogeneous team formation for robotic urban search and rescue*, Journal of Computer and System Sciences, vol. **81**, pp. 553-567, 2015.

[38] Gupta, L.; Jain, R.; Vaszkun, G.: *Survey of important issues in UAV communication networks*, IEEE Communications Surveys and Tutorials, vol. **18**, pp. 1123-1152, 2015.

[39] Haidegger, T.; Barreto, M.; Gonalves, P.; Habib, M. K.; Ragavan, S. K. V.; Li, H.; Vaccarella, A.; Perrone, R.; Prestes, E.: *Applied ontologies and standards for service robots*, Robotics and Autonomous Systems, vol. **61**, pp. 1215-1223, 2013.

[40] Hancock, P. A., Mouloua, M.; Gilson, R.; Szalma, J.; Oron-Gilad, T.: *Provocation: Is the UAV control ratio the right question?*, Ergonomics in Design, vol. **15**, pp. 7-12, 2007.

[41] Hayat, S.; Yanmaz, E.; Muzaffar, R.: *Survey on unmanned aerial vehicle networks for civil applications: A communication's viewpoint*, IEEE Communications Surveys and Tutorials, DOI: 10.1109/COMST.2016.2560343, 2016.

[42] Hocraffer, A.; Nam, C. S.: *A meta-analysis of human-system interfaces in unmanned aerial vehicle (UAV) swarm management*, Applied Ergonomics, vol. **58**, pp. 66-80, 2017.

[43] Hou, M.; Zhu, H.; Zhou, M.; Arrabito, G. R.: *Optimizing operator agent interaction in intelligent adaptive interface design: A conceptual framework*, IEEE Transactions on Systems, Man, and Cybernetics, Part C: Applications and Reviews, vol. **41**, pp. 161-178, 2011.

[44] Hristu-Varsakelis, D.; Egerstedt, M.; Krishnaprasad, P.: *On the structural complexity of the motion description language MDLe*, 42nd IEEE Conf. on Decision and Control, pp. 3360–3365, 2003.

[45] Hutchins, A. R.; Cummings, M. L.; Draper, M.; Hughes, T.: *Representing Autonomous Systems Self-Confidence through Competency Boundaries*, In Proceedings of the Human Factors and Ergonomics Society Annual Meeting, SAGE Publications, vol. **59**, pp. 279-283, 2015.

[46] Ivancevic, V.; Yue, Y.: *Hamiltonian dynamics and control of a joint autonomous landair operation*, Nonlinear Dynamics, vol. **84**, pp. 1853-1865, 2016.

[47] Jakubovskis, A.: *Strategic facility location, capacity acquisition, and technology choice decisions under demand uncertainty: Robust vs. non-robust optimization approaches*, European Journal of Operational Research, vol. **260**, pp. 1095-1104, 2017.

[48] Johnson, L. B.; Choi, H. L.; Ponda, S. S.; How, J. P.: *Decentralized task allocation using local information consistency assumptions*, AIAA Journal of Aerospace Information Systems, vol. **14**, pp. 103-122, 2017.

[49] Jones, E. G.; Dias, M. B.; Stentz, A.: *Time-extended multi-robot coordination for domains with intra-path constraints*, Autonomous robots, vol. **30**, pp. 41-56, 2011.

[50] Kaddouh, B. Y.; Crowther, W. J.; Hollingsworth, P.: *Dynamic resource allocation for efficient sharing of services from heterogeneous autonomous vehicles*, Journal of Aerospace Information Systems, vol. **13**, pp. 450-474, 2016.

[51] Kaul, L.; Zlot, R.; Bosse, M.: *Continuous time three dimensional mapping for micro aerial vehicles with a passively actuated rotating laser scanner*, Journal of Field Robotics, vol. **33**, pp. 103-132, 2016.

[52] Kendoul, F.: *Survey of advances in guidance, navigation, and control of unmanned rotorcraft systems*, Journal of Field Robotics, vol. **29**, pp. 315-378, 2012.

[53] Khosiawan, Y.; Park, Y. S.; Moon, I.; Nilakantan, J. M.; Nielsen, I.: *Task scheduling system for UAV operations in indoor environment*, arXiv preprint arXiv:1604.06223, 2016.

[54] Kriegel, M.; Schulte, A.: *Work system analysis of the integration of autonomous functions and intelligent operator assistance in UAV Guidance*, In RTO-Meeting Proceedings HFM-135. Biarritz, France, 2006.

[55] Lemon, O.; Bracy, A.; Gruenstein, A.; Peters, S.: *The WITAS multimodal dialogue system I*, In INTERSPEECH, pp. 1559-1562, 2001.

[56] Liemhetcharat, S.; Veloso, M.: *Weighted synergy graphs for effective team formation with heterogeneous ad hoc agents*, Artificial Intelligence, vol. **208**, pp. 41-65, 2014.

[57] Littman, M.: *A tutorial on partially observable Markov decision process*, Journal of Mathematical Psychology, vol. **53**, pp. 119–125, 2009.

[58] Liu, L., Orzay, N.; Topai, U.; Murray, R.M.: *Synthesis of reactive switching protocols from temporal logic specification*, IEEE Transactions on Automatic Control, vol. **58**, pp. 1771-1785, 2013.

[59] Liu, H.; Lin, M.; Deng, L.: *UAV route planning for aerial photography under interval uncertainties*, Optik-International Journal for Light and Electron Optics, vol. **127**, pp. 9695-9700, 2016.

[60] Luo, J.; Yan, G.: *Fast iterative algorithm for solving Moser Veselov equation*, AIAA Journal of Guidance, Control, and Dynamics, vol. **38**, pp. 949-954, 2015.

[61] Maguire, C.: *Using unmanned aerial vehicles and structure from motion software to monitor coastal erosion in Southeast Florida*, In Open access theses, 81 pages, paper 525, 2014.

[62] Manikas, T. W.; Mitchell, A. T.; Chang, F. C.: *Mission planning analysis using decision diagrams*, In Proceedings of Reed-Muller Workshop, pp. 61-65, 2013.

[63] Martini, S.; Di Baccio, D.; Romero, F. A.; Jimnez, A. V.; Pallottino, L.; Dini, G.; Ollero, A.: *Distributed motion misbehavior detection in teams of heterogeneous aerial robots*, Robotics and Autonomous Systems, vol. **74**, pp. 30-39, 2015.

[64] McCune, R.; Purta, R.; Dobski, M.; Jaworski, A.; Madey, G.; Wei, Y.; Blake, M. B.: *Investigations of DDDAS for command and control of UAV swarms with agent-based modeling*, In Proceedings of the IEEE Winter Simulation Conference: Simulation: Making Decisions in a Complex World, pp. 1467-1478, DOI: 10.1109/WSC.2013.6721531, 2013.

[65] Mosterman, P. J.; Sanabria, D. E.; Bilgin, E.; Zhang, K.; Zander, J.: *Automating humanitarian missions with a heterogeneous fleet of vehicles*, Annual Reviews in Control, vol. **38**, pp. 259-270, 2014.

[66] Murphy, R. R.; Burke, J. L.: *Up from the rubble: Lessons learned about HRI from search and rescue*, In Proceedings of the Human Factors and Ergonomics Society Annual Meeting (SAGE Publications), vol. **49**, pp. 437-441, 2005.

[67] Nolan, P.; Paley, D. A.; Kroeger, K.: *Multi-UAS path planning for non-uniform data collection in precision agriculture*, In IEEE Aerospace Conference, pp. 1-12, 2017.

[68] Nunes, E.; Manner, M.; Mitiche, H.; Gini, M.: *A taxonomy for task allocation problems with temporal and ordering constraints*, Robotics and Autonomous Systems, vol. **90**, pp. 55-70, 2017.

[69] Oh, G.; Kim, Y.; Ahn, J.; Choi, H. L.: *Market-based task assignment for cooperative timing missions in dynamic environments*, Journal of Intelligent and Robotic Systems, pp. 1-27, DOI 10.1007/s10846-017-0493-x, 2017.

[70] Patterson, M. D.; Pate, D. J.; German, B. J.: *Performance flexibility of reconfigurable families of unmanned aerial vehicles*, AIAA Journal of Aircraft, vol. **49**, pp. 1831-1843, 2012.

[71] Purtee, M. D.; Gluck, K. A.; Krusmark, M. A.; Kotte, S. A.; Lefebvre, A. T.: *Verbal protocol analysis for validation of UAV operator model*, In Proceedings of the 25th Interservice/Industry Training, Simulation, and

Education Conference, pp. 1741-1750. Orlando, FL: National Defense Industrial Association, 2003.

[72] Raikov, A.: *Convergent networked decision-making using group insights*, Complex and Intelligent Systems, vol. **1**, pp. 57-68, 2015.

[73] Saadou-Yaye, A.; Aruz, J.: *μ-Autonomy: intelligent command of movable objects*, Procedia Computer Science, vol. **61**, pp. 500-506, 2015.

[74] Schumann, B.; Ferraro, M.; Surendra, A.; Scanlan, J. P.; Fangohr, H.: *Better design decisions through operational modeling during the early design phases*, AIAA Journal of Aerospace Information Systems, vol. **11**, pp. 195-210, 2014.

[75] Schwartz, B., Ngele, L., Angerer, A., MacDonald, B. A.: *Towards a graphical language for quadrotor missions*, arXiv preprint arXiv:1412.1961, 2014.

[76] Sen, S. D.; Adams, J. A.: *An influence diagram based multi-criteria decision making framework for multirobot coalition formation*, Autonomous Agents and Multi-Agent Systems, vol. **29**, pp. 1061-1090, 2015.

[77] Seyboth, G. S.; Allgower, F. : *Synchronized model matching: a novel approach to cooperative control of nonlinear multi-agent systems*, Preprints of the 19th World Congress of The International Federation of Automatic Control, Cape Town, South Africa, pp. 1985-1990, 2014.

[78] Silva, D. C.; Abreu, P. H.; Reis, L. P.; Oliveira, E.: *Development of a flexible language for mission description for multi-robot missions*, Information Sciences, vol. **288**, pp. 27-44, 2014.

[79] Soler, M.; Olivares, A.; Staffetti, E.: *Multiphase optimal control framework for commercial aircraft 4D flight planning problems*, AIAA Journal of Aircraft, vol. **52**, pp. 274-286, 2014.

[80] Song, B. D.; Kim, J.; Morrison, J. R.: *Rolling horizon path planning of an autonomous system of UAVs for persistent cooperative service: MILP formulation and efficient heuristics*, Journal of Intelligent and Robotic Systems, vol. **84**, pp. 241-258, 2016.

[81] Summers, T. H.; Akella, M. R.; Mears, M. J.: *Coordinated standoff tracking of moving targets: control laws and information architectures*, AIAA Journal of Guidance, Control and Dynamics, vol. **32**, pp. 56–69, 2009.

[82] Tracol, M.; Desharnais, J.; Zhioua, A.: *Computing distances between probabilistic automata*, 9th Workshop on quantitative aspects of programming languages, pp. 148-162DOI 10.4204/EPTCS.57.11, 2011.

[83] Truong, T. V. A.; Hattenberger, G.; Ronfle-Nadaud, C.: *The cooperation between unmanned aerial vehicles using a mission planner*, In 11th IEEE International Conference on Industrial Informatics (INDIN), pp. 797-803, 2013.

[84] Turner, D. J.: *Multi-sensor, multi-temporal, and ultra-high resolution environmental remote sensing from UAVs*, PhD thesis, Univ. of Tasmania, pp. 163, 2015.

[85] Ulusoy, A.; Smith, S. L.; Ding, X. C.; Belta, C.; Rus, D. : *Optimal multi-robot path planning with temporal logic constraints*, IROS IEEE/RSJ Int. Conference on Intelligent Robots and Systems, pp. 3087-3092, 2011.

[86] Ure, N. K.; Chowdhary, G.; How, J. P.; Vavrina, M. A.; Vian J.: *Health aware planning under uncertainty for UAV missions in heterogeneous teams*, European Control Conference, Zurich, Switzerland, pp. 3312-3319, 2013.

[87] VanderBerg,J. P.; Patil, S.; Alterovitz, R. : *Motion planning under uncertainty using differential dynamic programming in Belief space*, Int. Symp. of Robotics Research, pp. 473-490, 2011.

[88] Varela, G.; Caamano, P.; Orjales, F.; Deibe, A.; Lopez-Pena, F.; Duro, R. J.: *Autonomous UAV based search operations using constrained sampling Evolutionary Algorithms*, Neurocomputing, vol. **132**, pp. 54-67, 2014.

[89] Vilar, R. G.; Shin, H. S.: *Communication-aware task assignment for UAV cooperation in urban environments*, 2nd IFAC Workshop on Research, Education and Development of Unmanned Aerial Systems, Compiegne, France, IFAC Proceedings, vol. **46**, pp. 352-359, 2013.

[90] Wei, Y.; Madey, G. R.; Blake, M. B.: *Agent-based simulation for UAV swarm mission planning and execution*, In Proceedings of the Agent-Directed Simulation Symposium, Society for Computer Simulation International, 2013.

[91] Xargay, E.; Kaminer, I.; Pascoal, A.; Hovakimyan, N.; Dobrokhodov, V.; Cichella, V.; Aguiar, A. P.; Ghabcheloo, R.: *Time-critical cooperative path following of multiple unmanned aerial vehicles over time-varying networks*, AIAA Journal of Guidance, Control and Dynamics, vol. **36**, pp. 499-516, 2013.

[92] Xiang, Y.; Xuan, Z.; Tang, M.; Zhang, J.; Sun, M.: *3D space detection and coverage of wireless sensor network based on spatial correlation*, Journal of Network and Computer Applications, vol. **61**, pp. 93-101, 2016.

[93] Yazicioglu, A. Y.; Abbas, W.; Egerstedt, M.: *Graph distances and controllability of networks*, IEEE Transactions on Automatic Control, vol. **61**, pp. 4125-4130, 2016.

[94] Zervoudakis, F.; Rosenblum, D. S.; Elbaum, S.; Finkelstein, A.: *Cascading verification: an integrated method for domain-specific model checking*, In Proceedings of the 9th ACM Joint Meeting on Foundations of Software Engineering, pp. 400-410, 2013.

第 3 章

定向运动与覆盖范围

3.1 引言

在本章，操作涉及一般的空中机器人问题，如**定向运动**、覆盖应用（包括监视、搜索和救援、地理定位、勘探、监测、测绘等）。无人机代替地面机器人有一定的优势。通过其飞行能力，无人机可以避开障碍物并能鸟瞰视野。障碍物的闵可夫斯基（Minkowski）总和根据无人机的大小扩展障碍物，与此同时，无人机缩小到参考点。在大面积的室外空间，闵可夫斯基总和代表无人机无法进入的区域。如果不同障碍物的闵可夫斯基总和相交，则它们合并成一个封闭的无人机无法进入的区域。封闭区域外的空间被视为无人机的可用空间，因此，无人机可以跟随其中的路径[59]。如果无人机的尺寸较小，则可以在狭窄的室外和室内环境中导航，它们的侵入性影响有限。在进一步开展定向运动和覆盖范围的相关研究之前，会介绍无人机任务中涉及操作研究的一些基本特征。这些是飞行器路径问题、旅行商问题、邮递员问题和背包问题。本节中的材料并非详尽无遗，而是为那些可能不熟悉这些主题的人提供充分的介绍。

3.2 初步研究

本节介绍了无人机任务规划中的一些基本算法，如飞行器路径问题、旅行商问题及其变种、中国邮递员问题、背包问题。

3.2.1 一般飞行器路径问题

一般飞行器路径问题（GVRP）是找到明显可行路径的问题，并通过减少飞行的路径成本来最大化由所有飞行器服务订单带来的利润[39]。在一般飞行器路径问题中，运输需求由一组非空的提货、交货和服务地点、时间窗组成，这些提货、交货和服务地点必须由同一飞行器按特定顺序访问，在运输服务完成时，时间窗内这些位置必须被访问并获得相应的收益。一般飞行器路径问题是一个组合的综合载荷接受和路径选择问题，即概括了飞行器路径问题及**收发问题**（PDP）[88]。

定义73 飞行器的**旅行路径问题**是指以正确的顺序访问从起始位置至终止位置内所有的待访问点，并按正确的顺序给有运输需求的位置传递货物。

定义74 当且仅当具有兼容性约束的旅行路径问题满足旅程内所有路径点的时间窗及持有容量限制时，路径是**可行**的。

研究该问题的目标是找到可行的路径并最大限度地提高利润。其中，利润是由完成运输需求的收入减去运输成本决定的。

最广泛的飞行器路径问题是**有能力约束的飞行器路径问题**和**带时间窗的飞行器路径问题**。**可变邻域搜索**（VNS）是一种元启发式算法，基于在搜索过程中系统地改变邻域结构的思想。可变邻域搜索系统地利用以下观察。

（1）相对于其他邻域结构来说，**局部最优**是不需要的。

（2）**全局最优**是关于所有可能的邻域结构的局部最优。

（3）对于许多问题，关于一个或多个邻域的**局部最优值**彼此相对接近。

3.2.2 旅行商问题

大多数最基本的战略问题通常是如何在一组可能的位置中决定无人机航路点的顺序。

问题75 旅行商问题（TSP）：有 n 架无人机的待访问点，TSP 会询问在这些点中是否存在一条无人机可飞行的路径，该路径使得这些点只被无人机访问一次。

一般来说，TSP 包括两种不同类型。

1. **对称旅行商问题**（STSP）：两个相邻城市之间只有一条路，即城市 A 和 B 之间的距离等于城市 B 和 A 之间的距离。

2. **不对称旅行商问题**（ATSP）：没有对称性，两个城市之间可能有两种不同的成本或距离。

TSP 问题是一类被称为组合问题的代表。由于该问题易于描述但难以解决，因此，TSP 问题是组合问题中最重要的问题之一。TSP 问题有许多变种，如下所示。

1. **欧几里得旅行商问题**（ETSP）是一个典型的 TSP 问题，其中目标点之间的欧几里得距离是精确的。

2. **杜宾斯旅行商问题**（DTSP）考虑了飞行器的运动学约束。例如，飞机的飞行高度。

3. **旅行商与社区问题**（TSPN）将 TSP 问题延伸到实例上，其中旅行中的各个顶点在规定范围内是可移动的。这个方法考虑了通信范围及传感器的覆盖范围。

4. **欧几里得旅行商问题与社区问题**（ETSPN）在无人机通过区域内寻找最短的欧几里得路径。

5. **旅行修理工问题**被认为是送货员问题或者最小延时问题，其目的是找到一个路径或哈密尔顿（Hamiltonian）周期，并使所有客户的旅行时间与等待时间的总和最小化。

6. **动态旅行修理工问题**（DTRP）中无人机需要访问一系列动态变化的目标点[16]，这是一个分布式任务分配问题。

7. **k-修理工问题**（k-TRP）：具有不同等待时间的旅行修理工问题是考虑累计成本的旅行修理工问题和旅行商问题的一个变形。顾客 k 的等待时间、延时是路径 1 到 k 的所有时间，也可以认为是服务延时。旅行时间有时被认为是修理工延时。该问题可以表示为：已知无向图 $G = (V, E)$ 及定点 $s \in V$、k-TRP，寻找由 s 点开始并覆盖所有顶点的 k 条路径，并使顾客感受到的延时是最小的，顾客的延时 p 被定义为第一次访问 p 之前的旅行距离。

在较高的决策层，一般不考虑无人机的动力学，任务规划者通常选择解决 ETSP，该过程分为两步。首先，确定无人机待访问的航路点顺序。其次，在较低级别，路径规划器将这种有序航路点作为输入，并在考虑无人机动力学的情况下设计两个航路点之间的轨迹。然而，即使每一个问题都得到了最好的解决，分成两个连续的步骤也可能会效率低下，因为物理系统通常很难遵循 TSP 算法选择的点序列。为了提高无人机系统的性能，应整合任务规划和路径规划的步骤[33]。

3.2.2.1 确定性旅行商问题

旅行商必须访问几个城市（或路口）。从某个城市开始，旅行商希望找到一条最短路线，该路线恰好穿过每个目的地城市一次，最后回到起点。将问题建模为一个具有 n 个顶点的完整图形，旅行商希望进行一次巡视或**哈密尔顿循环**，每次访问都以出发点城市作为结束。对于某个整数 m，TSP 实例由节点集 $V = \{1, 2, \cdots, m\}$ 上的完整图 G 给出，并且对于 V 中的任何 i 和 j，通过成本函数给出弧 c_{ij} 的成本。旅行商希望路径总成本最低，其中总成本是沿着路径边各个单独成本之和。

备注 76 解决旅行商问题有不同的方法。经典方法包括启发式和精确式方法。启发式方法（如**剖分平面**、**分支定界**等）只能最优地解决小型问题，而**马尔可夫链**和**禁忌搜索**等方法对大型问题有很好的效果。此外，一些基于贪心原理的算法（如**最近邻法**和**生成树法**）可以作为有效的求解方法。诸如**仿生算法**、**进化算法**、**神经网络**、**蚁群系统**、**粒子群优化**、**模拟退火**、**蜂群优化**、智能水滴算法和人工免疫系统算法等新算法是通过观察自然获得灵感的解决方法[24]。

G 有一个最高费用为 k 的旅行商路径。给定一个具有 m 个节点的 TSP 实例，任何通过所有城市的旅行路径都是可行的解决方案，其成本有一个上限并使成本最小化。启发式算法是在多项式时间内构 m 个可行解的算法，并因此可产生最优值的上界。一般来说，这些算法可以产生解决方案，但没有任何质量保证，即不知道计算出的成本与最低成本相差多远。如果可以证明返回的解决方案的成本总是小于最小可能成本的 k 倍，则对于某些实数 $k > 1$ 来说，启发式算法被称为 k 近似算法。数据由分配给有限完整图的边权重组成，目的是找到一个哈密尔顿循环（即通过所有顶点的循环），同时图具有最小的总权重。$c(A)$ 表示子集 $A \subseteq E$ 中边的总成本：

$$c(A) = \sum_{(u,v) \in A} c(u,v) \tag{3-1}$$

在许多实际情况中，从 u 到 w 花费最小的方式是直接去，没有中间步骤。如果对于所有顶点，则成本函数 c 满足以下不等式，其中 u, v, $w \in V$：

$$c(u,w) \leqslant c(u,v) + c(v,w) \tag{3-2}$$

这种三角不等式在许多应用中都得到了满足，但不是全部，它取决于所选择的成本。在这种情况下，只要成本函数满足三角不等式，最小生成树法就可以用于创建成本不超过最小树权重 2 倍的路径。TSP 方法的伪代码在算法 2 中给出。

算法 2　具有三角不等式的 TSP 算法

1. 选择顶点 $r \in G$，V 作为根顶点
2. 使用 MST-PRIM(G, c, r) 从根 r 计算 G 的最小生成树 T

3. 设 H 为顶点列表，根据在 T 的预排序树路径中首次访问顶点的时间进行排序

4. 应用状态转换规则以逐步构建解决方案

5. 返回哈密尔顿循环 H

最小生成树：MST-PRIM(G, c, r) 过程

1. For each $u \in G$, V

2. u. key $= \infty$

3. $u. \pi =$ NULL

4. r. key $= 0$

5. $Q = G. V$

6. While $Q \neq 0$

7. $u =$ EXTRACT $-$ MIN(Q)

8. for each $v \in G$. Adj$[u]$

9. if $v \in Q$ and $w(u, v) < v$. key

10. $v. \pi = u$

11. v. key $= w(u, v)$

算法2MST-PRIM 过程中的第 1～5 行将每个顶点的关键点设置为 ∞ （根 r 除外，其关键点设为0，以保证它是第一个被处理的顶点），将每个顶点的父节点设置为空，并初始化最小优先级队列 Q，以包含所有顶点。该算法保持以下三部分循环不变量，并优于每次迭代第6～11 行的 while 循环[17]。

1. $A = \{(\nu, v, \pi) : \nu \in V - \{r\} - Q)\}$。

2. 已放入最小生成树的顶点是 $V - Q$ 中的顶点。

3. 对于所有顶点 $v \in Q$，如果 v, $\pi \neq$ NULL，则 v. key $< \infty$ 且 v. key 是连接 v 到一些顶点区域（ν, v, π）的权重，并被放入最小生成树中。

程序中的第 7 行定义了一个顶点 $u \in Q$，该顶点与穿过（$V - Q$, Q）的边相关。从集合 Q 中删除 u 并将其添加到树中的顶点集合 $V - Q$ 中，并将（u, $u. \pi$）添加到 A。第8～11 行的 for 循环更新了与 u 相邻但不在树中的每个顶点 v 的 key 和 π，从而保持循环的第三部分不变。

广义的 TSP 问题基于动态系统的**动态旅行修理工问题**（DTRP）[45]。在 DTRP 方法中，顾客在有界区域 R 中动态且随机地分布。当顾客到达时，他们等待修理工访问其位置，并提供一项服务，这将花费一定的随机时间。修理工被建模为动态系统，其输出空间包含 R，优化目标是客户等待维修的平均时间。这些问题出现在搜索和救援或监视任务中[13,15]。参考文献 [30] 中考虑的一种场景动态地生成了目标点，只对目标点的位置进行事先统计，并设计了一个策略，以最小化目标等待访问的预期时间。该公式是 DTRP 的变体，对无人机运动增加了微分约束。分析可分为两种约束情况。

（1）**轻载**：偶尔产生目标。面临的挑战是如何设计空中盘旋策略，即当目标出现时，最近的无人机到达的预期等待时间最小。它减少了等待位置的选择，并且从位置优化文献中得到解决方案。这些结果适用于无人机搜索环境时遇到的覆盖问题。

（2）**重载**：目标快速生成。非完整飞行器的最优策略依赖于通过大量目标集合的欧几里得旅行商路径问题。这与无人机的有效合作策略有关，该策略可以使无人机通过给定目标并

规避障碍物与威胁。

3.2.2.2　随机旅行商问题

在无人机应用中，旅行商问题通常具有不确定性，有些参数在决策时刻并不能确定。随机模型已用于表示这种不确定性（包括考虑顾客在场的概率、需求水平和服务时间），通常假设已知分布控制某些问题的参数。在侦察任务规划的情况下及分配无人机飞越危险目标之前，飞行时间、燃料使用、飞行路径上的禁区往往是不确定的，只能得到这些数量的置信度[99]。为了精确地解决飞行器路径问题，基于**列生成和拉格朗日松弛**的算法是现阶段主要解决途径。通常，主程序是集合分区，子问题是考虑资源约束的最短路径问题的变体[86]。

旅行商问题（TSP）和**最短路径问题**（SPP）具有确定的弧成本及不确定的拓扑结构。假设任何弧的存在都有一定的概率，并且一组弧连接的路线只有两种可能情况：成功或失败。由于缺乏追索权，因此所选择路径中任何单个弧的不存在或失败都将导致整个路径规划的失败。为了计算失败风险并找到具有可接受可靠性水平的最低成本路径，方便起见，假设每个弧存在的**伯努利试验**（Bernoullitrial）彼此独立。在风险受限的随机网络流问题中，这些模型在路径成本及可靠性方面对决策者都很重要的情况下非常有用。例如，在城市地震的情况下，需要快速紧急响应，通过最有效的途径将救援人员和人道主义物资运送到灾区。若不考虑由于不确定因素（如余震、交通拥挤和天气条件）而导致道路被破坏的可能性，则它对结果产生极大影响，因为大量资源将被截留，无法及时交付。这时，需要预先规划一条更可靠的路径，以防止在期望的置信水平下出现路线故障。此外，在最大限度地降低总成本和最大限度地提高可靠性之间总是存在着一种权衡。求解所提出的模型将有利于决策者在两者之间找到良好的平衡。通过设置不同的置信水平，可以得到相应的最优成本，从而实现总成本与风险水平之间的权衡。通过略微降低线路的可靠性，可以显著降低成本；另一方面，选择总成本稍高的路线，可以大大降低风险。当考虑到所有弧的独立故障时，可靠路径问题的场景数量将随着输入网络中弧数的增加而呈指数级增加，而在中型甚至大型网络中问题将很难解决[44]。

研究随机旅行商问题中的 n 个目标是从均匀分布中随机独立采样获得的。TSP 问题的动态版本如下。

问题 77　动态随机旅行商问题：给定一个产生目标点的随机过程，是否有方法可以保证未访问点的数量不随时间发散？如果存在这样的稳定方法，新生成的目标在被无人机访问之前预期最短的等待时间是多少？

随机旅行商问题可以考虑根据均匀概率分布函数随机生成 n 个目标点的情景。为了访问这些点，提出了一种递归的 bead-tilling 算法，该算法由许多阶段组成，在每个阶段，构造一条闭合路径[74]。该方法在算法 3 中呈现。这个过程将被一直重复；在每个阶段，meta-beats（由两个相邻、来自上一阶段的 meta-beats 组成）都会被重新考虑。在最后一个递归阶段之后，使用交替算法访问剩余目标。

算法 3　随机 TSP 算法

1. 在算法的第一阶段，使用以下属性构建路径：
   （1）它访问所有非空 beads 一次。
   （2）它从上到下依次访问所有行，并遵循从左到右及从右到左交替顺序，连续访问所有非空 beads。

（3）当访问非空 beads 时，它至少访问其中的一个目标。

2. 不考虑单个 beads，而是考虑由两个 beads 组成的 meta-beads，并以类似于第一阶段的方式进行操作，现在考虑以下特性：

　（1）路径一次访问所有非空 beads。

　（2）它从上到下依次访问所有 meta-beads 行，并遵循从左到右和从右到左交替顺序，连续访问所有非空 meta-beads。

　（3）当访问非空 meta-beads 时，它会访问其中至少一个目标。

随机路径问题是广义的弧路径方法。在 n 个节点上考虑一个完整的图 $G = (V, E)$。如果节点集 V 的每个可能子集存在或不存在于优化问题的任何给定实例上，那么存在 2^n 个可能的问题实例，即 V 的所有可能子集。假设实例 S 具有概率 prob(S)。在原始图 $G = (V, E)$ 上给定将先验解 f 更新为全面优化问题的方法 $\mathbb{U}$，然后 $\mathbb{U}$ 将针对问题实例 S 产生具有值 $L_f(S)$ 的可行解 $t_f(S)$。在 TSP 的情况下，$t_f(S)$ 将是通过节点的子集 S，$L_f(S)$ 是该路径的长度。考虑到已经选择了更新方法 $\mathbb{U}$，则先验解 f 的自然选择是最小化预期成本。

$$E[L_f] = \sum_{S \subseteq V} \text{prob}(S) L_f(S) \tag{3-3}$$

其中总和将超过 V 的所有子集。通过将更新方法 $\mathbb{U}$ 应用于先验解 f，可最小化所有问题实例以获得值 $L_f(S)$ 的加权平均值。

概率 TSP 问题本质上是旅行商问题，在每个问题实例中访问点的数量是一个随机变量。考虑一组有 n 个已知点的路径问题，在问题的任何给定实例上，只需访问由 n 个点（$0 \leqslant k \leqslant n$）中的 $|S| = k$ 组成的子集 S。理想情况下，应通过最优化方法对每一个实例进行重新优化。但是，重新优化可能会花费太多时间。相反，可以找到通过所有 n 点的先验路径。在任何给定的问题实例上，它将以相同顺序访问存在的 k 个点。因此，概率 TSP 的更新方法是按照与先验路径相同的顺序访问每个问题实例上的点，并跳过该问题实例中不存在的点。**概率旅行商问题**是为每架无人机设计一个先验路径，其中路径需被严格遵循，直接跳过不需要访问的点。其目标是找到一个成本最低的先验路径。概率 TSP 代表一种战略规划模型，其中明确考虑了随机因素。如果假设有 n 个节点分布在有界区域上，则每个节点具有一个给定的访问概率。待访问点的概率是**覆盖问题**。假设服务需求在节点之间是独立的，先验路径是以最小预期长度访问节点的路径。先验路径是按照给出顺序访问节点的路径，并简单地跳过需要访问的节点[60]。

3.2.3　邮递员问题

邮递员问题分为两个主题：中国邮递员问题和农村邮递员问题。

3.2.3.1　中国邮递员问题

本节重点介绍**中国邮递员问题**及其延伸问题，包括沿着每条道路并以最短距离行驶来构建道路旅行网络。从给定点开始，邮递员试图找到最短路径，以至少通过每条街道一次并返回邮局。中国邮递员问题寻求至少访问预定义图边子集一次的最优路径。最优路径被定义作为给定当前图信息的最低成本覆盖路径。通常，道路网络被映射到无向图 $G = (V, E)$ 和边权重 $E \to \mathbb{R}^+$ 上，其中 E 表示道路路径边集，并且道路交叉由节点集 V 表示。每条边都根据道路的长度或通过它所需的时间来加权。中国邮递员问题算法首先利用道路网络图构建偶数图。这个偶数图有一组顶点，它的边数是偶数。这需要通过在一条道路上进入和在另一条道路上离开的方法来遍历连接点，这意味着只有偶数条边可以产生路径的入口和出口对。由于道路网络图中的道路可能具有奇数个边的交叉点，因此在图中选择一些道路进行复制。该方法选择组合长度最短的一组道路，以尽量减少重复。偶数图的路径是通过确定图的欧拉回路来计算的，该路径对每一条边进行一次或两次重复访问。中国邮递员问题适用于需要通过空间中各个部分的应用场景。

环境以先前地图的形式已知。该先前地图被转换为图结构，其中目标位置作为图中的节点，并且目标之间的路径作为图的边。解决覆盖问题的第一步是假设先前地图是准确的，并生成了覆盖图中所有边的路径。算法4中展示了该中国邮递员问题的伪代码。它的最佳路径是通过图中所有边一次，并在同一节点开始和结束。

算法4　中国邮递员问题算法

1. **输入**：s（开始顶点）、G（连接图，其中每条边具有成本值）
2. **输出**：P（有价值表示路径被找到，空代表未找到路径）
3. For $i \in 2$，$\cdots$，$n-1$ do
4. if sEven（G），then $P = \text{FindEulerCycle}(G, s)$
5. else
   $O = \text{FindOddVertices}(G)$
   $O' = \text{FindAllPairShortestPath}(O)$
6. Mate = $\text{FindMinMatching}(O')$
   $G' = (G, \text{Mate})$
   $P = \text{FindEulerCycle}(G', s)$
7. end
8. Return P

算法4的第一步是计算每个顶点的度数。如果所有顶点都具有偶数度，那么该算法将使用端点配对技术来查找欧拉回路。如果某个顶点具有奇数度，则使用奇数顶点的所有对的最短路径图，找到奇数度顶点之间的最小加权匹配。由于匹配算法需要完整的图，因此所有对的最短路径算法是最优连接所有奇数顶点的方法。匹配找到连接奇数节点边的最小成本集。最后，该算法在新的欧拉图上找到一个路径。端点配对技术用于从图中生成欧拉循环，这包括两个步骤。

1. 它构建与至少一个顶点相交的循环。
2. 在相交顶点处将一个循环添加到另一个循环，一次将两个循环合并在一起。

循环生成算法的步骤在算法5中列出。在算法的每步中，将边添加到路径序列并从图中移除，直到遇到路径的起始节点为止。在原始的末端配对算法中，该启发式方法（挑选下一个增加到序列的边）包括从与现在节点相关的边中随机挑选。为了保持较小的覆盖范围，选择边的方式是从起点开始，然后返回，始终访问最远的未访问边，直到返回起点。实质上，覆盖路径应始终沿着覆盖子图的边界路径。这将使得起始点周围的边尽可能多地被连接，同时分离覆盖范围和旅行子图。

算法5 循环生成算法

---

1. **输入**：s（开始顶点）、G（图）

2. **输出**：C（输出循环）

3. Begin

4. $C = s$

5. $i = s$

6. $e = \text{NextEdgeHeuristic}(G, s, i)$

7. $i = \text{OtherEndPoint}(e, i)$

8. While $i \neq s$ do

9. $e = \text{NextEdgeHeuristic}(G, s, i)$

10. $i = \text{OtherEndPoint}(e, i)$

11. $C = [C; i]$

12. $\text{RemoveEdge}(G, e)$

13. End

14. Return C

当发现环境在线变化时，更新后的图用不同的起点和终点进行了重新规划。为了弥补这种差异，从当前无人机位置 c 到图中的结束顶点 s 添加一个人工边。为此边 (c, s) 被分配了一个较大的成本值，以阻止它在解决方案中加倍。使用修改后的图，可以找到从 s 到 s 的路径。然后从图和路径中删除边 (c, s)。该算法将覆盖路径调整为从当前位置开始并移动到结束位置。

备注 78 如算法6所示，如果新问题中未访问的边是连接的，则执行中国邮递员问题算法（CPP），否则，执行农村邮递员问题（RPP）算法。

算法6 在线覆盖算法

---

1. **输入**：s（开始顶点）、c（当前顶点）、$G = (C, T)$（每条边都有标记和成本值的图），其中 C 是覆盖边的子集、T 是路径边的子集、OTP 是最佳路径的子集

2. **输出**：发现路径 P

3. Begin

4. $G' = G$

5. If $c \neq s$, then $G' = [G, (c, s, INF)]$

6. If s $\text{Connected}(C)$, then $P = CPP(s, G')$

7. else $P = RPP(s, G', OTP)$

8. If $c \neq s$ and $P \neq [\ ]$, then

9. $\text{RemoveEdge}[P, (c, s, INF)]$

10. End

11. Return P

Reeb 图可用作中国邮递员问题的输入，以计算欧拉回路，该回路是至少通过每个单元一次的闭合路径。Reeb 图是一种起源于莫尔斯理论的结构，用于研究在拓扑空间上定义的实数值函数。莫尔斯函数结构可以通过绘制水平集分量的演化来明确。Reeb 图是对形状拓扑进行编码的基本数据结构，通过将定义在网格上的函数水平集（也称等高线）的连通分量压缩到一个点来获得的。Reeb 图可以确定表面是否已被正确重建、指示问题区域，并可用于对模型进行编码和动画制作。Reeb 图已经在各种应用中用于研究噪声数据，这产生了定义这些结构之间相似性度量的可能。欧拉回路可以通过加倍 Reeb 图的选定边来实现，且不需要多次重复任何边。欧拉回路是线性规划问题的解决方案：

$$\text{Minimize } z = \sum_{e \in E} c_e \cdot x_e \tag{3-4}$$

使得：

$$\sum_{e \in E} a_{ne} \cdot x_e - 2w_n = k_n; \forall n \in V, x_e \in \mathbb{N}, \forall e \in E; w_n \in \mathbb{N} \tag{3-5}$$

其中 $\sum_{e \in E} a_{ne} \cdot x_e$ 是节点 $n \in V$ 的增加边数。对于欧拉回路，必须将奇数条边添加到带有奇数度的节点，或者将偶数条边添加到具有偶数度的节点。如果节点 n 满足边 e，则 a_{ne} 等于 1，否则它为 0；w_n 是一个整数变量，它会强制 $\sum_{e \in E} a_{ne} \cdot x_e$ 对于奇数节点是奇数，对于偶数节点也是偶数；对于带有奇数度的节点，k_n 为 1，否则为 0；c_e（实数）表示边 e 的成本。为了防止重复覆盖，对应于加倍 Reeb 图边的单元被分成不重叠的顶部和底部子单元。在参考文献［101］中，单元分割方案通过在边界临界点之间以及原始单元的上下边界之间插入值来保证子单元与父单元共享相同的临界点。在分析阶段结束时，产生的欧拉回路是通过环境中所有连接单元的循环路径。

对于多架无人机的道路网络搜索，需要改变典型的中国邮递员问题算法，以便在搜索问题时考虑无人机的操作和物理特性。由于受物理约束，固定翼无人机不能瞬间改变航向角，因此轨迹必须满足无人机的速度和转弯约束。

可以使用不同的度量，例如顶点之间的欧几里得距离、图中连接覆盖组件的数量、分区集中的最佳路径数量、搜索树中的分支数量、重规划的百分比。这些都是中国邮递员问题，而不是农村邮递员问题，计算时间以秒为单位[7]。在实时轨迹优化算法能力中计算要求是一个约束因素。随着无人机能以更高的自主性执行更复杂的任务，轨迹优化算法需要高效率，并具有适应不同任务的灵活性。

中国邮递员问题有很多变形，例如能够承担全部边成本的有能力的**中国邮递员问题**（CCPP）或者访问某些道路的**中国农村邮递员问题**，相同的边具有不同值的**风中中国邮递员问题**。k-CPP 算法主要处理多个邮递员的部署。

问题 79 *k-CPP 可以表述如下：给定一个具有连通边的加权图 G、整数 p 和 k，确定是否至少有 k 条闭合的边，使得 G 的每条边都至少包含在它们中的一个并且边在总权重中最多为 p。*介绍多智能体道路网络搜索的 Min-Max k-cpp（MM-k-CPP）算法。MM k-CPP 是 k-CPP 的变体，它考虑了相似长度的路线。如果要使无人机在最短的时间内完成道路搜索任务，则这是必须要考虑的。

3.2.3.2 农村邮递员问题

在许多实际应用中，不需要通过空间的每个部分。**农村邮递员问题**（RPP）寻求使用额外的图边作为所需边之间的路径来连接通过图边所需子集的路径。最优的解决方案是：将农村邮递员问题表示为整数线性规划问题，并使用**分支和边界**来解决它。另一种方法是引入新的优势关系，例如计算图中连接组件的最小生成树以解决复杂的问题实例。此外，许多 TSP 启发式算法已经扩展到农村邮递员问题[98]。有两组图边：必选和可选。必选边定义为覆盖边，可选边定义为路径边。任何解决方案都将包括所有覆盖边和一些路径边的组合。

定义 80 **覆盖范围或出行顶点**是图中分别只与覆盖范围或出行边相关的顶点。*边界顶点是图中与至少一个覆盖边和出行边相关联的顶点。出行路径是连接一对边界顶点的出行段和出行顶点的序列。*

分支边界法是迭代一组解直到找到最优解的方法。

（1）在**分支步骤**中，算法形成 n 个子问题分支，其中每个子问题是分支边界树中的节点。任何子问题的解决方案都可以解决原始问题。

（2）在**边界步骤**中，算法计算子问题的下限。

这些下限使得分支和边界能够保证解决方案是最佳的，而无须搜索所有可能的子问题。分支边界法是处理复杂度较低、偏差较小的困难问题的通用方法。最后，**最佳出行路径**（OTP）是连接一对边界顶点的出行路径，以使其成为顶点之间成本最低的路径，并且顶点不在同一聚类中。最佳出行路径是覆盖段聚类之间的最短路径，这些覆盖段聚类不会穿过覆盖聚类的任何部分。通过找到不同聚类中每对边界顶点 v_i 和 v_j 之间的最低成本路径 p_{ij} 来计算所有最佳出行路径。如果 p_{ij} 是出行路径，则将其保存为最佳出行路径。如果它不是出行路径，则 v_i 和 v_j 之间没有最佳出行路径（即 p_{ij} = NULL）。最佳出行路径成为分区集。在分支边界法框架内设置迭代，在每个分支步骤中，该算法通过包含或排除一个最佳出行路径来生成一个新的子问题。

算法 7 给出了农村邮递员问题的伪代码。在开始时，成本 0 被分配给未标记的最佳出行路径，并解决所有最佳出行路径问题，所需的边可使用算法 4 中的中国邮递员问题来解决。这个问题和中国邮递员问题的成本被推到优先队列中。由于最佳出行路径的成本为 0，中国邮递员问题成本是问题的下限。当队列不为空时，从队列中选择成本最低的子问题。对于子问题，算法选择具有最佳路径成本且未标记的出行路径 P_{ij}。这种采用以最高路径成本关闭最佳出行路径的策略，可以增加具有最高数量的下限，并帮助寻找搜索集中正确的分支，防止无关的探索。一旦选择了最佳出行路径 P_{ij}，就会生成两个分支。

算法 7 农村邮递员问题

1. **输入**：s（开始顶点）、c（当前顶点）、$G = (C, T)$（每条边都有标签和成本值的图）、C 是覆盖边的子集、T 是路径边的子集、OTP 是最佳出行路径的子集
2. **输出**：P（发现的路径）
3. Begin
4. $PQ = [\ ]$
5. $G' = [G, OTP]$, where $\forall OTP$, $\text{cost}(p_{ij}) = 0$
6. $P = CPP(s, G')$, and to $PQ(PQ, [G', P])$

7. While！is Empty(PQ) do

8. $[G',\ P]$ = PopLowestCost(PQ)

9. P_{ij} = FindMaxOTP(G')

10. If P_{ij} = $[\ ]$, then return P;

11. G'' = IncludeEdge($G',\ P_{ij}$)

12. $P1$ = CPP(s,$\ G'$)

13. AddToPQ（pq,$[G'',\ P]$）

14. RemoveEdge e($G',\ P_{ij}$)

15. $P2$ = CPP($s,\ G''$)

16. AddToPQ(pq,$[G'',\ P2]$)

17. end

18. Return P

（1）第一个分支在解决方案中包含 P_{ij}，这时分配实际路径成本。

（2）第二个分支在解决方案中省略了 P_{ij}。

使用 CPP 算法可以找到每条分支的解决方案。因为在子问题中使用了分配给未标记 OTP 且成本为 0 的方法来生成解决方案，所以包含和排除 CPP 解决方案的成本分别降低了使用和不使用 P_{ij} 路径的 RPP 问题成本边界。这些新的子问题被添加到优先级队列中，并且通过算法进行迭代，直到队列中的最低成本问题不包含最佳出行路径。这个问题的解决方案是农村邮递员问题的最佳解决方案，因为它已经包含或排除了解决方案中的每条最佳出行路径，并且路径成本等于或低于其他分支的下限。RPP 的分支边界法是一种具有复杂度为 $O(|V|^3 2^t)$ 的指数算法，其中 t 是最佳出行路径的数量，$|V|$ 是图中顶点的数量。

虽然大多数关于弧路线问题的研究都集中在静态环境上，但现阶段已经开展了一些工作来解决动态图，例如**动态农村邮递员问题**（DRPP）。当环境与原始地图不同时，它会发生动态更改。有两类规划可以处理这些差异[67]。

1. **应急规划**对环境中的不确定性进行建模，并针对所有可能的场景进行规划。

2. **假设规划**假设感知的世界状态是正确的，并且基于该假设进行规划。

如果出现差异，则纠正感知状态并进行重新规划。可以使用复杂度较低的假设规划快速生成解决方案。在所提出的规划中，基于环境图找到初始规划。当无人机在飞行期间发现地图和环境之间的差异时，算法将差异传递到图结构中。这可能需要对图进行简单的修改，例如添加、删除或更改边的成本，它也可能导致更重要的图重组。这些更改可能会将初始规划问题转换为完全不同的问题。对于覆盖问题，当无人机主动穿越空间时，会发现环境中的大多数变化。当无人机不在起始位置时，沿着覆盖路径的中间位置可以检测到这些在线变化。此时，已经访问了一些边。因为没有必要重新访问已经通过的边，所以前一个计划中的访问边被转换为路径边。

聚类算法 该算法首先基于聚类，其次是路径。在第一步中，边集 E 被分成 k 个聚类，然后计算每个聚类的路径。该算法的伪代码可以表示为构造性启发式方法并且由算法 8 描述。

算法8　聚类算法

1. 确定每架无人机集群 F_i 的 k 个代表性边 f_1，$\cdots$，f_k 的集合。设 f_1 是距离基地最远距离的边，f_2 是距离 f_1 最远距离的边。通过最大化现有表示的最小距离来确定边的剩余部分。然后，根据 e 和 f_i 之间的加权距离将剩余的边指定给聚类。考虑代表性边与基地的距离、分配给聚类 F_i 的边数以及聚类的成本。

2. 包括连接边。在每个顶点和基地之间添加边，并确定最小生成树，其中包括每个聚类中的原始边以用于边之间的连接。

3. 中国农村邮递员问题：通过使用传统的 CPP 算法计算从总边集中选出所需边子集的中国邮递员路线问题。

中国农村邮递员问题　与聚类算法不同，它首先考虑路径算法的遵循路径，其次是聚类。在第一步中，计算覆盖所有边的邮递员路径，然后将该路径除以具有相似长度的 k 条路径段。算法9中描述了该方法。

算法9　中国农村邮递员算法

1. 使用传统的 CPP 算法计算最佳的邮递员路线 C^*。

2. 计算分割节点。C^* 上 $(k-1)$ 个分割节点 v_{p_1}，$\cdots$，$v_{p_{k-1}}$ 的确定方式是：它们标记具有相同长度 C^* 的路径，近似路径段长度 L_j 是使用最短路径下限 S_{max} 计算的。

$$s_{max} = \frac{1}{2} \max_{e=u,v \in E} w(\mathrm{SP}(v_1 + u) + w(e) + w(\mathrm{SP}(v_1, v_1))) \tag{3-6}$$

$$L_j = \frac{j}{k}(w(C^* - 2s_{max})) + s_{max}, 1 \le k \le N - 1 \tag{3-7}$$

其中 N 表示无人机的数量；$w(\alpha)$ 表示子路径 α 的距离；SP 表示考虑道路网络节点之间的最短路径，然后将分割节点 v_{p_j} 确定为最后一个节点，即 $w(C^*_{v_{p_j}}) \le L_j$；$C^*_{v_n}$ 是 C^* 的子路径，从飞行器基地节点开始到 v_n 结束。

3. k-邮递员路径：通过连接到基地节点的最短路径来构建 k 条路径 $C = (C_1, \cdots, C_k)$。

3.2.4　背包问题

与地面交通工具不同，无人机必须沿着道路飞行才能覆盖未连接的某个边。这个改进的搜索问题可以表述为**多选的多维背包问题**，即寻找最小化飞行时间的最优解。经典的多维背包问题是为背包拾取物品以获得最大总值，以便所需的总资源不超过背包的资源约束。为了将多维背包问题应用于道路网络搜索，无人机被假定为背包，要搜索的道路是资源，并且每架无人机的有限飞行时间或能量是背包的容量。求解多维背包问题，考虑了各架无人机的飞行时间、不同道路类型、飞行器和最小转弯半径的约束，从而得到协调道路搜索分配的次优解。此外，对于固定翼无人机，杜宾斯（Dubins）路径规划产生最短且可飞行的路径，并考虑了它们的动态约束，因此可以使用杜宾斯路径计算修正搜索问题的成本函数[6]。

经典的背包问题定义如下。

问题81　背包问题：假设有背包容量 $C > 0$ 且物品集 $I = \{1, \cdots, n\}$，利润 $P_i \ge 0$ 和权重

$w_i \geq 0$，背包问题找到利润最大化时的物品子集并保证总质量不超过其容量。可以使用以下的**混合整数线性规划**（MILP）来表示该问题：

$$\max\left\{\sum_{i \in I} p_i x_i : \sum_{i \in I} w_i x_i \leq C, x_i \in \{0,1\}, i \in I\right\} \tag{3-8}$$

当且仅当物品 i 插入背包中时，每个变量 x_i 取 1。

解决这个问题的两种经典方法正是分支边界法和动态规划[34]。这些算法分两个阶段来工作：在前向阶段，计算利润函数的最优值；在后向阶段，使用该最优利润确定实际解决方案。与 TSP 类似，背包问题具有在线和离线版本。假设物品之间的权重相同，背包问题的离线情况就不需考虑以下因素：可以使用贪婪算法逐个选择具有最大值的物品，直到不能再添加任何物品。当物品值未提前完全知晓时，具有相同权重的背包问题对于许多应用来说是一个有趣的问题。对象的盈利能力是其利润与权重的比值。在无人机领域，可以结合许多目标函数，例如时间、能量、最大飞行时间。综上所述，本节主要讨论了不同的复杂模型，包括二元多准则背包问题、多约束多周期问题以及时变模型。

3.3 定向运动

无人机在**兴趣点**（POI）上的路径选择问题可以表述为**定向运动问题**。**定向运动问题**是旅行商问题的概括。该问题是在一个图上定义的，图中的顶点表示可以获得收益的地理位置。定向运动问题包括旅行商问题和背包问题[95]。

定义 82 **定向运动问题**定义在一个网络上，其中每个节点代表一个兴趣点，每个弧代表两个节点之间的路径。每个节点与权重相关联，每个弧与出行时间相关联。该问题的目标是找到一个关于出行时间的最大奖励路径。定向运动问题可以推广到具有时间窗约束的情况。

定义 83 **时间窗**是一个时间间隔，表示从任务可以开始的最早时间到任务可以结束的最晚时间。如果没有给出最早时间，则最晚时间称为最后期限。如果同时给出开始时间和结束时间，则称时间窗关闭。

3.3.1 公式化定向运动问题

定向运动问题代表了一系列飞行器路径问题，该问题考虑到一个实际情况：向客户提供可选的服务并且在一定时间内完成将会产生利润。用图的顶点表示客户，研究定向运动问题的目的是选择顶点的子集，并设计一条不超过预先规定时间、距离的路径，最大限度地提高总的可获取利润。位于基地的一组无能量限制的飞行器必须为一组固定客户提供服务，而其他可选客户则有可能被提供服务。每一个可选客户都会产生一个利润，如果提供了服务，这个利润就会被收集起来。该问题旨在设计持续时间不超过预先约束的飞行器路径，为所有常规客户和一些可选客户提供服务，以最大化所收集的总利润[72]。

3.3.1.1 标称定向运动问题

首先，考虑标称定向运动问题，其中假设所有输入参数都是确定的。如果 N 代表目标集合且 $|N|$ 代表其基数，则代表无人机恢复（补给）点的基地位置由顶点 $0 \notin N$ 和 $N^+ = N \cup \{0\}$ 表示；每个目标 $i \in N$ 与值 p_i 相关联，并且定向运动问题在具有 $|N| + 1$ 个顶点的完整图 $G = (N^+, A)$ 上被公式化；权重 f_{ij} 的值表示目标 i、j 之间的期望燃料消耗与期望燃料需求之和，并与每个弧 $(i, j) \in A$ 相关联。无人机的燃料容量用 F 表示。如果在路径中使用弧

(i, j)，则为每个弧 $(i, j) \in A$ 且 $x_{ij} = 1$，引入二元决策变量 x_{ij}；引入辅助变量 u_i 来表示路径中顶点 i 的位置。该问题的目标是找到出行的最大利润，对于在恢复点开始和结束的燃料约束是可行的。根据这些定义，标称定向运动问题的表述如下。

问题84　定向运动问题（OP）

$$\max \sum_{i \in N} p_i \sum_{j \in N^+ \{i\}} x_{ij} \tag{3-9}$$

使得

$$\sum_{(i,j) \in A} f_{ij} x_{ij} \leqslant F \quad 容量限制 \tag{3-10}$$

$$\sum_{i \in N} x_{0i} = \sum_{i \in N} x_{i0} = 1 \quad 路径开始并结束于基地 \tag{3-11}$$

$$\sum_{i \in N^+ \{j\}} x_{ji} = \sum_{i \in N^+ \{j\}} x_{ij} \leqslant 1, \forall j \in N \tag{3-12}$$

流量守恒确保顶点最多被访问一次。

$$u_i - u_j + 1 \leqslant (1 - x_{ij}) |N|, \forall i,j \in N \quad 防止子回路构建 \tag{3-13}$$

$$1 \leqslant u_i \leqslant |N|, \forall i \in N \quad 边界约束 \tag{3-14}$$

$$x_{ij} \in \{0,1\}, \forall i,j \in N \quad 完整性约束 \tag{3-15}$$

备注85　定向运动问题可视为 TSP 的变体。与 TSP 相比，其目标是最小化所有可访问目标的路径长度，定向运动问题的目标是在不超过规定路径预算的情况下，最大限度地提高所获奖励的总额。因此，定向运动问题是一种更适合在给定路径预算下访问所有目标不可行的问题。

在运筹学中，环境覆盖解决方案将环境表示为一个图，并使用旅行商或邮递员问题之类的算法来生成最优解。在图中，节点是环境中的位置，边是位置之间的路径。每条边都有一个分配给它的成本，成本可以表示位置之间的欧几里得距离、地形可穿越性、路径时间或多个度量的组合等。此外，每条边都是无向的。一种可能的解决方法是访问图中所有边或图中特定边子集的路径[61]。

为了提高侦察任务的有效性，应尽可能多地访问感兴趣的目标点，同时考虑到与无人机的燃料使用、天气条件和耐久性有关的操作限制是非常重要的。鉴于操作环境的不确定性，需要设计出鲁棒性较好的规划解决方案[31]。在**信息收集**方面，一些地点可能比其他地点更具有相关性，因此通常会分配给这些地点优先级。为了优化数据采集，无人机路径应包括更高优先级的目标位置且保证在恢复（补给）点开始和结束。路径规划可以被建模为定向运动问题，其中目标位置对应节点，利润与节点关联并对目标位置优先级进行建模，弧表示从一个目标位置到另一个目标位置的飞行路径，并且用相关弧上的权重对此类飞行路径的燃料消耗进行建模。基地代表无人机的恢复（补给）点。通常，无人机飞行的覆盖区域会存在障碍物。一种常见的技术是将环境中的障碍视为静态。这允许将覆盖区域分解成无阻碍的单元，然后将每个单元单独处理并独立覆盖。这种方法的主要缺点是需要知道环境和内部障碍的先验图。但有时先验图分解的单元可能太小，这将使驱动不足的无人机在里面移动。其他约束包括覆盖范围的过度重叠和从一个单元到另一个单元的时间浪费。

处理动态障碍物的方法是对不应该存在的障碍物进行检测。在障碍物较大的情况下，最好将覆盖区域划分为单元。另一个例子是 Voronoi 图，其中路径是图中的边，路径交点是节点。这是为连续空间覆盖中的一些问题生成最佳路径的一种方法[40]。通常，路径方法包括将一般路径问题简化为最短路径问题。路径规范本身就是一个问题。如果将路径网络建模为有向图，则路径问题是在图中寻找路径的离散问题，必须在寻找到速度配置文件之前解决它[73]。

3.3.1.2 鲁棒定向运动问题

实际上，无人机规划问题的输入参数可能是不确定的。由于无人机在动态且不确定的环境中运行，因此有效的任务规划应该能够应对环境变化以及期望的改变。例如，有风的天气情况对无人机的燃料消耗有很大的影响。但由于重新规划成本可能很高，因此生成具有鲁棒性的无人机路径规划则显得非常重要。引入了**鲁棒定向运动问题**（ROP）。在无人机任务规划中，初始计划的可持续性（鲁棒性）应该受到高度重视。更具体地说，在无人机实际开始飞行前制订的飞行规划应确保访问所有规划目标的概率足够高。ROP 适用于设计无人机的初始规划，因为它提供的一种工具可以平衡初始规划的可行性与规划路径的利润值。在规划阶段还不知道实际的燃料情况。在无人机的实际飞行期间，是否可以访问所有规划目标将取决于燃料的实现。在本段中，给出了 ROP 的正式描述。ROP 明确考虑了弧 f_{ij} 的权重的不确定性，其假设的实现位于区间 $[\bar{f}_{ij} - \sigma_{i,j}, \bar{f}_{ij} + \sigma_{i,j}]$ 中，其中 $\bar{f}_{ij}$ 是从目标 i 到 j 上的预期燃料消耗。在对无人机问题的实例进行建模时，预期燃料消耗 $\bar{f}_{ij}$ 基于当前的风速和方向。因此，在这些预期值中已经了解了弧权重之间的可能相关性，假设与期望值的偏差是不相关的噪声。ROP 方法对燃料的不确定性具有鲁棒性，具体如下：

问题 86 鲁棒定向运动问题（ROP）

$$\max \sum_{i \in N} p_i \sum_{j \in N^+\{i\}} x_{ij} \tag{3-16}$$

使得

$$\sum_{(i,j) \in A} \bar{f}_{ij} x_{ij} + \sum_{s \in S} \rho_s \|y^s\|_s^* \leq F \quad \text{容量限制} \tag{3-17}$$

$$\sum_{s \in S} y_{ij}^s = \sigma_{ij} x_{ij}, \forall (i,j) \in A \tag{3-18}$$

$$\sum_{i \in N} x_{0i} = \sum_{i \in N} x_{i0} = 1 \quad \text{路径开始并结束于基地} \tag{3-19}$$

$$\sum_{i \in N^+\{j\}} x_{ji} = \sum_{i \in N^+\{j\}} x_{ij} \leq 1, \forall j \in N \tag{3-20}$$

流量守恒确保顶点最多被访问一次。

$$u_i - u_j + 1 \leq (1 - x_{ij}) |N|, \forall i,j \in N \quad \text{防止分路径的产生} \tag{3-21}$$

$$1 \leq u_i \leq |N|, \forall i \in N \quad \text{边界约束} \tag{3-22}$$

$$x_{ij} \in \{0,1\}, \forall i,j \in N \quad \text{完整性约束} \tag{3-23}$$

$$y_{ij}^s \in \mathbb{R}, \forall s \in S, (i,j) \in A \tag{3-24}$$

约束式（3-17）使得问题一般是非线性的。然而，对于 L^∞、L^2、L^1 球体及由这些球体定义的交叉点不确定性集合，问题仍然易于处理。因此，可以引入一种规划方法，以使用灵活性原则补充具有鲁棒性的无人机路径。可以使用 3 种不同的策略。

（1）第一种方法从可用目标集中选择**收益最高的目标**。

（2）第二种选择利润值与所需总燃料之间**比值最高的目标**，记录目标并飞回恢复（补给）点。

（3）第三种是**重新优化策略**，其中预期燃料消耗用于找到确定性情况下标称燃料消耗最佳路径中的剩余部分。在每个目标处，仅选择最佳标称路径的第一个目标作为下一次访问的目标。

有关此方法的其他详细信息，请见参考文献［31］。ROP 可以通过在无人机飞行期间做出决策的**敏捷性原则**进行扩展，并应考虑到目前为止所揭示的所有燃料的实现。首先，考虑到燃料的实现，初始路径应尽可能长时间地被跟随。这可能意味着无人机必须在达到所有计划目标之前返回恢复点。在有利的燃料消耗情况下，可以利用所产生的额外燃料容量来增加在整个任务期间获得的总利润值。由于访问规划目标是主要关键点，因此仅在达到规划路径的最终目标之后才会考虑其他目标。不确定性集合旨在通过考虑不确定参数的某一部分来找到解决方案。因此，鲁棒性优化允许调整应用于由不确定性集合而选择的保守水平。

3.3.1.3 无人机协同定向运动问题

在协同定向运动问题中，一组 m 架无人机被安排一组节点服务，每个节点都与一个奖励相关联。目标是最大化获得的总奖励，同时每条路线的路径时间不得超过时限。协同定向运动问题在完整图 $G = (V, E)$ 上定义，其中 $V = \{0, 1, \cdots, n+1\}$ 是节点集合，$E = \{(iV, j) \mid i, j \in\}$ 是边集合，C_{ij} 是边 $(i, j) \in E$ 的路径时间，r_i 是节点 i 的奖励。可行路径必须从节点 0 开始并在节点 $n+1$ 处完成，其路径时间不能超过时限 $T_{\max}$。

问题 87 协同定向运动问题：让 $R(x_k)$ 成为路径 $x_k \in \Omega$ 的总收益。问题是最大化获得的总奖励：

$$\max \sum_{x_k \in \Omega} R(x_k) y_k \tag{3-25}$$

使得：

$$\sum_{x_k \in \Omega} a_{ik} y_k \leqslant 1 ; i = 1, \cdots, n \tag{3-26}$$

$$\sum_{x_k \in \Omega} y_k \leqslant m ; y_k \in \{0,1\} \tag{3-27}$$

其中 Ω 是所有可行路径的集合，如果路径 x_k 访问节点 i 则 $a_{ik} = 1$；如果路径 $x_k \in \Omega$ 到达则 $a_{ik} = 0$，$y_k = 1$，否则 $y_k = 0$。

第一个约束意味着每个节点最多只能被访问一次，第二个约束确保可行解决方案中最多有 m 条路径。虽然已经开发了几种精确算法，但是，目前还没有能够找到最优解的算法。另一种方法是元启发式，它旨在合理的时间内产生满意的解决方案[49]。

这个问题的扩展是具有多个时间窗的多约束协同定向运动问题。通常，软时间窗用于在违反时间窗的情况下在目标函数中受到惩罚。然而，对于无人机任务规划，存在时间窗是困难的。动态情况下，无人机的设计路径应考虑到在飞行应急记录过程中，新目标被发现及发生的可能性，包括优先于预期目标的时间敏感目标。它们只有在预先规定的时限内（即任务类型规定的紧急反应时间内）才值得访问。因此，考虑到无人机到达目标所需时间的不确定性，无人机将在可能的情况下尽快飞行到此类目标。对于这种动态情况下的每一个飞行时刻，无人机要么正在前往一个可预见目标，要么正在前往一个刚刚出现的新目标，要么正在记录或等待在目标上记录，要么正在返回基地的路上。利润是通过及时达到预期目标并在不中断的情况下完成记录时间而获得的。可用的任务时间部分将用于新目标，部分用于可预见目标。如果规划的预见目标路径位于预计会出现新目标的位置附近，则无人机很可能及时记录新目标（如果出现）。另一方面，当规划路径没有事先考虑新目标的可能位置时，从预见目标获得的预期利润可能更高。因此，在规划路径时，有必要事先考虑这些新的关于时间敏感的目标的出现，即具有时间窗和时间敏感目标的在线随机无人机任务规划问题。

将定向运动问题分解为背包问题（将有价值的任务分配给任务预算有限的无人机）和随后的旅行商问题（为分配的任务选择最有效的路线）的不同类快速算法开发见参考文献［27］。快速背包算法基于每个额外资源成本的边际价值来选择任务。对于定向运动问题，资源成本难以评估，由于它需要解决后续的旅行商问题。因此，在算法 10 中开发了一种基于生成树的方法，该方法允许估计增加的资源成本，从而产生一种快速算法以选择每架无人机要执行的任务。

算法 10　定向运动背包算法

1. 初始化：应将注意力限制在源节点往返距离内的所有任务。域被循环且平等地划分，并且计算每个扇区中存在任务的总奖励。我们的目标是让树具有一定的地理多样性，并预测高价值任务存在的方向。

2. 树生长：从源顶点开始使用贪婪背包方法控制树。连接成本比值的奖励用于选择下一个适当的顶点。在没有树可以不超出预算的情况下添加额外顶点，之后针对每个树重新定义路径成本，从树的深度优先遍历并通过施加的拓扑顺序来估计路径成本。

3. 路径构造：利用第一阶段生成的树和树生长，识别一组顶点 S，其中包含应执行的任务。

4. 路径改进：对于路径中每个未选择顶点的增量成本比值的奖励，只要路径的成本满足预算约束，就按最大成本比值的顺序插入顶点。

5. 路径细化：在路径中插入更多个顶点之后，所获得的路径可能不是该放大顶点子集上的最佳 TSP 路径。在这种情况下，必须为当前顶点子集找到新的路径并重复路径改进步骤，直到无法改进。大多数情况下不需要此步骤，但这是一个简单的步骤。

杜宾斯定向运动问题是固定翼无人机定向运动问题的概括[68]。其目标是通过固定翼无人机访问给定目标位置的子集来最大化所收集的总奖励，且收集路径的长度不超过给定的路径预算。因此，杜宾斯定向运动问题的解决方案需要确定目标位置处的特定航向角并最小化目标之间的杜宾斯机动长度。关于计算复杂性，杜宾斯定向运动问题比欧几里得定向运动问题更具挑战性，因为在奖励收集路径中只改变航向角或目标位置通常会强制改变附近连接的目标位置的所有航向角。

参考文献［32］中提出的解决方案首先使用可用信息构建路径，从而确定要访问的第一个目标。在记录完该目标且没有出现时间敏感目标之后，通过基于过去的路径和记录时间可以实现重新规划路径来确定下一个预见的目标。这个重新规划基于**具有时间窗的最大覆盖随机定向运动问题**（MCS-OPTW）。MCS-OPTW 规划方法提供了从当前位置到基地的路径，仅包含预见目标。计划访问的下一个目标是此路径中的第一个目标。在执行此重新规划程序时，MCS-OPTW 平衡两个目标：通过记录预见目标来最大化预期利润，最大化路径的预期**加权位置覆盖范围**（WLC）。加权位置覆盖范围涉及弧与预计出现的新目标的距离。因此，通过第二个目标，具有时间窗的最大覆盖随机定向运动问题选择预见目标，使无人机在预期出现新目标区域的方向上发送。在这两个目标中，预期值都是根据预先定义的路径概率分布和记录时间来确定的。

3.3.2 无人机传感器的选择

无人机传感器的选择和路径问题是定向运动问题的概括。

问题88 无人机传感器的选择和路径问题：单架无人机从起始位置开始，并在时间 T 之前到达指定目的地。除了起点和终点之外还有一组位置，这些位置具有无人机可能收集到的相关利润。用给定的传感器寻找无人机定向的最佳路径。

任务规划可视为路径规划的复杂版本，其目的是访问一系列目标以实现任务目标。集成传感器选择和路径模型可以定义为**混合整数线性规划公式**[61]。一个成功的路径规划算法应该产生一个不受端点或航向约束的路径，该路径利用飞机传感器的全部能力，并满足无人机的动态约束。

参考文献［43］中开发了一种感应一组密集目标的路径规划方法，该方法在传感器覆盖范围内提供灵活的规划，同时在无人机的动态约束下运行。路径规划目标是最小化访问所有目标时的路径长度。在解决这种性质的问题时，必须解决 3 个技术挑战：①路径段之间的耦合；②传感器的覆盖范围；③确定目标的观察顺序。

对于杜宾斯无人机，可以通过离散时间路径提供服务，这些时间路径是通过组合原始转弯段和直线段而形成的可飞行路径。对于该任务，在离散步长路径中，每个原始部分都指定长度，都是一个转弯或直线两种形态。组合左转弯、右转弯和直线段可以创建一条可飞行路径树。因此，路径规划器的目标是在路径树中搜索可以在最短距离内完成所需任务的分支。其他参数曲线也可使用，例如笛卡儿多项式、各种样条曲线、毕达哥拉斯曲线等[17]。实时学习 A^* 算法可以确定在定义的路径树中最能实现规划目标的分支。

另一个例子如下。

问题89 考虑到地形（自然、城市或混合地形）中的一组静止地面目标，目标是计算侦察无人机的路径，使其能够在最短时间内拍摄所有目标，但地形特征可能会遮挡能见度。

为了拍摄目标，无人机必须位于距离两个目标都足够近且目标不会被地形阻挡的地方以满足摄像机的分辨率。对于给定目标，所有此类无人机位置集被称为**目标的可见区域**。无人机路径规划会因风、空域约束、动态约束和对无人机机体的遮挡而变得复杂。然而，在简化假设的情况下，如果将无人机建模为杜宾斯飞行器，则目标的可见区域可以用多边形来近似，此时路径是一条封闭的路线[63]。由于有限的曲率，固定翼无人机的二维侦察路径规划也可称为杜宾斯飞行器，简化如下。

问题90 对于杜宾斯飞行器，找到一个最短的平面闭合路径，该路径至少可以访问一组多边形中每一个多边形上的一个点。这被称为**访问杜宾斯旅行商问题的多边形**（PVDTSP）。

基于采样的路径映射方法通过对目标可见区域中的有限离散态势（位置和配置）进行采样，可以将访问杜宾斯的多边形旅行商问题实例近似为**有限的一组旅行商问题**（FOTSP）。FOTSP 是找到成本最小的闭合路径问题，该路径至少通过聚类有限集中的一个顶点，该聚类是互斥的有限顶点集。一旦建立了一个路径映射，该算法就可以将 FOTSP 实例转化为一个不对称旅行商问题（ATSP）实例来求解。

固定翼无人机期望的行为是最大化传感器目标的覆盖范围。驱动此行为的目标函数是单独目标的加权总和。

$$J = \int_{t_0}^{t_f} (W_1 u_1^2 + W_2 u_2^2 + W_3 u_3^2 + W_4 u_4^2) + \int_{t_0}^{t_f} W_5 \left[(r_x - r_x^d)^2 + (r_y - r_y^d)^2 + (r_z - r_z^d)^2 \right]$$

$$(3-28)$$

其中 $W_{1\sim5}$ 是给定权重；$u_{1\sim4}$ 是控制输入；(r_x, r_y, r_z) 是实际的三维位置；(r_x^d, r_y^d, r_z^d) 是前四项惩罚控制力，第五项 W_5 是目标与目标之间距离的平方。问题约束包括运动方程和动态约束。将目标位置和速度矢量连续地提供给算法。在路径规划计算之间，风可以假设为常数。可以考虑标准的**飞行器路径问题**，但其具有概率性而非确定性需求。此时，问题是确定最小预期总长度的固定路线集，其对应于固定路线集的预期总长度加上可能需要的额外路径距离的预期值。额外距离是偶尔可以超过飞行器容量的距离，该距离可以满足一条或多条路线的需求并迫使其在继续路线之前返回基地。

可以定义以下两种解决方案。

（1）在方法 $\mathbb{U}_a$ 下，无人机以与先验路径相同的固定顺序访问所有点，但仅服务在该特定问题实例期间需要服务位置点。行驶的总预期距离是先验路径的固定长度加上当路线上的需求超过飞行器容量时必须覆盖的额外距离的预期值。

（2）方法 $\mathbb{U}_b$ 与 $\mathbb{U}_a$ 的定义类似，区别在于它简单地跳过无人机路径的特定实例中没有要求的位置点。

如果需要以概率 p_i 独立访问的每个点 x_i 具有单位需求并且无人机具有容量 q，则必须找到通过 n 个点的先验路径。在任何给定的实例中，它将以在先验路径中出现的顺序访问存在点的子集。此外，如果对路线的需求超过飞行器的容量，则无人机必须在继续其路线之前返回到恢复点。找到这种最小预期总长度路径问题被定义为**具有概率的路径销售人员容量问题**。

3.4 覆盖范围

机器人技术中的覆盖算法是使用一组传感器和机器人覆盖给定区域内所有点的策略。它描述了无人机应该如何完全覆盖一个区域，理想情况应考虑到风的影响、安全性、耗能和时间有效性。最初，该算法主要应用于覆盖结构化和半结构化的室内区域[71,89]。随着 GPS 的推出，人们关注的重点转向室外覆盖；然而，由于机器人附近的建筑物、树木的影响，GPS 信号经常被中断。室外环境的非结构化特性使得覆盖具有障碍物的室外区域并执行可靠的定位是一项艰巨的任务[62]。

备注 91 未知环境的覆盖范围也称为未知环境的**扫描问题**或映射问题。基本上，问题可以通过提供定位和地图构建能力来解决，也可以通过直接派生一种算法来执行扫描，而无须对区域进行显式映射。也可以使用平均事件检测时间来评估算法，而不是**测量覆盖率**。

开发一种能够处理室内和室外环境中任何覆盖任务的系统是一项挑战，它应具有不同的无人机平台，以及不同的运动学和动态约束。评估每项任务并为该任务找到最合适的算法是必要的。这些任务中的一部分可以归为同一类，从而可以使用相同的覆盖方法。在室外环境工作时存在许多挑战，例如天气条件、照明条件和非结构化环境。对于许多实际应用，在覆盖区域内还存在障碍物附加的复杂性。出于安全原因，避障是很重要的。此外，操作区域附近的大障碍物往往会破坏 GPS 信号。因此，最好采用替代的定位技术。

备注 92 在文献中，**覆盖范围**也适用于在环境中布置一组移动传感器单元，从而通过定位功能获得感兴趣区域的最大覆盖能力。这些方法中的大多数都假定移动单元在到达所需位置后不会移动，除非在运行时更改了环境配置。

旅行商问题的目的是找出一个在给定网络上成本最低的哈密尔顿路径。在此旅行商问题中，所有节点必须仅被访问一次。考虑**时间约束的最大覆盖旅行商问题**，其目的是寻找到一个访问点子集所需的路径，以最大限度地满足时间约束下的覆盖需求。当顶点需求的一部分被覆盖且没有访问的顶点也在一些路径站点的规定距离内时，路径中的顶点需求被认为是全部覆盖的。解决入侵无人机信息收集路径是这一问题的完美应用[65]。将覆盖范围这个概念纳入路径规划的第一个问题中是覆盖旅行商问题。这是在一个顶点子集上识别最小长度的哈密尔顿路径问题，即路径上没有出现的顶点一定位于某个已访问顶点的规定距离内。访问路径中的每个节点都会产生额外成本，此外，每个节点与一个加权需求有关，该需求代表必须被覆盖的最小次数。其可以分为 3 类：在距离约束下最大化利润、在利润约束下最小化距离、距离最小化和利润最大化的组合。

覆盖规划问题与覆盖旅行商问题有关，智能体必须访问每个城市的相邻单元，覆盖算法可以被分类为启发式算法或完整性算法，这取决于它们是否可以保证可用空间的完全覆盖。现提出以下分类[35]。

（1）**经典的精确单元分解法**将可用空间分解为简单、非重叠区域，并称之为单元。组合所有单元正好可以填满可用空间。这些不包含障碍物的区域易于覆盖，并且可以通过简单的动作被无人机扫描。

（2）**基于莫尔斯的单元分解法**是基于莫尔斯函数的临界点。莫尔斯函数是临界点不退化的函数，临界点是不可微分或其所有偏导数为零的点。通过选择不同的莫尔斯函数，可以获得不同的单元形状。

（3）**基于地标的拓扑覆盖方法**使用更简单的地标来确定被称为切片分解的精确单元分解。由于使用了更简单的标记，所以切片分解可以处理更多种类的环境。

（4）**基于网格的方法**将环境分解为一组统一的网格单元。大多数基于网格的方法都是完全解析的，也就是说，它们的完整性取决于网格图的分辨率。

（5）**基于图形的覆盖**对于可以表示为图的环境很有意义。特别是，它考虑到作为图提供的先验地图信息可能是不完整的，考虑到环境中的约束（例如图中某些方向的限制或当无人机传感器在执行覆盖场景时检测到图中的变化时），可以为在线重新规划提供策略。

（6）当缺乏诸如 GPS 等全球定位系统使得无人机出现积累漂移，并使其姿态越来越不确定时，**不确定情景下的覆盖**为缓解这一现象是很有用的。尽管邻接图等拓扑表示对定位误差有一定的容忍度，但覆盖算法的性能仍然受到影响。

（7）当打开有限数量的基础集时，**最大加权覆盖问题**可使组合覆盖率最大化[50]。它也被称为最大覆盖位置问题。

使用严格增加覆盖率的方法可以关闭一个基础子集并打开另一个子集，这样**交换局部搜索方法**迭代地改进了初始可行解。这两个子集应具有相同的基数。简化步骤和生成的实例转换可表征为：①删除不必要的基准点和需求点；②在基准点和需求点之间创建双向投射；③使用覆盖问题固有的对称性；④简化实例结构。

覆盖也可分为 3 类：**栅栏覆盖、边界覆盖、区域覆盖**。使用无人机需要覆盖路径规划算法和协调的巡察计划[3]。**边界**监视任务可以作为沿着确定路径的巡察任务。另一方面，**区域监视任务**

可分为两个不同的问题：区域覆盖路径规划问题和沿着该路径的巡察任务。如果必须多次覆盖该区域，则一种基于固定频率的巡察方法是以访问频率为参数进行优化的。覆盖路径规划试图为无人机建立有效路径，确保可以从路径上的至少一个位置监视该区域中的每个点。假设每个传感器具有确定的覆盖范围，则该挑战在于使用给定数量的传感器来最大化覆盖面积。

3.4.1 栅栏覆盖

在入侵监视应用中，栅栏覆盖是一种广为人知的用于检测入侵者的覆盖模型。栅栏是覆盖整个感兴趣区域的一系列传感器。栅栏中的两个相邻传感器的检测范围是重叠的，因此保证了入侵者可被检测到。在无人机的静态布置中，栅栏覆盖可以将未检测到入侵者穿过该区域的可能性最小化[85]。

定义93 如果路径 P 拦截了至少一个不同的传感器，则称其为1-覆盖。

定义94 如果符合以下条件，则传感器网络被称为强屏障。

$$P(\text{任何交叉路径都是1-覆盖的}) = 1 \tag{3-29}$$

传感器网络中的栅栏覆盖提供了保护关键基础设施边界的传感器屏障[13]。现阶段，已有一些可以检查弱/强栅栏和k-栅栏的方法，也有一些研究关注栅栏的网络寿命，并试图通过减少栅栏的成员数来延长栅栏的网络寿命。还有部分研究则关注栅栏构建的成本，并利用移动相机传感器的可移动性来减少栅栏构建所需的传感器数量。k-栅栏通过构建 k 个弱/强栅栏来检测入侵者。通过分析所需传感器的数量与栅栏结构成功率之间的关系，找到在随机部署环境中部署的最佳传感器数量。相邻传感器之间的协作与信息融合及使用睡眠唤醒计划来减少栅栏成员的数量并延长栅栏的网络寿命。

3.4.1.1 栅栏覆盖方法

栅栏覆盖问题根据区域类型进行分类[100]。

(1) 沿地标的栅栏覆盖可沿其上的线或点进行制订。沿着方向 $\bar{\theta}$ 的 W 线的栅栏覆盖问题表述如下：

$$W = \{p \in \mathbb{R}^2 : \boldsymbol{u}^{\mathrm{T}} p = d_1\}, \bar{\theta} = \beta + \pi/2 \tag{3-30}$$

其中 $\boldsymbol{u} = [\cos\beta, \sin\beta]$ 是一个单位向量，给定的 $\beta \in [-\pi/2, \pi/2]$ 是相对于 x 轴测量的；d_1 是与 W 相关的给定标量。无人机应该利用 W 形成一个长度为 L 的栅栏，并将其均匀地部署以最大化长度 L。

(2) 两个地标之间的栅栏覆盖：在这个问题中，传感器栅栏应该确保两个地标之间的覆盖。两个地标 L_i 和 L_j 之间栅栏覆盖问题的公式如下。

问题95 设 u 是与 L 和 L_j 相关联的单位向量，其中 $\boldsymbol{u} = \dfrac{L_i - L_j}{\|L_i - L_j\|}$。单位向量 $\boldsymbol{u} = [\cos\beta, \sin\beta]^{\mathrm{T}}$ 表征 L_j 相对于 L_i 的方位，其中 $\beta \in [-\pi/2, \pi/2]$。相关标量也定义为 $\bar{\theta} = \beta + \pi/2$。使用 L_i 和 L_j 表征的线 L 定义为：$L = \{p \in \mathbb{R}^2 : (L_j - L_i)^{\mathrm{T}} u^{\perp} = 0\}$。当有 n 架无人机以及两个不同的地标 L_1、L_2 时，在 L 上定义具有 n 个点的 h_i。如果对于大多数处于初始位置的传感器来说，在集合 $\{1, 2, \cdots, n\}$ 中存在的序列 $\{z_1, z_2, \cdots, z_n\}$ 使得条件 $\lim\limits_{k \to \infty} \|p_{z_i}(kT) - h_i\|$ 成立，那么在地标之间栅栏覆盖的分散控制率是可以用公式表示的。

栅栏覆盖问题可以根据使用的方法进行分类。

（1）**最近邻规则**：在基本方法中，只需将每个训练实例存储到内存中。该方法的强大功能来自检索过程。给定一个新的测试实例，可以根据某个距离度量找到最接近的存储训练实例，记录检索到的实例类，预测到新实例将具有相同的类。该基本算法存在许多变体。另一个版本检索k-最近邻的实例根据加权投票确定预测，并将每个已存储实例的距离与测试用例相结合，这种技术通常被称为k-最近邻算法。然而，这种方法的简单性并不意味着它没有效果。

（2）**人工势场**：这种方法的主要特征是它的标量势场，该势场既代表了障碍物的排斥力，也代表了对目标的吸引力。因此，通过穿过潜在场的凹处，可以找到无人机从起始位置到目标位置的路径。该原理非常简单，并且在许多情况下都给出了良好的结果。然而，由于有时会产生潜在的局部最小值，在这种情况下，无人机在达到目标之前会被困在陷阱中。此外，在包含凹形物体的复杂环境中，生成势场可能需要很长的计算时间。然而，多种可能性的混合可以避免这种局部极小值的产生。

（3）**虚拟力场**：该技术基于重力场。它将两个已知概念整合：表示障碍物的确定性网格和用于导航的潜在领域。它以简单、在线自适应性和实时提示性而广受欢迎。

（4）**广义非均匀覆盖**：这种方法可能涉及边界巡察或二维及三维环境中的自适应采样问题，其中，采样场的非一致性在一维环境中占主导地位。这也与信息采集和传感器阵列优化问题密切相关。

最初位于任意位置 $x_1(0), \cdots, x_n(0)$ 的 n 架无人机的集合位于区间 $[0,1]$ 中。每个点的信息密度由函数 $\rho: [0,1] \to (0,\infty)$ 测量，该函数有界：$\rho_{min} \leqslant \rho \leqslant_{max}$。度量标准由 $d_\rho(a,b) = \int_a^b \rho(z)\mathrm{d}z$ 定义。此度量标准扩展了 ρ 较大的区域，并缩小了 ρ 较小的区域。

定义96 点覆盖集：相对于密度场 ρ 的一组点 $x_1, \cdots, x_n$ 的覆盖范围定义为：

$$\Phi(x_1,\cdots,x_n,\rho) = \max_{y \in [0,1]} \min_{i=1,;n} d_\rho(y,x_i) \tag{3-31}$$

最佳（最小）可能的覆盖范围是：

$$\Phi^* = \inf_{(x_1,\cdots,x_n) \in [0,1]^n} \Phi(x_1,\cdots,x_n,\rho) \tag{3-32}$$

在参考文献［58］中可以找到一个可能的控制律。利用该方法，非均匀覆盖问题可以通过变换使之均匀。

3.4.1.2 传感器部署和覆盖

在覆盖问题中，传感器必须放置在某个区域以检索有关环境的信息。由于无人机对周围环境的感知方式极大地影响了算法的发展，因此需要对传感器模型进行详细说明。目前关于覆盖问题的大多数结果都考虑了具有对称、全向视野的传感器，近期又考虑了具有非均质和基于视觉的传感器智能体。覆盖算法在实际应用中的主要挑战在于无人机之间的通信和信息交换。下面介绍了一些对后续有用的定义。

定义97 视野：光学传感器的视野被定义为它可以在任何给定时间内收集的可观测世界的范围。

在平面应用程序中，集合 $\mathbb{R}$ 按如下方式进行分区：

$$\begin{aligned}
R_1 &= \{s \in \mathbb{R}^2 : s_x \leqslant 0\} \\
R_2 &= \{s \in \mathbb{R}^2 : s_x > 0 \text{ 和 } \|s\| \leqslant 1\} \\
R_3 &= \{s \in \mathbb{R}^2 : s_x > 0 \text{ 和 } \|s\| > 1\}
\end{aligned} \tag{3-33}$$

定义98 可见性：可见性定义为：

$$\mathrm{vis}_{l_3}(s) = \begin{cases} 0 & s \in R_1 \\ s_{x|} & s \in R_2 \\ \dfrac{s_x}{\|s\|} & s \in R_3 \end{cases} \tag{3-34}$$

R_1 中所有点的可见性为零，因为区域 R_1 位于智能体的背面。R_2 中的点位于智能体的前面并且靠近它，因此可见性随着与智能体的距离以及与智能体视野中心距离的增加而增加。

人们正在考虑使用无线传感器解决栅栏问题，其中，无线传感器为具有移动传感器能力的无人机。假设 n 个传感器最初任意地部署在线段栅栏上，每个传感器覆盖栅栏的一部分。由于初始位置不正确或某些传感器损坏，传感器未完全覆盖栅栏。假设 n 个传感器 s_1，s_2，$\cdots$，s_n 分布在长度为 L $[0, L]$ 的线段上，端点 0 和 L 位于位置 $x_1 \leqslant x_2 \leqslant \cdots \leqslant x_n$ 中。假设所有传感器的测量范围相同，并且等于正实数 $r > 0$。因此，位置 x_i 上的传感器 s_i 限定了以传感器的当前位置 x_i 为中心且长度为 $2r$ 的闭合区间 $[x_i - r, x_i + r]$。其中，该传感器可以检测入侵物体或感兴趣的事件。传感器的总范围足以覆盖整个区间 $[0, L]$，即 $2rn \geqslant L$。间隙 g 是区间 $[0, L]$ 的闭合子间隔，以使 g 中的点不在传感器的测量范围内。显然，在传感器的初始位置可能存在间隙。如果传感器没有间隙，则它可以完全覆盖 $[0, L]$[25]。

3.4.2 边界覆盖

3.4.2.1 覆盖圆

在覆盖圆中使用具有不同最大速度及移动传感器的无人机网络，其目标是将无人机部署在圆周上并最小化从无人机网络到圆周上任意点的最大到达时间。在实际应用中，团队中的无人机往往具有不同的速度，执行任务也仅持续有限的时间。当移动传感器的检测范围相对于圆的周长来说可以忽略不计时，圆上的点到移动传感器网络的最大到达时间的减少将提升捕捉到圆上发生事件的概率。为了将传感器移动到最佳位置，使传感器网络的整体检测性能得到优化，针对检测和通信能力有限的移动传感器，开发了基于 Voronoi 分区的梯度下降覆盖控制律，以优化传感器位置。Voronoi 图是欧几里得空间的一个细分，包括一组给定的有限生成点，每个生成点都被分配了一个 Voronoi 单元，其中包含比任何其他生成点更接近该生成点的空间。

Voronoi 图

定义99 一般平面 Voronoi 图：给定欧几里得平面中一组数量有限的不同点，该空间中的所有位置都与欧几里得距离最近的成员相关。结果是将该平面细分为与点集相关的一组区域。这种分配被称为一般平面 Voronoi 图，它由点集生成，构成 Voronoi 图的区域是 Voronoi 多边形。Voronoi 边是多边形的边界，Voronoi 边的端点是 Voronoi 顶点。

备注100 除欧几里得距离以外的其他指标也可用于该定义。这些 Voronoi 图可以用多种方法加以推广：加权点；考虑与点的子集而不是单个点相关的区域，包括空间中的障碍物；考虑与点以外的几何特征集相关的区域；检查网络和移动点上的 Voronoi 图[64]。

Voronoi 图的质心

定义101 质心：已知区域 $U \subset \mathbb{R}^N$ 和密度函数 ρ，U 的质心 z^* 由下式定义：

$$z^* = \frac{\int_U y\rho(y)\,\mathrm{d}y}{\int_U \rho(y)\,\mathrm{d}y} \tag{3-35}$$

给定 U 中的 k 个点 z_i $(i = 1, \cdots, k)$，**Voronoi 区域** $\{\hat{U}_i\}$ 定义为：

$$\overline{U}_i = \{s \in U; |x - z_i| < |x - z_j|; j = 1, \cdots, k, j \neq i\} \tag{3-36}$$

Voronoi 曲面的质心符合以下情况：

$$z_i = z_i^*, i = 1, \cdots, k \tag{3-37}$$

识别气泡

定义 102 气泡是网格点的集合，使得场 ρ 的值（例如密度）低于集合中所有点的预定阈值，集合中的每个点可以沿模型方向移动并且通过同一集合中的任何点到达集合中的任意点。

两个气泡永远不会共用一个点，否则它们会融成一个气泡，这种类型的气泡识别就是**聚类标记**问题。聚类标记过程为每个不同类的网格点分配唯一的标签。一旦识别出具有特定标签的气泡，就可以识别其质心。Delaunay 三角测量杠杆只涉及拓扑性质，可以从三角形的外心开始计算。为了区分位于两个 Voronoi 单元边界处的节点和位于顶点处的节点，需要计算沿着帧的间隙数。区分最近相邻点和第二相邻点是非常有必要的。最后，比较两种不同的三角测量杠杆，利用合适的类质同象连接两个三角测量图。给定邻接列表，可以检查差异并提取拓扑变化的位置[11]。

一维覆盖的基准问题是覆盖一致性问题，即相邻智能体之间的距离需要达到一致。当传感器均匀地部署在线或圆上且在线或圆上所有点的**信息密度**相同时，该均匀传感器网络的检测性能是最大化的。相反，当任务空间上的信息密度不均匀时，通常不希望均匀覆盖，应在信息密度较高的区域部署更多的传感器。与圆上覆盖控制问题密切相关的问题是循环生成和多智能体共识。在循环生成问题中，需要一组移动智能体在循环上形成一个队列，并且通常先验地规定了相邻智能体之间所需的距离。相比之下，在覆盖控制问题中，传感器之间所需的距离是事先未知的，并且取决于要优化的覆盖成本函数。参考文献［79］中针对圆上的异构移动传感器网络，提出了一种分布式覆盖控制方案，在保持圆上移动传感器顺序的同时，使覆盖成本函数最小化。移动传感器最大速度的异构性造成的困难如下所示。

（1）对于具有相同最大速度的移动传感器网络，最佳配置是在圆上统一部署传感器。然而，当部署异构移动传感器网络时，在什么条件下覆盖成本函数是最小的仍然不清楚。

（2）由于每个传感器的最大速度不相同，因此对移动传感器的控制输入施加了不同的约束。考虑到移动传感器的输入约束和顺序保持问题，使得分析移动传感器的顺序保持和分布式覆盖控制方案的收敛性变得复杂。

（3）还应考虑环境条件，例如风和闪电条件。

3.4.2.2 动态边界覆盖

贝叶斯搜索主要研究基于概率论的目标运动和位置估计问题。贝叶斯搜索假设搜索区域可以被划分为有限的单元格/图，并且每个单元格具有单个**检测概率**（PD）。目标是根据**概率分布函数**（PDF）确定寻找丢失或移动目标的最佳路径。**贝叶斯搜索目标**的3个步骤如下：

（1）根据运动信息（例如，飞行动态和漂移数据）计算先验 PDF。

（2）根据传感器信息计算后验 PDF。

（3）移动到有最高概率的单元格上进行扫描，并将后验 PDF 更新为先验 PDF。

重复这三个步骤直到找到目标。两个优化目标如下：最大化检测概率或最小化**预期检测时间**（ETTD）。贝叶斯搜索的优点是可以将不完美的感知检测和目标运动建模为概率分布，并根据实时的传感数据更新每个单元格的概率[90]。

在**动态边界覆盖任务**中，一组无人机必须根据所需的配置或密度在一个区域或物体的边界周围进行分配。它是动态边界覆盖，其中无人机异步地加入边界，然后让它重新充电或执行其他任务。在**随机覆盖方案**（SCS）中，无人机随机地选择边界上的位置。

（1）随机覆盖方案对于不同类输入使得对图的概率分析成为可能，该输入通过无人机位置的联合 PDF 来识别。

（2）随机覆盖方案允许模拟自然现象，例如**随机顺序吸附**（RSA）、围绕食物的蚂蚁聚集，以及一组汽车在停车场内无碰撞停车的 Renyi 停车问题。

每架无人机都可以在当地感知环境并与附近的其他无人机进行通信。无人机可以区分其他无人机和感兴趣的边界，但它们缺乏全球定位：有限的机载功率可能会阻止 GPS 的使用，或者它们可能在 GPS 不能工作的环境中运行。无人机也缺乏有关环境的先验信息。每架无人机都有可能随机运动，例如执行概率搜索和跟踪任务，或者由固有的传感器和执行器噪声引起的运动。这种随机运动在无人机遇到边界时产生不确定性。当无人机接触到边界时，它选择长度为 R 且完全位于边界内的间隔。

定义 103 随机覆盖方案在边界上选择多个随机点。形式上，随机覆盖方案是在边界上实现一维**点过程**（PP）。

点过程的一个特殊情况是在预定义位置处将无人机连接到边界。在**泊松点过程**（PPP）中，无人机独立地附着到边界，它的一个概括是马尔可夫过程。PPP 中独立的附件使其易于分析。另外，无人机之间的相互作用更难处理，需要推广到 PPP[53]。根据同构 PPP 定义，泊松 Voronoi 图是一个无限的 Voronoi 图，适用于点在空间中随机分布的情况。

3.4.3 区域覆盖

3.4.3.1 背景

无人机的**区域覆盖**问题可以通过两种不同方法解决。

（1）在线覆盖算法中，必须提前发现障碍物，计算它们的路径并避免碰撞。此外，覆盖区域是先验未知的、循序渐进的。Voronoi 空间分区和覆盖都可以以分布方式来处理，并使得通信开销最小。

（2）离线算法中，无人机有关于区域和障碍物的地图，并且可以规划覆盖整个区域的路径。

地图的有用性不仅取决于其质量，还取决于应用。在某些领域，某些错误可以忽略不计或不那么重要。这就是地图质量没有衡量标准的原因。应分别测量地图的不同属性，并根据应用的需要进行权衡[76]。这些属性可以包括以下这些方面。

（1）**覆盖范围**：通过/访问的区域数量。

（2）**分辨率质量**：可见的特征级别/细节。

（3）**全局准确性**：全局参考系中特征位置的正确性。

（4）**相对精度**：在校正（初始误差）地图参考系之后特征位置的正确性。

（5）**局部一致性**：不同局部特征组相对于彼此位置的正确性。

（6）**破坏**：地图被破坏的频率，也就是说，有多少个分区由于旋转偏移而相互错位。

区域覆盖算法研究的目标如下所示。

问题 104　对于给定平面中的区域及切割器的形状，找到切割器的最短路径，使得切割器沿着路径的某个位置覆盖该区域内的每个点。

在多无人机系统中，每架无人机配备通信、导航和传感功能，使其成为移动传感器网络的一个节点，并将其导向感兴趣的区域。协调问题涉及两个挑战：

（1）无人机应该交换哪些信息？

（2）每架无人机如何读取该信息？

覆盖路径规划确定无人机必须使用的路径，以便通过环境中的每个点。

定义 105　**覆盖范围和 k 覆盖**：在二维区域 X 中给定一组 n 架无人机 $U = \{u_1, u_2, \cdots, u_n\}$。每架无人机 $u_i(i = 1, \cdots, n)$ 在 X 内位于坐标 (x_i, y_i) 处，并且具有检测半径为 r_i 的检测范围。如果 X 中任何点在 u_i 的检测范围内，则称其被 u_i 覆盖。如果 X 中的任何点至少在 k 架无人机的检测范围内，则称其被 k 覆盖。

摄像机传感器网络中定向运动 k 覆盖问题的目标是使 k 个摄像机捕获对象。

定义 106　**连通性**：当两架无人机 u_i 和 u_j 位于 X 内部，如果它们可以相互通信，则称 u_i 和 u_j 是连通的。

定义 107　**一般敏感性**：u_i 在任意点 P 的一般敏感性 $S(u_i, P)$ 定义为：

$$S(u_i, P) = \frac{\lambda}{d(u_i, P)^K} \tag{3-38}$$

其中 $d(u_i, P)$ 是无人机 u_i 和点 P 之间的欧几里得距离，而正常数 λ 和 K 是依赖于传感器技术的参数。

当无人机仅需到达某个位置周围轨道上的一些点，即覆盖范围周围区域时，通过放置及排序轨道中心来最小化其数量和轨道间运动成本，从而获得有效的覆盖范围。从高层次上来看，该策略可以描述为[26]：

（1）嵌入区域被感知范围大小的圆覆盖

（2）为图路径生成器提供访问点并产生轨道序列

（3）为每架飞行器及路径方向选择路径中最近的点

（4）并行地跟随每架飞行器的轨道顺序

（5）将无人机返回其起始位置

一类复杂的目标对给定系统的轨迹施加**时态约束**，也称为时态目标。它们可以使用正式框架来描述，例如**线性时序逻辑**（LTL）、**计算树逻辑**和 **μ 微积分**。无人机模型的规范语言、离散抽象和规划框架取决于待解决的特定问题和所需的保证类型。但是，现阶段只能结合无人机的动态线性近似。多层规划对具有可达性规范的混合系统安全进行分析，以及涉及复杂模型和环境的运动规划。

覆盖路径规划　覆盖路径规划制订路径，该路径可以完全覆盖工作空间。由于无人机必须飞越可用工作空间中的所有点，因此覆盖问题与覆盖旅行商问题有关。

（1）**静态**：它衡量无人机的静态配置如何覆盖域或者对概率分布进行采样。

（2）**动态**：它测量传感器轨迹上的点如何覆盖域。当域中的每个点都被访问或被智能体接近访问时，覆盖会越来越好。

（3）**统一**：使用由动态系统的便利性理论制订的度量标准。试图实现均匀覆盖的算法行为是多尺度的。

（4）在**持续监控**中，目标是巡察整个任务领域，同时将任务领域中所有目标的不确定性推向零[88]。假设每个目标点的不确定性随时间呈非线性变化。在给定的封闭路径下，通过优化智能体的移动速度和路径上的初始位置，可以实现具有最短巡察周期的多智能体持续监控[98]。

首先应保证能检测大尺寸特征，然后检测小尺寸特征[81,83,88]。

定义 108　如果一个系统访问相空间中的每一个子集，且概率等于该子集的度量，就称该系统具有**动态遍历性**。为了更好地覆盖静止目标，要求移动传感器在任意集合中花费的时间应与在该集合中找到目标的概率成正比。为了良好地覆盖移动目标，要求在某些管组中花费的时间与在管组中找到目标的概率成正比。

首先，应确保目标的运动模型以构建这些管组并定义适当的覆盖度量。目标运动模型可以是近似的，对于没有精确信息的目标，可以用随机模型来捕捉其动态特性。对于统一覆盖范围，利用这些度量可以推导出移动传感器运动的集中反馈控制律。对于移动传感器网络在环境监测中的应用，生成标量场的精确时空图（如温度或污染物浓度等）通常很重要，有时绘制区域边界也很重要。

当对环境进行划分时，可以提出不同的覆盖策略，其目标是尽量减少无人机必须进行的旋转，而不是尽量减少总飞行距离。改进策略是减少覆盖路径的总长度。在另一种方法中，选择一组预先计算的运动策略以最小化重复覆盖范围。基于网格的方法可使用生成树公式规划完整的覆盖路径。存在解决方案的前提是环境必须可分解为具有预定分辨率的网格，通过将环境划分为网格也可以实现覆盖。可以扩展生成树技术以使用多架无人机协同实现基于网格的有效覆盖[102]。通常，用于部分区域的大多数分布式覆盖技术基于单元分解。要覆盖的区域基于其相对位置并在智能体之间进行划分。有两种用于执行协作覆盖的方法，一种是随机的，另一种是基于精确单元分解的。此外，还可以检查具有非均匀可通过性的域[70]。

为了便于自动检查，无人机必须配备必要的精确控制单元以及适当的传感器系统和相关的全球智能路径规划系统。这样的路径规划算法应该能够实现有效路径的快速计算，使待检查结构被完全覆盖，同时遵守可能的机载传感器约束以及飞行器运动约束。由于覆盖问题的性质，其固有的难点仍然对所提解决方案的性能、效率和实际适用性造成严格的约束，特别在考虑三维结构时。路径规划算法采用两步优化范例来计算良好的传感器视点，这些视点一起提供全面覆盖，同时保证连接路径的成本较低。为了实现真实三维结构的路径规划，高级算法采用两步优化方案，并证明了该方案在检测场景中的通用性。

（1）计算涵盖整个结构的最小视点集：**美术馆问题**（AGP）。

（2）计算覆盖所有这些视点的最短连接路径：旅行商问题。

这些概念的最新应用允许在 AGP 中有一些冗余，以便在后续处理步骤中改进路径。该算法也可处理三维场景。接近最优解是以计算效率固有的巨大成本推导出来的。在每次迭代中，选择一组更新的视点进行配置，以实现所有视点的完全覆盖，并降低相应无人机配置和相邻视点配置之间的路径成本。随后，重新计算最佳连接和无碰撞路径。所提出的方法为待检查结构网格中的每个三角形选择允许的视点。为了计算允许低成本连接的视点，可采用迭代重采样方案。在每次重采样之间，重计算连接当前视点的最佳路径。这些视点的质量是通过在最近一次路径中连接到各自相邻点的成本来评估的。在随后的重新采样中最小化该成本，从而得到局部优化的路径。视点的初始化是任意的，从而保证全覆盖非优化视点[18]。

备注 109 地图区域内一大类被动目标的监控问题可以转化为旅行商问题，这些问题可以通过离线解决，从而为在线使用提供多种离线存储的替代解决方案[46]。构建一个端到端的框架，整合现有算法（如果可用），并在必要时开发其他算法来解决这类问题。在旅行商问题的一个例子中，给出了任意一对点之间的距离，问题是找到最短的封闭路径访问以保证每个点被访问（巡察）一次。这一问题经常在机器人技术中遇到，传统上通过无人机的通用分层控制器结构可以将其分两步解决[57,74]。

在进行无人机路径规划之前，应在战略级别制订航路点的选择计划。这两项决定与无人机的续航能力、通信能力、地形以及任务要求等因素密切相关。现阶段已经开发出不同的方法，例如创建生成树及生成覆盖路径作为周围边界的方法。针对覆盖算法，提出了多种不同类型的基本路径模式。最常见的模式是平行条带，也称为平行铣削或锯齿图形。播种机算法通过使机器人执行**前后移动**、**割草机运动**或**清扫运动**，实现高效、确定性和完整的简单区域覆盖策略。以下为标准搜索模式。

（1）**割草机搜索**，包括沿直线飞行及在末端180°转弯。根据扫描方向，有两种类型的割草机搜索。

①**平行航迹搜索**，如果搜索区域大且水平，则可以只知道目标的近似位置，并要求覆盖均匀。

②**爬行线搜索**，如果搜索区域狭长，则目标的可能位置可能在搜索轨道的任一侧。

（2）**螺旋搜索**和**扩展方形搜索**，如果搜索区域很小且目标位置所在的近似范围已知。

（3）**扇区搜索**与扩展方形搜索类似。它有几个优点：集中覆盖搜索区域的中心，比扩展方形搜索更容易飞行，可以从多个角度观察搜索区域。

（4）**轮廓搜索**用于巡察障碍物，通常假设为多边形。

耕牛式单元分解（BCD）算法是播种机算法的扩展，它保证了有界环境的完全覆盖，具有各种莫尔斯函数控制。其他经典的算法有：向内和向外螺旋、随机路径和栅栏跟随或轮廓跟随。然而，这些算法需要绝对定位，或者不能考虑无人机的动态，也不能有效地处理障碍物。在任务方面，无人机运动不是主要的，但是执行主要的覆盖任务是必要的。当使用多架无人机时，需要提前分析要覆盖的区域。通常使用两种方法：精确的单元分解法和近似的单元分解法。完成此任务后，为覆盖分配区域，将计算每架无人机的路径。

3.4.3.2 耕牛式单元分解法

耕牛式单元分解法可以获得覆盖路径，这项技术意味着可以用简单的往返法覆盖较小子区域中的划分区域。这种方法可以扩展到通信受限的多无人机系统[23]。耕牛式分解法是梯形分解法的推广，适用于非多边形障碍物。精确的单元分解法是组成目标环境的非干涉单元的结合，每个单元都由简单的往返运动所覆盖。覆盖每个单元后，则可以覆盖整个环境。通过表示耕牛式分解法的单元邻接关系图可将覆盖范围缩小到寻找一条完整的路径。该方法由算法11[97]解决。

算法 11 耕牛式单元分解法

1. 将工作区中的可访问区域分解为非重叠单元。

2. 构造一个相邻图，其中每个顶点是一个单元，每条边连接两个顶点，顶点分别对应相邻单元。

3. 根据深度优先相似图搜索算法确定相邻图的所有路径，以便每个顶点至少被访问一次。设 V 是表示通过相邻图的连续顶点序列的列表，如下所示：

   (1) 从分解产生的任何单元开始，将其添加到 V 中并标记为已访问。

   (2) 移动到当前单元的相邻单元的第一个逆时针未访问的单元中，将此单元添加到 V 中并标记为已访问。

   (3) 重复上述步骤，直到到达该单元的相邻单元都已被访问。

   (4) 原路返回并将每个已访问单元添加到 V 中，直到到达具有未访问且相邻的单元。转到步骤 (2)。

   (5) 如果在原路返回过程中没有找到具有未访问且相邻的单元，则该路径是 V 中的连续顶点序列。

4. 在确定 V 时，驱动无人机从对应 V 的第一个顶点的第一个单元开始，并基于 V 将其移动到下一个单元。当无人机进入未访问单元时，才使用耕牛运动执行覆盖任务。重复移动和覆盖，直到到达与 V 中最终顶点相对应的单元。

备注 110   假设存在一个边界，该边界的一个边与工作空间中多边形的边在同一条直线上，此时一个好的策略是沿着工作空间的一条边进行长时间平行运动。采用尽可能久的直线模式运动，减少方向变化的次数及探测时间。另一种方法是考虑主导风向，避免侧风效应。假设扫描线的长度沿可用空间的主轴线已最大化时，还有一种方法是将覆盖方向与可用空间的分布直接对齐。当已知自由空间像素坐标的特征空间分解时，将覆盖方向正交地设置为特征值最大的特征向量方向。

该算法需要的一个关键参数是**覆盖范围**，它测量往返运动路径中连续平行扫描线之间的间距。不同的因素有助于定义覆盖范围，这取决于计划中的应用：范围宽度决定了无人机是到达了完成单元的顶部还是底部边界。可以添加另一条额外的扫描线以避免此问题。虽然这些耕牛式算法都不能保证覆盖路径的最优性，但是该系列算法确保了对未知环境的完全覆盖。

备注 111   在未知直线环境中，使用具有接触传感器的方形机器人来执行完整覆盖的策略可以进行自由空间的在线分解。其中，沿着平行于环境的墙并执行往返播种机运动，生成的矩形单元可以被覆盖。

参考文献 [36] 中采用了基于随机轨迹优化的运动规划，对标称覆盖路径进行了重构，使其能够适应通过机载传感器现场检测到的实际目标结构。该算法通过生成噪声轨迹来探索初始轨迹周围的空间，并结合噪声轨迹在每次迭代中产生一个成本较低的更新轨迹。它基于平滑度及特定的应用程序成本（如障碍、约束等）的组合来优化成本函数。由于该算法不使用梯度信息，因此一般成本（没有导数）可以包含在成本函数中。

3.4.3.3 螺旋路径

耕牛式运动的替代方案是螺旋运动模式。这些类型的运动适用于多种情况：规则或不规则区域、低密度或高密度的障碍物。螺旋由 3 个参数定义：初始点、初始方向、图案方向。为了确定这些参数，可以研究不同的探测区域。螺旋算法被设计为从该区域内部开始，并沿着该区域的边界进行逆时针旋转。从该区域开始搜索对于在完全未知的地形中执行搜索很有用，但如果无人机最初部署在区域边界，则效率可能很低。

（1）初始点（C_x，C_y）是无人机启动螺旋路径的节点。此节点的位置取决于区域的特征（形状或奇偶性），并且它对螺旋的其他特征（初始方向、图案方向或最终点）有影响。

（2）初始方向定义了无人机的首次运动。该算法对此参数只使用两个值：当区域是正方形或列多于行的矩形时，为顺时针方向；当区域是行多于列的矩形时，为逆时针方向。这些初始选择通过这种方式来定义，以减少圈数。

（3）图案方向定义为路径向着越来越靠近限制区域的运动能力。这样可以确保螺旋线的每个循环都比前一个循环更接近边界。如果运动方向是其他方向，则到限制区域的距离将不会改变。当机器人沿图案方向移动时，路径和边界之间的距离才会减小。

例如，在参考文献［5］中，考虑了使用无人机定位无人地面车辆的问题，使得找到地面车辆的概率最大化。在时间 $T=0$ 时无人机和地面车辆之间的螺旋长度是一个重要参数。已知螺旋 $r=m\theta$ 的描述，其长度 L 由下式给出：

$$L = \frac{m}{2}\theta_{max}\sqrt{1+\theta_{max}^2} + \frac{1}{2}\ln|\theta_{max}+\sqrt{1+\theta_{max}^2}| \tag{3-39}$$

利用这个方程和无人机的平均速度 V_a，可以确定无人机导航到地面车辆起点的时间：

$$t = \frac{L}{V_a} \tag{3-40}$$

之后的地面车辆的位置需要被预测。绘制可能位置的一种方法如下，方法中包括描述半径为 r 的圆：

$$r = V_g t \tag{3-41}$$

焦距 f 可以确定如下：

$$f = \frac{ccd_y/2}{\tan(\pi/7)} \tag{3-42}$$

摄像机的视角可以定义为：

$$aov_x = 2\arctan ccd_x/(2f)$$
$$aov_y = 2\arctan ccd_y/(2f) \tag{3-43}$$

现在，视野可以描述为：

$$fov_x = h\tan aov_x$$
$$fov_y = h\tan aov_y \tag{3-44}$$

决定使其最大化的因素是无人机高度：

$$h = \max\left(\frac{fov_x}{\tan(aov_x)}, \frac{fov_y}{\tan(aov_y)}\right) \tag{3-45}$$

最大化捕获地面车辆的概率意味着视野必须大于或等于描述地面车辆可能位置的圆形区域。

三维地形重建是两个层次的问题，第一个层次考虑航空影像的获取，第二个层次考虑三维重建。假设摄像机安装在无人机上，以获得完全覆盖感兴趣区域的图像。由于这些图像稍后将用于地形重建，因此需要考虑以下几点。

（1）**重叠**：连续图片应具有给定的重叠百分比。重叠越大，三维模型的精度就越高。

（2）**时间连续性**：在相似的时间内拍摄地形区域的连续图像时，三维纹理的质量会更高，否则会出现不相关的阴影或视觉差异，从而导致重建难度更大，纹理质量更低。

（3）**方向**：希望拍摄的照片具有相同的方向，因为这会简化三维重建阶段。

无人机将始终朝着同一方向前进，并在需要时左右移动。为了便于图像重建，所有拍摄照片的方向都应相同。该算法返回一条路径，该路径将以"之"字形或由纵向（行）和横向（可能还有轻微的对角线移动）组成的往返运动进行巡视[87]。为了产生往返运动，需要知道两行之间的距离，其计算取决于定义的垂直重叠和摄像机足迹。设 v 是垂直重叠，让 w 为摄像机足迹的宽度。行之间的距离 d 是两个足迹之间的垂直距离。垂直重叠 d 的计算方法如下：

$$d = w.(1 - v) \tag{3-46}$$

给定多边形照片的圈数 n 取决于 d，w，l_s 的值，其中 l_s 是算法 12 给出的单个凸多边形覆盖的最佳线扫描方向的长度。

算法 12　最佳线扫描方向

---

1. distance(e, v)：边 e 和顶点 v 之间的欧几里得距离
2. **for** 所有多边形中的边执行以下操作
   （a）max-dist-edge = 0.
   （b）**for all** vertex in the polygon **do**
   　　i. **if** distance(edge, vertex) ≥ max-dist-edge **then**
   　　ii. max-dist-edge = distance(edge, vertex)
   　　iii. opposed-vertex = vertex
   　　iv. **end if**
   （c）**end for**.
3. **if**（max-dist-edge ≤ optimal-dist）or（is rst edge）**then**
   （a）optimal-dist = max-dist-edge
   （b）line-sweep = direction FROM edge TO opposed vertex
   （c）**end if**
4. **End for**

每个路段需要两个转弯点，总圈数由下式给出：

$$n = \begin{cases} 2.\lceil z/d \rceil & \text{如果 } z \bmod d \leqslant w/2 \\ 2.(\lceil z/d \rceil + 1) & \text{如果 } z \bmod d \leqslant w/2 \end{cases} \tag{3-47}$$

其中 $z = l_s - w/2$。图像所需的分辨率可知，d 在公式上是固定的，匝数取决于 z。根据两个标准定义了覆盖替代方案：考虑到行扫描的当前方向或相反方向，覆盖路径的构建方式为顺时针（第一个转弯向右）或逆时针（第一个转弯向左）。

信号搜索方法分为两个步骤：覆盖区域优化和覆盖路径规划。任务程序如下。

（1）找到工作区形状中小区域封闭矩形的解决方案。

（2）计算获得的边界矩形方向。

（3）根据传感器覆盖范围对区域进行点采样。

（4）以确定的方向计算运动模式。

算法 13 给出了这个过程的伪代码[38]。

算法13 信号搜索算法

1. $r\leftarrow$ 有效覆盖面积（折线）
2. $\Phi\leftarrow$ 提取方向（r）
3. $x\leftarrow$ 航路点采样（r，传感器范围）
4. $p\leftarrow$ 运动模式（x，Φ）
5. Return p

如果考虑未成形的区域，则离散化过程中使用的主要方向对于减少无人机在任务期间访问的单元数量具有高度相关性。事实上，如果将此角度视为探测方向，则覆盖面积可能会得到优化。此外，这个角度可以影响任务定义，因为它可以与导航信息一起用于导航。也就是说，它允许更平滑的路径，并确保无人机以直线飞行模式从一个航路点到另一个航路点。**小面积封闭矩形**问题是找到包围多边形的最小矩形（即面积最小的矩形），而不管多边形的形状如何。这种方法可以通过旋转卡尺或最小边界矩形等方法在 $O(n)$ 中求解。在搜索过程中，无人机的航向是从小面积封闭矩形的主方向中获得的[93]。

3.4.3.4 分布式覆盖

分布式覆盖控制在连续域上得到广泛研究。多无人机生成树覆盖公式可以应用于自由空间中基于单元的一般表示。有学者已经应用遗传算法和视觉标志来提高覆盖速度。本书还研究了自由空间中内六边形网格表示的信息论路径规划问题，并用中国邮递员问题的一个变种解决了边界覆盖问题，其目标是覆盖环境中障碍物边界附近的直接区域。另一种可能方法是利用潜在的区域驱动每架无人机远离附近的无人机和障碍物。一种流行的方法是将基础位置优化问题建模为连续的 p 中值问题，并采用算法14中所示的 Lloyd 算法。因此，无人机被驱动为局部最优配置，即每个中心的 Voronoi 配置，其中空间中的点被分配给最近的智能体，并且每架无人机位于自己区域的质心。随后，该方法被扩展到具有距离限制检测能力、通信能力以及有限功率的无人机上，并且可以覆盖非凸区域内的异构无人机。同时，结合自适应控制和学习方法，该方法放宽了对传感器密度函数的要求。研究了以图表示离散空间上的分布式覆盖控制问题。一种可能的方法是通过成对的 Gossip 算法或异步贪婪更新来实现图的质心 Voronoi 分区。

算法14 劳埃德法

1. 给定一个多边形 P 和位置 z_i 处的 k 个生成点。
2. Loop
   （1）为点 $\{z_i\}$ 构造 Voronoi 图 $\{V_i\}$。
   （2）计算每个 Voronoi 单元 $\{V_i\}$ 的质心 $\{c_i\}$。
   （3）将每个点 $\{z_i\}$ 设置为与质心 $\{c_i\}$ 相关的位置。
   （4）如果这一组新点符合某些收敛标准，则终止。
3. end Loop

定义112 传感器的 **Voronoi 区域** V_i^* 通过所有特定点来定义，从测度这一角度来说，这些点比其他传感器更加接近。对欧几里得距离测量算法来说，与其生成器 p_i 相关联的 Voronoi

区域 V_i 是：

$$V_i = \{q \in Q, \|q - p_i\| \leq \|q - p_i\|, \forall j \neq i\} \tag{3-48}$$

定义 113 智能体 i 的 Voronoi 分区 V_i^*，对于非均质情况是：

$$V_i^* = \{q \in Q, \|q - p_i\|_{L_i} \leq \|q - p_i\|_{L_i}, \forall j \neq i\} \tag{3-49}$$

各非均质 Voronoi 分区不仅取决于传感器的位置，还取决于传感器的方向[41]。

定义 114 **质心 Voronoi 配置**：给定点集 $P \in Q$，$C_{V_i^*}$ 是各非均质 Voronoi 分区的质心。当满足下式时，Voronoi 曲面细分被称为各非匀质质心 Voronoi 配置：

$$p_i = C_{V_i}; \forall i \tag{3-50}$$

例如，点 P 用作发生器以及用于各非均质 Voronoi 剖分的质心。

一个简单的 Voronoi 质心变换算法的问题是，它需要一个凸面和无障碍环境，以确保运动总是可能到达质心，否则它可能不会收敛到一个稳定状态。

或者，可以在博弈论框架下研究离散空间上的分布式覆盖控制。具有可变覆盖区的传感器可以在离散化的空间上实现功率感知的最佳覆盖，也可以在图上驱动协同异构移动智能体并最大化覆盖节点的数量[103]。多边形环境下的多无人机覆盖解决方案重点关注的是，根据每架无人机的能力按比例分配环境分区。该算法将可用空间划分为简单区域，并选择每个区域的覆盖模式，以最小化圈数。

最佳覆盖范围 一般时变密度函数的最佳覆盖算法可影响无人机组群，使操作员与大型无人机团队交互成为可能。对于搜索和救援任务，密度函数可以表示失踪人员位于某一地区某一地点的概率。为了讨论最佳覆盖范围，成本 ϕ 必须与描述给定区域覆盖程度的无人机配置相关联。

问题 115 覆盖问题涉及将 n 架无人机放置在 $D \subset \mathbb{R}^2$ 中，其中 $p_i \in D (i = 1, \cdots, n)$ 是第 i 架无人机的位置。此外，区域本身被划分为优势区域 P_1，P_2，$\cdots$，P_n，并形成 D 的适当分区，其中第 i 架无人机必须覆盖 P_i。假定相关密度函数 $\phi(q, t)$ 在两个自变量处是有界且连续可微的。

对于非缓慢变化的密度函数，定时信息必须包含在无人机的运动中，例如[55]：

$$\frac{\mathrm{d}}{\mathrm{d}t}\left(\sum_{i=1}^{n}\int_{v_i}\|q - c_i\|^2\phi(q,t)\mathrm{d}q\right) = 0 \tag{3-51}$$

第 i 个 Voronoi 单元 V_i 的质量 m_i 和质心 c_i 是：

$$m_{i,t}(p,t) = \int_{V_i}\dot{\phi}(q,t)\mathrm{d}q$$
$$c_{i,t} = \frac{1}{m_{i,t}}\left(\int_{V_i}q\dot{\phi}(q,t)\mathrm{d}q\right) \tag{3-52}$$

解决方案可以通过以下方式给出：

$$\dot{p}_i = c_{i,t} - \left(k + \frac{m_{i,t}}{m_{i,0}}\right)(p_i - c_{i,0}) \tag{3-53}$$

Zermelo-Voronoi 图 在无人机的许多应用中，可以从与**类 Voronoi 分区**相关的数据结构中获得重要的启示[10]。典型的应用是：给定多个着陆点，将该区域划分为不同的非重叠单元（每个着陆点一个），这样单元中的相应位置对于任何有风情况下飞过该单元的无人机而言，是最接近的着陆点位置（就时间而言）。同样适用于同一框架的类似应用是将飞机细分为**警戒**

区/安全区，以实现停放在每个特定区域内的**警卫/救援飞机**比其区域的警卫/救援飞机更快到达指定区域内的所有点。**广义最小距离问题**的相关度量标准是截距最小或到达时间最短。区域监视任务也可以使用基于频率的方法解决，其目标是优化两次连续访问之间的经过时间（称为刷新时间）[4]。

构造以时间作为距离度量的**广义 Voronoi 图**通常是一项困难的任务，原因有两个：

（1）距离度量不是对称的，它可能无法用闭合形式表示。

（2）这些问题属于分区问题的一般情况，必须考虑无人机的动力学。

假设无人机的运动受到随时间变化的风的影响。由于这个类 Voronoi 分区问题的广义距离是 Zermelo 问题的最小时间问题，因此配置空间的这个分区称为 **Zermelo-Voronoi 图**（ZVD）。这个问题涉及欧几里得平面相对于广义距离函数的特殊分区。在类 Voronoi 图的描述中考虑了在有风环境中飞行的无人机与 Voronoi 生成器之间的接近关系。通过在已知集合中确定发生器可以减少 Zermelo-Voronoi 分区问题，其中已知集合按无人机到达时间来说是最近的集合：这是**点位置问题**。**动态 Voronoi 图问题**将标准的 Voronoi 图与时变变换联系起来，就像存在时变风一样。双 Zermelo-Voronoi 图问题导致一个类似于 Zermelo-Voronoi 图的分区问题，其区别在于，双 Zermelo-Voronoi 图的广义距离是 Zermelo 问题中从 Voronoi 发生器到平面上某一点的最短时间。值得注意的是，Zermelo 导航问题的最短时间不是关于初始和最终配置的对称函数。

存在多边形障碍物的环境　基于任务空间划分的覆盖控制问题解决方案忽略了一个事实，即通过共享多个传感器的观测结果，可以提高整体的检测性能。此外，许多方法假定检测质量均匀，检测范围不受限制。还有一些解决方案基于集中式控制器，这与传感器网络的分布式通信和计算结构不一致。另外，该问题的组合复杂性限制了该方案在有限规模网络中的应用。最后，另一个似乎被忽视的问题是传感器的运动，这不仅会影响传感性能，还会影响无线通信。由于有限的机载功率和计算能力，传感器网络不仅需要感知，还需要收集和传输数据。因此，在进行传感器部署时，需要同时考虑传感器质量和通信性能。

问题 116　多边形障碍物的覆盖问题：任务空间 $\Omega \subset \mathbb{R}^2$ 是一个非自相交的多边形。任务空间可能包含障碍物，这些障碍物可能干扰传感器节点的运动和事件信号的传播。障碍物的边界被建模为正确包含在 Ω 中的 m 个非自相交多边形。

$$\max_s \int_\Omega R(x) P(x,s) \, \mathrm{d}x$$

使得 $s_i \in F(i = 1, \cdots, N)$，其中

$$P(x,s) = 1 - \prod_{i=1}^{N} \hat{p}_i(x, s_i)$$

和

$$\hat{p}_i(x, s_i) = \begin{cases} p_i(x, s_i) & \text{如果 } x \in V(S_i) \\ \tilde{p}_i(x, s_i) & \text{如果 } x \in \bar{V}(s_i) \end{cases} \tag{3-54}$$

其中

$$p_i(x, S_i) = p_0 \exp^{-\lambda_i \|x - S_i\|}$$

以及 $\tilde{p}_i(x, s_i) \leqslant p_i(x, S_i)$。

参考文献［105］中开发了基于梯度的运动控制方案，以最大限度地提高此类任务空间中随机事件的联合检测概率，并考虑了传感概率模型中障碍物引入时的不连续性。优化方案仅

需要每个节点的本地信息，并提出了一种改进的目标函数，在必要时它会使传感器覆盖更加平衡。

非凸环境中的区域覆盖 非凸域是一类具有非凸约束的非凸优化问题。参考文献 ［19］ 中提出了一种基于 Lloyd 算法和 Tangent Bug 算法的方法。Tangent Bug 算法是一种具有避障行为的局部路径规划算法，控制策略由两个抽象层组成。

（1）Lloyd 算法基于 Voronoi 区域及其上一级质心的连续计算提供目标更新。测地距离有助于将无人机保持在通往目标的环境中，并计算沿边界已避开障碍物的路径。

（2）Tangent Bug 算法规划无人机到下一级质心目标位置的路径。它是一个简单但高效的且基于传感器的规划器，能够使用距离传感器来处理未知环境。该算法有两种特征行为。

①向目标运动，一种梯度下降的形式。

②边界跟随，障碍物边界探索的一种形式。

算法 15 详细描述了实现的导航算法，而算法 16 给出了 Tangent Bug 子程序，其中所提出的控制策略通过虚拟发生器来计算 Lloyd 算法。

算法 15 非凸环境的覆盖

---

1. 给定环境 Q 中初始位置为 $p_i^s (i=1, \cdots, n)$ 的一组无人机，每架无人机配备：
   （1）Q 的定位及信息
   （2）Voronoi 区域计算
   （3）子程序 Tangent Bug 算法
2. 在时间 $T_i^s=0$，$g_i^{real} \leftarrow p_i^s$，$g_i^{virt} \leftarrow p_i^s$ 进行初始化
3. Loop
   （1）获取 k 架相邻无人机的位置 p_i 和 $\{g_j^{virt}\}_{j=1}^k (j \neq i)$。
   （2）构造与 g_i^{virt} 相关联的本地 Voronoi 区域 V_i。
   （3）计算 Voronoi 区域的质心 C_{V_i} 并更新虚拟目标位置 $t_i^{virt} \leftarrow C_{V_i}$。
   （4）运行 Tangent Bug 算法。
4. end Loop
5. 计算与 g_i^{real} 相关的最终 Voronoi 区域

算法 16 Tangent Bug

---

1. 设在环境 Q 中有 n 架无人机，每架无人机 $i(i=1, \cdots, n)$ 提供了以下约束。
   （1）避障：检测和计算
   （2）虚拟目标 t_i^{virt} 和 var $\leftarrow t_i^{virt}$
2. Loop 2
   （1）if V_i 是障碍边界 Voronoi 区域
   （2）物品 t_i^{virt} 将 p_i^* 指向 ∂Q 并设置 var $\leftarrow p_i^*$
   （3）End if
   （4）更新真实目标位置 $t_i^{real} \leftarrow$ var
   （5）朝向真实目标 t_i^{real} 执行下一个步骤，应用避障功能以将其驱动到下一个位置 p_i
   （6）更新实际发生器位置 $g_i^{real} \leftarrow p_i$

（7）模拟朝向虚拟目标 t_i^{virt} 的下一个步骤并更新虚拟发生器位置 g_i^{virt}

3. end Loop

4. 返回虚拟生成器 g_i^{virt}

在分布式移动传感器应用中，驱动机身和传感器覆盖范围不同的异构智能体网络一般通过参考功率图来建模：具有附加权重的广义 Voronoi 图。在参考文献［9］中，利用功率图识别出多机器人的无碰撞配置，提出了一种将覆盖控制和碰撞避免相结合的全驱动盘形机器人约束优化框架。

大多数加权 Voronoi 单元假设正确的加权是先验已知的。在参考文献［69］中，提出了一种算法，它只需对无人机传感器测量值和相邻无人机传感器测量值进行比较，即可在线调整信任权重。传感器差异的度量被集成到协同的成本函数中，并为每架无人机推导适应律，可以在线改变其信任权重，同时执行基于 Voronoi 的覆盖控制算法。权重是评估无人机之间信任度和提高团队整体检测质量的一种适应性方法。

给定的凸形或非凸形区域 $A \subset \mathbb{R}^2$ 近似由一组有限的常规单元 $C = \{c_1, \cdots, c_n\}$ 分解，使得 $A \approx \bigcup_{c \in C} c$；覆盖轨迹 P 是具有连续航路点 p 的有限集，其可写为 $P = \bigcup_{p \in P} p$，其中航路点对应于相应单元的质心，因此单元对应于图像样本，从而有 $\dim(P) = \dim(C)$；一组无人机具有姿态和位置控制，并能够进行航路点导航。每架无人机的特点被描述为 $[X, Y, Z]$ 和方向 $[\phi, \theta, \psi]$。最小化感兴趣的变量是在 P 中执行的匝数，其对应于无人机围绕 z 轴进行旋转的数量（偏航运动）。面向拼接任务的区域覆盖问题可以抽象地描述如下[92]。

问题 117 对于协同的每架四旋翼无人机，可以通过以下方式计算最佳轨迹：

$$\min_{\psi}(J(\psi) = K_1 \times \sum_{i=1}^{m} \psi_k^i + K_2 \quad k \in \{0, \pi/4, \pi/2, 3\pi/4\}) \tag{3-55}$$

其中 $\psi_{\pm 3\pi/4} > \psi_{\pm \pi/2} > \psi_{\pm \pi/4} > \psi_0$ 及 $K_i \in \mathbb{R}$ 被赋予权重使得 $K_2 > K_1$。

覆盖问题的几何性质需要通过选取适当的度量标准对节点之间的空间进行适当的划分，以便每个节点的控制动作关联空间的一部分，而不要求了解全局的网络状态。假设传感器网络是均匀的，区域 A 可以被分区且在 n 个节点之间分配到多边形单元 $V_i(i=1, \cdots, n)$ 中。基于标准欧几里得度量的细分有如下定义：

$$V_i = \{q \in A; \|q - p_i\| \leqslant \|q - p_j\|, j = 1, \cdots, n\} \tag{3-56}$$

表示在欧几里得意义上将 A 中的点分配给最近的节点。

定义 118 测地线 Voronoi 分区 定义为：

$$V_i^g = \{q \in A; d(q - p_i) \leqslant d(q - p_i), j = 1, \cdots, n\} \tag{3-57}$$

它根据测地线而不是欧几里得距离在节点之间分配监视空间。通常，测地线 Voronoi 单元的边界由线段和双曲线组成。测地线 Voronoi 图由环境 A 的细分组成，而每个测地 Voronoi 单元 V_i^g 总是一个紧凑集，这与处理非凸环境下欧几里得单元所产生的单元相反[84]。

扩大网格覆盖 在本部分中，一种方法被考虑，它是在没有中央监督的情况下，通过仅使用无人机之间的本地交互来协调无人机协同[7]。使用这种分散方法，可以节省大部分通信开销，使无人机的硬件结构简单，从而实现了较好的模块化。好的系统应易于扩展，通过冗余实现可靠性和鲁棒性。协同必须覆盖网格中可能随时间扩展的未知区域。这一问题与移动或躲避目标后的分布式搜索问题密切相关。一般来说，用在分布式覆盖任务中的大多数技术都使用某种单元分解[51]。

对于**合作清洁工**的案例进行研究，一组机器人通过合作实现清洁脏地板的共同目标。清洁机器人有大量的记忆，它只能观察周围环境中的地板状态，并根据这些观察结果决定其运动。因此，机器人不知道地板污染的总体情况。机器人采用基于信号和检测的间接通信方式，清洁整个地板的理想目标是多机器人进行协作。

(1) 在**静态协作清洁问题**中，地板的脏污形状不会因为污染的扩散而增长。地板的形状是 $\mathbb{R}$ 中的区域，表示为无向图 G。设 V 是 G 中的顶点集，V 中的每个元素是一块地板砖，并表示为一对 $v = (x, y)$。令 E 为 G 中的边集，每条边是一对顶点 (v, w)，以使得 v 和 w 通过 4 个邻边相连。脏地板 F_t 是 G 的子图，其中 t 表示时间。在初始状态下，G 被假定为无孔或障碍物的单个连接部件，并且 $F_0 = G$。所有清洁机器人是相同的，并且机器人之间没有明确的通信（仅在本地环境中进行传输和检测）。所有清洁机器人都在同一个顶点开始并完成任务。此外，整个系统应该具有容错性：即使几乎所有机器人在完成任务之前停止工作，剩下的机器人也可完成任务[82]。

(2) 在**动态协作清洁问题**中，时间是离散的。令无向图 $G(V, E)$ 表示二维整数网格 $\mathbb{Z}^2$，其顶点具有名为污染的二元属性。设 $\mathrm{Cont}_t(v)$ 是时间 t 处顶点 v 的污染状态，取值为 1 或 0。令 F_t 为时间 t 处顶点的污染状态，

$$F_t = v \in G \mid \mathrm{Cont}_t(v) = 1 \tag{3-58}$$

假设 F_0 是单个连通分量。该算法在演变过程中保留此属性。令一组可以在网格 G 上移动的 k 架无人机在 t_0 时刻放置于 F_0 中的点 $P_0 \in F_i$ 处。每架无人机配备一个传感器，并能够告知直径为 7 的数字球体中所有顶点的污染状态。在所有顶点中，它们与无人机的曼哈顿距离等于或小于 3。无人机还知道位于这些顶点的其他无人机，并且它们都在共同的方向上达成一致。每个顶点可以同时包含任意数量的无人机。当无人机移动到顶点 v 时，它有可能清洁该块（即使 $\mathrm{Cont}(v)$ 变为 0）。无人机没有任何关于子图 F_0 的形状或尺寸的先验知识，只知道它是单个且简单连接的部件。假设污染区域 F_i 在其边界处被橡胶状弹性栅栏所包围，它会动态地重塑自身以适应污染区域随时间的演变。由于其有限的记忆，该栅栏旨在保证保留对无人机操作至关重要的 F_t 的简单连通性。当无人机清洁受污染的顶点时，栅栏后退以适应先前空的且被清洁的顶点。对于某些正整数 n，如果每个步骤中的污染扩散，则 $t = nd$，且

$$\forall v \in F, \forall u \in \{4 - \mathrm{Neighbors}(v)\}, \mathrm{Cont}_{t+1}(u) = 1 \tag{3-59}$$

这里的术语 4-Neighbors(v) 仅意味着 4 个顶点与顶点 v 相邻。当污染扩散时，弹性栅栏延伸，同时保持区域的简单连通性。对于沿着顶点 F 飞行的无人机，栅栏发出污染区域边界信号。无人机的目标是通过完全消除污染来清洁 G。此时不允许中央控制，系统完全分散，即所有无人机都是相同的，并且不允许无人机之间进行明确的通信。这种方法的一个重要优点是，除了无人机的简单性之外，还具有**容错性**。即使一些无人机在完成任务前已不再处于良好的飞行状态，其余的无人机也将在可能的情况下最终完成任务。参考文献 [7] 中提出了一种清洁算法以探测和清理未知污染的子网格 F，并在每隔 d 时间扩展一次。该算法基于污染区域的恒定路径，并保持连通性直到完全清洁完区域。在满足任务完成条件之前，每架无人机都要经过以下命令序列。伪代码在算法 17 中给出。

算法17 清洁算法

1. 每架无人机在当前时间计算其目的地。

2. 每架无人机计算是否应该优先考虑位于同一顶点的另一架无人机,并希望飞行到同一目的地。

3. 当两架或多架无人机位于同一顶点并希望朝同一方向飞行时,首先进入顶点的无人机离开顶点,而其他无人机等待。

4. 在实际飞行之前,每架获得移动许可的无人机现在必须局部同步与相邻无人机的飞行,避免同时飞行损坏该区域的连接。

5. 当无人机不被任何其他智能体延迟时,它执行其所需的飞行。

备注119 如果条件发生变化,则任何等待的无人机可能会再次被激活。有关详细信息,请见参考文献[7]。

覆盖控制 无人机在任意维度上运动的3个相关问题是:覆盖、搜索和导航。无人机被要求在未知环境中完成一项与运动相关的任务,无人机在导航过程中学习该任务的几何结构[20]。在标准覆盖控制问题中,无人机团队的目标是逐步达到一种配置,其中可以通过选择智能体位置$\lim_{t\to\inf}p_i(t)$;$i\in[n]$ 最小化下列性能度量,该度量捕获特定事件覆盖质量:

$$E_n(p) = E\left[\min_{i\in[n]}f(\|p_i - Z\|)\right] \tag{3-60}$$

其中$f:\mathbb{R}_{\geq0}\to\mathbb{R}_{\geq0}$是增加的连续可微函数;随机变量$Z$表示在工作空间中发生感兴趣事件的位置。为了解释式(3-60),位置π处的无人机在位置z处服务事件的成本由$f(\|p_i - Z\|)$测量,并且事件必须由距该事件位置最近的无人机服务。例如,在监控应用中,$f(\|p_i - Z\|)$可以通过距事件发生点的距离来测量检测性能的下降。在飞行器路径问题中,这个成本可能是无人机前往事件位置所花费的时间,即$f(\|p_i - Z\|) = \|p_i - Z\|/v$,假设连续事件之间有足够的时间[56]。通常,分区是为了优化成本函数,该函数衡量在所有区域内提供服务的质量。基于多机器人的网络分区和覆盖控制算法都建立在Lloyd算法基础上,Lloyd算法通过**中心校正和分区**来选择最优量化器。算法14中给出了基本的伪代码。还有基于**市场原则**或拍卖的多智能体分区算法。分布式Lloyd方法围绕单独的分区和中心校正步骤进行构建[29]。

时变图的航路点覆盖 动态图代表无人机的高动态网络。考虑动态地图访问问题(DM-VP),其中一组无人机必须在无人机导航过程中遇到快速变化且不可预测的环境变化时,可以尽快访问一组关键位置。DMVP将高动态图或**时变图**(TVG)的公式应用于图导航问题。在考虑动力学的动态地图访问问题时,有许多方法可以用来约束或建模。动力学可以是确定性的或随机的。确定性方法也适用于某些变化可预测的情况,但地图必须一直连接。事实上,为了实现完整的地图访问,每个关键位置最终都必须能够到达。然而,在无人机应用环境中的任何给定时间内,航路点图都可能被断开。有3类时变图对边动态施加约束:边最终必须重新出现;边必须在某个时间限制内出现;边外观是周期性的。事实证明,这些分类对于时变图分类法至关重要。

定义120 动态图是五元组$G = (V, E, \tau, \rho, \Xi)$,其中$\tau\subset T$是系统的生命周期,存在函数$\rho(e, t) = 1$表示边$e\in E$在时间$t\in\tau$上可用,延迟函数$\Xi(e, t)$给出了从时间$t$开始跨越$e$所需的时间。图$G = [V, E]$被称为$G$的底层图,其中$|V| = n$。

离散案例中$T = N$,且边缘无向,所有边在所有时间内始终具有均匀的路径成本$\Xi = 0(e, t) = 1$。

如果智能体 a 在 u 处，并且边 (u, v) 在时间上可用，则智能体 a 可以在此刻采用 (u, v) 来表示，在时间 $\tau+1$ 上访问 v。在遍历 G 的过程中，两次访问并覆盖顶点。TVG 的时态子图是将 G 的寿命 τ 限制为某个 $\tau' \subset \tau$ 的结果。静态快照是时态子图，其中每条边的可用性不会改变，即边是静态的。

定义 121　$J = \{(e_1, t_1), \cdots, (e_k, t_k)\}$ 是 journey $\Leftrightarrow \{e_1, \cdots, e_k\}$ 在 G 中的路径（称为 J 的底层路径），$\rho(e_i, t_i)$ 和 $t_{i+1} \geqslant t_i + \Xi(e_i, t_i)$ 代表所有的 $i \leqslant k$。J 的**拓扑长度为** k，即为路径的边数；时间长度是路径的持续时间：（到达日期）－（出发日期）。

问题 122　给定动态图 G 以及在 G 中的 k 个智能体的起始位置 S，时变图中最重要的覆盖或**动态地图访问问题**（DMVP）是从时间 0 开始为 k 个智能体寻找路径，使得 V 中的每个节点都处于某架无人机的路径中，并且所有 k 路径中的最大时间长度被最小化。决策变量询问是否可以找到这些路径，以便在 t 时间段之后没有路径结束。令 $T = \sum_{i=1}^{m} t_i$。

对于 DMVP 最小化问题 (G, S) 和相应的决策问题 $(G; S; t)$，输入被视为图 G_i 的序列，每个图 G_i 表示一个邻接矩阵，具有相关的整数持续时间 t，即 $G = (G_1, t_1), (G_2, t_2), \cdots, (G_m, t_m)$，其中 G_1 最初出现在时间零点[1]。

由于多无人机持续覆盖不同于静态和动态覆盖，环境覆盖持续下降，因此无人机必须不断移动以保持所需水平，即需要重复和冗余操作。在这种情况下，任务通常无法完成。动态覆盖由移动传感器网络的使用情况和传感器的一致移动性来决定。当传感器移动时，在开始被发现的位置将在以后被覆盖；因此，随着时间的推移，一个更大的区域将被覆盖，移动传感器现在可以检测到固定传感器网络中漏检的入侵者。

备注 123　多智能体持续监控与动态覆盖的主要区别在于，当所有点都达到满意的覆盖水平时，动态覆盖任务就完成了，而持续监控将永远持续下去。

覆盖水平可以被视为测量的质量。从这个意义上说，持续覆盖通常被视为持续监视或环境监测，尤其是使用无人机时。这种方法更加动态、灵活，适用于多源定位，但需要解决许多具有挑战性的技术问题，如所有飞行器的续航能力、规划、协调、通信、合作和导航[11]。持续覆盖问题的解决方案旨在得到适用于无限时间的结果。在参考文献 [66] 中，由于分布式系统需要离散通信，因此该问题需要在离散时间内解决。无人机形成由通信图 $G^{com}(k) = (V(k), E(k))$ 定义的网络。图的顶点 $V(k)$ 是时间 $k \geqslant 1$ 时无人机 $i(i = 1, \cdots, N)$ 的位置 $p_i(k) \in Q$。如果 $\|p_i(k) - p_j(k)\| \leqslant r^{com}$，则边 $(i, j) \in E(k)$，其中 r^{com} 是通信半径，即两架无人机之间的最大通信距离。无人机 i 在 k 瞬间相邻的无人机是 $N_i(k) = \{j = 1, \cdots, N; (i, j) \in E(k)\}$。环境、覆盖函数或全局地图的覆盖范围用时变路段 $Z(q, k)$ 建模。

问题 124　**持续覆盖**：设 $Q \subset \mathbb{R}^2$ 是一个有界环境，由一组 N 架无人机协同进行持续覆盖，假设其完整性：

$$p_i(k) = p_i(k-1) + u_i(k-1) \quad \text{其中} \|u_i(k)\| \leqslant u^{max}$$

无人机协同的目标是保持所需的覆盖水平 $Z^*(q) > 0(\forall q \in Q)$。每个时刻 k 的覆盖函数由式（3-61）给出：

$$Z(q, k) = d(q) Z(q, k-1) + \alpha(k) \tag{3-61}$$

其中 $0 < d(q) < 1$ 是衰减增益。无人机增加了覆盖范围的值 $\alpha(k)$。

第一步中，对于每次通信时间 k，每架无人机生成到通信的映射 $Z_i^{com}(k)$：

$$Z_i^{com}(k) = \mathrm{d}Z_i(k) + \alpha_i(k) \tag{3-62}$$

每架无人机将其地图发送给相邻无人机。利用该信息，执行更新的第一步，将地图分成两部分：覆盖区域 $\Omega_i(k)$ 和地图的其余部分。无人机根据以下内容更新每个地区：

$$Z_i^-(k) = Z_i^{com}(k) + \sum_{j \in N_i(k)} \left(\max \left(Z_j^{com}(k) - \mathrm{d}Z_i(k-1), 0 \right) \right) \quad \forall q \in \Omega_i(k) \tag{3-63}$$

$$Z_i^-(k) = \max \left(Z_i^{com}(k), \mathrm{d}Z_i(k-1) \right) \quad \forall q \notin \Omega_i(k)$$

为了抵消估计误差，执行第二个更新步骤。首先，每架无人机提取其覆盖区域内与另一架无人机重叠的区域，然后将该区域中的覆盖功能发送给相邻的无人机：

$$\beta_i(k) = \beta_i(q, p_i(k)) = \alpha_i(q, p_i(k)) \quad \forall q \in \Omega_i^0(k) \tag{3-64}$$

其中 $\Omega_i^0(k) = \{ q \in \Omega_i(k) \cup \Omega_j(k) \mid j \in N_i(k) \}$ 是无人机 i 与相邻无人机的重叠区域。无人机与相邻无人机交换重叠的信息，接收无人机进行最终更新。

$$Z_i(k) = \begin{cases} Z_i^-(k) & \forall q \in \Omega_i(k) \\ Z_i^-(k) - \max_{j \in N_i(k)} b_j(k) + \sum_{j \in N_i(k)} \beta_j(k) & \forall q \notin \Omega_i(k) \end{cases} \tag{3-65}$$

最后一步添加未考虑的贡献，并结束估计，如算法 18 所示。

算法 18 本地地图更新

1. 计算地图并与 $Z_i^{com}(k)$ 使式（3-62）进行通信
2. 与相邻无人机通信地图
3. 用式（3-63）更新本地地图 $Z_i^-(k)$
4. 使用式（3-64）提取重叠的信息 $\beta(q, p_i(k))$
5. 与相邻无人机通信区域
6. 用式（3-65）更新本地地图 $Z_i(k)$

可以考虑在大城市使用无人机监控道路交通。通常，受航程限制，无人机只能在空中停留有限的时间。交通事件（如拥堵）往往具有很强的局部相关性。即如果交叉口处的车辆密度较高，则附近交叉口的情况也可能相同。因此，按照路网的拓扑结构依次访问交叉口能提供少量的增量信息。由于无人机不限于沿道路行驶，因此设计路线（不一定是相邻路线）后，在交叉口可以提高单位行驶距离内的总体交通信息。在这样的设置下，自然会出现以下问题：如何规划无人机的最佳路径以便最大化每次飞行收集的交通信息？由于空间和时间的变化，这些领域可能是高度复杂和动态的。然而，在涉及大空间域的应用中，底层空间域通常不会改变。观测允许在以下前提下工作：尽管整个区域可能随时间发生显著变化，但附近的节点大多具有时不变的空间相关性。利用这些相关性，在任意给定时间内都可以利用相邻的节点值推断确定节点处的邻域值[104]。

在参考文献 [80] 中，多飞行器采样算法用于产生非平稳时空场的非均匀覆盖轨迹，该非平稳时空场具有不同的时空去相关度。采样算法使用非线性坐标变换，该变换使得区域在局部平稳，以使现有的多无人机控制算法能够提供均匀的覆盖范围。当变换回原始坐标时，采样轨迹集中在小时空去相关度的区域中。采用二维规划器，使用单独处理的多个二维层来近似三维结构。

连续目标覆盖　非凸环境协调算法的设计需要解决信号衰减或由障碍物导致的能见度损失等问题。不同种类的传感装置已被分类为欧几里得/测地足迹（非可见性）和可见度传感器。将非凸域转换为星域是最早的技术之一，通过反变换可以获得无人机的真实轨迹。对于非凸环境的基于边界的探索，后者被转换为星形区域。此外，还提出了一种基于 Lloyd 算法的解决方案，以及在凹形环境中部署一组节点的路径规划方法。然而，这种方法并不是对所有类型的环境都有效，因为它最大化了允许环境凸面外壳的覆盖，而不是环境本身的覆盖。在另一个解决方案中，每架无人机在由其他无人机或障碍物接收的排斥力所确定的方向上移动。然而，该控制方案可能导致次优拓扑。这一事实促使将吸引力结合到相应的 Voronoi 单元质心中。测地线 Voronoi 图允许在非凸环境中部署。该算法假定传感性能随测地线的平方值而下降，而不是欧几里得距离。在另一个控制策略中，假设每个节点移动到其测地 Voronoi 单元的几何质心在环境边界上的投影，感兴趣的区域被认为是未知的，因此**熵度量**被用作密度函数，允许节点同时探索和覆盖该区域。然而，在非凸环境的区域覆盖领域，引入了基于可见性的 Voronoi 图，一组具有无限范围、全方位能见度传感器的无人机实现了基于 Lloyd 的算法。这一问题的三维案例也适用于装备了无限传感范围及全方位能见度传感器的无人机团队。协调同构无人机群的非光滑优化技术通过最小化检测的不确定性进行集群控制，其中基于能见度的传感器性能与距离的平方成反比[48]。

分区环境覆盖　无人机网络的分布式区域分区问题包括设计单独的控制和通信律，并将空间划分为多个区域。通常，分区优化了成本函数，该函数用于度量团队提供的服务质量。覆盖控制还可以优化无人机在一个区域内的定位。可以通过分布式覆盖控制算法，优化无人机团队在以图表示的环境中服务请求的响应时间。最优性是根据成本函数定义的，它取决于无人机的位置和图中的测地距离。与所有多无人机协调应用一样，挑战来自减少通信需求：所提出的算法需要会话通信，即异步和不可靠的成对通信[28]。

问题 125　给定离散化环境中一个由 N 个传感器且通信能力有限的无人机组成的团队，将环境划分为更小的区域，并为每个智能体分配一个区域。目标是优化覆盖质量，它通过成本函数来衡量，该成本函数取决于当前分区和智能体的位置。

无人机部署和环境分区的覆盖算法可以描述为分区空间上的动态系统。Lloyd 算法的**校正中心和分区**是解决设施位置和环境分区问题的一种方法。Lloyd 算法是用质心 Voronoi 分区计算一类重要目标函数（称为多中心函数）的最优配置。

定义 126　Q 的 N 分区由 $v(v_i)_{i=1}^N$ 表示，该分区是 Q 的 N 个子集的有序集合，具有以下属性：

（1）　$\bigcup\limits_{i\in\{1,\cdots,N\}} v_i = Q$。

（2）　对于 $i \neq j$ 的所有 $i, j \in \{1, \cdots, N\}$，$int(v_i) \bigcap int(v_j)$ 为空。

（3）　每组 $v_i(i \in \{i=1, \cdots, N\})$ 都是封闭且内部非空。

Q 的 N 分区集合由 V_N 表示。

定义 127　设 Q 是一个完全有序的集合，而 $p_i \in C$ 的广义质心定义为：

$$Cd(p_i) = \min\left\{\operatorname*{argmin}_{i=1,\cdots,N} H_1(h, p_i)\right\} \tag{3-66}$$

其中 $H_1(h, p_i)$ 单中心函数，定义为：

$$H_1(h, p_i) = \sum_{k \in p_i} d_{p_i}(h, k)\phi_k \qquad (3\text{-}67)$$

其中 ϕ_k 是有界正权函数。

设 $p = (p_1, \cdots, p_N) \in Q^N$ 表示 N 架无人机在环境 Q 中的位置。给定一组 N 架无人机和 N 个分区，每架无人机与一个分区对应；v_i 是无人机 $i(i \in \{1, \cdots, N\})$ 的优势区域。在 Q 上，密度函数被定义为有界可测量的正函数，并且有如下特征：$Q \to \mathbb{R}_{\geqslant 0}$、存在具有局部 Lipschitz 条件的性能函数、单调递增、$f: \mathbb{R}_{\geqslant 0} \to \mathbb{R}_{\geqslant 0}$ 为凸函数。有了这些概念，中心函数定义为：

$$H_{\text{multicenter}(v,p)} = \sum_{i=1}^{N} \int_{v_i} f(\|p_i - q\|)\phi(q)\,dq \qquad (3\text{-}68)$$

该函数定义明确，因为闭集是可测量的。必须相对于分区 v 和位置 p 最小化目标函数 $H_{\text{multicenter}}$。

备注 128 基于 Lloyd 算法的分布式覆盖律具有一些局限性：它只适用于在 Delaunay 图的边上具有同步可靠通信的无人机网络。

为了生成 Delaunay 图，在计算域的边界上选择一些代表点。对于这组给定的边界点，二维情况下存在唯一的三角剖分，三维情况下存在四面体网络。以这种方式生成的网格被定义为给定移动网格问题的 Delaunay 图，该图涵盖了给定配置的整个计算域以及内部元素。这种三角剖分或四面体化是独特的，该方法可以最大化三角形或四面体的最小角度。Delaunay 图粗糙地提供从给定边界点到非结构化网格的唯一映射。所有无人机存在预定的通用通信时间表，在双向通信中，无人机必须同时且可靠地传送其位置，可能会出现以下问题：

（1）是否可以通过异步、不可靠和延迟通信来优化无人机的位置和环境分区？

（2）如果通信模型是 Gossip 智能体（即只有一对无人机可以随时通信），那么模型怎么办？

有一种**基于分区的会话**方法，在这种方法中，机器人的位置基本上不起作用，而是像算法 19 那样迭代更新优势区域。当具有不同质心的两个智能体进行通信时，它们的优势区域演变如下：两个优势区域的并集通过超平面将两个质心之间的段二等分地划分为两个新的优势区域[21]。

算法 19 Gossip 覆盖算法

对于所有 $t \in \mathbb{Z}_{\geqslant 0}$，每个智能体 $i(i \in 1, \cdots, N)$ 在内存中保存优势区域 $v_i(t)$。集合 $(v_1(0), \cdots, v_N(0))$ 是 Q 的任意多边形的 N 个分区。在每个 $t \in \mathbb{Z}_{\geqslant 0}$ 处，通过确定性或随机过程来选择一对通信区域 $v_i(t)$ 和 $v_j(t)$。每个智能体 $k(k \notin i, j)$ 设置 $v_k(t+1) := v_k(t)$。智能体 i 和 j 执行以下任务：

1. 智能体 i 向智能体 j 发送其优势区域 $v_i(t)$，反之亦然
2. 两个智能体都计算质心 $C_d(v_i, (t))$ 和 $C_d(v_j(t))$
3. if $C_d(v_i(t)) = C_d(v_j(t))$，then
4. $v_i(t+1) := v_i(t)$ 和 $v_j(t+1) := v_j(t)$
5. else
6. $v_i(t+1) := (v_i(t) \cup v_j(t)) \cup H_{\text{bisector}}(C_d(v_i(t)); C_d(v_j(t)))$
7. $v_j(t+1) := (v_i(t) \cup v_j(t)) \cup H_{\text{bisector}}(C_d(v_j(t)); C_d(v_i(t)))$

检测覆盖漏洞　可以构建 Delaunay 三角剖分以发现网络的拓扑属性。Delaunay 三角剖分是计算几何中的一个重要数据结构，它满足空心圆准则：对于 Delaunay 三角剖分中的每一边，可以在不封闭其他点的情况下确定通过该侧端点的圆[62]。提出检测和定位覆盖漏洞的方法包括 4 个阶段。

1. **检测覆盖漏洞**：每个节点根据漏洞检测算法检测周围是否存在覆盖漏洞。

2. **合并覆盖漏洞**：可以提供漏洞的合并方法，以通过指示孤立的覆盖漏洞的位置和形状来呈现覆盖漏洞的全局视图。

3. **局部覆盖漏洞的大小估计**：内切的空心圆用于估计每个局部覆盖漏洞的大小。

4. **树形描述**：对于每个孤立的覆盖漏洞，线段用于连接每对内切空心圆的中心。如果可以识别分离的树，则可以专门确定包含树的相应覆盖漏洞。

概率方法　设 S 是表示无人机需要访问的潜在位置的节点集合。在每个问题实例中，只需要访问属于子集的节点，需要访问集合的概率由 $p(s)$ 给出。如果先验路径 τ 可用，则 $L_\tau(s)$ 表示路径的长度，其中根据先验路径的顺序访问 S 中的所有节点，跳过不需要访问的节点，$E[L_\tau(s)]$ 表示先验路径 τ 的预期长度。

$$E[L_\tau(s)] = \sum_{s \in S} p(s) L_\tau(s) \tag{3-69}$$

$E[L_{PTSP}] = \min_\tau [E[L_\tau]]$ 表示最佳先验路径的预期长度；$L_{TSP}(s)$ 表示 S 中节点上的最佳 TSP 的长度；$E[\sum]$ 表示使用重优化技术产生的预期路径长度，其中在问题实例已知之后产生最佳 TSP 路径：

$$E\left[\sum\right] = \sum_s p(s) L_{TSP}(s) \tag{3-70}$$

n 个节点最优概率旅行商问题已有相应的解决方案，该方案是一个先验路径，其中，参数 $\beta > 1$。根据先验路径中的命令及覆盖概率，节点是聚类在一起的。聚类算法的伪代码见算法 20，其中 $G_i(i=1, \cdots, m)$ 代表第 i 个获得的队伍；然后为团队成员分配路径，其中中间位置的 $Y_1, Y_2, \cdots, Y_M$ 是 $G_1, G_2, \cdots, G_M$ 的代表；Christofides 启发式方法用在所有代表 Y_1, $Y_2, \cdots, Y_M$ 的设计路径中。Christofides 启发式方法依靠最小生成树进行开发，最终解决匹配问题。最后将每一个节点关联到其代表上并形成一个回路，或在每一个小组中使用算法 12 与算法 20 设计先验路径。

算法 20　聚类算法

1. 设 $m = \max\left\{\left\lfloor \dfrac{\sum_i p_i}{\beta} \right\rfloor, 1\right\}$，其中地板函数 $\lfloor x \rfloor$ 表示不超过 x 的最大整数。

2. 如果 $\sum_i p_i \leq \beta$，则所有节点都聚集在一个组中，否则请按照步骤 3 进行操作。

3. 选择 k 个节点直到 $\sum_i p_i \leq \dfrac{1}{m} \sum p_i$ 和 $\sum_{i=1}^{j} p_i \geq \dfrac{1}{m} \sum_{i=1}^{j} p_i$。如果 $\sum_{i=1}^{j} p_i \geq \dfrac{1}{m} \sum_{i=1}^{j} p_i$，则 X_j 被分割为两个节点 X_j'、X_j''，X_k' 的覆盖概率为 $\dfrac{1}{m} \sum_i p_i - \sum_{i=1}^{j-1} p_i$，而 X_k'' 的覆盖概率为 $\dfrac{1}{m} \sum_{i=1}^{j} p_i - \sum_i p_i$。重复此过程，直到获得 m 组节点。

3.5 结论

本章的第一部分介绍了旅行商问题、(中国和农村) 邮递员问题及背包问题等运筹学的基础知识。这些方法是定向运动和覆盖任务的基础。

本章的第二部分将无人机定向运动问题概括为旅行商问题和背包问题。这是无人机在兴趣点上的路径问题。

本章的第三部分介绍了覆盖任务的基本思想。它是如何使用一个或多个带有不同传感器组的无人机覆盖给定栅栏/边界/区域中的所有点。

参考文献

[1] Aaron, E.; Krizanc, D.; Meyerson, E.: *DMVP: foremost waypoint coverage of time-varying graphs*, In International Workshop on Graph-Theoretic Concepts in Computer Science, Springer International Publishing, pp. 29-41, 2014.

[2] Abdollahzadeh, S.; Navimipour, N. J.: *Deployment strategies in the wireless sensor network: A comprehensive review*, Computer Communications, vol. **91**, pp. 1-16, 2016.

[3] Acevedo, J. J.; Arrue, B. C.; Maza, I.; Ollero, A.: *Distributed approach for coverage and patrolling missions with a team of heterogeneous aerial robots under communication constraints*, International Journal of Advanced Robotic Systems, vol. **10**, pp. 1-13, 2013.

[4] Acevedo J.J., Arrue B.C., Diaz-Banez J.M., Ventura I., Maza I., Ollero A.: *One-to one coordination algorithm for decentralized area partition in surveillance missions with a team of aerial robots*, Journal of Intelligent and Robotic Systems, vol. **74**, pp. 269-285, 2014.

[5] Al-Helal, H.; Sprinkle, J.: *UAV search: Maximizing target acquisition*, In 17th IEEE International Conference and Workshops on Engineering of Computer Based Systems, pp. 9-18, 2010.

[6] Alejo, D.; Cobano, J. A.; Heredia, G.; Ollero, A.: *Collision-free Trajectory Planning Based on Maneuver Selection-Particle Swarm Optimization*, In IEEE International Conference on Unmanned Aircraft Systems, pp. 72-81, 2015.

[7] Altshuler, Y.; Bruckstein, A. M: *Static and expanding grid coverage with ant robots: complexity results*, Theoretical Computer Science, vol. **41**, pp. 4661–4674, 2011.

[8] Arezoumand, R.; Mashohor, S.; Marhaban, M. H.: *Efficient terrain coverage for deploying wireless sensor nodes on multi-robot system*, Intelligent Service Robotics, vol. **9**, pp. 163-175, 2016.

[9] Arslan, O.; Koditschek, D. E.: *Voronoi-based coverage control of heterogeneous disk-shaped robots*, In IEEE International Conference on Robotics and Automation, pp. 4259-4266, 2016.

[10] Bakolas, E.; Tsiotras, P.: *The Zermelo-Voronoi diagram, a dynamic partition problem*, Automatica, vol. **46**, pp. 2059-2067, 2012.

[11] Bayat, B.; Crasta, N.; Crespi, A.; Pascoal, A. M.; Ijspeert, A.: *Environmental monitoring using autonomous vehicles: a survey of recent searching techniques*, Current Opinion in Biotechnology, vol. **45**, pp. 76-84, 2017.

[12] Berger, J.; Lo, N.: *An innovative multi-agent search-and-rescue path planning approach*, Computers and Operations Research, vol. **53**, pp. 24-31, 2015.

[13] Bernard, M.; Kondak, K.; Maza, I.; Ollero, A.: *Autonomous transportation and deployment with aerial robots for search and rescue missions*, Journal of Field Robotics, vol. 28, pp. 914-931, 2011.

[14] Bernardini, S.; Fox, M.; Long, D.: *Combining temporal planning with probabilistic reasoning for autonomous surveillance missions*, Autonomous Robots, pp. 1-23, 2015.

[15] Bertuccelli, L. F.; Pellegrino, N.; Cummings, M. L.: *Choice modeling of relook tasks for UAV search missions*, In American Control Conference (ACC), pp. 2410-2415, 2010.

[16] Bertsimas, D.; VanRyzin, G.: *The Dynamic Traveling Repairman problem*, MIT Sloan paper 3036-89-MS, 2011.

[17] Bestaoui Sebbane, Y.: *Planning and decision making of aerial robots*, Springer, 2014.

[18] Bircher, A.; Kamel, M.; Alexis, K.; Burri, M.; Oettershagen, P.; Omari, S.; Mantel, T.; Siegwart, R.: *Three dimensional coverage path planning via viewpoint resampling and tour optimization for aerial robots*, Autonomous Robots, vol. **40**, pp. 1059-1078, 2016.

[19] Breitenmoser, A.; Schwager, M.; Metzger, J. C.; Siegwart, R.; Rus, D.: *Voronoi coverage of non-convex environments with a group of networked robots*, In IEEE International Conference on Robotics and Automation, pp. 4982-4989, 2010.

[20] Brown Kramer, J.; Sabalka, L.: *Multidimensional Online Robot Motion*, arXiv preprint arXiv:0903.4696, 2009.

[21] Bullo, F.; Carli, R.; Frasca, P.: *Gossip coverage control for robotic networks: Dynamical systems on the space of partitions*, SIAM Journal on Control and Optimization, vol. **50**, pp. 419-447, 2012.

[22] Cheng, C. F.; Tsai, K. T.: *Encircled Belt-Barrier Coverage in Wireless Visual Sensor Networks*, Pervasive and Mobile Computing, http://doi.org/10.1016/j.pmcj.2016.08.005, 2017.

[23] Choset, H.: *Coverage of known spaces: the Boustrophedon cellular decomposition*, Autonomous Robots, vol. **9**, pp. 247-253, 2000.

[24] Cotta, C.; Van Hemert, I.: *Recent advances in evolutionary computation for combinatorial optimization*, Springer, 2008.

[25] Czyzowicz, J.; Kranakis, E.; Krizanc, D.; Narayanan, L.; Opatrny, J.: *Optimal online and offline algorithms for robot-assisted restoration of barrier coverage*, In International Workshop on Approximation and On-line Algorithms, Springer International Publishing, pp. 119-131, 2014.

[26] Dille, M.; Singh, S.: *Efficient aerial coverage search in road networks*; In AIAA Guidance, Navigation, and Control (GNC) Conference, p. 5094-5109, 2013.

[27] Ding, H.; Castanon, D.: *Fast algorithms for UAV tasking and routing*, In IEEE Conference on Control Applications (CCA), pp. 368-373, 2016.

[28] Durham, J. W.; Carli, R.; Bullo, F.: *Pairwise optimal discrete coverage control for gossiping robots*, In 49th IEEE Conference on Decision and Control, pp. 7286-7291, 2010.

[29] Durham, J. W.; Carli, R.; Frasca, P.; Bullo, F.: *Discrete partitioning and coverage control for gossiping robots*, IEEE Transactions on Robotics, vol. **28**, pp. 364-378, 2012.

[30] Enright, J.J.; Savla, K.; Frazzoli, E.; Bullo, F.: *Stochastic routing problems for multiple UAV*, AIAA Journal of Guidance, Control and Dynamics, vol. **32**, pp. 1152-116, 2009.

[31] Evers, L.; Dollevoet, T.; Barros, A. I.; Monsuur, H.: *Robust UAV mission planning*, Annals of Operations Research, vol. **222**, pp. 293-315, 2014.

[32] Evers, L.; Barros, A. I.; Monsuur, H.; Wagelmans, A.: *Online stochastic UAV mission planning with time windows and time-sensitive targets* European Journal of Operational Research, vol. **238**, pp. 348-362, 2014.

[33] Frederickson, G.; Wittman, B.: *Speedup in the traveling repairman problem with unit time window*, DOI arXiv:0907.5372 [cs.DS], 2009.

[34] Furini, F.; Ljubic, I.; Sinnl, M.: *An Effective Dynamic Programming Algorithm for the Minimum-Cost Maximal Knapsack Packing Problem*, European Journal of Operational Research, doi: 10.1016/j.ejor.2017.03.061, 2017.

[35] Galceran, E.; Carreras, M.: *A survey on coverage path planning for robotics*, Robotics and Autonomous Systems, vol. **61**, pp. 1258-1276, 2013.

[36] Galceran, E.; Campos, R.; Palomeras, N.; Ribas, D.; Carreras, M.; Ridao, P.: *Coverage path planning with real time replanning and surface reconstruction for inspection of three dimensional underwater structures using autonomous underwater vehicles*, Journal of Field Robotics, vol. **32**, pp. 952-983, 2015.

[37] Gao, C.; Zhen, Z.; Gong, H.: *A self-organized search and attack algorithm for multiple unmanned aerial vehicles. Aerospace Science and Technology*, vol. **54**, pp. 229-240, 2016.

[38] Garzon, M.; Valente, J.; Roldan, J. J.; Cancar, L.; Barrientos, A.; Del Cerro, J.: *A multirobot system for distributed area coverage and signal searching in large outdoor scenarios*, Journal of Field Robotics, vol. **33**,

pp. 1096-1106, 2016.

[39] Goel, A., Gruhn, V.: *A general vehicle routing problem*, European Journal of Operational Research, vol. **191**, pp. 650-660, 2008.

[40] Guha, S.; Munagala, K.; Shi, P.: *Approximation algorithms for restless bandit problems*, Journal of the ACM, vol. **58**, DOI 10.1145/1870103.1870106, 2010.

[41] Gusrialdi, A.; Hirche, S.; Hatanaka, T.; Fujita, M.: *Voronoi Based Coverage Control with Anisotropic Sensors*, 53rd, In Proceedings of American Control Conference, Seattle, pp. 736-741, 2008.

[42] Hazon, N.; Gonen, M.; Kleb, M.: *Approximation and Heuristic Algorithms for Probabilistic Physical Search on General Graphs*, arXiv preprint arXiv:1509.08088, 2015.

[43] Howlett J.K., McLain T., Goodrich M.A.: *Learning real-time A* path planner for unmanned air vehicle target sensing*, AIAA Journal of Aerospace Computing, Information and Communication, vol. **23**, pp. 108-122, 2006.

[44] Huang, Z.; Zheng, Q. P.; Pasiliao, E. L.; Simmons, D.: *Exact algorithms on reliable routing problems under uncertain topology using aggregation techniques for exponentially many scenarios*, Annals of Operations Research, vol. 249, pp. 141-162, 2017.

[45] Itani, S.; Frazzoli, E.; Dahleh, M. A.: *Dynamic traveling repair-person problem for dynamic systems*, In IEEE Conference on Decision and Control, pp. 465-470, 2008.

[46] Jung, S.; Ariyur, K. B.: *Enabling operational autonomy for unmanned aerial vehicles with scalability*, AIAA Journal of Aerospace Information Systems, vol. **10**, pp. 517-529, 2013.

[47] Kalra, N.; Martinoli, A.: *Optimal multiplicative Bayesian search for a lost target*, In Distributed Autonomous Robotic Systems, Springer Japan, pp. 91-101, 2006.

[48] Kantaros, Y.; Thanou, M.; Tzes, A.: *Distributed coverage control for concave areas by a heterogeneous robot swarm with visibility sensing constraints*, Automatica, vol. **53**, pp. 195-207, 2015.

[49] Ke, L.; Zhai, L.; Li, J.; Chan, F. T.: *Pareto mimic algorithm: An approach to the team orienteering problem*, Omega, vol. **61**, pp. 155-166, 2016.

[50] Kerkkamp, R. B. O.; Aardal, K.: *A constructive proof of swap local search worst-case instances for the maximum coverage problem*, Operations Research Letters, vol. **44**, pp. 329-335, 2016.

[51] Klein, R.; Kriesel, D.; Langetepe, E.: *A local strategy for cleaning expanding cellular domains by simple robots*, Theoretical Computer Science, vol. **605**, pp. 80-94, 2015.

[52] Kriheli, B.; Levner, E.: *Optimal Search and Detection of Clustered Hidden Targets under Imperfect Inspections*, IFAC Proceedings Volumes,

vol. **46**, pp. 1656-1661, 2016.

[53] Kumar, G. P.; Berman, S.: *The probabilistic analysis of the network created by dynamic boundary coverage*, arXiv preprint arXiv:1604.01452, 2016.

[54] Lalish, E., Morgansen, K. A.: *Distributed reactive collision avoidance*, Autonomous Robots, vol. **32**, pp. 207-226, 2012.

[55] Lee, S. G.; Diaz-Mercado, Y.; Egerstedt, M.: *Multirobot control using time-varying density functions*, IEEE Transactions on Robotics, vol. **31**, pp. 489-493, 2015.

[56] Le Ny, J.; Pappas, G. J.: *Adaptive algorithms for coverage control and space partitioning in mobile robotic networks*, arXiv preprint arXiv:1011.0520, 2010.

[57] Le Ny, J.; Feron, E.; Frazzoli, E.: *On the Dubins Traveling salesman Problem*, IEEE Transactions on Automatic Control, vol. **57**, pp. 265–270, 2012.

[58] Leonard, N. E.; Olshevsky, A.: *Nonuniform coverage control on the line*, IEEE Transactions on Automatic Control, vol. **58**, pp. 2743-2755, 2013.

[59] Liu, L.; Zlatanova, S.: *An Approach for Indoor Path Computation among Obstacles that Considers User Dimension*, ISPRS International Journal of Geo-Information, vol. **4**, pp. 2821-2841, 2015.

[60] Lu, X.: *Dynamic and stochastic routing optimization: algorithmic development and analysis*, PhD thesis, Univ. of California, Irvine, 2001.

[61] Mufalli, F., Batta, R.; Nagi, R.: *Simultaneous sensor selection and routing of UAV for complex mission plans*, Computers and Operations Research, vol. **39**, pp. 2787–2799, 2012.

[62] Nourani-Vatani, N.: *Coverage algorithms for under-actuated car-like vehicle in an uncertain environment*, PhD Thesis, Technical University of Denmark, Lyngby, 2006.

[63] Obermeyer, K.; Oberlin, P.; Darbha, S.: *Sampling based path planning for a visual reconnaissance UAV*, AIAA Journal of Guidance, Control and Dynamics, vol. **35**, pp. 619-631, 2012.

[64] Okabe, A.; Boots, B.; Sugihara, K.; Chiu, S.N.: *Spatial tessellations: concepts and applications of Voronoi diagrams*, Wiley, 2000.

[65] Ozbaygin, G.; Yaman, H.; Karasan, O. E.: *time constrained maximal covering salesman problem with weighted demands and partial coverage*, Computers and Operations Research, vol. **76**, pp. 226-237, 2016.

[66] Palacios-Gass, J. M.; Montijano, E.; Sags, C.; Llorente, S.: *Distributed coverage estimation and control for multirobot persistent tasks*, IEEE Transactions on Robotics, vol. **32**, pp. 1444-1460, 2016.

[67] Pastor, E.; Royo, P.; Santamaria, E.; Prats, X.: *In flight contingency management for unmanned aircraft systems*, Journal of Aerospace Com-

puting Information and Communication, vol. **9**, pp. 144-160, 2012.

[68] Penicka, R.; Faigl, J., Vana, P.; Saska, M.: *Dubins Orienteering Problem*, IEEE Robotics and Automation Letters, vol. **2**, pp. 1210-1217, 2017.

[69] Pierson, A.; Schwager, M.: *Adaptive inter-robot trust for robust multi-robot sensor coverage*, In Robotics Research, Springer, pp. 167-183, 2016.

[70] Regev, E.; Altshuler, Y.; Bruckstein, A. M.: *The cooperative cleaners problem in stochastic dynamic environments*, arXiv preprint arXiv:1201.6322, 2012.

[71] Renzaglia, A.; Doitsidis, L.; Martinelli, A.; Kosmatopoulos, E.: *Multi-robot three dimensional coverage of unknown areas*, International Journal of Robotics Research, vol. **31**, pp. 738-752, 2012.

[72] Riera-Ledesma, J.; Salazar-Gonzalez, J.J.: *Solving the team orienteering arc routing problem with a column generation approach*, European journal of operational research, http://dx.doi.org/10.1016/j.ejor.2017.03.027, 2017.

[73] Sadovsky, A. V.; Davis, D.; Isaacson, D. R.: *Efficient computation of separation-compliant speed advisories for air traffic arriving in terminal airspace*, ASME Journal of Dynamic Systems, Measurement, and Control, vol. **136**, pp. 536-547, 2014.

[74] Savla, K., Frazzoli, E., Bullo, F.: *Traveling salesperson problems for the Dubbins vehicle*, IEEE Transactions on Automatic Control, vol. **53**, pp. 1378-1391, 2008.

[75] Schouwenaars, T., Mettler, B., Feron, E.: *Hybrid model for trajectory planning of agile autonomous vehicles.* AIAA Journal on Aerospace Computing, Inforation and Communication, vol. **12**, pp. 629-651, 2004.

[76] Schwertfeger, S.; Birk, A.: *Map evaluation using matched topology graphs*, Autonomous Robots, vol. **40**, pp. 761-787, 2016.

[77] Sharifi, F.; Chamseddine, A.; Mahboubi, H.; Zhang, Y.; Aghdam, A. G.: *A distributed deployment strategy for a network of cooperative autonomous vehicles*, IEEE transactions on control systems technology, vol. **23**, pp. 737-745, 2015.

[78] Smith, S.; Tumova, J.; Belta, C.; Rus, D.: *Optimal path planning for surveillance with temporal logic constraints*, International Journal of Robotics Research, vol. **30**, pp. 1695-1708, 2011.

[79] Song, C.; Liu, L.; Feng, G.; Xu, S.: *Coverage control for heterogeneous mobile sensor networks on a circle*, Automatica, vol. **63**, pp. 349-358, 2016.

[80] Sydney, N.; Paley, D. A.: *Multiple coverage control for a non stationary spatio-temporal field*, Automatica, vol. **50**, pp. 1381-1390, 2014.

[81] Tang, J.; Alam, S.; Lokan, C.; Abbass, H.A.: *A multi-objective approach for dynamic airspace sectorization using agent based and geometric models*, Transportation Research part C, vol. **21**, pp. 89-121, 2012.

[82] Tapia-Tarifa, S. L.: *The Cooperative Cleaners Case Study: Modelling and Analysis in Real-Time ABS*, MS Thesis, Department of Informatics, Univ. of Oslo, 116 pages, 2013.

[83] Temizer, S.: *Planning under uncertainty for dynamic collision avoidance*, PhD Thesis, MIT, MA, USA, 2011.

[84] Thanou, M.; Stergiopoulos, Y.; Tzes, A.: *Distributed coverage using geodesic metric for non-convex environments*, In IEEE International Conference on Robotics and Automation, pp. 933-938, 2013.

[85] Tian, J.; Liang, X.; Wang, G.: *Deployment and reallocation in mobile survivability heterogeneous wireless sensor networks for barrier coverage*, Ad Hoc Networks, vol. **36**, pp. 321-331, 2016.

[86] Tilk, C.; Rothenbacher, A. K.; Gschwind, T.; Irnich, S.: *Asymmetry matters: Dynamic Half-Way Points in Bidirectional Labeling for Solving Shortest Path Problems with Resource Constraints Faster*, European Journal of Operational Research, vol. **261**, pp. 530-539, http://dx.doi.org/10.1016/j.ejor.2017.03.017, 2017.

[87] Torres, M.; Pelta, D. A.; Verdegay, J. L.; Torres, J. C.: *Coverage path planning with unmanned aerial vehicles for 3D terrain reconstruction*, Expert Systems with Applications, vol. **55**, pp. 441-451, 2016.

[88] Toth, P.; Vigo, D.: *The Vehicle Routing Problem*, SIAM, Philadelphia, 2002.

[89] Troiani, C.; Martinelli, A.; Laugier, C.; Scaramuzza, D.: *Low computational-complexity algorithms for vision-aided inertial navigation of micro aerial vehicles*, Robotics and Autonomous Systems, vol. **69**, pp. 80-97, 2015.

[90] Tseng, K. S.; Mettler, B.: *Near-optimal probabilistic search via submodularity and sparse regression*, Autonomous Robots, vol. **41**, pp. 205-229, 2017.

[91] Tuna, G., Gungor, V. C.; Gulez, K.; : *An autonomous wireless sensor network deployment system using mobile robots for human existence detection in case of disasters*, Ad Hoc Networks, vol. **13**, pp. 54-68, 2014.

[92] Valente, J.; Del Cerro, J.; Barrientos, A.; Sanz, D.: *Aerial coverage optimization in precision agriculture management: A musical harmony inspired approach*, Computers and Electronics in Agriculture, vol. **99**, pp. 153-159, 2013.

[93] Valente, J.: *Aerial coverage path planning applied to mapping*, PhD thesis, Universidad politecnica de Madrid, 2014.

[94] VanderBerg, J. P.; Patil, S.; Alterovitz, R.: *Motion planning under uncertainty using differential dynamic programming in Belief space*, International Symposium of Robotics Research, 2011.

[95] Verbeeck, C.; Vansteenwegen, P.; Aghezzaf, E. H.: *Solving the stochastic time-dependent orienteering problem with time windows*, European Journal of Operational Research, vol. **255**, pp. 699-718, 2016.

[96] Vieira, L. F. M.; Almiron, M. G.; Loureiro, A. A.: *Link probability, node degree and coverage in three-dimensional networks*, Ad Hoc Networks, vol. **37**, pp. 153-159, 2016.

[97] Viet, H. H.; Dang, V. H.; Laskar, M. N.; Chung T. C.: *BA*: an online complete coverage algorithm for cleaning robots*, Applied Intelligence, vol. **39**, pp. 217-237, 2013.

[98] Wang, H.F.; Wen, Y.P.: *Time-constrained Chinese postman problems*, Computers and Mathematics with Applications, vol. **44**, pp. 375-387, 2002.

[99] Wang, Z.; Guo, J.; Zheng, M.; Wang, Y.: *Uncertain multiobjective traveling salesman problem*, European Journal of Operational Research, vol. **241**, pp. 478-489, 2015.

[100] Waqqas, A.: *Distributed Navigation of Multi-Robot Systems for Sensing Coverage*, PhD thesis, School of Electrical Engineering and Telecommunications, The University of New South Wales, Australia, 224 pages, 2016.

[101] Xu, A.; Viriyasuthee, C.; Rekleitis, I.: *Optimal complete terrain coverage using an unmanned aerial vehicle*, In IEEE International Conference on Robotics and Automation, pp. 2513-2519, 2011.

[102] Xu, A.; Viriyasuthee, C.; Rekleitis, I.: *Efficient complete coverage of a known arbitrary environment with applications to aerial operations*, Autonomous Robots, vol. **36**, pp. 365-381, 2014.

[103] Yazicioglu, A. Y.; Egerstedt, M.; Shamma, J. S.: *Communication-free distributed coverage for networked systems*, IEEE Transactions on Control of Network Systems, DOI: 10.1109/TCNS.2016.2518083, 2016.

[104] Yu, J.; Schwager, M.; Rus, D.: *Correlated orienteering problem and its application to persistent monitoring tasks*, IEEE Transactions on Robotics, vol. **32**, pp. 1106-1118, 2016.

[105] Zhong, M., Cassandras, C. G.: *Distributed coverage control in sensor network environments with polygonal obstacles*, IFAC Proceedings Volumes, vol. **41**, pp. 4162-4167, 2008.

CHAPTER 4

第 4 章

部署、巡察与捕获

4.1 引言

本章主要涉及通用机器人的操作问题，例如**部署**、**巡察**和**捕获**，这是机器人学、人工智能以及运筹学的核心内容。

关于部署，在已知或未知环境中设计无人机组的分布是多机器人系统的挑战之一。该问题的难点是如何平衡无人机之间的工作负载，或者说如何将环境划分为多个区域并合理地分配给无人机。目标覆盖的主要问题是通过在覆盖区域内调度和部署分布式传感器节点来完成监视和信息收集。目标覆盖的研究范围主要包括：低功耗研究、实时性研究、目标覆盖能力研究、多功能及算法的连通性研究。

关于巡察，覆盖大片地理区域的理想选择是使用大量无人机。当部署完成后，它们可以持续对环境进行覆盖。覆盖范围与无人机数量成正比。在相应无人机部署之后，控制巡察无人机相当于覆盖控制问题。

1. 在巡察整个监控范围时，无人机应该如何移动，以确保遇到最坏情况时搜索出现较小的延时？这可能只需要简单的本地策略，而不需要复杂的协议或计算来协调移动组件的运动，就可实现目标区域的完全覆盖以及较小延迟。通过仅搭载低分辨率传感器的多无人机系统执行结构化探索，可以实现对未知区域的完全覆盖。

2. 巡察单元或区域应采取哪些本地策略？**近期最少访问量（LRV）**方法是一个较好的选择，即访问完巡察无人机后，每个单元保存访问轨迹。巡察无人机策略指示它以最小的延迟移动到相邻单元。这相当于跟踪区域的访问时间[64]。

捕获代表了机器人搜索、导航、目标识别、操纵及运输相结合的复杂问题。在多机器人系统中，捕获是机器人合作研究的一个典型问题。锚定问题是机器人自动系统中符号和基于感知的过程之间的重要连接部分。锚定实际上是如何及时创建并维持的问题，即相同物体的符号与信号层表示之间的连接问题。

4.2   空中部署

部署问题应考虑特定情况（例如目标、场景、约束）及其初始位置所需的无人机数量。**部署问题**就是在使用控制策略执行任务之前需确定无人机数量以及初始位置。在不同的场景中，覆盖一个区域是部署问题的一个重要目标。在该问题中，环境被划分为多个区域，编队中的每架无人机应负责覆盖其分配区域内发生的事件。在环境已知的情况下，将无人机放置在基于简单几何结构（如三角形、正方形、菱形和六边形网格）的预定区域[81]。环境可能随时间而变化，因此必须定期重部署以重新分配无人机。**覆盖**和**连接性**是部署策略中的基本考虑因素之一。通过考虑部署策略、睡眠调度机制和可调覆盖半径，可以调查覆盖范围和连通性[106]。还可以探讨在源上执行多智能体部署问题。基于热处理偏微分方程和极值搜索方法，可以设计寻源控制算法并在源周围部署智能体组。

4.2.1   部署问题

为了衡量任何特定解决方案的性能，部署函数表示无人机在现场的分布质量。可以基于无人机的距离与环境中的点来定义这样的函数，并使其最小化。因此，部署问题可以转化为最小化问题[5]：

1. 第一类多无人机部署控制方案基于**人工势场**或**虚拟力场**。此外，可以在多移动智能体中使用基于图的非线性反馈控制规则来保证图始终连接。

2. 第二类基于共同覆盖控制方法，这通过定义关于 Voronoi 区域质心的反馈控制规则来实现。在一个领域中，一种用于优化部署无人机团队的分布式方法可以基于 Lloyd 算法。每架无人机都遵循控制规则，这是一种梯度下降算法。在非凸环境中，可以通过使用测地距离度量替代欧几里得距离来解决非凸区域问题。

4.2.1.1   部署方法

根据环境的不同，先进的部署方式分为连续设置和离散设置。预处理技术是将工作空间建模为图形式，即将部署问题转换成图分区问题。在图表示中，部署问题可以解释为 **p 中值问题**，其中将有限数量的设施分配给客户。**p 中值问题**是基本的离散定位问题。如果必须做出关于新设施位置的某些决定，则将问题分类为位置字段。一般来说，选址问题的目的或目标与新设施及其工作空间中相关元素之间的距离有关。

位置模型可以分为 3 组：连续模型、离散模型、网络模型[70]。当节点之间的距离较大时会降低通信链路的稳定性及吞吐量，并增加能耗。在传感器部署的最佳节点布置方案中，已经提出了若干种启发式方法来找到用于固定拓扑的次优解，评估在结构质量度量（例如距离和网络连接）上候选位置的质量。另一方面，一些方案提倡动态调整节点位置，由于不同的网络状态和各种外部因素，在网络运行期间，初始位置的最优性可能变得无效[103]。对于离散环境中的集中覆盖算法，可将**生成树覆盖**（STC）应用于相应的网格单元，以便对图进行分区并指导无人机覆盖环境。多目标问题可以表述为具有两个目标的混合线性整数规划，即在环境中找到部署无人机的最佳位置并最小化从初始位置到结束位置的无人机路径的长度。参考文献［92］中使用目标重叠区域与贪婪算法设计了基于目标权重的最优部署算法，实现对离散目标的最优覆盖监控，并确保节点监控网络的连通性。与二维平面的圆形覆盖模型不同，三维空间的覆盖模型选择节点位置作为球体的中心，感知距离作为球体半径。

基于 Voronoi 的覆盖控制通过梯度下降（**移动质心定律**）将部署与分配以一种固有的分布式方式独特地结合到一个效用函数中，从而最小化预期的事件感知成本，并自适应地实现质心 Voronoi 配置。具有不同传感功能的均质点无人机与异构无人机组，因依赖的**附加权重的功率广义 Voronoi 图**的不同而不同。基于 Voronoi 的覆盖控制涉及无人机的防碰撞，特别是无人机在成对分离的 Voronoi 单元中移动时，必须采用额外的避障策略。现有工作结合了覆盖控制和防碰撞，采用基于**排斥场和反向速度障碍**的启发式方法，使无人机的配置收敛到远离最佳传感器的配置；或者当无人机到达分区单元的边界时，矢量场的投影引入不连续源[10]。

任务分配的分类 协同问题是**任务分配问题**（TAP），它分配有限数量的智能体以尽可能有效地完成有限数量的任务。这个问题可以通过集中式或分布式方案来解决。单个智能体的任务分配相对简单，但是当使用分布式算法解决所有无人机之间的一致性时，就会出现困难。**基于共识的拍卖算法**（CBAA）解决了单智能体的任务分配问题，这些任务为需要单个智能体完成的任务。CBAA 允许智能体为任务进行投标，并为分布式算法的一致性管理提供了系统、无冲突的解决方案。基于一致性的捆绑算法解决了任务分配的延伸问题，即智能体排队等候将要完成的任务：单个智能体接受可用的任务，并根据当前任务队列计算每个排列方式，其中获得最高奖励的排列方式就是对该任务的出价。通过这种方式，智能体可以不断删除和修改新任务，因为当其他智能体发现可以创建更有价值的队列时也可进行出价。该算法可扩展到多智能体任务，这要求智能体在完成单个任务时进行协作[48]。

以下有用的定义来自参考文献［57］。

定义 129 任务 t 是**可分解的**，如果它可以表示为一组子任务 σ_t，则满足 σ_t 中子任务的某些指定组合（ρ_t）满足 t。满足 t 的子任务组合可以由一组关系 ρ 来表示，ρ 可以包括子任务之间的约束或需要哪个或多少个子任务的规则。（σ_t，ρ_t）也称为 t 的**分解**。

术语**分解**也可用于指代分解任务的过程。

定义 130 如果存在多个可能的 t 分解，则称任务 t 是**多重可分解的**。

定义 131 **元素（或原子）任务**是不可分解的任务。

定义 132 **可分解的简单任务**是可以分解为元素或简单子任务的任务，前提是不存在多个（智能体）可分配任务的分解。

定义 133 一个**简单任务**是元素任务或可分解的简单任务。

定义 134 **复合任务** t 是可分解为一组简单或复合子任务的任务，要求对 t 只有一个固定的完备分解，即复合任务在任何分解步骤中没有多重可分解任务。

定义 135 **复杂任务**是一个多重可分解任务，其中至少存在一个分解，即一组多智能体可分配的子任务。复杂任务分解中的每个子任务可以是简单的、复合的或复杂的。

相互依赖程度可用只具有 4 个值的变量来表示。

1. **无依赖关系**：这是简单或复合任务的分配问题，这些任务有独立的智能体 - 任务实用程序。智能体对任务的有效性不依赖于系统中的任何其他任务或智能体。

2. **计划内依赖性**：这是简单或复合任务的分配问题，任务中的智能体 - 任务实用程序具有计划内依赖性。智能体对任务的有效性取决于智能体正在执行的其他任务。约束可能存在于单个智能体计划的任务之间，或者可能影响智能体的总体计划。

3. **跨计划依赖性**：这是简单或复合任务的分配问题，任务中的智能体 - 任务实用程序具有跨计划依赖性。智能体对任务的有效性不仅取决于它自己的计划，还取决于系统中其他智能体的计划。在这个分类中，允许简单的依赖关系，因为任务分解可以在任务分配之前进行最佳预定。不同智能体计划之间可能存在约束。

4. 复杂依赖性：智能体-任务实用程序对于复杂任务可能具有计划间的依赖关系，还可能对简单或复合任务具有计划内和跨计划的依赖。智能体对任务的有效性取决于系统中其他智能体的计划，其方式由特定的任务分解来决定。因此，最优任务分解不能在任务分配之前确定，而必须与任务分配同时确定。此外，不同智能体的计划间可能存在约束。

沟通约束　协同无人机必须在不借助通信基础设施的情况下完成任务，同时保持彼此之间的通信。最初在复杂的真实环境中部署和保证移动自组网是困难的，因为两架无人机之间的通信能力可能随时间迅速变化，甚至消失。关于无人机数量及其初始位置的错误决定会极大地危害任务。使用基于集中式和随机初始部署的覆盖算法评估表明，该算法收敛速度较慢，虽然往往会导致稀疏拓扑的结果，但其总体覆盖更好。在实际情况下，需要保证系统的几个约束条件。如果网络支持多级连接，则这种约束可能会显著增加随机分布的复杂性，因为它不仅取决于通信约束，还取决于无人机的数量和自己的位置。此外，**随机部署**可能导致部署不平衡，从而增加所需的无人机数量及能源消耗。基于启发式方法的变化的分组数量和大小，可迭代地确定在允许的最大覆盖时间内覆盖部署区域的解决方案。当主要目的是在覆盖范围内分散部署无人机时，从紧凑结构开始的无人机初始部署运行效果很好。多无人机系统中的**容错性能**可以表述为**双连通性**，这意味着网络中的每对节点在它们之间至少具有两个不相交的路径。因此，任何单个节点的故障都不会对网络进行分区。双连通提供了较好的结果，还可以通过叠加互补策略（如**吸引力**、**冗余**或**传输功率自适应**）维持**移动自组网**（MANET）的连接。此外，在**无线传感器网络**（WSN）中，双连通性可以推广到多连接或 k 连通上（$k \in N$）[29]。

作为决策问题的无人机部署　该编队包括一组以单层或多层方式操作的 N 架无人机，使得每架无人机的无线电通信范围为 R。每架无人机能够处理从特定需求区域中的 K 组用户发出的连续请求。请求数量 S_r 的到达率为 λ，每个服务请求的平均数据包大小为 $\frac{1}{\mu}$。异构网络中无人机的部署模型应考虑两个方面。

1. 具有多架无人机的单层模型：无人机的数量取决于宏基站的连接数量与特定需求区域内用户的请求数量。对于单层模型，基站和需求区域之间连接的无人机数量为 $|N| = Z/R$，其中 Z 是过剩的需求区域与基站的距离，R 是半径。对于无人机和基站之间的全容量链路，$|N| = S_r/S_u$，其中 S_u 是单架无人机可以处理的服务请求的数量。

2. 每层中具有多架无人机的多层模型：考虑以海拔来区分不同层的无人机。每个基站具有有限数量的无人机。在该模型中，上层无人机充当下层无人机和基站之间的主枢纽。这些枢纽式无人机可以作为许多无人机的空中基站，该模型在无人机故障或基站发生故障时非常有用。

基于这种决策方法，基站根据用户的请求将整个区域划分为具有不同优先级的区域。用户请求的上限范围由无人机可以处理的定义在网络模型中的请求上限来确定。对于区域 A，设 A_1，A_2，$A_{|B|}$ 为生成额外用户请求的需求区域。现根据特定区域中待处理的请求数，为整个请求区域分配一个优先级，前提是待处理的请求数始终小于或等于单架无人机能支持的请求数。网络拓扑的决定完全基于优先级，不作为需求区域的部分区域将使用多层模型来处理，或者

分配若干架无人机与基站直接连接[85]。

具有特定目标函数的无人机－无人地面车辆协同定位及路径问题可以被表述为混合整数线性问题，其目的是最大化在飞行路径中通过访问点收集的总分数。这些路径起源于指定的基站，并同时确定兴趣点的访问顺序[100]。理想情况下，为了获得最低成本的任务计划，这些决策将通过单个优化问题来确定。为了解决优化问题的复杂性，给定任务参数及多阶段优化算法可以计算任务计划，其中包含每架无人机要访问的位置。

1. 在第一阶段，地面车辆的最佳部署位置问题被公式化为混合整数线性规划问题，其目的是最小化从每个地面车辆位置到相关援助请求所在地的距离总和。

2. 在第二阶段，确定地面车辆从初始位置到目的地的最佳路线，使总行驶时间最小化。确定无人机沿着援助请求位置的最佳轨迹。一旦确定了任务计划，就将航路点发送到相应的自动驾驶车辆。通过将航路点作为车辆导航的输入，在自主操作每辆车的情况下，可以实现自动部署。

4.2.1.2 部署策略

初始部署 为了降低能源成本和搜索时间，对地面无人机的初始部署及搜索后的无人机重新部署进行了调查。比较了3种具有可扩展、分散、较低计算成本及较少通信资源的策略。这些策略利用环境信息来减少不必要的运动，减少无人机之间的往返次数和干扰。

1. **线性时序增量部署**（LTID）：该策略在连续发射之间以固定的时间间隔一次部署一架无人机。发射间隔（λ）越长部署速度越慢，但减少了无人机的数量。这通过从扩展网络中获取环境信息来减少空间干扰和不必要的飞行。一旦搜索到环境的一个子区域，无人机将被重新部署，进入新的未探测区域。在重新部署之前，可能会有多架搜索无人机飞入不需要它们的子区域，这随着发射间隔的延长而减少。因此，LTID通过减少干扰和不必要的移动来降低能耗。

2. **单增量部署**（SID）：此策略类似于LTID，并且一次部署一架无人机，但在起动下一架无人机之前等待先前的无人机成为信标。单增量部署减少了不必要的飞行时间，由于下一架无人机只有在信标网络感知到环境并感知到是否需要新信标以及在何处需要新信标时才会部署。因此，探测器总是直接飞到期望的部署位置。为了实现SID，网络会在资源管理器飞行时进行通信，这可以通过在信标网络上传播本地消息来实现。如果它们感知到飞行探测器，则信标给整个团队发送信号，而无人机只有在没有收到信号的情况下才会部署。为了确保一次只部署一架无人机，会使用随机超时设定。当没有飞行的探测器信号时，无人机等待一个较短的随机时间段。如果在这段时间之后仍没有飞行的探测器信号，则该无人机可以部署。

3. **自适应群体大小**（AGS）：此策略适应无人机的密度，最初每2~3秒快速地部署一次无人机。探测器用其相对定位传感器测量相邻无人机的密度，如果密度高于预定阈值，则一部分无人机会着陆。这降低了无人机的比例，减少了往返次数和干扰。当附近没有无人机飞行时，着陆无人机再次发射。

恒定高度的最佳部署 飞行区域可以表示为高度为 $h(h_{min} \leq h \leq h_{max})$，宽度为 y_{max} 和长度为 x_{max} 的离散平行六面体，其中 U 是可用无人机的集合，每架无人机 u 的坐标为 (x_u, y_u, h_u)，T 是要监视的目标集，其中 $t_i = (X_{t_i}, y_{t_i})$，距离为 $D_{t_i}^{x_u, y_u} = \sqrt{(X_{t_i} - x_u)^2 + (Y_{t_i} - y_u)^2}$。每架无人机 u 的可见度 θ 由半径为 r^{h_u} 的圆盘表示。必须做出两个决策。

1. 决策变量由下式给出：

$$\delta_{xyh}^u = \begin{cases} 1 & \text{如果无人机 } u \text{ 位于} (x,y,h) \\ 0 & \text{其他} \end{cases} \qquad (4\text{-}1)$$

2. 无人机 u 监控的目标 $t_i \in T$：

$$\delta_{t_i}^u = \begin{cases} 1 & \text{如果无人机 } u \text{ 观察到目标 } t_i \\ 0 & \text{其他} \end{cases} \qquad (4\text{-}2)$$

目的是至少用一架无人机监控所有目标，最大限度地减少无人机的数量或总能耗。每架无人机消耗的能量：

$$E = (\beta + \alpha k)t + P_{max}(k/s) \qquad (4\text{-}3)$$

其中 α 是电机速度倍增器；β 是悬停在地面上所需的最小功率；t 是运行时间。

问题 136 部署问题可以用以下目标来描述：

$$\min f(\delta) = \sum_{(x,y,h)} \sum_{u \in U} \delta_{xyh}^u + E \qquad (4\text{-}4)$$

使得

$$\sum_{x,y,h} \delta_{x,y,h}^u \leqslant 1 \quad \forall u \in U \qquad (4\text{-}5)$$

该约束确保无人机 u 位于最多一个位置。

$$\gamma_{t_i}^u \leqslant \sum_{x,y,h} \delta_{x,y,h}^u \left(\frac{r^{h_u}}{D_{t_i}^{uxy}} \right) \quad \forall u \in U, t_i \in T \qquad (4\text{-}6)$$

此条件用于设置变量 $\gamma_{t_i}^u$ 的值，该值可能是 0 或 1，具体取决于半径。

$$\sum_{u \in U} \gamma_{t_i}^u \quad \forall t_i \in T \qquad (4\text{-}7)$$

每个目标由至少一架无人机进行侦察。

可以提出启发式方法来解决这种非线性混合整数优化问题[107]。

广义离散 Lloyd 下降 多智能体系统由相互连接的子系统或智能体组成。无人机控制的目标是通过智能体之间的局部交互来获得整个系统的协调行为。智能体之间的通信通常发生在容量有限的无线介质上[3]。以下介绍了一些对后续有用的定义。

定义 137 地标是必须保持观察的抽象点或抽象区域，并且可能具有更大的表面。地标被正式定义为元组 $\ell = (q, \hat{m})$。其中 $q \in \mathbb{R}^3$ 是地标的位置；$\hat{m} \in S^2$（单位球面）是地标的方向。更具体地，$\hat{m}$ 是表征地标方向的趋势。

定义 138 移动传感器是一个元组 $s = (p, \hat{n}, f)$。其中 $q \in \mathbb{R}^3$ 是传感器的位置；$\hat{n} \in S^2$ 是方向；$f: (\mathbb{R}^3 \times S^2)^2 \to \mathbb{R}^+$ 是传感器的占位面积。传感器的方向是单位向量，其方向与传感器指向相同。移动传感器的覆盖范围描述了传感器对周围环境的感知功能。

有限地标集的覆盖范围是在传感器间考虑地标分区的情况下获得的，是传感器在所属地标子集中获得的覆盖量总和。

定义 139 利用移动传感器组获得有限地标集的覆盖范围：考虑移动传感器组 $S = (s_1, \cdots, s_N)$、有限地标集合 $L = \{\ell_1, \cdots, \ell_N\}$ 和分区 $P = \{P_1, \cdots, P_N\}$，使得每个子集 L_i 分配给传感器 s_i，则集合 L 的覆盖范围是在分区 P 中由团队 S 获得的，它是子团队 s_i 获得的 L_i 的覆盖范围总和，其中 $i \in \{1, \cdots, N\}$。

$$\text{cov}(S,P) = \sum_{i=1}^{N} \text{cov}(s_i, L_i) = \sum_{i=1}^{N} \sum_{\ell \in L} \text{per}(s_i, \ell_i) \tag{4-8}$$

其中

$$\text{per}(s_i, \ell_i) = f(p_i, \hat{n}_i, q_i, \hat{m}_i) \tag{4-9}$$

问题 140 目标是找到分区 $P = \{P_1, \cdots, P_N\}$ 以及传感器的位置和方向,使得分组相对于分区获得最小化的覆盖范围集 L。

算法 21 旨在迭代地调整传感器以及分区 P 的位置和方向。通过迭代地调整传感器的位置和方向以及分区 P 来改善覆盖范围。可以通过以下方法来改进 P:在每个分区分配一对传感器 s_i 和 s_j,并且在 $L_i \cup L_j$ 中重新排列地标,使得每个地标分配给位于 s_i 和 s_j 之间的传感器。较低的覆盖值对应更好的覆盖范围。

算法 21 广义离散 Lloyd 下降法

---

1. 分配移动传感器 $S = \{s_1, \cdots, s_N\}$ 为 $s_i = (p_i, \hat{n}_i, f_i)$
2. 分配地标 $L = \{\ell_1, \cdots, \ell_N\}$
3. 分配分区 $P = \{P_1, \cdots, P_N\}$
4. 对于 $i \in \{1, \cdots, N\}$,指定 $\varepsilon > 0$ 和集合 $Z_i\{s_i\}$
5. **while** $Z_i \neq \varnothing$, $i \in \{1, \cdots, N\}$ **do**
6. 选择 s_i 使 Z_i 不为空
7. 选择 $s_i \in Z_i$
8. **for** $\ell \in L_i$ do
9. **if** $\text{per}(s_j, \ell) < \text{per}(s_j, \ell) - \varepsilon$ **then**
10. 将 ℓ 从 L_i 转移到 L_j
11. **end if**
12. **end for**
13. **if** 已经转移了一个或多个地标
14. $Z_i \leftarrow S \setminus \{s_i\}$
15. $Z_j \leftarrow S\{s_j\}$
16. $(p_i, \hat{n}_i) \leftarrow \text{optcov}(s_i, L_i, \Omega_i)$
17. $(p_j, \hat{n}_j) \leftarrow \text{optcov}(s_j, L_j, \Omega_j)$
18. **else**
19. **remove**
20. **end if**
21. **end while**

平面上的定位问题 此部分考虑了在单位面积上定位 M 设施的问题,以便最小化受最近分配和覆盖约束的任何设施所面临的最大需求。通过最小化设施面临的需求,以及最繁忙和最不繁忙设施之间需求率的差异是**合理的定位问题**(ELP)。

定义 141 如果所有设施的需求率相同(即如果 $\lambda_{\max} = \Lambda/M$,其中 Λ 是总需求率),则位置向量 x 代表一个**合理的设施配置**(EFC)。

设 $x_j(x_j \in P)$ 表示设施 j 的位置,如果第 j 个设施是最接近 x 的设施,则设 $I_x^j = 1$,否则设

$I_x^j = 0$，令 $R(x_j) = \max\limits_{x \in P} \|xx_j\| I_x^j$ 为客户分配给设施 j 的最大行驶距离。假设每个 $x \in P$ 客户的需求率是 $\lambda(x)$，使得 $\int_{x \in P} \lambda(x) \, dx = \Lambda < \infty$，那么 $\lambda_{x_j} = \int_{x \in P} I_x^j \lambda(x) \, dx$ 是到第 j 个设施的到达率。设 r 为外源给定距离，即客户到设施允许的最大距离，令 ε 为不同设施之间允许的最小距离。与第 i 个设施相关联的 Voronoi 区域由 V_i 表示。那么该设施的需求率是

$$\lambda_{x_i} \int_{x \in V_i} dx.\,dy \quad \forall i = 1, \cdots, M \tag{4-10}$$

假设给出了 Voronoi 图，合理的定位问题可以表示为以下问题。

问题 142（合理的定位问题） 设 P（$P \subset \mathbb{R}^2$）是一个配备一些范数 $\|\cdot\|$ 的空间，$M > 0$ 表示设施的数量。给定 M 个设施，它具有与给定距离范数最接近的分配约束，使用该距离范数的 Voronoi 图将平面划分为 M 个区域，找到合理的定位配置。

$$\min \lambda^{\max} \tag{4-11}$$

使得

$$\lambda_{x_i} \leq \lambda^{\max} \quad \forall i = 1, \cdots, M$$

$$\|x_i, x_j\| \geq \varepsilon \quad \forall i, j = 1, \cdots, M, i \neq j$$

$$\|x_i, x\| \leq r \quad \forall i = 1, \cdots, M, x \in V_i \tag{4-12}$$

当 M 和 r 的值很小时，ELP(M) 可能是不可行的，因此不存在可行的合理设施配置。在参考文献［13］中，给出了最接近的分配约束，推导出了 EFC 存在的充分条件。

备注 143 确定可行的合理设施定位是**随机容量和设施定位问题（SCFLP）**的主要组成部分。SCFLP 侧重于 3 个不确定性来源：时间、地点和客户的实际需求量。该问题优化了 3 种决策变量：

1. 设施数量；
2. 设施位置；
3. 每个设施的服务能力。

解决随机容量和设施定位问题的方法基于以下几个方面。对于给定的 M，解决合理定位问题以提供设施的最佳位置及设施的最大需求率 $\lambda_{\max}$。通过一致的需求并使用 Voronoi 图，对单位面积上合理定位问题的解决方案进行了研究[74]。

基于团队的优化方案 可以将位置优化功能转换为最大化传感器性能：

$$H(P, Q) = \sum_{i=1}^{N} \int_{W_i} f(\|q - p_i\|) \Phi(q) \, dq \tag{4-13}$$

其中对于 n 个团队，$N = \sum\limits_{t=1}^{n} n_t$，$P$ 是所有无人机的集合。第 i 架无人机被分配到区域 W_i，可通过找到无人机的最佳位置及其指定区域 W_i（联盟为 Q）来最小化成本函数 H。基于团队的智能体分区将智能体视为多团队的集合，在参考文献［1］中介绍了它们分配的任务或目标。优化问题分为两个相互关联的功能，以使每个问题的解决方案代表了团队及其相关智能体的最佳配置。令 $L = (\ell_1, \ell_2, \cdots, \ell_n)$ 定义一个团队集合，其中 $\ell_t (t = 1, \cdots, n)$ 代表团队 t 的中心，它是相关团队 $\ell_t = g(p_{t_1}, \cdots, p_{t_{n_t}})$ 中智能体位置的函数。多面体 Q 被划分为一组 Voronoi 单元 $V(L) = \{V_1, \cdots, V_n\}$，它被认为是在给定空间内具有固定位置的一组智能体的最佳分区：

$$V_t = \{q \in Q, \|q - \ell_t\| \leqslant \|q - \ell_s\|\} \tag{4-14}$$

然后将获得的与团队中心相关联的 Voronoi 单元视为部署关联智能体的凸多面体集。由第 i 个团队中智能体 p_{t_1}, $\cdots$, $p_{t_{n_t}}$ 生成的 Voronoi 分区 $V_t(P_t) = \{V_{t_1}, \cdots, V_{t_{n_t}}\}$ 被定义为：

$$V_{t_m} = \{q \in V_t, \|q - p_{t_m}\| \leqslant \|q - p_{t_r}\|\} \tag{4-15}$$

其中 p_{t_m} 表示第 t 个团队中的第 m 个位置，其中 $m \in \{1, \cdots, n_t\}$。Voronoi 分区的基本特征如下。

1. **相关质量**：

$$M_{V_{t_m}} = \int_{V_{t_m}} \Phi(q)\,\mathrm{d}q \tag{4-16}$$

2. **质心**：

$$C_{V_{t_m}} = \frac{1}{M_{V_{t_m}}} \int_{V_{t_m}} q\Phi(q)\,\mathrm{d}q \tag{4-17}$$

3. **惯性极距**：

$$J_{V_{t_m}, p_{t_m}} = \int_{V_{t_m}} \|q - p_{t_m}\|^2 \Phi(q)\,\mathrm{d}q \tag{4-18}$$

团队的 Voronoi 单元特征可以推断为：

$$M_{V_t} = \sum_{m=1}^{n_t} M_{V_{t_m}} \tag{4-19}$$

$$C_{V_t} = \frac{1}{M_{V_t}} \int_{V_t} q\Phi(q)\,\mathrm{d}q \tag{4-20}$$

团队的中心是智能体位置的函数。

$$\ell_t = \frac{\sum\limits_{m=1}^{n_t} M_{V_{t_m}} p_{t_m}}{\sum\limits_{m=1}^{n_t} n_t M_{V_{t_m}}} \tag{4-21}$$

它代表智能体在团队中的位置，绘制团队 V_t 的 Voronoi 图时可以被视为智能体的集体位置。部署任务可以通过两级优化问题来解决。

1. 最小化的第一个函数表示将主空间划分为与智能体团队相关的分区成本。

$$G_t(P_t, Q_t) = \sum_{i=1}^{n_t} \int_{Q_{t_m}} f(\|q - p_{t_m}\|)\Phi(q)\,\mathrm{d}q \tag{4-22}$$

2. 第二个优化问题的解决方案是在团队内部以最佳方式部署智能体。

$$G(L, Q) = \sum_{i=1}^{n} \int_{Q_t} f(\|q - \ell_t\|)\Phi(q)\,\mathrm{d}q \tag{4-23}$$

其中传感器性能为 $f(\|q - p_i\|)$。

Lloyd 算法可解决这个问题。

协同任务分配　在环境和通信信道中，当存在多种不确定性的情况时应实现无人机协同。本部分考虑的具体应用涉及任务分配的分散管理，其中无人机只能接收来自其他无人机的延迟测量数据，并且环境干扰能够破坏计划的行动顺序[39]。无人机需要在已知位置的静止目标处执行不同的任务。在存在通信延迟、测量噪声和风扰动的情况下，应该考虑任务分配的最优且无冲突的分散计算。**无冲突**是指将任务正确分配给无人机，其中给定任务需要分配给一架无人机，同一目标上的任务需求应按一定的顺序来执行。无人机将只与一组无人机或相邻无人机进行通信。每架无人机将估计其他无人机的位置，并获得该组的任务列表。本地位置估计以及其他无人机位置估计会受到传感器零均值白噪声的影响。为了保证每项任务只执行一次，需要一个**协调的分配计划**，这是为了防止同一目标上的同一项任务被两个不同的无人机执行，或者在计划中发生冲突造成某项给定任务未执行。最小化的成本函数是无人机为执行所有任务时行驶的累计距离：

$$J = \sum_{i=1}^{N_u} D_i > 0 \tag{4-24}$$

考虑一组 N_u 架无人机、目标集 $\{1, 2, \cdots, N_t\}$ 和每个目标要执行的任务数量 N_m。每个任务都与一个整数值相关联，$N_s = N_t N_m$ 是单个分配的数目，$S = \{1, 2, \cdots, N_s\}$ 表示阶段集。决策变量 $g_{i,j,k} \in \{0, 1\}$ 的定义如下：如果无人机 $i \in U$ 在 $k \in S$ 阶段对目标 $j \in T$ 执行任务，那么它是 1，否则它是 0。阶段 k 的分配集由列表 $G_k = \{\bar{g}_1, \bar{g}_2, \cdots, \bar{g}_k\}$ 表示，其中 $\bar{g} = (i, j)$ 使得 $g_{i,j,k} = 1$。协同多任务分配的表述如下：

$$\min \left(J = \sum_{i=1}^{N_u} \sum_{j=1}^{N_t} \sum_{k=1}^{N_s} d_{i,j,k}^{G_k} g_{i,j,k} \right) \tag{4-25}$$

使得

$$\sum_{i=1}^{N_u} \sum_{j=1}^{N_t} g_{i,j,k} = 1 \qquad k \in S \tag{4-26}$$

$$\sum_{i=1}^{N_u} \sum_{lk=1}^{N_s} g_{i,j,k} = N_m \qquad j \in T \tag{4-27}$$

这些约束保证在给定阶段中精确地分配任何一项任务，并且在每个目标上精确地执行任务 N_m。在同一目标中执行特定顺序的任务显著增加了该优化问题的复杂性。为了运行基于"距离到任务"成本的分散式任务分配算法，每架无人机都需要对其他无人机的当前位置进行估计，同时应该避免连续或频繁的无人机间通信。每架无人机都将合理地增加计算成本以实现包括自身在内的所有无人机动态模型。为了执行当前任务中的每一个，基于评估每架无人机的预期成本矩阵可以找到每个阶段的分配。由于通信延迟和其他不确定性，无人机可能得到不同的分配计划。在优化问题的任何给定阶段，当成本矩阵中的项接近最小值时，可以使用一种基于生成新事件的估计和解决可能冲突的算法。为了解决预期的冲突，无人机在特定阶段竞标最好的任务。它们的出价代表它们对所竞标任务的累计成本。因为这些都是实数，表示执行先前任务和冲突任务的预期飞行路径，所以无人机竞标成本完全相同的概率非常低。这种方法在减少无人机之间的通信和实现无冲突分配计划之间进行权衡。

4.2.2　移动传感器网络

针对**移动传感器节点**（MSN）的部署提出了多种方案，并对资源进行了优化利用。参考文献［84］中提出了传感器部署技术的以下分类。

1. 基于布局策略

（1）随机的

（2）确定性的

2. 基于用途

（1）栅栏

（2）地毯式

（3）区域

（4）目标导向

3. 基于部署域

（1）开放区域（广域）

（2）室内

4.2.2.1 空中网络

在二维空间场景中，最大覆盖问题可以映射到圆形填充公式中。该问题在三维空间中转化为球体填充问题，二维设计策略在三维空间中变成 NP-hard 问题。三维空间中的覆盖问题通常是观察环境场景的关键部分，节点数量及其位置受调查环境和节点接收范围的限制。此外，考虑到无人机的通信约束，必须有效地处理动态无人机网络拓扑及飞行。在参考文献［9］中，针对无人机网络节点的不同性能，提出了一种基于无线传感器和行动者网络结构的无人机网络节点定位策略。定位算法利用化学中的**价层电子对互斥理论**（VSEPR），该理论基于分子几何学与分子中原子数目之间的相关性。该方法利用 VSEPR 的规则，采用一种轻量分布式算法，在中心的无人机周围形成一个自组织网络，该网络具有接收功能。

传感器数量的最小化 扫描覆盖问题的目标是最小化所需传感器数量，以保证平面内已知兴趣点的扫描覆盖范围。在能源消耗方面，使用静态和移动传感器可以更加有效。

定义 144 一个点被称为 T 扫描覆盖，当且仅当至少一个移动传感器在每个 T 时间段内都访问该点时，将 T 称为该点的扫描周期。

参考文献［42］中提出的算法，输入分别是固定传感器 λ 与移动传感器 μ 的图形 G、速度 v、扫描周期 T 和单位时间上的能耗。算法输出包括移动传感器的数量与运动计划，以及固定传感器的数量与部署位置。

规避路径 在**最小传感器网络**问题中，只给出由多个弱传感器测量的局部数据去回答一个全局问题。现考虑传感器为球形的移动传感器网络问题。该传感器虽然无法测量其位置，但知道何时与附近的传感器重叠。如果**移动入侵者**可以避免被传感器检测到，则存在路径规避。规避问题也可以描述为**追踪－规避**问题，其中域连续且有界，存在多个传感器来搜索入侵者，入侵者以任意速度连续移动。传感器的运动不受控制，传感器连续而任意地移动。传感器的位置无法测量，只能知道它们的时变连通性数据。利用这些信息，确定入侵者是否有可能避开传感器是很重要的。传感器的覆盖区域和未覆盖区域都随时间变化。锯齿形持久同源性提供了一种以流方式计算的情况[24]。锯齿形持久性的技术基础来自图论。然而，任何以时变连通性数据作为输入的方法都不能给出规避路径存在的充要条件。规避路径的存在不仅取决于传感器所覆盖区域的类型，还取决于其嵌入的时空。传感器覆盖区域及未覆盖区域都随时间变化。对于同样测量弱旋转和距离信息的平面传感器，参考文献［4］中提供了存在规避路径的充要条件。

地毯式覆盖 在地毯式覆盖问题中，主要目标是最大化总检测面积。该覆盖问题被定义为如何将传感器定位或部署在特定的**感兴趣区域**（ROI）中，以使覆盖百分比最大化且未被覆盖的面积最小化。节点的部署可以随机进行，也可以按确定计划进行。解决该问题可以考虑节点的确定性部署，因为在部署传感器之前通过仔细规划传感器在 ROI 中的位置，可以提高传感器网络的覆盖。基于网格的传感器网络将 ROI 划分为方形单元，传感器可以放置在方形单元的中心以最大化覆盖范围，而且放置在方形单元内比放置在网格交叉点上所需的传感器数量更少。传感器可以放置在方形单元的中心。在基于网格的部署中，传感器场的覆盖问题由于单元的对称性限制简化为一个单元及其相邻单元的覆盖问题[87]。

问题 145　给定具有各向同性径向范围 R_s 和各向同性无线通信范围 R_c 的 N 个移动节点，它们应该怎么部署，以便所得的配置使网络中的传感器覆盖范围最大化，并且保证每个节点至少有 K 个节点与其相邻？

定义 146　如果两个节点之间的欧几里得距离小于或等于通信范围 R_c，则它们被认为是**相邻的**。

引入 3 个度量来评估部署算法[77]的性能。

1. **每个节点的标准覆盖范围**定义为：

$$\text{cov} = \frac{\text{网络覆盖的区域}}{N\pi R_s^2} \tag{4-28}$$

2. 网络中至少具有 K 个相邻节点的**节点百分比**。

3. 网络的**平均度**。

该部署算法在节点之间构造**虚拟力**，使得每个节点能够吸引或排斥相邻节点。这种力有两种方式：第一种方式使节点相互排斥，以增加它们的覆盖范围；第二种是在节点即将断开时使它们相互吸引以约束节点。通过使用这些力的组合，每个节点在保持至少 K 个平均度的同时最大化其覆盖范围。

固定节点的最优无人机部署　为了在固定节点之间找到一个固定位置作为通信中继无人机的最佳位置，可以使用网络连通性这个性能指标。随着节点数量的增加，网络复杂度随之增加。因此，**最小生成树**的概念使用最小可能链路来获得最高概率的成功传输。**生成树**是一个子图，它本身是将图的所有顶点连接在一起的树。对于成功的传输，每个图节点的权重是

$$W_{ij} = -\log P_r^{ij} \tag{4-29}$$

权重越小，成功传输的概率越高。如果给定节点的位置，则可以利用权重 W_{ij} 构造最小生成树。全局消息连通性索引可以设置为：

$$J = \sum_{i=1}^{n} \sum_{j=1}^{n} A_{ij} W_{ij} \tag{4-30}$$

其中 $A \in \mathbb{R}^{n \times n}$ 表示给定配置的最小生成树的邻接矩阵。这种优化部署的实现可以集中用于固定环境[53]。

任务执行　在多无人机系统中，任务可以分为不同的子任务，并且可以引入多个专用无人机来同时解决单个任务。这些任务可以在任务执行之前由无人机获取，或者可以在任务执行期间动态出现。探测任务的目的是在部分未知地形中定位和访问多个预定目标，其中的挑战是如何将这些目标分配给无人机，以便优化任务所需的总体系统目标。多无人机**任务分配**问题通常使用**基于市场的算法**并以分布方式来解决，此时，**拍卖算法**在计算和通信方面都是有效的。无人机和任务信息可以被压缩为数字化的投标，并由每架无人机并行计算。对于每架无人机在一项任务中最多可处理的**单分配问题**，对单独拍卖的任务投标，无人机使用单项拍卖。出价最高的无人机赢得任务，然后必须完成它。对于每架无人机能够处理多个任务的**多任务分配问题**，它们属于组合优化问题的一类。投标人在任务之间存在着很强的协同作用。如果一组任务组

合在一起执行的成本小于单独执行任务所产生的成本总和，则认为它们对于无人机具有正协同作用，反之则为负协同作用。将任务集合通过单轮组合拍卖方法近乎最优地分配给无人机，计算每架无人机的出价（基于任务包而不是单个任务）。每架无人机的出价是通过最小路径成本来计算的，该路径成本通过从无人机当前位置访问目标中所有任务的最小路径成本来计算的。

并行单项拍卖独立处理每项任务，与此同时并行处理每个任务中每架无人机的出价。这种机制具有计算和通信效率，但由于不考虑任务之间的协同作用，因此会导致高度次优解。总之，该种单项拍卖解决方案具有一定的质量优势，此外，并行单项拍卖的计算和通信效率也具有一定优势。该方法以多阶段方式运行，在每一阶段，每架无人机对未分配任务出价。出价是由于获得任务而引起成本增长的最小值；出价最低的无人机将被分配该任务。这个过程将一直重复，直到所有任务被分配[105]。

4.2.2.2 视觉覆盖

视觉覆盖问题在某些方面与标准覆盖控制有所不同。

1. 虽然标准覆盖范围假定为**各向同性传感器**，但摄像机传感器具有**各向异性特性**。

2. 摄像机传感器的图像采集过程涉及从三维世界到二维图像平面的非线性投影，这在三维世界的监控问题中尤为重要。

3. 摄像机传感器不提供任何物理量，温度或辐射传感器只是简单地对环境中每个点的重要标量场进行采样。

因此，计算机视觉技术必须与控制方案相结合，用以提取检测数据的含义[36]。需要考虑在三维空间中使用方向可控的视觉传感器来解决二维环境中的视觉覆盖问题。这种情况下，控制变量（即旋转矩阵）必须约束在李群 $SO(3)$ 上。将该问题直接表述为对 $SO(3)$ 的优化，并将梯度下降算法应用于矩阵流形。视觉传感器具有包含传感阵列的图像平面，此传感阵列的像素是反映入射光量的数字。传感器 i 最小化的目标函数由点 $q \in E$ 处的传感性能函数和密度函数来定义。**传感性能函数**描述了在 $q \in E$ 处采集的数据质量。**传感密度函数**表示 $q \in E$ 的相对重要性，该函数仅在投影到环境 E 上的像素中心处累积，以便反映视觉传感器的离散特性。假设以混合高斯函数的形式给出描述图像相对于重要性的图像密度，则可以推导出梯度。梯度下降方法是覆盖控制的标准方法，旋转沿该梯度的方向更新[44]。

视觉传感器网络（VSN）由多个自配置视觉传感器组成，这些传感器具有可调节且有限角度的球形部分：**视野**用于覆盖随机定位在部署区域上的多个目标。视觉传感器网络的一个基本问题是使用最少数量的传感器覆盖最大数量的目标。视觉传感器网络可以分为两类。

1. 当传感器的数量足以覆盖所有目标时，**系统供应过剩**。在这个覆盖任务中，除了最大化覆盖之外，还必须最小化摄像机的数量。

2. 当这个数量不足以覆盖所有目标时，**系统供应不足**，不管使用多少个摄像机，目标覆盖范围都应该被最大化。

可以考虑以下两种方法[104]。

1. **面向传感器的方法**：人们可以查看摄像机并确定每个摄像机在不同视野中的准确覆盖计数。在计算覆盖时，还必须考虑相邻摄像机的重叠区域以排除冗余覆盖的可能性。

2. **面向目标的方法**：可以先查看目标。一些目标可能位于部署区域的偏僻角落，并且只能由单个摄像机覆盖。为了最大化目标覆盖，首先需要覆盖这些目标。目标必须基于覆盖范围的弱点确定目标优先级，然后选择能够按照优先级顺序覆盖目标的最小摄像机集。

无人机摄像机传感器与目标之间的距离应该是：

$$h = H\frac{f}{d} \tag{4-31}$$

其中 f 是焦距；h 是摄像机传感器的高度；d 是从传感器到远平面的距离；H 是视锥的远平面高度。**视锥**是定义模型如何从摄像机空间投射到投影空间的三维体。对象必须位于三维体内才能看到，超出此距离的点被认为是摄像机不可见的。

定义 147   功能覆盖范围定义为摄像机组覆盖的区域与要重建的区域的比值。

为了确定一组摄像机所覆盖的区域，根据地理位置和从摄像机到远平面的距离来定义每个摄像机的观察空间。独立摄像机可见的地形点通过**遮挡测试**来确定，包括将视锥中的点云反射到远离摄像机的球形表面上。任何未反射的点都不包含在视锥中，整个可见点集都包含在视锥中。从传感器到感兴趣对象的距离决定了最终模型的分辨率。在调整每台摄像机的过程中，同时应用了多个变量和约束集，以找到最佳坐标、位置、高度和飞行路径[80]。

问题 148   传感器的活动周期时间表。给定以下条件：

1. 一组目标 $T = \{t_1, t_2, \cdots, t_m\}$ 及其对应的权重 $W = \{w_1, w_2, \cdots, w_m\}$；

2. 一组均质摄像机 $S = \{s_1, s_2, \cdots, s_n\}$ 随机部署在二维平面中；

3. 通过可识别性测试计算子集 $F = \{S_{i,j}, 1 \leqslant i \leqslant n, 1 \leqslant j \leqslant q\}$ 与 $S_{i,j}s \subseteq T$；

4. 特定于给定任务的所需覆盖级别 C_L，其中

$$\max_{k \in \{1, \cdots, m\}} w_k \leqslant C_L \leqslant \sum_{k \in \{1, \cdots, m\}} w_k \tag{4-32}$$

待解决的问题是调度每台摄像机的活动周期，使得有效覆盖的所有目标权重之和在任何时候都至少为 C_L，并且使网络寿命最大化。

该问题可分为两个子问题：确定每个节点的方向（主动传感器），分配睡眠唤醒计划。参考文献〔47〕中提出了一种启发式方法来解决这个问题。

能见度地标的 Voronoi 方法   本部分的问题考虑具有姿态集 $A = (A_1, A_2, \cdots, A_m)$ 中一组无人机 $a_i \in A$，其中 $i = 1, \cdots, m$ 和 $m \in \mathbb{N}$。地标集 S 中一组 m 个不相交分区是 $P = (P_1, P_2, \cdots, P_m)$。在这种情况下，每架无人机 a_i 负责一个子集 P_j，其中 $j = 1, \cdots, m$ 和 $P_i \cap P_j = \varnothing$。地标的能见度是根据负责该地标的无人机 a_i 的姿态 A_i 计算的[89]。a_i 的覆盖得分由下式给出：

$$C(A_i, P_i) = \sum_{s_k \in P_i} \mathrm{vis}(A_i, s_k) \tag{4-33}$$

其中点 $s \in \mathbb{R}^2$ 相对于具有通用姿态 A 的智能体 a 的能见度可以导出为

$$\mathrm{vis}(A, s) = \mathrm{vis}_{I_3}((A^{-1}\tilde{s})_{xy}) \tag{4-34}$$

其中 S 的齐次坐标是 $\tilde{s} = [s_x, s_y, 1]^T$。

$$\mathrm{vis}_{I_3}(s) = \left\{ \begin{array}{ll} 0 & s \in R_1 \\ s_x & s \in R_2 \\ s_x/\|s\|^2 & s \in R_3 \end{array} \right\}$$

而 $\mathbb{R}^2$ 的分区是：

$$R_1 = \{s \in \mathbb{R}^2 : s_x \leqslant 0\}$$

$$R_2 = \{s \in \mathbb{R}^2 : s_x > 0 \text{ 和 } \|s\| \leqslant 1\}$$

$$R_2 = \left\{ s \in \mathbb{R}^2 : s_x > 0 \text{ 和 } \|s\| > 1 \right\}$$

无人机团队覆盖总得分是每架无人机的覆盖得分之和，如下：

$$C(A, P) = \sum_{i=1}^{m} C(A_i, P_i) \tag{4-35}$$

为了使该算法能够将地标划分为 Voronoi 配置，同时通过提高每个地标的能见度来提高整体覆盖得分，必须设计该算法来处理智能体之间的非平凡交互以及不同智能体对之间的同步通信。初始化过程完成之后，所有智能体首先通过当前位置计算自己集合 P_i 中每个地标的能见度，然后优化姿态，以便最大化该集合上的覆盖得分。当智能体的地标集合 P 发生变化时，就执行优化过程，当两个智能体成功交易某个地标时，如算法 22 所示。

算法 22　姿态优化程序 a_i

---

1. old$_{score}$←旧覆盖分数
2. new$_{score}$←新覆盖分数
3. p←智能体当前位置
4. ψ←智能体当前方向
5. p_n←优化的智能体位置
6. ψ_n←优化的智能体方向
7. (p_n, ψ_n)←(p, ψ) 的优化过程
8. for $s_k \in P$ do
9. 从 (p_n, ψ_n) 计算 s_k 的可见性
10. 从 (p_n, ψ_n) 计算智能体的覆盖分数
11. if new$_{score}$ > old$_{score}$，则
12. 新线路点←(p_n, ψ_n)
13. else
14. 新航路点←(p, ψ)
15. end if
16. end for

交易过程是覆盖任务的主要部分，如算法 23 所示。这部分涉及智能体之间的实际通信，包括交换关于每个智能体当前的姿态信息以及每架无人机当前拥有的地标分区信息。无人机只有在到达优化算法生成的最后航路点时才能开始交易程序。如果无人机当前位置和航路点之间的距离低于某个阈值，则认为到达了航路点。为了保持正在进行的覆盖任务信息的一致性，交易过程一次只能涉及两架无人机。

算法 23　客户智能体 a_i 的交易算法

---

1. o_w←由算法 22 优化例程生成的最后一个航路点
2. q_c←客户智能体
3. q_s←服务智能体
4. A_c←q_c 的姿态
5. p_c←q_c 的地标性分区

6. $Q_{c_{in}}$←初始的 Q_c

7. state$_c$←(A_c, P_c)

8. if 到达 o_w then

9. 选择一个项目 $q_i \in Q_c$

10. q_i←q_s

11. 发送到 q_s 状态

12. if q_s 可用且 $n \neq 0$ 地标可以交易，then

13. 调用优化例程 22

14. $Q_c = Q_c q_s$

15. Else if $Q_i = \varnothing$ then

16. 所有可能的交易完成

17. end if

18. end if

  带孔多边形环境下的能见度覆盖 当具有可控方向的视觉传感器被分布在三维空间上监视二维环境时，可以认为其是视觉覆盖问题。在这种情况下，控制变量（即旋转矩阵）必须约束在**李群** $SO(3)$ 上。将该问题直接表述为对 $SO(3)$ 的优化，并将梯度下降算法应用于矩阵流形。视觉传感器具有包含传感阵列的图像平面，传感阵列的像素提供反映入射光量的数字。传感器 i 最小化的目标函数由点 $q \in E$ 处的**传感性能函数**和**传感密度函数**定义。传感性能函数描述了关于 $q \in E$ 的采集数据质量。传感密度函数表示 $q \in E$ 的相对重要性，该函数仅在投影到环境 E 上像素的中心处累积，以便反映视觉传感器的离散特性。假设以混合高斯函数的形式给出描述图像相对于重要性的图像密度，则推导出梯度[44]。

  在另一个场景中，无人机从公共点开始部署，不需要进行环境先验，并且仅在**视线传感器及通信功能**下操作。部署的目的是让智能体在保持视线连通的同时，实现对环境的**完全能见度覆盖**。这是通过将环境逐步划分为不同区域来实现的，每个区域在某些无人机上都是完全可见的。解决能见度覆盖问题的方法可分为两类。

  1. 在**美术馆问题**中，环境中那些预知的地方会寻找最小的保护集，使得多边形中的每个点都能被一些保护装置所看到。

  2. 那些必须被发现的地方，**同步定位和映射**（SLAM）技术探索并构建整个环境的地图，然后使用集中过程来决定往何处发送智能体。例如，在构建初始地图之后，用户可以选择部署位置。在放置智能体之前，等待整个环境的完整映射是不可取的。

  问题 149 **具有连通性的基于能见度的分布式视觉传感器部署问题**被描述为：设计分布式算法以将无人机网络部署到未映射环境中，使得环境中的每个点都可以从某些无人机的最终位置上看到。无人机从公共点开始部署，其可见性图 $G_{vis,E}(P)$ 将保持连接，并且它们仅使用来自本地检测及视距通信的信息来操作。每架无人机能够检测到视线内物体的相对位置。此外，还主要做出以下假设：

  1. 环境 E 是静态的，由简单的多边形外边界和不相交的简单多边形孔组成。"简单"表示每个多边形具有单个边界分量，其边界不与自身相交，并且边的数目是有限的。

  2. 除了唯一标识符 $(0, \cdots, N-1)$ 之外，无人机是相同的。

3. 无人机不会阻碍其他无人机的移动或能见度。

4. 无人机能够在本地建立公共参考系。

5. 没有通信错误，也没有数据包丢失。

在解决该问题时将使用一种集中式算法。该集中式算法将环境 E 分割为一个开放不相交的星形 - 凸多边形单元有限集合。算法中的每一步都会在环境未开发区域的边界中选择新的有利位置，然后再计算出覆盖有利位置的单元，其中，有利位置是相关单元的核心。由于增加了越来越多的有利位置的单元，边界将一直向未覆盖区域扩张，直到整个环境被覆盖。有利位置单元对构成了一种定向根树结构（即划分树）。

4.2.2.3 无线传感器网络

无线传感器网络（WSN）是通过无线链路互连传感器节点的分布式系统。传感器收集有关物理世界的数据，并通过单条或多条通信链路将这些数据传送到中心。无线传感器节点集成了能量有限的电池。传感器节点可以作为一个整体投入，也可以在部署过程中逐个放置。**部署规划**需要考虑几个目标，例如能耗、检测覆盖、网络寿命、网络连接等。这些目标常常相互冲突，因此，进行网络设计时必须建立操作的权衡。在预定部署中，还应指定节点的位置。当传感器非常昂贵或者其操作受到位置的显著影响时，可以使用这种类型的部署。自部署是一种假设传感器自身具有移动性的技术。**潜在场**或基于**虚拟力**的方法将传感器从紧凑或随机的初始配置中展开，以覆盖未知区域[2]。

无线传感器网络部署策略 主要的设计步骤是有选择地确定传感器位置，以便最大化目标区域的覆盖面积。现阶段，存在不同的传感器网络部署策略：传感器功能、基站选择、初始能量分配、传感器位置以及流量生成模式等，它们都是用于描述 WSN 部署策略的关键参数。大多数具有固定接收器的策略都试图优化路径/传输功率，试图最大化覆盖范围，同时将传感器数量保持在最低水平。另一种策略是在某些点使用冗余传感器以实现冗余。部署策略为：

1. 覆盖范围最大化

2. 连通性最大化

3. 能源效率与寿命优化

4. 多目标部署

常用的方法如下[91]。

1. 在部署期间，无人机可以测量**接收信号强度指示**（RSSI）的平均值，然后，可以停止并将无线传感器节点放置在 RSSI 平均值低于预定阈值的地方。

2. 确定每个传感器节点之间的固定距离。

在多无人机上实现自主部署的重要贡献是节省时间。在参考文献［8］中，时间的含义是部署复杂任务的持续时间。

凸域中的服务优化 设 Q 是 $\mathbb{R}^2$ 中的凸域，其中 n 个智能体随机分布在 Q 中，第 i 个智能体的位置由 p_i 来表示。设 $\Phi: Q \rightarrow \mathbb{R}^+$ 表示在任意点 $q \in Q$ 发生事件可能性的优先级函数。这个函数可以反映该领域中不同点的相对重要性的度量。设严格递增的凸函数为 $f_i: \mathbb{R} \rightarrow \mathbb{R}^+$，$f_i(q) = \alpha_i \| p_i - q \|^2 (i = 1, \cdots, n)$，它表示第 i 个智能体在 q 点为事件服务的成本，α_i 是预先指定的严格正系数。成本函数可以编码为服务现场任何点所需的巡视时间或能耗。设 S 表示二维域中一组 n 个不同的加权节点 $\{ (S_1, w_1), \cdots, (S_n, w_n) \}$，其中 $w_i > 0$ 是与节点 $(S_i,$

w_i）（$i = 1$，$\cdots$，n）相关联的加权因子。

定义 150 点 q 与节点 (S_i, w_i)（$i = 1$，$\cdots$，n）的**加权距离**定义为：

$$d_w(q, S_i) = \frac{d(q, S_i)}{w_i} \tag{4-36}$$

其中 $d(q, S_i)$ 表示 q 和 S_i 之间的欧几里得距离。

问题 151 服务优化问题： 目标是开发适当的智能体部署算法，使得以下成本函数最小化：

$$H(P, W) = \sum_{i=1}^{n} \int_{W_i} f_i(q) \Phi(q) \mathrm{d}q \tag{4-37}$$

其中集合 $W = \{W_1, W_2, \cdots, W_n\}$ 表示 Q 到 n 的分区，其中第 i 个智能体负责服务区域 W_i 中的所有点。

最小化上述成本函数意味着最大化网络的总体效率。当 f_i 依赖于智能体时，传统的 Voronoi 分区不再是最优的。**乘法加权（MW）的 Voronoi 图分区**使得每个区域仅包含一个节点，即距离区域内任何点加权距离最近的节点。其描述如下：

$$\prod_i = \{q \in \mathbb{R}^2; d_w(q, S_i) \leqslant d_w(q, S_j), j = 1, \cdots, i-1, i+1, \cdots, n\} \tag{4-38}$$

定义 152 给定二维平面上的两点 A 和 B 以及正常数 k，**阿波罗圆** $\Omega_{S_i, S_j, w_i, w_j}$ 是任意点 E 的轨迹，使得 $AE/BE = k$。

由阿波罗圆生成的包含 i 个节点的最小区域是第 i 个 MW-Voronoi 图。

定义 153 区域 W_i 相对于优先级函数 Φ 的质量和质心分别定义如下：

$$M_{W_i} = \int_{W_i} \Phi(q) \mathrm{d}q \tag{4-39}$$

$$C_{W_i} = \frac{1}{M_{W_i}} \int_{W_i} q \Phi(q) \mathrm{d}q \tag{4-40}$$

参考文献［77，96］中提出了基于双积分器动态的分布式覆盖控制规则。

4.3 巡察

巡察是应对安全威胁的标准方式。保障公民、基础设施、森林以及野生动物的安全是全世界关注的一个问题。

定义 154 巡察是为了安全目的进行的定期巡视或穿越一个区域的活动。巡察目的是重复访问一组位置，并经常减少访问之间的停机时间。

然而，安全资源常常是有限的或昂贵的，从而始终无法实现完全且安全的覆盖。相反，这些有限的安全资源可以进行有效地分配和调度，与此同时，应考虑对手对这种安全覆盖和潜在不确定性（如偏爱和能力）的反应。它涉及一个或多个决策者对要达到的行动进行推理的过程，以便尽快覆盖环境[20]。巡察的环境通常通过以下方式抽象：导航图、许多工作探索生成树、图分区，并计算巡察任务中的每架无人机分配有效路线的最小成本周期。**拍卖和基于市场的协调、任务分配、人力、高斯过程理论、进化算法、线性规划建模**等也都很流行。智能体可以竞价交换巡察图的顶点，用以提高整体巡察性能。基于环境的拓扑表示和利用全局/集中信息，通过求解旅行商问题，最终可获得单架无人机的最优巡察路径。对于多无人机情况，最佳性能取决于环境拓扑结构和无人机的数量。通过最优 **k 路图分区**，理论上可以获得优越的性能，特别是对于大量智能体或具有不平衡边的图；或者使所有无人机都遵循相同的旅行商问题周期，它们在时间和空间上均匀分布，特别是对于少量智能体或平衡图的情况。旅行商问题和图分区问题都是 NP-hard 问题，因此，解决这些问题是非常重要的，特别是在稀疏拓扑中，这是大多数现实环境中的情况[78]。

对于多无人机**持续监控**的应用，目标是在整个任务区域内巡察，同时将任务区域内所有目标的不确定性降低到零[88]。每个目标点的不确定性可以被假定为随时间呈非线性变化。在封闭路径下，通过优化无人机的移动速度和路径上的初始位置，可以实现无人机在最短巡察时间内的持续监控[98]。

巡察工作可归类为以下几种[91]。

1. **离线与在线**：离线算法在部署传感器之前计算巡察路径，而在线算法在操作期间控制传感器运动，并在环境改变之后能够修改巡察路线。

2. **有限与无限**：有限时域规划算法计算巡察路径，并在有限时域内最大化回报；而无限时域是最大化无限时域的预期回报总和。

3. **控制巡察与单次遍历**：这是动态环境监控与环境的一个快照。

4. **战略与非战略巡察**。

5. **空间或时空动态**。

4.3.1 边界巡察

无人机在边界监视任务中的应用可以假设为沿着指定路径的边界巡察任务[82]。目标定位面临的主要挑战是保持追踪传感器覆盖区域内所有潜在目标的轨迹并绘制平台轨迹，从而使目标定位误差最小化。由于某些因素（如有限的无人机移动性、有效载荷范围限制、风或湍流等环境干扰），维持传感器对目标的可视是极具挑战性的。由于误报、数据关联的模糊性、较低的检测概率、目标的突然移动、有多重漏检的闭合间隔目标轨迹等复杂的不确定因素，航空监视任务中跟踪多个目标的功能受到了进一步的限制。

巡察问题具有图结构：V 是该图的顶点集，E 是边集。令 L 为 $|V| \times |V|$ 大小的矩阵，其中 L_{ij} 是实数，它表示如果 $[i, j] \in E$ 则从 i 行进到 j 所需的时间，否则为无穷大。每个顶点 i 具有非负重要性权重 w_i。**空闲率**可以用作性能度量。顶点 i 的空闲率记为 τ_i，表示自从无人机上次访问该顶点以来的时间。当且仅当无人机当前在顶点 i 和 $\tau_{i+1} = \tau_i + \Delta t$ 时，如果在时间间隔 $(t, t + \Delta t)$ 中没有对 i 进行访问，则空闲率为 0。由于空闲率是无界的，所以可以使用指数空闲率 $k_i^{t+\Delta t} = b\tau_i^t$ 且 $0 < b < 1$。它可以被看作一个**伯努利随机变量**的期望值，k_i^t 是这个随机变量在时间 t 时是 1 的概率。b 是 k_i 随着时间衰减的速率。如果在时间间隔 $(t, t + \Delta t)$ 内没有访问 i，则概率演变为 $k_i^{k+\Delta t} = k_i^t b\Delta t$。如果具有噪声观测值的无人机在时间 t 时访问 i，则空闲率变为 0 的概率为 $b < (1 - a) \leqslant 1$，其中 a 是当无人机访问顶点时空闲率不变为 0 的概率。如果 n 架无人机在时间 $t + \Delta t$ 上访问顶点 i，并且自时间 t 以来没有访问，那么

$$k_i^{t+\Delta t} = k_i^t b\Delta t + 1 - a^n \tag{4-41}$$

巡察问题的一个例子是元组 $\langle L, w, a, b \rangle$，它分别由边长矩阵 L、重要性权重向量 w 和参数 a、b 组成。

在巡察任务中，必须监控某些地点的状态，以防发生事故[66]。如果一架无人机必须靠近一个

位置来更好地监控它，并且无人机的数量不足以同时覆盖每个站点，那么就需要进行路径规划。

问题155 无人机应该如何访问这些位置以确保所有位置的信息尽可能准确？

一种巡察算法是基于图的巡察公式，其中智能体在特定的 MDP 上使用增强学习。MDP 定义为可数的无限状态空间，假设无人机通过将消息保留在图的节点上进行通信，这会导致不合理的通信模型。反应算法（如**蚁群算法**）已经显示出良好的性能，这种方法是依赖于信息素的简单通信模型。当所有位置都同样重要时，最短**哈密尔顿回路**是单架无人机的最优解。无论图是什么，使用唯一循环的多智能体策略都是最好的。然而，由于一些地点可能比其他地点更重要，因此减少次要地点的访问可能是有利的。

在参考文献 [50, 51] 中，解决了下列基地边界**巡察**问题。

问题156 一架（或更多架）无人机和远程操作人员协同执行边界巡察任务。由**无人值守地面传感器**（UGS）组成的**警报站**位于边界的关键位置。一旦探测到该区域有入侵，那么无人值守地面传感器就会发出警报。警报到达过程的统计数据假定为已知。一架配备摄像机的无人机在边界上连续巡察，负责检查无人值守地面传感器并发出警报。一旦无人机到达一个触发的无人值守地面传感器，它就会捕捉附近的图像，直到控制器命令它继续前进。

周边有 m 个警报站/站点，其中入侵者将由 UGS 来标记。一旦探测到该区域的入侵，UGS 就会发出警报。装备摄像机的无人机在边界地区进行连续巡察，它们的任务是利用警报检查 UGS。为了确定 UGS 标记的入侵是虚假警报还是真实威胁，巡察无人机飞到警报站以调查警报。无人机在警报站停留的时间越长，它收集的信息就越多；然而，这也增加了响应其他警报的延迟。无人机的决策问题是确定**停留时间**，使期望收益最大化。这种边界巡察问题属于离散时间控制的排队系统范畴。可以采用**随机动态规划**方法求解无人机巡察最优策略。客户是等待服务的标记 UGS/警报，无人机是服务器。只考虑单元/单个缓冲区的排队，因为 UGS 要么标记警报，要么不标记警报。一旦它标记了一个警报，即使发生额外的触发事件，它的状态也不会改变，直到标志被巡察无人机重置。因此，边界巡察问题构成了**多队列多服务**，单元缓冲区排队系统具有确定性状态巡视和服务时间的。由于无人机一直在巡察或正在为触发的无人值守地面传感器提供服务，因此这里考虑的框架类似于**循环轮询系统**。循环轮询系统的基本模型由独立的泊松到达队列组成，这些队列由单个服务器按循环顺序来服务。一个相关问题是**动态旅行修理工问题**，其中站点不限于线段或封闭路径。除了服务器移动的动态调度之外，还应从巡察角度对最佳服务时间进行研究。因此，基本问题将是确定服务器/无人机在触发的警报站/无人值守地面传感器上的停留时间，以及双向服务器的方向。

该问题的目标是最大化获得的信息，同时减少对其他警报的预期响应时间[67]。通过考虑有限固定数量 m 个 UGS 位置的离散时间演化方程，简化该问题。无人机可以访问每个警报站中警报状态的实时信息。由于无人机一直在巡察并为触发的 UGS 提供服务，因此主要难点在于离散时间控制排队领域中的**循环轮询系统**。巡察的边界是一个简单的封闭曲线，其中 $N \geqslant m$ 个节点在空间上均匀地分散，其中 m 是警报站的位置（UGS 位置）。目标是找到一个合适的策略，同时最小化服务延迟和最大化漫游时获得的信息，因此考虑一个随机最优控制问题。求解马尔可夫决策过程以确定最优控制策略[21]。然而，它的大尺寸使得精确的动态编程方法变得棘手。因此，采用基于近似线性规划方法的状态聚合可以构造证明为良好次优巡察策略。对状态空间进行分区，每个分区上的最优价值或价值函数被限制为一个常数。线性不等式组的受限结果引入了一类低维度马尔可夫链，这主要用来构造最优值函数的下界。边界巡察问题显示了一种特殊的结构，它使得下界的线性规划公式变得容易处理[11]。

备注 157 可伸缩集群机器人技术[41]和博弈论[94]方法考虑了对手对安全策略的响应。使用无人机设计安全巡察策略问题的同时提供强大的性能并保证一定的安全级别。**部分可观测随机巡察博弈算法**（POSG）考虑了使用无人机建模安全巡察问题的一般框架[43]，解决 POSG 的目标是找到一种能够达到最佳安全性能的巡察策略。在这个博弈论框架中，考虑了两个协同：防守者和进攻者。安全博弈在防守者和进攻者决策之间交替进行[76,101-102]。这个安全博弈会重复进行，直到进攻者被捕。其他显著特征包括不确定的行动效应和关于世界状态以及团队计划的部分可观察性。

在多无人机马尔可夫决策过程中，假设问题是完全可观测的，即每架无人机都有相同的完整信息来进行决策。然而，在巡察问题中，每架无人机的动作对环境有一定影响，这些动作也有不同的持续时间。决策过程中的并发性用**广义 MDP** 来建模，这种决策过程将**多无人机 MDP** 归纳为在时间上连续的异步事件。这个问题的状态变量描述了每架无人机的位置和每个顶点的空闲率。如果无人机总数为 N，则状态空间为

$$S = V^N \times [0,1]^{|V|} \tag{4-42}$$

给定一些状态 $s = (v, k) \in S$，v_i 是第 i 架无人机的位置；k_i 是第 i 个顶点的空闲率。在不同的时间点（即所谓的**决策阶段**），无人机必须选择一个动作。无人机可选择的动作取决于图的结构和位置：如果无人机位于顶点 v，它可以从 $A_v = \{u: [v, u] \in E\}$ 中选择动作。当 $t \in [t^i, t^{i+1}]$ 且 $v^t = u$（例如 $t = t^{i+1}$）时，考虑如下情况：一架无人机在 $t^{i+1} = t^i + L_{uv}$ 时出现且 $v^t = v$。这个问题是并发的，因为所有无人机的决策阶段都可以任意交叉，其中，k 的每个组件为 k_i，无人机的数量为 n。设 $\{y^j\}_j$ 是决策阶段的非递减序列，n_i^j 是在时间 t^j（$\Delta t^j = \{t^{j+1} - t^j\}$）到达顶点 i 时的无人机数量：

$$k_i^{t^{j+1}} = k_i^{t^j} a^{n_i^{j+1}} b^{\Delta t^j} + 1 - a^{n_i^{j+1}} \tag{4-43}$$

奖励 R 依据 k 来定义，获得奖励的比值由以下公式给出：

$$dR = \boldsymbol{w}^{\mathrm{T}} k^t dt \tag{4-44}$$

广义马尔可夫决策过程的折现值函数定义为：

$$V^{\pi}(s) = E\left[\int_0^{\infty} \gamma^t dR\right] = E\left[\gamma^{t^j} \int_0^{\Delta t^j} \gamma^t \boldsymbol{w}^{\mathrm{T}} k^t dt\right] = E\left[\gamma^{t^j} \boldsymbol{w}^{\mathrm{T}} k^{t^j} \frac{(b\gamma)^{\Delta t^j} - 1}{\ln(b\gamma)}\right] \tag{4-45}$$

其中 $\gamma \in [0, 1]$ 是折现系数。

在线规划的优势在于它仅针对当前状态求解式（4-45），而所有状态的离线算法则相反。巡察问题在线算法比离线算法更容易求解。**任何时候误差最小化搜索**（AEMS）都会在状态空间中执行启发式搜索，搜索过程使用典型的**分支定界**方案进行。由于任何状态的确定长期值并不完全已知，因此使用下限和上限进行近似，通过减少根节点估计值的误差来指导搜索树的扩展。在巡察问题中，行动的解释与部分可观测环境中的解释相同，而观测是巡视的持续时间。任何时候在误差最小化搜索中，都是使用某个状态值的上界和下界来定义误差的。设 $s \in S$ 为状态 $L(s) \leqslant V(s) \leqslant U(s)$，其中 $L(s)$、$U(s)$ 分别为上下限，$V(s)$ 为 S 的实际值。给定一些搜索树 T，其叶节点集合被标记为 $F(T)$，根节点边界被递归地估计。当无人机必须选择动作时，选择最大下界的动作。任何状态值的下限是从该状态开始执行任何策略的值。假设无人机无处不在（它们可以同时在多个位置），通常通过放松问题约束来获得上限。当无人机到达一个顶点时，它会立即自我倍增，并开始前往邻近未访问位置。这个界限估计了无人

机协同覆盖整个图所需的最短时间，并通过折现系数和可获得的最大回报上限进行估计。这个界限隐含地假设了最优策略不需要在任何顶点上部署多架无人机。

任何时候将**误差最小化搜索**扩展到异步多无人机是很方便的。当一个节点被扩展时，每个联合行动和观察都有一个分支。**异步性**是通过状态增强来处理的。状态现在为 (s, η)，其中 η_i 是无人机 i 执行下一个决策之前剩余的时间。在任何时间 t，下一个决策阶段的发生时间为 $t + \min_i\{\eta_i\}$。扩展操作为任何 $\eta = 0$ 的无人机增加动作和观察。当无人机 i 执行持续时间为 Δt 的动作时，η_i 被分配给 Δt。否则，将根据其在搜索树中的深度更新。任何时候都可以使用误差最小化搜索对任何无人机的子集进行在线规划。复杂度与无人机数量呈现出指数关系，这些无人机在本地进行协调，并且在无人机之间定义了部分顺序。如果一架无人机必须在其策略之前（之后）选择，则该无人机被称为大于（小于）另一架无人机。无人机根据该顺序计算其策略。一旦无人机知道了所有大型无人机的策略，它就开始计算自己的策略，然后将其传递给小型无人机。无论何时在无人机进行策略选择时，它都会根据更大型无人机的策略选择最佳策略。这种协调算法的一个优势为：如果无人机在任何时间使用在线规划器，那么它是一直在线的。**回退策略**是在收到更大型无人机策略之前忽略它们的存在。

4.3.2 区域合作巡察

本节考虑了一个问题，即感兴趣的区域必须由多架无人机合作并定期进行巡察。这些方法假设事件发生的概率在整个区域内是相等的，并且在没有问题的先验信息的情况下是有用的。目标是以最大的频率覆盖区域中的任何位置，这相当于最小化对同一位置两次连续访问之间的等待时间或恢复时间。路径中每个位置在同一时间被访问的解决方案是用一组无人机覆盖路径的最佳解决方案。不同的合作巡察策略可以根据等待时间（定期）和延迟时间标准进行分析和比较。如果子区域大小正确，则区域划分策略允许系统在理论上从定期巡察中获得最佳性能，此性能来自基于频率的方法（**等待时间标准**）。监视场景通常使无人机与控制站之间大范围区域的通信无法保证。为了提高整个系统的鲁棒性和可扩展性，通过多架无人机监视任务的分布式协调控制是最有效的选择。分布式协调方法允许多无人机系统从局部决策和每对无人机系统之间的异步通信收敛到一种通用的合作巡察策略。一些作者提出了基于点对点（或一对一）协调的算法。基于一对一协调的算法假定每对接触式无人机都要解决一个不同的问题。每对有联系的无人机只考虑到自身的信息，就成为整个问题的简单版本。这些算法对无人机的信息存储能力要求很低，因为它们只需要存储自己的局部信息，此外，已经证明该技术可以收敛到所需的解决方案，但其收敛时间随着无人机总数的增加而呈平方增加。另一方面，基于协调变量的算法假定问题可以完全由一组有限的变量（协调变量）来描述，并且每架无人机可以使用这些变量独立地解决整个问题[2]。

4.3.2.1 多基地与多 TSP

多无人机巡察可以被视为**多基地多旅行商问题**（MTSP），其中一组 m 架无人机位于不同的初始位置，必须访问一组 n 个目标位置，并返回基地。主要目标是为无人机团队找到有效的目标位置分配，这样所有的目标都会精确地被一架无人机覆盖，并且成本最低。参考文献［58］中提出了基于市场方法的分布式解决方案，该方案涉及无人机之间的合作，在目标分配的同时消除可能重叠的区域。在每一步中，无人机都会移动并试图改进解决方案，并与相邻无人机进行通信。该方法由 4 个主要阶段组成：首先是初始目标的分配，其次是巡察路径的构建，然后是冲突目标的协商，最后是解决方案的改进。

当考虑多次哈密尔顿旅行时，MTSP 就会出现。它通常可以定义如下。

问题 158 **多旅行商问题**：给定一组节点，使 m 个旅行商位于单个基地节点。要访问的其余节点被称为中间节点。MTSP 为所有 m 个旅行商寻找路径，它们都在基地开始和结束，每个中间节点被访问一次，访问所有节点的总成本应最小化。

成本度量可以用距离和时间来定义[14]。

1. **单基地与多基地**：在单基地情况下，所有无人机从一个点开始并结束其巡察。另一方面，如果存在多个基地，且每个基地都有多架无人机，那么无人机可以在完成巡察后返回到原来的基地，也可以返回到任何基地，但前提是每个基地中的无人机数量在完成所有巡视后保持不变。前者被称为固定目的地案例，而后者被称为非固定目的地案例。

2. **无人机数量**：问题中的无人机数量可能是一个有界变量，也可能是预先确定的。

3. **固定成本**：当问题中的无人机数量不固定时，执行任务的每架无人机通常都会产生相关的固定成本。

4. **时间窗**：在这种变化中，某些节点需要在特定的时间段内被访问，这段时间被称为时间窗。这是**时间窗的多旅行商问题**（MTSPTW）。

5. **其他特殊限制**：限制可能包括每架无人机访问的节点数量、无人机的最大或最小行程或其他特殊限制。

MTSP 可以通过完整的图 $G(V, A)$ 来定义，其中 $V\{0\}$ 是要访问的一组节点，0 代表基地，A 是连接要访问的 n 个节点的一组弧。c_{ijk} 值与旅行商 k 遍历的每个弧 (i, j) 相关联。当考虑无向图时，矩阵 C 是对称的，否则矩阵 C 是不对称的。巡察路径计算属于巡视的圆弧长度之和。此外，旅行商在 A 中的每段弧 (i, j) 由 t_{ijk} 给出，旅行时间是利用路径长度之和计算的。给定整数 m，找到通过基地节点的 m 次巡察。每个节点在一次巡察中只被访问一次，这样可以最大限度地缩短总路径，并且旅行商的工作时间是相似的。MTSP 的多目标版本可以表示为具有两个目标函数的多目标混合整数线性模型。

1. 尽量减少所有旅行商的路径长度。

2. 旅行商的工作时间相似。

一个多目标优化问题可以通过由一组 h 个目标函数定义的数学模型来表示，该目标函数受限于 m 个不等式约束、一组 ℓ 等式约束，以及 k 个决策变量中的上、下限，以便最小化或最大化。对于每一个 G 的弧 (i, j)，都与一个二进制变量相关联，如果旅行商 k 巡视了弧 (i, j)，则该变量的值为 1，否则为 0[19]。

问题 159 优化问题可表述为：

$$\min Z_1 = \sum_{k=1}^{m} \sum_{i=1}^{n} \sum_{j=1}^{n} c_{ijk} x_{ijk} \tag{4-46}$$

$$\min Z_2 = \sum_{k=1}^{m} \left| t_{avg} - t_k \right| \tag{4-47}$$

其中 t_{avg} 是巡视的平均时间，定义为：

$$t_{avg} = \frac{1}{m} \sum_{k=1}^{m} \sum_{i=1}^{n} \sum_{j=1}^{n} t_{ijk} x_{ijk} \tag{4-48}$$

t_k 是每次巡视 $k(k = 1, \cdots, m)$ 花费的时间：

$$t_k{'} = \sum_{i=1}^{n} \sum_{j=1}^{n} t_{ijk} x_{ijk} \tag{4-49}$$

还必须考虑以下约束集，其中包含二进制决策变量 $x_{ijk} \in \{0, 1\}$：

$$\sum_{k=1}^{m} \sum_{i=1}^{n} x_{ijk} = 1, \quad \forall j = 1, \cdots, n \tag{4-50}$$

$$\sum_{k=1}^{m} \sum_{j=1}^{n} x_{ijk} = 1, \quad \forall i = 1, \cdots, n \tag{4-51}$$

这两个约束与程度限制有关，并确保每个节点只有一架无人机访问一次，除了基地节点。

$$\sum_{k=1}^{m} \sum_{i=1}^{n} x_{iok} = m \tag{4-52}$$

$$\sum_{k=1}^{m} \sum_{j=1}^{n} x_{0jk} = m \tag{4-53}$$

这两个约束确保每架无人机必须从基地节点离开并返回。

$$\sum_{i \in S} \sum_{j \notin S} x_{ijk} \geqslant 1, \quad \forall\, k = 1, \cdots, m, \forall\, S \subseteq V; 0 \in S \tag{4-54}$$

此约束是连通性约束，避免在最终解决方案上生成子巡察。

解决这一问题的方法很多，如**遗传算法**[54]、**人工蜂群算法**[99]和**集合覆盖法**[12]。

4.3.2.2　探索

有不同的策略支持机器人探索[95]：

1. 基于前沿的探索：一组无人机被引导到未探测空间和已知开放空间之间的边界区域。在这一策略中，每架无人机建立并维护全局地图。在执行任务期间，每架无人机与其他无人机共享检测信息。

2. 基于角色的探索：无人机分为两类。

（1）**中继站**：它们保持探索无人机与负责控制任务的基站之间的连接。如果中继站在中继时发现有关区域的信息，则此信息将添加到搜索团队的信息中。

（2）**探索者**：它们搜索一个未知区域，并将发现传达给先前约定集合点的中继站。它们采用基于前沿的探索策略。

3. 市场驱动探索：探索任务分为多个子任务。在该策略中，无人机对子任务进行投标，并将通信强度纳入投标内，避免无人机超出通信范围。

在混乱的环境中，无人机团队的多目标探索/访问策略的设计能够达到以下目的。

1. 一次访问多个目标（以提高探索效率）。

2. 尽管存在一些代表现实世界情况的典型传感器/通信限制，但始终确保维护团队的连通性。

3. 不需要中央节点或处理单元。

4. 不需要在任务开始时知道所有目标。

设计一个将多目标探索和**持续连通性**维护相结合的分散策略，往往会带来相反的限制。利用移动天线虚拟链的一种固定拓扑和集中式方法，可以保持地面站和访问给定目标点序列的单架无人机之间的通信链路。采用部分集中的方法可以解决类似的问题，其中线性规划问题在运动的每一步都被解决，以便混合加权**拉普拉斯算子**（或代数连通性）的第二小特征值导数，或**费德勒特征值**和系统的 **k 连通性**。考虑一种视距通信模型，该模型采用基于已知环境的多边形分解集中式方法来解决在实现周期性连接的同时，部署一组无人机的问题。周期性连接的情况可以最佳地解决巡察一组节点的问题，这些节点会尽可能被频繁访问[72]。参考文献［60］中的三角剖分仅提供基本局部几何图形的完整覆盖。三角剖分的基本拓扑结构允许利用其对偶图进行映射和规划路径，并保证性能。三角形的最大边长受无人机通信范围的限制。如果可用无人机的数量不是预先确定的，那么最小化其数量以覆盖所有区域的问题称为**最小中继三角剖分问题**（MRTP）；如果它们的数目是固定的，那么目标就是使覆盖面积最大化，这就是**最大面积三角剖分问题**（MATP）。这两个问题都是针对离线场景（其中区域是完全已知的）和在线场景（其中区域不是预先已知的）进行研究的。

最短时间内的覆盖问题 在探索和救援应用中，一个重要的目标是覆盖整个环境，在最短时间内找到可能的受害者。与单无人机系统相比，多无人机系统不仅加快了探索进程，而且具有鲁棒性和冗余性等优点。此外，多无人机系统可以完成单无人机系统无法完成的任务。为了充分利用多无人机系统的优势，在考虑环境状况和其他无人机运动目标的同时，必须采用一种协调算法来实现各无人机的**运动目标选择**。多无人机协调的主要方法是**基于市场经济的方法**。协同中的所有无人机相互交换任务和资源，以最大化个人利润。在**基于阈值的方法**中，每架无人机必须处理最接近的事件，不重复另一架无人机的工作，由无人机 r 的事件 e 产生的激励 $\sigma(r, e)$ 可以被定义为：

$$\sigma(r,e) = \frac{1}{\mathrm{d}(r,e)} \quad \theta_e = \frac{1}{D_r} \quad p_e = \frac{\sigma(r,e)^n}{\sigma(r,e)^n + \theta_e^n} \qquad (4\text{-}55)$$

在参考文献［47］中，当事件 e 的阈值 θ_e 等于无人机之间的预期距离 D_r 的倒数时，可以找到最佳性能。该阈值与市场的最佳底价一致。

未知环境中的协调

分布式投标算法（DBA）在探测未知环境时用来协调多无人机系统，该环境在竞价过程中引入了接近度度量，以使所有无人机保持相互接近，以克服通信距离不足。另一方面，一种决策理论方法通过效用计算方案将无人机分散在未知环境中，即无人机效用降低与其他无人机的目标距离成反比关系。在已知环境下，无人机完成任务后，通过重复拍卖算法实现任务分配。这时一种**基于能源消耗的投标方案**被提出。该方法提出了一种多无人机探索未知环境的层次协调体系结构，该体系结构分别通过最大化两种新的效用程序来开发较低层次的无人机。另一种改进方法是处理多无人机系统的异构性。所提出的方法是，每架无人机分别从最短路径长度、移动速度和电池寿命3个方面进行投标。一种基于方法的反向传播神经网络被提出，以决定哪架无人机是胜者。该方法利用向量分别表示无人机和任务的能力。拍卖商广播一个任务及其能力向量，每架无人机根据自己的能力为该任务投标。任务分配是在**合同网协议**框架下实现的。最后，针对异构多无人机系统提出了描述每架无人机探索性能的指标。然而，上述方法依赖于无人机团队之间的通信能力。与现有结果不同，参考文献［30］中提出的算法改进了基于市场经济的方法，以处理目标选择和异构性。**有色 Petri 网**用于实现智能体之间复杂且并发的对话。根据是否安装了任务检测设备，可将所有无人机分为发起方和辅助方。后者在满足任务要求时帮助前者完成任务。无人机可以改变队友选择策略，以适应动态环境。

通信 基于原则的早期探索策略保持无人机在通信范围内。一些作者提出了市场驱动的探索策略，其中探索任务分为多个子任务，无人机对这些子任务进行投标。在这些策略中，目标点选择是一个重要的决策，目的是为无人机选择未探索的区域。在这里，投标基于特定的价格，例如到特定地点的巡视成本和预期的信息收益。虽然市场驱动的探索方法并不依赖于较强的通信能力，并且在零通信的情况下也可发挥作用，但当通信强度被纳入投标范围时，无人机还是应避免超出通信范围。目标点选择策略如下所示。

1. **随机目标点**选择是最简单的策略，其中目标点是随机选择的。如果目标点周围的区域已经被访问过，则丢弃该区域。该策略在实践中得到了有效的应用。

2. 在**贪婪探索策略**中，选择最近未探索区域中的一个目标点作为候选目标，该策略对单架无人机的探索是有效的。

3. **基于前沿的探索**也是一种探索策略，其核心思想是通过向开放空间和未知区域之间的边界移动来获取最新的信息。在这种策略中，无人机在维护独立的全局地图的同时共享检测信息。即使无人机在通信能力允许的最大范围内分散，未探索的空间也可能被保留。

解决无人机在多个探索过程中通信受限问题的一种方法是在集合点进行信息共享。这时提出了一种**聚类方法**，即无人机组在探索该区域的同时保持紧密的联系。使用相同原则的另一个策略是**基于角色的探索**。在这种策略中，无人机分为两类：探索者和中继站。当探索者使用基于前沿的探索策略探索未知区域，发现信息并将其传达给集合点的中继站时，中继站保持负责任务的基站与探索无人机之间的连接。基于角色的探索策略为大型环境中关于连接的相关问题提供了解决方案，代价是用额外的无人机负责通信。尽管大多数探索策略在探索任务期间成功地保持了连通性，但由于无人机受到必须保持在通信范围内的限制，其性能也受到一定限制[95]。

遍历轨迹 在探索背景下，计算了沿轨迹驱动动态系统的**遍历轨迹优化**控制律，使得在状态空间区域中花费的时间与在这些区域中获得的预期信息增益成比例。可以使用**遍历性**作为度量来编码探索功能和利用功能。通过将这些需求编码为度量，可以使用最优控制工具将其推广到非线性动态。利用**分布式信息的遍历搜索**，不同的动态系统可以获得几乎相同的估计性能。主动探索和响应不确定情况的能力对于无人机实现自主运行至关重要。主动传感或传感器路径规划是指控制传感器参数（例如位置），以获取信息或减少不确定性。规划搜索/探索具有挑战性，因为规划步骤不仅取决于所用传感器，还取决于估计的数量，例如目标位置与目标大小。所以，需要表示、更新估计及相关不确定性的方法，并确定预期信息的状态。对于给定应用程序，表示和更新给定状态的最佳选择取决于无人机动态、传感器特性和评估任务（建模区域与目标定位）。遍历理论将系统的平均时间特性与系统中所有可能状态的空间联系起来。遍历性可以用来比较搜索轨迹的统计数据与**预期信息密度**（EID）地图。有效的探索策略应该花费更多的时间探索具有更高期望信息的空间区域，在那里很可能找到有用的测量结果。然而，无人机不应该只访问最高的信息区域，而是应将搜索所花费的时间与总体预期信息密度按比例分配。这是使用**遍历性**作为目标和以前的**主动感知**工作（例如，信息最大化）之间的关键区别。遍历度量编码了这样一种思想，即测量值应该分布在具有高期望信息的区域中。否则，信息最大化策略需要启发式方法，以使后续测量远离先前采样的区域，从而不只是对信息最大值进行采样[69]。

人－无人机协同 为了在不确定的情况下实现有效的**人－无人机协同**（HAC），无人机能够通过其摄像机自主搜索任务区域，从而探索人类无法进入且具有潜在危险的环境。然而，由于传感能力和图像处理能力的限制，无人机难以辨认感兴趣对象（例如区分人、动物和机械运动）。这可能导致错误（漏检或错误警报），从而降低总体任务性能。因此，有必要对这些摄像机图像进行及时、更有效的人工处理。当情况需要时，无人机可以通过人机交互界面向操作员发送干预请求。然而，长时间保持人的监控可能会使操作员认知超载以及警惕性下降，并降低整体性能。在大规模任务区域内，操作员与多无人机进行协同工作的情况尤其如此。因此，合理的解决方案是在手动操作和自动操作之间切换，以平衡人的工作量，同时保证所需的任务效率和准确性。这种混合自主性操作和远程操作类型被称为远程自主性操作。现有的决策方法（如贝叶斯方法和用于过程监测和控制的数据驱动技术），几乎总是在不确定性的情况下寻求基于测量的最优解[96]。

不确定地形　无人机通常在复杂的环境中飞行。许多威胁（如山丘、树木和其他飞机）可能干扰无人机甚至导致无人机坠毁。这些威胁一般只能被单架无人机在有限的范围内检测到。但是，通过与其他无人机共享信息，可以在更远的距离内检测到这些威胁。此外，有效的导航路径应该是平滑的，并应提供逃生路线且具有一定的计算效率。在以往的无人机路径规划研究中，Voronoi 图搜索和能见度图搜索仅在简单的环境中有效。当地图信息不完全可用（例如未检测到障碍物）时，它们不是实时的并且还会导致致命的故障。多架无人机的路径规划集中在**协同框架**、**协同策略**和**一致性**上。Voronoi 图搜索、A^*、Dijkstra 算法为多无人机规划了一条全局路径，以详细的步骤同时达到目标[7,8,65]。多无人机的路径规划也可以从强化学习的角度来解决。Q-learning 是解决路径规划问题的一种方法，其基本思想是根据学习图中的环境观察状态，从延迟的奖励中获得最优的控制策略，并制订控制策略来选择实现目标的动作。

暴露于障碍物的概率风险模型如下所示。无人机必须与高风险区域保持一定距离，以保证飞行安全。因此，障碍物风险暴露概率的度量可以看作连续分布函数。例如，考虑障碍物位于 (x_i, y_i, z_i) 位置的情况，风险度量用 F_i 表示，其中参数与规划空间的尺寸有关。在三维空间中，

$$F_i(x,y,z) = \frac{1}{\sqrt{2\pi}\sigma_i} \exp\left(-\frac{d_i^2}{2\sigma_i}\right) \tag{4-56}$$

其中

$$d_i = \sqrt{(x - x_i)^2 + (y - y_i)^2 + (z - z_i)^2} \tag{4-57}$$

σ_i 是一个可调参数。无人机不能飞越地区的概率风险可以表示为一个非常大的值。此外，当地图上存在多个障碍物时，位置 (x, y, z) 的概率风险可计算为：

$$F(x,y,z) = 1 - \prod_{i=1}^{M}\left[1 - f_i(x,y,z)\right] \tag{4-58}$$

协同和几何学习算法的核心思想是计算成本矩阵 $\boldsymbol{G}$，并根据距离和积分风险求出从起点到目标点的最优路径。矩阵 $\boldsymbol{G}$ 中的每个元素被定义为从其位置到目标点的成本总和。未知环境下的路径规划过程可以建模为受控马尔可夫链或马尔可夫决策过程。在未知环境下规划路径时，由于不知道底层过程的转移概率，因此必须对其进行估计。这相当于**马尔可夫决策过程的自适应控制**。状态空间由有序对 (s, q) 定义，其中 S 表示系统状态，q 表示环境状态。假设系统状态是完全已知的，而环境状态可能被噪声破坏。假定在整个路径规划变化期间地形不会发生变化。如果任何系统状态下的环境都可以建模为平稳随机过程，则可以应用参考文献 [25] 中给出的方法。假设系统状态是有限的（例如，在二维中有 8 个状态：北、东、

南、西、东北、西北、东南、西南；在三维中有 26 个可能的状态），N 是系统状态数、D 是环境状态数、M 是控制数、U 是控制动作集。

问题 160 设 $\mathbb{F}^{\mathrm{T}} = \left\{ (s_0, q_0), u_0, \cdots, (s_{t-1}, q_{t-1}), u_{t-1} \right\}$ 表示该过程直至 t 的历史

$$\mathrm{Prob}\big((s_t, q_t) \mid \mathbb{F}^{\mathrm{T}}\big) = \mathrm{Prob}\big((s_t, q_t) \mid (s_{t-1}, q_{t-1}), u_{t-1}\big) \tag{4-59}$$

系统动态可以通过概率密度函数 $\mathrm{Prob}\big((s_t, q_t) \mid (s_{t-1}, q_{t-1}), u_{t-1}\big)$ 进行概率表示，其中该函数表示系统转换到状态 (s_t, q_t) 的概率。此时的状态为 (s_{t-1}, q_{t-1})、控制为 u_{t-1}。

假定当前系统状态 s_t 独立于以前的环境状态。

$$\mathrm{Prob}\big(s_t \mid (s_{t-1}, q_{t-1}), u_{t-1}\big) = \mathrm{Prob}\big(s_t \mid s_{t-1}, u_{t-1}\big) \tag{4-60}$$

如果无人机是可控的，则满足上述假设。当前环境状态 q_t 仅依赖于当前系统状态。

$$\mathrm{Prob}\big((s_t, q_t) \mid (s_{t-1}, q_{t-1}), u_{t-1}\big) = \mathrm{Prob}(s_t \mid s_{t-1}, u_{t-1}) \mathrm{Prob}(, q_t \mid s_t) \tag{4-61}$$

概率分布函数量化了系统固有的定位和不确定控制问题，并假定事先已知。地形/环境不确定性 $p(q_t, s_t)$ 是未知的，随着规划的完成，连续估计 $p_t(q_t, s_t)$ 由不确定性构成。接下来的问题是，如何利用地形增加的信息来规划更好的路径。事实上，路径规划的目标可以被构建为一个**无限作用范围下折现的随机优化问题**。上述假设定义了不确定地形下的路径规划目标，即系统产生的总折现成本均值需要最小化。自适应控制包括控制不确定系统，同时获得更好的系统参数估计。路径规划问题可以设想为一个不确定马尔可夫决策过程的自适应控制问题，即过渡概率未知。在这种情况下，自适应控制策略是对系统当前估计使用的最优策略，因为它对应于被控制系统的当前信息，并被称为自适应控制中的确定性等价原则。这相当于自适应控制中的**持续激励条件**，旨在解决每个自适应控制问题固有的探索/开发权衡问题。有关此实现的更多详细信息，请见参考文献 [25]。

不确定对抗环境中的救援 救援路径规划问题是资源和风险受限的最短路径规划的变种。非线性特征问题的复杂度引入耦合救援无人机**生存能力**的综合度量，并且受多边约束的路径长度使解决问题非常具有挑战性[15]，例如飓风或地震救援任务[6]。在不确定的敌方环境中，最简单的救援路径规划问题涉及无人机在某个二维区域内规划一条线路，以避免障碍和威胁，以便在最大限度地减少行驶距离和暴露威胁水平的同时，营救被困人员，同时根据不同的情况，采用等效的生存能力措施使其服从于时间、路线和生存能力限制的类型，如期限或生存能力阈值。假设无人机从基站（源站 s）移动到救援服务点，敌对环境被描绘成由 N 个单元组成的网格或晶格。单元使用一系列阴影颜色来描绘各种威胁等级（或生存能力），从安全单元的白色到物理障碍或零生存能力单元的红色。网格建模为有向图 $G(V, A)$，它指定一组顶点或节点，表示通过弧 (i, j) 的集合 A 连接的各个单元（中心到中心）。弧定义邻域关系或相邻单元格 i 与 j 之间可能的移动。通常，在二维环境中，非边界节点 i 有 8 个外出弧和 8 个进入弧。假设救援无人机一次移动一步。地图表示使用基于离散的概率威胁风险暴露生存能力。网格最初根据先前搜索任务估计的概率威胁 $p_{\mathrm{T}}(\ell)$ 来构建。威胁风险暴露是由地图推断出的，主要是指无人机毁坏或在单元 j 中检测的风险贡献 $p_{\mathrm{dest}}(\ell, j)$，其中，该风险来自单元 ℓ 中存在的威胁，如下所示：

$$\mathrm{risk}_j = 1 - \underbrace{1 - p_{\mathrm{dest}}(\ell, j) p_{\mathrm{T}}(\ell)}_{\mathrm{survivability}_j} \tag{4-62}$$

或

$$\mathrm{risk}_j = 1 - p_{s_j} \tag{4-63}$$

其中 p_{s_j} 是无人机在 j 单元访问中的存活概率。

救援路径规划的基本问题是尽可能减少行程并有防止威胁风险暴露的措施。在给定用户优先权或威胁风险暴露超过行驶距离的情况下，无人机必须在以生存能力分布 P_s 为特征的 N 单元网格环境中从源节点 s 移动到目标站点 d，通过决策 x_{ij} 逐步构建路径，访问弧 (i,j) 上的二元决策变量。理想的解决方案是找到最短和最安全的路径，并将受多种约束的源站点 s 和目标站点 d 分开。问题可以表述为：

问题 161

$$\min_{x_{ij}} (F = (1 - \alpha)L + \alpha(1 - S)) \tag{4-64}$$

其中

$$0 \leqslant L \leqslant 1 \text{ 和 } 0 \leqslant \alpha \leqslant 1 \tag{4-65}$$

和

$$L = \frac{\sum_{(i,j) \in A} d_{ij} x_{ij} - L_{\min}}{L_{\max} - L_{\min}} \tag{4-66}$$

以及

$$S = \prod_{(i,j) \in A} p_{s_j} \tag{4-67}$$

使得

$$\sum_{j \in V} x_{sj} = 1 \quad \text{路径在源节点 } s \text{ 处开始} \tag{4-68}$$

$$\sum_{j \in V} x_{jd} = 1 \quad \text{路径在目标节点 } d \text{ 处结束} \tag{4-69}$$

$$\sum_{i \in V} x_{ij} \leqslant 1 \quad \text{每个节点最多访问一次} \tag{4-70}$$

$$t_i^s + d_{ij} - K(1 - x_{ij}) \leqslant t_j^s \quad (i,j) \in A, k \in N \quad \text{不相交的子路径消除} \tag{4-71}$$

$$\sum_{j \in V} x_{ij} - \sum_{j \in V} x_{ji} = 0, \forall i \in V / \{s,d\}, (i,j) \in A \quad \text{流量约束/连续性} \tag{4-72}$$

$$\sum_{(i,j) \in A} d_{ij} x_{ij} \leqslant L_{\max}, \forall i \in V / s, d, (i,j) \in A \quad \text{行程限制/截止日期} \tag{4-73}$$

$$-\sum_{(i,j) \in A} x_{ij} \log(p_{sj}) \leqslant \log(S_m), S_m \in [0,1] \quad \text{生存能力阈值} \tag{4-74}$$

$$x_{ij} = 0 \ \forall (i,j) \notin A \tag{4-75}$$

$$x_{ij} \in \{0,1\}, t_i^s \geqslant 0, i \in V \tag{4-76}$$

其中 F 是目标函数；α 是用户定义的威胁暴露；S_m 是最小生存概率；P_s 是 N 个单元网格上的生存概率分布；x_{ij} 是二元决策变量，代表无人机沿弧 (i,j) 飞行的正决策 $(x_{ij} = 1)$，或负决策 $(x_{ij} = 0)$；d_{ij} 是将质心与单元 i 和 j 分离的距离；$L_{\max}$ 是用户定义的最大距离，等于 $2\sqrt{N}$ 以及 $L_{\min} = \sqrt{2N}$。它们分别是从 s 到 d 的最大和最小可能行驶距离，S 是路径完成时无人机的总体生存能力。

偏向无风险路径生存能力 $\alpha = 1$ 表示试图以额外的巡视成本为代价来最小化任何威胁暴露，而严格的距离偏向路径 $\alpha = 0$ 表示略微围绕威胁的致命核心移动，以满足最低生存能力的要求，然后通过对数生存函数变换将该问题简化为二次目标函数逼近。它包括用近似函数 $\overline{S}$

代替 S，使得到的近似二次规划公式成为原始问题的关键要素[15]。

参考文献［52］中提出了一种针对未知环境的低成本且高效的在线完整覆盖路径规划方法。覆盖任务是通过跟随在线**耕牛式运动**以及名为**双向邻近搜索**（TWPS）的有效回溯技术来执行的，该方式可以减少总覆盖时间，并且生成最短的回溯路径。对于完整的覆盖路径规划，假设环境必须关闭，所有区域都连接在一起，这样无人机就可以到达环境中任何可访问的位置。

4.4 捕获

捕获机器人是一种移动机器人，它能够搜索并在找到目标时将物体运送到一个或多个收集点。捕获机器人可以是单机器人，也可以是共同操作的多机器人。单捕获机器人可以是远程遥控或半自主的；多捕获机器人可能是完全自主的。捕获策略的研究带来了随机优化方法，如**蚁群优化**（ACO）、**粒子群优化**（PSO）、**细菌觅食优化算法**（BFOA）、**人工蜂群**（ABC）和**信息觅食理论**（IFT）等[26]。

4.4.1 问题的表述

4.4.1.1 抽象模型

有限状态机（FSM）可以表示一个捕获无人机。在模型中，无人机始终处于下列 4 种状态之一[97]。

1. **搜索**：在这种状态下，无人机在搜索空间中移动并利用传感器定位和识别目标。在抽象层次上，无人机可以随机漫游，或者采用系统策略（例如在搜索模式中左右交替移动）。根据真实世界的假设，无人机必须进行搜索的情况是，包括距离无人机的传感器较短距离的测量和物品被隐藏（例如，在障碍物后）。在任何一种情况下，无人机都无法通过停留在一个地方并使用传感器扫描整个环境来找到物品。目标识别或验证可能需要多种传感器和技术。当无人机找到一个物品时，它的状态从搜索变为抓取。如果无人机找不到目标，则永远保持搜索状态。因此搜索是默认状态。

2. **抓取**：在这种状态下，无人机实际抓取物品，并准备将其运回基地。在这里，一架无人机能够抓取和传送一件物品。一旦物品被抓取，无人机状态将变为返航。

3. **返航**：在这种状态下，无人机必须将收集到的物品移动到主区域。返航显然需要几个阶段。首先，确定主区域相对于无人机所在的位置；其次，确定朝向该位置的方向；最后，导航至主区域。返航还有许多策略：一种是重新追踪无人机返回至主区域的路径；另一种是使用远程信标传感器返回信标。当无人机成功到达主区域后，状态将变为存放状态。

4. **存放**：在这种状态下，无人机在主区域存放或交付物品，然后立即将状态更改为搜索，从而恢复搜索状态。

成功的物品收集和检索可以表述为：

$$F(O_i, t) = \left\{ \begin{array}{ll} 1 & O_i \text{ 在时间 } t \text{ 处于汇点中} \\ 0 & \text{其他} \end{array} \right\} \tag{4-77}$$

如果捕获任务的执行时间有限，且目标是在固定时间 T 内最大化捕获的数量，则可以定义时间 T 内收集物品数量的性能指标：

$$P = \sum_{i=1}^{N_0} F(O_i, t_0 + T) \tag{4-78}$$

其中 N_0 是可用于收集的物品数；t_0 是开始时间。每秒搜寻的目标数量度量 $P_t = P/T$，这与无人机的数量无关。为了衡量多无人机捕获性能的改进，多无人机系统的标准化性能 P_m 定义如下：

$$P_m = \frac{P}{N_r} \tag{4-79}$$

其中 N_r 是无人机的总数。多无人机捕获的效率是比值 P_m/P_s。

4.4.1.2 连续捕获

在连续的捕获过程中，无人机会访问环境中的位置，以获取资源并将其运送到基地。随着时间的推移，资源不断补充，可以考虑 3 种资源补充模式：前两种是**伯努利**和**泊松**模型，其中资源以概率方式来补充，这适用于具有独立发生资源的场景。第三个模型是**随机逻辑模型**，其中资源补充率取决于现有资源的数量。当资源为生物种群时，逻辑模型是适用的，问题可以表述如下[63]。

问题 162 在时间步骤 T 后，最大化向无人机主位置 l_0 处捕获资源的速率，即最大化 $\frac{v_{0,T}}{T}$，其中 $A = \{a_1, \cdots, a_n\}$ 是捕获无人机数量集合，每架无人机 a_i 都有一个相关的速度 V_i、最大容量 c_i 和有效载荷 $y_i \leqslant c_i$，即 a_i 为当前携带的资源数量。令 R 是执行信息收集的侦察无人机，$L = \{l_0, \cdots, l_m\}$ 是一组位置，其中 $v_{j,t}$ 是在时间步骤 t 时位置 l_j 处可用的资源数量。每个位置的资源数量随着时间的推移以马尔可夫过程的方式变化，也就是说，在时间步骤 t 时，位置 l_j 处的资源数量 $v_{j,t}$ 仅取决于 $v_{j,t-1}$。假设 $\widehat{v}_{j,t}^{(i)}$ 是 a_i 对 $v_{j,t}$ 的估计。当捕获无人机 a_i 到达 $l_j (j>0)$ 位置时，l_j 位置的最大资源（$v_{j,t}$，$c_i - y_i$）（即 l_j 位置的所有资源，以 a_i 的剩余容量为准）被转移到 a_i，a_i 对剩余资源的数量进行观测 $\widehat{v}_{j,t}^{(i)}$。

当 a_i 到达 l_0 时，a_i 携带的所有资源 y_i 都转移到 l_0。设 $D: L \times L \to \mathbb{R}^+$ 为位置的距离函数。无人机 a_i 采取 $t (a_i, l_j, l_k) = \frac{D(l_j, l_k)}{V_i}$ 时间步骤从位置 l_j 移动到位置 l_k。

对于每一个时间步骤，侦察无人机 R 都会观察到 $M \leqslant m$ 个地点的资源数量。这对应于从 l_0 出发的无人机、即时访问的 M 个位置、观察资源的数量，以及与所有 $a_i \in A$ 共享信息。

参考文献 [31] 中提出的在线分散信息收集系统的重要特点如下所示。

1. 任务在环境中随机分布。无人机预先并不知道任务的空间分布，无人机在环境中执行分布式搜索以发现任务。无人机需要移动到任务附近，通过其上安装的传感器感知/观察来发现任务。

2. 单架无人机只能发现任务和执行部分任务，缺乏独立完成任务所需的计算资源。只有在多架无人机协同共享计算资源以执行任务时，才能完成任务。考虑到松散耦合的任务，不同的无人机相互协同执行相同的任务，可以异步且独立地执行这些操作。

3. 为了获得完成任务所需的其他无人机的帮助，发现任务的无人机将任务信息传递给其他无人机。

4. 在完成执行任务的一部分后，无人机将任务执行后的进度通知通信范围内的其他无人机。然后，这些无人机考虑自己的任务，并有选择性地选择访问这个任务并执行它。在完成任务的一部分之后，无人机要么继续执行它已经提交的任何其他任务，要么在没有任何其他已提交任务的情况下恢复为搜索环境以寻找任务。

可以使用不同的多无人机聚合策略。每个策略都是使用启发式函数实现的，该函数计算无人机分配任务列表中任务的适用性或优先级。用于此目的的不同启发式函数如下所述。

1. **最接近任务优先**：每架无人机从最接近的任务列表中选择一个任务。在无人机任务列表的所有任务距离之和上对距离进行归一化，以实现任务距离之间的比较。这个启发式的值很容易计算。由于它可以引导所有无人机选择接近它们的任务，从而降低对远离它们的任务的优先权。因此，远离大多数无人机的任务可以长时间保持不完整，并且超过所需数量的无人机分配给更接近大多数无人机的任务。总体来说，最接近任务优先的启发方法在无人机跨空间分布任务负载方面效率不高。

2. **最急需完成任务优先**：为了解决最接近任务优先的启发式方法的缺点，并在整个环境中平衡任务负载，对附近无人机数量最少且可能需要更多无人机来完成的任务给予更高的优先级。最急需完成任务优先启发方法通过使每架无人机从任务列表中选择附近具有最少无人机数量的任务来执行。最急需完成任务优先的启发式方式的潜在缺点是无人机被吸引到最近发现的任务，该任务的附近可能几乎没有无人机。这可能导致快要完成的任务不完整，因为相比接近完成但在其附近有更多无人机（可能已经访问过任务）的任务，无人机更倾向于访问更急需完成且可能不太完整的任务。

3. **最急需完成、最完整任务优先**：启发式方法通过考虑完成任务所需的无人机数量，将最急需完成的任务扩展到第一个启发式任务。在选择任务时，使用这种启发式方法的无人机将考虑任务附近的无人机数量及与任务相关联的信息素值的任务进度。接近完成的任务被给予更高的优先权。

4. **最近的任务优先**：在前两种启发式算法中，任务分配算法只考虑其他无人机对分配任务列表中任务的影响，而不考虑无人机自身相对于其他无人机的相对位置。这可能导致无人机距离任务分配很远并向其移动，并在途中被告知其他无人机已经完成了任务。为了解决这个问题，最近的任务优先启发式算法确定有多少其他无人机比自己更接近正在考虑的任务。然后，它会选择无人机数量最少且与自身更接近的任务，同时也是最接近完成的任务。

4.4.1.3　捕获算法

Levy 飞行　关于觅食者的一个观察是，在没有或有限的食物先验信息时，觅食者表现出具有特殊特征的搜索模式。这些模式不同于布朗运动，即在液体中粒子的扩散路径是随机的。觅食者有时只朝一个方向走很长的路。该策略是觅食者在未知环境中快速寻找食物的关键。在目标搜索上下文中，当所有长度都从概率分布形式中提取时，飞行长度 ℓ 被称为具有幂律分布：

$$p(\ell) = C\ell^{-\mu} \tag{4-80}$$

其中 $p(\ell)$ 为概率密度；μ 为标度参数；C 为归一化常数。更一般的 Levy 分布可以归类为幂律分布，其中标度参数 a 位于范围 $1 < \mu \leq 3$ 内。因此，**Levy 飞行**由满足带有 $1 < \mu \leq 3$ 的幂律分布的飞行距离组成。对于连续情况，可给出以下形式：

$$p(\ell) = \frac{\mu - 1}{\ell_{\min}} \left(\frac{\ell}{\ell_{\min}} \right)^{-\mu} \tag{4-81}$$

假设进行二维随机搜索，则搜索者遵循以下规则。

1. 无人机从一个点移动到另一个点，直到找到目标，也就是说，这架无人机使飞行距离服从具有固定 μ 的幂律分布。

2. 如果无人机在其附近定位目标，即传感器范围的半径为 r_v，则无人机将信息发送给外部操作员。

3. 无人机不停地进行搜索，即根据幂律分布绘制下一个飞行长度，并预先确定比例因子 μ 的值。无人机的角度是利用范围为 $[0, 2\pi]$ 的一组均匀分布绘制的。

4. 尚未指定区域映射，无人机可以重新访问任何区域。

飞行长度可以定义为觅食者在不停止地从一个点到另一个点和改变路径角度的情况下的移动距离。可能需要几个这样的飞行长度才能找到目标[86]。

当目标点为稀疏随机分布时，最优策略为 Levy 飞行。通过执行 Levy 飞行，一个觅食者可以优化所遇目标的数量与搜索距离。**Levy 算法**生成运动长度，而人工势场法通过在它们之间产生排斥力来改善部署无人机的分布[93]。

1. Levy 概率分布形式如下：

$$p_\alpha(\ell) = \frac{1}{\ell} \int_0^{10} \exp(-\gamma q^\alpha) \cos(q\ell) \, \mathrm{d}q \tag{4-82}$$

其中 γ 是比例因子；α 决定分布的形状，从而可以获得尾部区域形状不同的概率分布。分布相对于 $\ell = 0$ 是对称的。无人机在捕获阶段的 Levy 飞行长度可以是以下序列的极限（n 大约为 100）。

$$z_n = \frac{1}{n^{1/\alpha}} \sum_{k=1}^{n} v_k \tag{4-83}$$

需要两个独立的随机变量 a、b，它们从这个非线性变换 $v = \dfrac{a}{|b|^{1/\alpha}}$ 中得到正态高斯分布。

2. 势场法的基本思想是无人机在被已知障碍物击退的同时将其吸引到搜索目标中。为了改善无人机部署过程中的分散过程，采用了无人机间的推斥力。排斥场可以定义如下：

$$U_{\mathrm{rep}}(q) = \begin{cases} \dfrac{1}{2} k_{\mathrm{rep}} \left(\dfrac{1}{p(q)} - \dfrac{1}{\rho_0} \right) & \text{如果 } \rho(q) \geqslant \rho_0 \\ 0 & \text{其他} \end{cases} \tag{4-84}$$

其中 k_{rep} 是比例因子；$\rho(q)$ 是从 q 到相邻无人机的最小距离；ρ_0 是距离的阈值。这会产生排斥力：

$$F_{\mathrm{rep}}(q) = \begin{cases} k_{\mathrm{rep}} \dfrac{1}{\rho^2(q)} \left(\dfrac{1}{\rho(q)} - \dfrac{1}{\rho_0} \right) & \text{如果 } \rho(q) \geqslant \rho_0 \\ 0 & \text{其他} \end{cases} \tag{4-85}$$

这种方法的优点是不需要集中控制或定位系统，因此可以扩大到应用大量无人机的场景。Levy 飞行模型的另一个可选的宏观模型是间歇搜索模型，它在两个交替阶段中观察觅食的行为。在第一阶段，觅食者执行局部布朗搜索；在第二阶段，觅食者执行出击角度的重置。在 Levy 飞行和间歇搜索模型中，关键的宏观观察是觅食者执行一段时间的局部探索，然后移动到遥远的位置。在动物觅食中，从碎片中聚集的能量可以被认为是从该碎片中获得的回报，觅食者的目标是最大限度地提高摄取能量的速率，同时最大限度地减少时间和能量的消耗。在无人机捕获中，无人机搜索一个区域，回报是汇总的证据。类似于觅食者，无人机的目标通常是最大限度地收集证据，同时最大限度地减少时间和精力的消耗。**多臂强盗问题**在最优觅食理论中很好地模拟了寻觅目标，相关的块分配策略捕获了常用宏观搜索模型中的关键特征[90]。

鱼群 无人机和鱼一样，在寻找目标时也在觅食。无人机团队的行为/反应就像一群鱼在寻找食物，因此可以使用**鱼类捕食算法**。它使用了自适应网络概念，并添加了移动性作为另一个属性。从一组节点的角度来说，自适应网络是强连接和可检验的，其中节点能够局部学习和相互作用，从而实时完成分布式推理并处理挑战。由于节点的移动性，这些节点在本地与邻近区域内的无人机联系在一起，并不断变化。这就导致了一种在本质上具有自适应性的网络拓扑结构。在这个鱼群里，每一架无人机都可以表示为一条鱼[32]。

贪婪率 贪婪率算法根据估计值 $\hat{v}_{j,t}^{(i)}$ 主动重新规划了无人机 a_i 的目的地。贪婪率算法的灵感来源于连续区域扫描方法，其伪码由算法 24 给出。

算法 24　无人机 a_i 的下一个目的地在位置 l_α

---

1. if $c_i = y_i$ then
2. return l_0
3. end if
4. 计算 a_i 返航的比值
5. $(r_{\text{best}}, l_{\text{best}}) \leftarrow \left(\dfrac{y_i}{t\,(a_i,\ l_\alpha,\ l_0)},\ l_0 \right)$
6. 计算 a_i 访问 l_j 然后返航的比值
7. for 所有 $l_j \in L$ 使得 $j > 0$ do
8. $e_j \leftarrow \sum_{a_k \in A \text{ heading to } l_j} (c_k - l_k)$
9. $y_i' \leftarrow \max\,(c_i,\ y_i + \max\,(0,\ \hat{v}_{j,t+t(a_i,l_\alpha,l_j)} - e_j))$
10. $r' \leftarrow \dfrac{y_i'}{t\,(a_i,\ l_\alpha,\ l_j) + t\,(a_i,\ l_j,\ l_0)}$
11. if $r' > r_{\text{best}}$ then
12. $(r_{\text{best}}, l_{\text{best}}) \leftarrow (r', l_j)$
13. end if
14. end for
15. Return l_{best}

专用标记可最小化捕获无人机之间的通信。捕获无人机往往具有有限的计算能力和通信带宽，因此，需要最小化计算和通信需求。如果捕获无人机之间不能进行通信，那么捕获无人机通过观察其路径方向来推断另一架无人机的目的地仍然是可行的。

自适应休眠 自适应休眠算法是在可持续捕获的基础上发展起来的。在算法 25 中，每架无人机 a_i 选择一个位置 l_α，当其拥有 $K_\alpha/2$ 资源时，无人机从该位置进行搜寻，其中 K_α 是 l_α 处的最大资源数。

算法 25　无人机 a_i 被分配到位置 l_α，计算是否应进一步休眠

---

1. if a 不在 l_0 then
2. Return false
3. end if
4. if $\hat{v}_{\alpha,t+t(a_i,l_l,l_\alpha)} < K_\alpha/2$

5. Return true
6. else
7. return false
8. end if

无人机一直休眠，直到估计的资源数量至少为 $K_\alpha/2$。与此同时，捕获无人机在该位置进行协调，并考虑受到通信范围的约束。

4.4.1.4 锚定

现实世界中的自主系统常常通过识别、跟踪推断出各种各样类型的物理目标。

为了在符号层次上进行推理，必须在表示物理对象的符号和收集的传感器数据之间创建并持续保持相关性，这一过程称为锚定。锚定必须发生在包含符号推理组件的机器人系统中。

定义163 锚定是在符号与引用相同物理对象的传感器数据之间创建并维护对应关系的过程。

锚定是在人工系统中如何进行锚泊的问题。锚定可以自上而下、自下而上或同时在两个方向上进行[28]。锚定过程必须考虑时间维度，并考虑不断变化的传感器输入。锚点可以看作物理对象的内部模型，它将该对象的符号级别和传感器级别的表示链接在一起。当使用具有内在限制的真实传感器并且为了减少这些限制在无法优化的环境中执行锚定时，会导致不确定性和模糊性。此外，在符号级别，有几种方式可引用对象。锚点是环境中对象 o 的唯一内部表示。在每个时刻 t，$\alpha(t)$ 包含用于表示 o 的符号，通过观察 o 产生的感知，以及用于提供 o 可观测属性值的当前（最佳）估计签名[27]。锚定过程在由**符号系统** σ 和感知系统 π 组成的智能嵌入式系统中执行。符号系统操纵表示物理对象的单个符号，感知系统通过观察物体产生检测值。**感知**是假定来自同一物理对象的测量值的结构化集合。

对于执行道路网络监视任务的无人机，符号系统由规划器组成，各个符号表示车辆和道路网络的要素。感知系统是一个可重构的主动视觉系统，该系统能够提取航空影像中类似汽车的物体信息，并具有位置、宽度、颜色等属性。锚点只存储单个符号，是一个区域的索引以及记录对象属性的当前估计关联列表。符号形式（例如时序识别），需要对所推理的物理对象和接收到的关于这些对象的传感器数据进行一致的分配。图像分析提供了一种局部解决方案，视觉感知具有在较短时间间隔内持续存在的符号身份。然而，视觉条件改变或暂时看不见的物体会产生图像分析经常无法处理的问题。这是锚定系统的任务，它还帮助对象进行分类并提取对象的更高级别属性。地理信息系统用于确定当前无人机是否在路径上。与这些属性及谓词的变化相对应的具体事件为时序识别系统提供了足够的信息，以确定更高级别的事件（如鲁莽超车）何时发生。

在案例研究中，锚定将物体追踪系统链接到真实物体上，后续又将其链接到道路上的物体。链接条件旨在证明关键概念，并考虑更复杂条件下的使用情况。公式中的时间单位是毫秒，这是实际系统中使用的时间粒度。当考虑交通监控场景时，应该正式声明要检测的交通违规事件和其他事件，这是一般分类任务中的特例，也是机器人应用中常见的应用。这可以通过使用时序识别来实现，其中每个时序将复杂事件的参数化类定义为一个简单的时间网络，其节点对应于高级定性事件的发生，边对应于事件发生之间度量时间的约束。利用低级传感器数据创建这些高级表示，例如来自无人机上彩色和热成像摄像机的视频流，这需要在每个传感器平台内进行广泛的信息处理。锚定是一个核心过程，在处理传感器数据的基础上创建与世界符号相关的过程，可以对外部世界进行符号推理。锚定过程实际上是一组并发链接过程[45]。

4.4.2 空中操纵

近年来，无人机已被用于执行抓取和操作等任务，也被用于合作运输。多旋翼无人机是一种装备 n 个自由度机械臂的多旋翼无人机，它融合了多旋翼无人机的多功能性及机械臂的精确性。多旋翼无人机的机械结构简单，具有悬停和垂直起降的理想性能。特别是，利用高推力重量比，它已经被证明具有几种攻击性机动能力。这些特性对于自动装载运输也十分有用。小尺寸的单架或多架自主无人机可考虑用于装载运输和部署。与单架多旋翼无人机的最大推力相比，当负载较重或为了安全考虑需要额外的冗余时，多架多旋翼无人机的负载传输功能非常有用。但这是一个挑战，因为动态耦合的四旋翼无人机应安全地协同运输负载[49]。这些是捕获中具有挑战性的问题，因为系统的特点是动态不稳定的，且物体的存在将导致整个系统的动力学模型产生重大耦合效应，所以设计了具有机械臂的无人机。可以以这样的方式开发笛卡儿阻抗控制以应对接触力和外部干扰。无人机机械臂末端执行器的运动控制问题可以通过分层控制结构来解决。在顶层，逆向运动学算法计算执行变量的运动参考量，即无人机的位置和偏航角，以及机械臂的关节变量，而在底层，运动控制算法负责跟踪运动参考量。可以通过在运动控制级别添加自适应项来扩展先前的方案，该自适应项负责考虑由于系统的欠驱动性而导致的建模不确定性[22]。无人机上的机械臂可用于物体检索、传感器安装、快递服务、物流链等。空中抓取过程与对准和抓握相关联，并与地面和部分地面接触相连。然而，无人机也有一定缺陷：定位精度有限、动态不稳定、对载荷不平衡敏感、易受气动影响、任何干扰都会导致漂移、GPS 的空间/时间分辨率有限。因此，它很难实现高增益位置控制。

4.4.2.1 航空运输

单提升结构是商业上用于运输悬挂负载的唯一方法，例如通过长绳连接一架直升机和一个负载。然而，对于具有附加悬挂负载的直升机进行手动操纵是非常困难的，这需要熟练且经验丰富的飞行员。特别是，负载振荡产生的主动阻尼是一个棘手的问题，大多数飞行员都会避免这一点的发生。因此，飞行员希望稳定直升机并等待负载振荡消失。使用两架或多架小型直升机而不是一架载重质量更大的直升机的原因如下所示。

1. 就真正的载人运输直升机而言，两架小型直升机的成本通常比一架双负载直升机的成本要低。

2. 总会存在这样一个任务，其负载能力需求大于最先进直升机的负载能力。

在这种情况下，控制软件应能实现现有直升机的耦合，以便形成具有足够负载能力的系统。无人机运动的协调控制需要考虑所涉及的各种力。因此，每架无人机可以围绕连接运输物体的公共兼容中心被控制。假设每架无人机牢固地抓握住物体，可以通过所有无人机的轨迹确定物体的轨迹。参考文献 [16] 中提出了集中式和分散式的兼容运动控制算法，包括考虑非完整约束条件，并且已公布一组无人机通过电缆操纵和运输三维有效载荷的实验结果。仅用一架无人机运输的载荷受到无人机自身有效载荷能力的强烈限制。假设使用小型无人机，此限制可能会阻止运输和为特定应用所需的负载进行部署。所设计的系统允许通过几架直升机运输单一负载。直升机的数量是可配置的，这取决于直升机的能力和运输的负载。该平台包括使用一架或几架小型直升机的自部署能力，还应集成的系统包括无人机系统、无线传感器网络、地面固定摄像机和具有驱动能力的地面车辆。这种负载可以是各种各样的东西，例如货物运输或传感器部署。

交互模型 无人机中非结构化目标的广义目标检索和传输的最实质性挑战可分为 3 类：**空中接近和下降**、**目标捕获**、目标接触和获取后**无人机的稳定性**。由于悬停无人机固有的不稳定性和脆弱性，应该避免无人机与周围环境接触。着陆和起飞通常涉及部分接触条件下的快速过渡，以及在静态与动态稳定的中间状态具有较小时间，这是因为此时产生地面碰撞的危险性较高。还应考虑地面效应。为了抓握和操纵外部物体，在抓取物体和使目标离开地面的过程中，需要在这些方案中进行操作。在无人机与环境和其他无人机交互的情况下，无人机可以执行 k 个不同的任务 $\Omega = \{\tau^1, \tau^2, \cdots, \tau^k\}$，其中 n 个逻辑交互需要在当前计划中改变任务。设 $E = \{\varepsilon^1, \varepsilon^2, \cdots, \varepsilon^n\}$ 是一组与 n 个逻辑条件相关联的离散事件，并且需要在执行期间更改任务。第 i 架无人机的当前任务具有离散动态 $\delta: \Omega \times E \rightarrow \Omega$，$\tau_i^+ = \delta(\tau^i, e^i)$，其中 $e^i \in E$ 是在 τ^i 到 τ_i^+ 时需要改变任务的事件。例如，应在空中操纵任务中执行以下任务序列。

1. τ^1：从基地接近
2. τ^2：精确定位操作
3. τ^3：抓取和操纵
4. τ^4：离开
5. τ^5：返航

后续应对耦合无人机的稳定性、与局部地面的接触情况、空运载荷等问题进行分析。抓取任务可以分为 4 个阶段：

1. 接近目标并对准
2. 抓住悬停，同时与地面上的物体接触
3. 起飞过程中的部分耦合
4. 离开

每个阶段都会带来特定的挑战。破坏性的空气动力表面效应使靠近户外的地面定位并保持盘旋比在自由空气中保持盘旋更困难。旋翼的尾流包含在旋翼下的表面，形成了一种叫作**地面效应**的排斥空气垫。当旋翼飞行器通过地面效应横向飞行时，偏转的尾流被推到无人机前面，被旋翼带走后再循环，从而导致地面涡流。当涡流进入旋翼时，推力迅速减小，这些因素共同造成了不稳定，从而导致无人机在下降时反弹，然后在尾流的相互作用中漂移和下降。实际上，无人机悬停还不够精确，无法用刚性机械臂抓取物体。当飞行器就位并牢牢抓住目标时，其飞行动态通过抓取器传递的力与地面耦合。一定的横向和角度耦合刚度比会使无人机失稳。随着推力的增大和表面法向力的减小，这种耦合必须保持在良好的状态。一旦物体被抬离地面，增加的载荷不得使无人机失稳。附加质量改变了系统的物理参数，如净质量、惯性矩、无人机重心位置[79]。

分层 无人机之间的相互作用不仅是信息交换，而且还是在联合运输单个负载时进行合作的物理耦合，这也需要考虑无人机之间的物理交互。无人机运动的协调控制应考虑所涉及的力。因此，每架无人机都可以在与被运输物体相连的公共兼容中心周围被控制。在每架无人机都牢牢抓住目标的前提下，所有无人机的真实轨迹都等于目标的真实轨迹。可以提出集中式和分散式的兼容运动控制算法。基本上，这些无人机应该能够移动到给定位置并在需要时激活有效载荷。在每架无人机中，有两个主要层。

1. 用于高级分布式决策的**机载审议层**
2. 用于执行任务的**专有执行层**

在两层之间的接口中，机载审议层发送任务请求，接收每个任务和无人机的执行状态。为了实现分布式决策，需要不同无人机的机载审议层之间进行交互。最后，人机界面允许用户指定平台要执行的任务和目标，并监视任务的执行状态及不同子系统的状态。机载审议层中显示的不同模块支持涉及合作与协调的分布式决策过程。要集成在平台中的无人机应该能够接收基本任务，报告相关的执行事件，并执行它们。任务管理器模块接收来自计划生成器模块中的计划任务。这些任务可以有先决条件和后决条件，假设的任务模型是基于基本事件处理过程的，当任务和环境的状态变化时，预计会发生这种情况[68]。

装配杆状结构   最初，低容量无人机在平台下安装固定爪，使系统携带轻型和小尺寸物体。然而，在悬停过程中操作位置的不确定性、旋转翼平台固有的不确定性，以及爪的减少运动，都会使自动精确抓取变得困难。为了解决这个问题，提出了使用**磁性装置**或铰接不良的爪的解决方案。尽管最后一种选择具有扩展机器人系统应用范围内的额外优势，但它也意味着机载质量的显著增加，这是传统无人机难以承受的。用于连杆结构的空中机械臂所需的3个基本功能如下所示。

1. 抓取，包括机械臂接近杆和末端执行器的抓取
2. 涉及将负载从存储场所移动到施工现场的运输
3. 杆的组装，其目的是将杆安装在结构内的指定位置

在施工过程中，这些功能将以循环的方式来执行，以便一旦一根杆被捕获、运输并最终组装，空中机械臂将返回存储位置，以捕获新的杆重复该过程。这些功能的成功实现取决于几个设计要求。这些要求中的一些是通用的，是机械臂的典型要求；而其他要求是特定的，这是由旋翼无人机上的特殊性而产生的。当旋翼无人机悬停时，它不是完全稳定的，在每个自由度的控制基准周围都存在小的振荡。这些振荡主要由机电不对称和进入旋翼平台的气流中的湍流引起，可能导致末端执行器定位困难。机械臂的运动通常比空中平台更快，因此它能够更快地补偿这种干扰。然而，机械臂的运动与空中平台强烈耦合，有必要在机械臂速度和平台上的反作用力之间找到折中方案。还存在由机械臂重心位移引起的扰动。当机械臂配置改变时，其重心位置也会变化，在平台处产生反作用转矩。在旋翼无人机中，该转矩会使螺旋桨平面倾斜，这也会引起整个空中平台的位移。与无人机质量相比，在机械臂及其负载的组合质量显著增加的情况下，这种干扰尤其明显。在具有轻型机械臂和负载的重型平台上，这种干扰可以忽略不计。无人机控制系统可用于补偿这种干扰的影响，而不是开发任何其他有严格限制的附加机制[23]。

4.4.2.2　耦合动力学

该系统主要由以下部件组成：直升机、安装在机身上的机械臂和物体本身。该系统的任务是飞行至离目标足够近的位置，激活传感器进行目标跟踪，接近目标，执行操纵任务。操纵任务的范围从拾取对象到执行与对象强制交互的装配操作。可以使用以下方法之一或它们的组合来实现控制[55]：

1. 完全解耦控制；
2. 在运动学水平上耦合；

3. 动态耦合。

抓取任务 在抓取或插入过程中，抓取、放置或插入任务需要与地面进行短暂的宽松耦合。抓取的兼容性降低了传递到机身的耦合力/转矩。在悬停状态下抓取时，可以将弹性抓握力加到直升机的飞行动态中。也可以使用另一种技术，请见参考文献［83］。考虑到地面固定惯性系 $\{O, X, Y, Z\}$ 和以多旋翼重心为中心的固定架 $\{O_b, X_b, Y_b, Z_b\}$，多旋翼的动态模型如下：

$$m\ddot{p}_b + mg_b = R_b(\eta_b)(f_b^b + f_v^b)$$
$$I_b\dot{\omega}_b^b + Sk(\omega_b^b)I_b\omega_b^b = \tau_b^b + \tau_v^b \tag{4-86}$$

其中 $p_b \in \mathbb{R}^+$ 是多旋翼相对于惯性系的位置；$R_b(\eta_b) \in SO(3)$ 是旋转矩阵；$\eta = (\phi, \theta, \psi)$ 是欧拉角；m 是多旋翼质量；$I_b \in \mathbb{R}^{3\times3}$ 是相对于机身框架的恒定对角惯性矩阵；$\omega_b^b \in \mathbb{R}^3$，$\dot{\omega}_b^b \in \mathbb{R}^3$ 分别是机身框架中多旋翼的角速度和加速度；$g_b = (0, 0, g)^T$ 是重力矢量；$f_b^b \in \mathbb{R}^3$ 和 $\tau_b^b \in \mathbb{R}^3$ 分别是作用在飞行器上并在机身框架中表示的外力和转矩输入矢量（受直升机上机械臂的影响，忽略了空气动态效应、系统与环境的物理相互作用）。在多旋翼中，$f_b^b = (0, 0, u)^T$ 和 $\tau_b^b = (\tau_\phi, \tau_\theta, \tau_\psi)^T$，其中 u 表示垂直于螺旋桨平面的推力。一般来说，空中机械臂由 3 个部件组成：底座（固定在多旋翼无人机的起落架上）、多关节臂和末端执行器。整个系统的重心应尽可能接近多旋翼几何中心。每个连杆 i 的瞬时重心位置（称为臂固定轴系统 $\{O_0, X_0, Y_0, Z_0\}$）由以下公式给出：

$$[x_{A_i}^0, y_{A_i}^0, z_{A_i}^0, 1]^T = T_i^0[x_{A_i}^i, y_{A_i}^i, z_{A_i}^i, 1]^T \tag{4-87}$$

$T_i^0 \in \mathbb{R}^{4\times4}$ 是连接 $i(i=1, \cdots, n)$ 的齐次变换矩阵。被叫作参考机身框架的机械臂重心位置矢量 $p_A^b \in \mathbb{R}^3$，由下式给出：

$$p_A^b = \frac{1}{m_A}E_3T_0^b\left(\sum_{i=1}^n[x_{A_i}^0, y_{A_i}^0, z_{A_i}^0, 1]^T\right) \tag{4-88}$$

其中 m_i 是第 i 个连杆的质量，其中 $m_A = \sum_{i=11}^n m_i$；$T_0^b \in SE(3)$ 是机械臂到机身框架的齐次变换矩阵；$E_0 \in \mathbb{R}^{4\times4}$ 选择前三个分量。

系统的动态模型可以写成：

$$M(\zeta)\ddot{\zeta} + C(\zeta, \ddot{\zeta}) + g(M(\zeta) + C(\zeta, \ddot{\zeta})) = u \tag{4-89}$$

其中 $\zeta = (x_b^T, q^T)^T \in \mathbb{R}^{6+n\times1}$，$M$ 代表系统的对称和正定惯性矩阵：

$$M = \begin{bmatrix} M_{pp} & M_{p\phi} & M_{pq} \\ M_{p\phi}^T & M_{\phi\phi} & M_{\phi q} \\ M_{pq}^T & M_{\phi q}^T & M_{qq} \end{bmatrix} \tag{4-90}$$

其中 M_{pp}、$M_{p\phi} \in \mathbb{R}^{3\times3}$，$M_{pq}$、$M_{\phi q} \in \mathbb{R}^{3\times n}$，惯性矩阵可视为块矩阵。

类似的，矩阵 C 和向量 g 可以写成：

$$C = (C_p, C_\phi, C_q)^T \quad g = (g_p, g_\phi, g_q)^T \tag{4-91}$$

其中 $C_p \in \mathbb{R}^{3\times(6+n)}$、$C_\phi \in \mathbb{R}^{3\times(6+n)}$、$C_q \in \mathbb{R}^{n\times(6+n)}$ 和 $g_p \in \mathbb{R}^3$、$g_\phi \in \mathbb{R}$、$g \in \mathbb{R}^n$。

目前正在研究无人机与周围环境之间的物理相互作用。目标不仅是挖掘自主飞行无人机系统的潜力，而且还能够安全地与远程对象进行交互，以完成通过接触、样本采集以及修复和组装对象来获取数据等任务。该特征影响控制律的设计，特别是，即使存在来自物理相互作用干扰的情况下也应保持稳定的控制律设计。通用四旋翼直升机的机身适用于携带微型机器人机械臂，该机械臂专门设计用于工业设备的空中检查[38]。通过分析四旋翼、机械臂和环境之间的相互作用，研究了自由飞行和垂直面上对接机动时（即末端执行器与环境接触时）空中机械臂在悬停附近的动态特性。在此基础上，提出了一种基于能量的控制策略。其主要思想是通过将姿态视为虚拟可用控制输入的级联控制策略，使无人机的位置动态成为无源的。然后将闭环被动系统作为标准机械臂进行控制，实现阻抗控制策略。这适用于无接触和接触两种情况。

阀门转动 阀门、旋钮和手柄转动已被广泛研究并应用于工业机器人、移动机械臂和个人辅助机器人中。典型的需求涉及对对象的抓取和旋转，这个对象在环境中保持固定，但允许旋转。已经实现了兼容运动、学习、被动兼容性、位置和力混合控制以及阻抗控制等各种技术。所有这些解决方案都应解决机械臂与环境动态交互中面临的挑战。然而，在阀门或旋钮转动期间所需的强耦合极大地影响了空中机械臂的动态。当与环境相互作用时，机械臂的刚性以及接触力的传播会导致碰撞。机械臂和阀门之间的直接耦合可能导致飞行动态的意外变化。空中机械臂必须不断地调整以补偿无人机运动并具有足够的兼容性以防止碰撞，特别是机械臂在抓握和转弯时与环境的耦合。手柄有不同的形状和尺寸。理想的手柄形状设计用于预想的场景：空中机械臂抓取阀门手柄并使用自身的自由度扭转它。基于投影线性变换的椭圆透视投影（即圆的共线），通过针孔模型方法观察摄像机，是检测三维环境中已知半径为 R 的圆形的主要方法[56]。

为了使双机械臂 A、B 抓住阀门并相对于 UAS ZY 平面保持对称，需要对关节运动施加某些运动约束。为了保持对称性，两个机械臂需要以完全相同的方式进行移动（即 $q_1^A = -q_1^B$ 和 $q_2^A = -q_2^B$）。长度 L_1 和 L_2 表示来自 Denavit-Hartenberg 参数的链接大小。给定沿 z 轴的期望垂直距离 $H(q_1, q_2)$ 和沿着机身框架的 x 轴水平距离 $X(q_1, q_2)$，可以写出关节运动的以下约束[75]。

$$q_1 = \pm \arccos\left[\frac{L_2^2 - H(q_1,q_2)^2 - X(q_1,q_2)^2 - L_1^2}{2L_1 \sqrt{H(q_1,q_2)^2 + X(q_1,q_2)^2}} \right] \tag{4-92}$$

$$q_2 = \pm \arccos\left[\frac{H(q_1,q_2)^2 + X(q_1,q_2)^2 - L_1^2 - L_2^2}{2L_1 H(q_1,q_2)^2 X(q_1,q_2)} \right] \tag{4-93}$$

通过保持机械臂相对于四旋翼姿态运动的缓慢运动，减小了无人机机身与机械臂转矩之间的动态耦合。其次，模型简化来自有效载荷限制了关节执行器选择这个事实，因此需要使用轻型伺服电机来构造机械臂。一旦无人机机械臂系统在阀门上就位，且阀门的几何中心与无人机系统质心对准，阀门就被约束在平行于四旋翼底板的平面上。在这种情况下，四旋翼质心直接位于阀门枢轴的上方。阀门是平衡的，即阀门的枢轴代表阀门转动平面上的质心。由于两个臂是对称的，并且相互之间的关节是相等且反向的，因此组合臂的质心只沿四旋翼几何中心的 z 轴移动。

提货与交付问题 具有先验已知质量的对象位于二维有界空间中，其中无人机能够使用最先进的同步定位和映射（SLAM）系统来定位自身。挑战源于收集有限数量物体的需求并将它们放在特定位置，这两者都会导致无人机连续动态的自动切换。这个问题可以被有效地处理，例如通过两阶段优化或松弛。由于无人机必须以最小的总成本到达物体或基地的相应位置，因此整体问题还包含旅行商问题的实例。此外，有限空间的优化探索本身就是一个难题。搜索器可以利用已知的概率分布来解决检测线上目标的预期时间的最小化问题，搜索器可以瞬间改变运动方向，且具有有界的最大速度并从原点开始运动。这个问题的不同版本是一个**追踪规避博弈**或覆盖问题，但是它对于一般概率分布或一般几何区域的解决方案仍然是一个开放的问题[71]。

无人机远程操作 以双边方式远程操作一组无人机，向操作员提供力的反馈，这是一个新兴的主题，它结合了自主多机器人系统领域和人机交互研究。作为单边远程操作的替代方案，使用适当的传感反馈被证明可以改善操作员的远程临场感，特别是通过力的反馈增强触觉感受。研究建立一个双边远程操作通道是很有趣的，该通道与一组远程无人机连接，这些无人机拥有一些局部自主权，但仍然须遵循高水平的操作员发出的运动指令[35]。远程操作任务的操作员基于控制动作的反馈与无人机飞行员的反馈有着很大的不同，无人机飞行员通常缺乏感官信息，并且只能通过视觉通道得到额外的状态信息。触觉反馈可在缺乏视觉通道时使用，并且补偿其他模态中所缺乏的反馈。为了避免碰撞，触觉反馈可以通过控制感受器提供排斥力[34]。当存在碰撞可能时，触觉反馈允许操作员将排斥力解释为控制偏转的阻抗。提供的附加信息可以改善远程操作性能和效率。触觉反馈允许操作员通过触觉直接感知关于环境的信息。使用碰撞避免系统的触觉反馈时，需要算法在控制接收器上产生人为力，以便操作员在实际接触障碍物之前通过触觉通道感知到关于环境的信息。排斥力的大小以及映射算法都会影响操作员的能力和工作量。触觉信息可以从人工势场中产生，该势场将环境约束映射到排斥力[59]。参数风险领域允许通过参数设置来调整力的大小、形状和梯度，这些参数设置决定了该领域的敏感性。由于其尺寸较小，该势场产生的排斥力较低，产生的力抵消效应也较小，并导致无人机速度较大。这意味着操作员控制需求减少，无人机操作更有效，这两种操作预计都会使操作员工作量降低，并提高安全性。

直接操作界面的主要特征可以描述为以下几个方面。

1. **感知**：界面的第一个任务是帮助用户感知当前无人机与周围环境之间的关系，同时不提供用户不需要的信息。

2. **理解**：通过结合感知数据来理解这些数据与总体目标的关系，从而获得下一级态势感知。

3. **预测**：最高水平的态势感知是预测，预测在不久的将来系统会有什么能力。

通过使用直接操纵和视觉/叠加，无人机的行为是可预测的。界面将保持恒定的飞行参数，直到它接收到新命令后，才会寻求匹配新参数。

4.5 结论

本章的目标是开发新一代的服务机器人，使其能够在空中为人类提供积极、安全的交互服务，使得环境不受地面而是机载限制。此时，首先应考虑采用定位方法和最优控制方法的部署问题。对具有运动感知能力的同构点无人机和异构组无人机的相关应用进行研究。巡察是一个非常活跃的研究领域。配备机载雷达或高分辨率成像有效载荷（如光电红外传感器）的无人机用于在边界监视任务中定位和跟踪目标。捕获实际上结合了所有先前提出的关于机器人的一般性问题。不断超越简单的运动和观察并与目标和固定环境进行交互是未来的发展方向。特别让人感兴趣的是在悬停时抓取和检索物体，并在范围内结合机器人操作能力、无人机的速度与垂直工作空间。最后一节说明了一个无人机团队如何通过合作运输单个有效载荷，使得每架无人机上的负载最小化。

参考文献

[1] Abbasi, F.; Mesbahi, A.; Mohammadpour, J.: *Team-based coverage control of moving sensor networks*, In American Control Conference, pp. 5691-5696, DOI: 10.1109/ACC.2016.7526561, 2016.

[2] Acevedo, J. J.; Arrue, B. C.; Maza, I.; Ollero, A.: *A distributed algorithm for area partitioning in grid-shape and vector-shape configurations with multiple aerial robots*, Journal of Intelligent and Robotic Systems, vol. **84**, pp. 543-557, DOI 10.1007/s10846-015-0272-5, 2015.

[3] Adaldo, A.: *Event-triggered control of multi-agent systems: pinning control, cloud coordination and sensor coverage*, PhD thesis, Royal institute of Technology, School of Electrical Engineering, Dept. of Automatic Control, 2016.

[4] Adams, H.; Carlsson, G.: *Evasion paths in mobile sensor networks*, The International Journal of Robotics Research, vol. **34**, pp. 90-104, 2015.

[5] Alitappeh, R. J.; Jeddisaravi, K.; Guimaraes, F. G.: *Multi-objective multi-robot deployment in a dynamic environment*, Soft Computing, vol. **21**, pp. 6481-6497, 2017.

[6] Althoff, D.; Kuffner, J.; Wollherr, D.; Buss, M.: *Safety assessment of robot trajectory for navigation in uncertain and dynamic environment*, Autonomous Robots, vol. **32**, pp. 285-302, 2010.

[7] Angelov, P., Filev, D. P., Kasabov, N.: *Evolving intelligent systems*, IEEE Press, 2010.

[8] Angelov, P.: *Sense and Avoid in UAS - research and applications*, Wiley aerospace series, 2012.

[9] Akba, M. .; Solmaz, G.; Turgut, D.: *Molecular geometry inspired positioning for aerial networks*, Computer Networks, vol. **98**, pp. 72-88, 2016.

[10] Arslan, O.; Koditschek, D. E.: *Voronoi-based coverage control of heterogeneous disk-shaped robots*, In IEEE International Conference on Robotics and Automation (ICRA), pp. 4259-4266, DOI: 10.1109/ICRA.2016.7487622, 2016.

[11] Atkins, E.; Moylan, G.; Hoskins, A.: *Space based assembly with symbolic and continuous planning experts*, IEEE Aerospace Conference, 2006.

[12] Barbato, M.; Grappe, R.; Lacroix, M.; Calvo, R. W.: *A set covering approach for the double traveling salesman problem with multiple stacks*, In International Symposium on Combinatorial Optimization, pp. 260-272, doi/10.1007/978-3-319-45587-7-23, 2016.

[13] Baron, O.; Berman, O.; Krass, D.; Wang, Q.: *The equitable location problem on the plane*, European Journal of Operational Research, vol. **183**, pp. 578-590, 2007.

[14] Bektas, T.: *The multiple traveling salesman problem: an overview of for-*

mulations and solution procedures, Omega, vol. **34**, pp. 209-219, 2006.

[15] Berger, J.; Boukhtouta, A.; Benmoussa, A.; Kettani, O.: *A new mixed integer linear programming model for rescue path planning in uncertain adversarial environments*, Computers and Operations Research, vol. **39**, pp. 3420–3430, 2012.

[16] Bernard, M.; Kondak, K.; Maza, I.; Ollero, A.: *Autonomous transportation and deployment with aerial robots for search and rescue missions*, Journal of Field Robotics, vol. **28**, pp. 914-931, 2011.

[17] Besada-Portas, E.; De La Torre, L.; de la Cruz, J. M.; de Andrs-Toro, B.: *Evolutionary trajectory planner for multiple UAVs in realistic scenarios*, IEEE Transactions on Robotics, vol. **26**, pp. 619-634, 2010.

[18] Bestaoui Sebbane, Y.: *Planning and Decision Making for Aerial Robots*, Springer Switzeland, 2014.

[19] Bolanos, R.; Echeverry, M.; Escobar, J.: *A multi-objective non-dominated sorting genetic algorithm (NSGA-II) for the Multiple Traveling Salesman Problem*, Decision Science Letters, vol. **4**, pp. 559-568, 2015.

[20] Bryngelsson, E.: *Multi-robot distributed coverage in realistic environments*, MS Thesis in Computer science, Chalmers University of Technology, Gothenburg, Sweeden, pp. 1-46, 2008.

[21] Brooks, A.; Makarenko, A.; Williams, S.; Durrant-Whyte, H.: *Parametric POMDP for planning in continuous state spaces*, Robotics and autonomous systems, vol. **54**, pp. 887-897, 2006.

[22] Caccavale, F.; Giglio, G.; Muscio, G.; Pierri, F.: *Adaptive control for UAVs equipped with a robotic arm*, In Preprints of the 19th World Congress, The International Federation of Automatic Control, Cape Town, South Africa, pp. 11049-11054, 2014.

[23] Cano, R.; Perez, C.; Pruano, F.; Ollero, A.; Heredia, G.: *Mechanical design of a 6-DOF aerial manipulator for assembling bar structures using UAVs*, In 2nd RED-UAS Workshop on Research, Education and Development of Unmanned Aerial Systems, 2013.

[24] Carlsson, G.; De Silva, V.; Morozov, D.: *Zigzag persistent homology and real-valued functions*, Proceedings of the Annual Symposium on Computational Geometry, pp. 247-256, 2009.

[25] Chakravorty, S.; Junkins, J.: *A methodology for intelligent path planning*, IEEE International Symposium on Mediterranean Control, Cyprus, pp. 592-597, DOI: 10.1109/.2005.1467081, 2005.

[26] Chaumont, N.; Adami, C.: *Evolution of sustained foraging in three-dimensional environments with physics*, Genetic Programming and Evolvable Machines, vol. **17**, pp. 359-390, 2016.

[27] Coradeschi, S.; Saffiotti, A.: *Anchoring symbols to sensor data: preliminary report*, In AAAI/IAAI American Association for Artificial Intelligence, pp. 129-135, 2000.

[28] Coradeschi, S.; Saffiotti, A.: *An introduction to the anchoring problem*,

Robotics and Autonomous Systems, vol. **43**, pp. 85-96, 2003.

[29] Couceiro, M. S.; Figueiredo, C. M.; Rocha, R. P.; Ferreira, N. M.: *Darwinian swarm exploration under communication constraints: Initial deployment and fault-tolerance assessment*, Robotics and Autonomous Systems, vol. **62**, pp. 528-544, 2014.

[30] Dai, X.; Jiang, L.; Zhao, Y.: *Cooperative exploration based on supervisory control of multi-robot systems*, Applied Intelligence, pp. 1-12, 2016.

[31] Dasgupta, P.: *Multi-robot task allocation for performing cooperative foraging tasks in an initially unknown environment*, In Innovations in Defence Support Systems, pp. 5-20, Springer Berlin Heidelberg, 2011.

[32] El Ferik, S., Thompson, O. R.: *Biologically inspired control of a fleet of UAVs With Threat Evasion Strategy*, Asian Journal of Control, vol. **18**, pp. 2283-2300, 2016.

[33] Ergezer, H.; Leblebiciolu, K.: *3-D path planning for multiple UAVs for maximum information collection*, Journal of Intelligent and Robotic Systems, vol. **73**, pp. 737-762, 2014.

[34] Field, E.; Harris, D.: *A comparative survey of the utility of cross-cockpit linkages and autoflight systems' backfeed to the control inceptors of commercial aircraft*, Ergonomics, vol. **41**, pp. 1462-1477, 1998.

[35] Franchi, A.; Bulthoff, H. H.; Giordano, P. R.: *Distributed online leader selection in the bilateral teleoperation of multiple UAVs*, In 50th IEEE Conference on Decision and Control and European Control Conference, pp. 3559-3565, DOI: 10.1109/CDC.2011.6160944, 2011.

[36] Forstenhaeusler, M.; Funada, R.; Hatanaka, T.; Fujita, M.: *Experimental study of gradient-based visual coverage control on SO (3) toward moving object/human monitoring*, In American Control Conference, pp. 2125-2130, DOI: 10.1109/ACC.2015.7171047, 2015.

[37] Frost, J. R.; Stone, L. D.: *Review of search theory: advances and application to search and rescue decision support*, U.S. Coast Guard Research and Development Center, report CG-D-15-01, 2001.

[38] Fumagalli, M.; Naldi, R.; Macchelli, A.; Forte, F.; Keemink, A. Q.; Stramigioli, S.; Carloni, R.; Marconi, L.: *Developing an aerial manipulator prototype: Physical interaction with the environment*, IEEE Robotics and Automation Magazine, vol. **21**, pp. 41-50, 2014.

[39] Garcia, E.; Casbeer, D. W.: *Cooperative task allocation for unmanned vehicles with communication delays and conflict resolution*, AIAA Journal of Aerospace Information Systems, vol. **13**, pp. 1-13, 2016.

[40] Gaynor, P.; Coore, D.: *Towards distributed wilderness search using a reliable distributed storage device built from a swarm of miniature UAVs*, In International Conference on Unmanned Aircraft Systems (ICUAS), pp. 596-601, DOI: 10.1109/ICUAS.2014.6842302, 2014.

[41] Glad, A.; Buffet, O.; Simonin, O.; Charpillet, F.: *Self-organization of patrolling-ant algorithms*, IEEE 7th International Conference on Self-

Adaptive and Self-Organizing Systems, pp. 61-70, 2009.

[42] Gorain, B.; Mandal, P. S.: *Solving energy issues for sweep coverage in wireless sensor networks*, Discrete Applied Mathematics, http://dx.doi.org/10.1016/j.dam.2016.09.028, 2016.

[43] Hansen, E. A.; Bernstein, D. S.; Zilberstein, S.: *Dynamic programming for partially observable stochastic games*, In AAAI Conference on Artifical Intelligence, vol. **4**, pp. 709-715, 2004.

[44] Hatanaka, T.; Funada, R.; Fujita, M.: *3-D visual coverage based on gradient descent algorithm on matrix manifolds and its application to moving objects monitoring*, In 2014 American Control Conference, pp. 110-116, DOI: 10.1109/ACC.2014.6858663, 2014.

[45] Heintz, F.; Kvarnstrm, J.; Doherty, P.: *Stream-based hierarchical anchoring*, KI-Knstliche Intelligenz, vol. **27**, pp. 119-128, 2013.

[46] Holzapfel, F., Theil, S.(eds): *Advances in Aerospace Guidance, Navigation and Control*, Springer, 2011.

[47] Hong, Y.; Kim, D.; Li, D.; Xu, B.; Chen, W.; Tokuta A. O.: *Maximum lifetime effective-sensing partial target-coverage in camera sensor networks*, In 11th IEEE International Symposium on Modeling and Optimization in Mobile, Ad Hoc and Wireless Networks (WiOpt), pp. 619-626, 2013.

[48] Hunt, S.; Meng, Q.; Hinde, C.; Huang, T.: *A consensus-based grouping algorithm for multi-agent cooperative task allocation with complex requirements*, Cognitive Computation, vol. **6**, pp. 338-350, 2014.

[49] Ibarguren, A.; Molina, J.; Susperregi, L.; Maurtua, I.: *Thermal tracking in mobile robots for leak inspection activities*, Sensors, vol. **13**, pp. 13560-13574, 2013.

[50] Kalyanam, K.; Chandler, P.; Pachter, M.; Darbha, S.: *Optimization of perimeter patrol operations using unmanned aerial vehicles*, AIAA Journal of Guidance, Control, and Dynamics, vol. **35**, pp. 434-441, 2012.

[51] Kalyanam, K.; Park, M.; Darbha, S.; Casbeer, D.; Chandler, P.; Pachter, M.: *Lower bounding linear program for the perimeter patrol optimization problem*, AIAA Journal of Guidance, Control, and Dynamics, vol. **37**, pp. 558-565, 2014.

[52] Khan, A.; Noreen, I.; Ryu, H.; Doh, N. L.; Habib, Z.: *Online complete coverage path planning using two-way proximity search*, Intelligent Service Robotics, DOI 10.1007/s11370-017-0223-z, pp. 1-12, 2017.

[53] Kim, S.; Oh, H.; Suk, J.; Tsourdos, A.: *Coordinated trajectory planning for efficient communication relay using multiple UAVs*, Control Engineering Practice, vol. **29**, pp. 42-49, 2014.

[54] Kiraly, A.,; Christidou, M.; Chovan, T.; Karlopoulos, E.; Abonyi, J.: *Minimization of off-grade production in multi-site multi-product plants by solving multiple traveling salesman problem*, Journal of Cleaner Production, vol. **111**, pp. 253-261, 2016.

[55] Kondak, K.; Ollero, A.; Maza, I.; Krieger, K.; Albu-Schaeffer, A.; Schwarzbach, M.; Laiacker, M.: *Unmanned Aerial Systems Physically Interacting with the Environment: Load Transportation, Deployment, and Aerial Manipulation*, In Handbook of Unmanned Aerial Vehicles, pp. 2755-2785, Springer Netherlands, 2015.

[56] Korpela, C.; Orsag, M.; Oh, P.: *Towards valve turning using a dual-arm aerial manipulator*, In IEEE/RSJ International Conference on Intelligent Robots and Systems, pp. 3411-3416, DOI: 10.1109/IROS.2014.6943037, 2014.

[57] Korsah, G. A.; Stentz, A.; Dias, M. B.: *A comprehensive taxonomy for multi-robot task allocation*, The International Journal of Robotics Research, vol. **32**, pp. 1495-1512, 2013.

[58] Koubaa, A.; Cheikhrouhou, O.; Bennaceur, H.; Sriti, M. F.; Javed, Y.; Ammar, A.: *Move and mmprove: a market-based mechanism for the multiple depot multiple travelling salesmen problem*, Journal of Intelligent and Robotic Systems, vol. **85**, pp. 307-330, 2017.

[59] Lam, T. M.; Boschloo, H. W.; Mulder, M.; Van Paassen, M. M. : *Artificial force field for haptic feedback in UAV teleoperation*, IEEE Transactions on Systems, Man and Cybernetics, Part A: Systems and Humans, vol. **39**, pp. 1316-1330, 2009.

[60] Lee, S. K.; Becker, A.; Fekete, S. P.; Kroller, A.; McLurkin, J.: *Exploration via structured triangulation by a multi-robot system with bearing-only low-resolution sensors*, In IEEE International Conference on Robotics and Automation, pp. 2150-2157, 2014.

[61] Levine, D.; Luders, B.; How, J. P.: *Information-theoretic motion planning for constrained sensor networks*, AIAA Journal of Aerospace Information Systems, vol. **10**, pp. 476-496, 2013.

[62] Li, W.; Wu, Y.: *Tree-based coverage hole detection and healing method in wireless sensor networks*, Computer networks, vol. **103**, pp. 33-43, 2016.

[63] Liemhetcharat, S.; Yan, R.; Tee, K. P.: *Continuous foraging and information gathering in a multi-agent team*, In Proceedings of the International Conference on Autonomous Agents and Multiagent Systems, pp. 1325-1333, 2015.

[64] Maftuleac, D.; Lee, S. K.; Fekete, S. P.; Akash, A. K.; Lpez-Ortiz, A.; McLurkin, J.: *Local policies for efficiently patrolling a triangulated region by a robot swarm*, In IEEE International Conference on Robotics and Automation (ICRA), pp. 1809-1815, 2015.

[65] Maravall, D.; De Lope, J.; Martin, J.A.: *Hybridizing evolutionary computation and reinforcement learning for the design of almost universal controllers for autonomous robots*, Neurocomputing, vol. **72**, pp. 887-894, 2009.

[66] Marier, J. S.; Besse, C.; Chaib-Draa, B.: *A Markov model for multiagent patrolling in continuous time*, In Neural Information Processing, pp. 648-656, Springer Berlin Heidelberg, 2009.

[67] Matveev, A.S.; Teimoori, H.; Savkin, A.: *Navigation of a uni-cycle like mobile robot for environmental extremum seeking*, Automatica, vol. **47**, pp. 85-91, 2011.

[68] Maza, I.; Kondak, K., Bernard, M.; Ollero, A.: *Multi-UAV cooperation and control for load transportation and deployment*, Journal of Intelligent and Robotic Systems, vol. **57**, pp. 417-449, 2010.

[69] Miller, L. M.; Silverman, Y.; MacIver, M. A.; Murphey, T. D.: *Ergodic exploration of distributed information*, IEEE Transactions on Robotics, vol. **32**, pp. 36-52, 2016.

[70] Mladenovic, N.; Brimberg, J.; Hansen, P.; Moreno-Perez, J. A.: *The p-median problem: A survey of metaheuristic approaches*, European Journal of Operational Research, vol. **179**, pp. 927-939, 2007.

[71] Nenchev, V.; Cassandras, C.G.; Raisch, J.: *Optimal control for a robotic exploration, pick-up and delivery problem*, arXiv preprint arXiv:1607.01202., 2016.

[72] Nestmeyer, T.; Giordano, P. R.; Bulthoff, H. H.; Franchi, A.: *Decentralized simultaneous multi-target exploration using a connected network of multiple robots*, Autonomous Robots, pp. 1-23, DOI: 10.1007/s10514-016-9578-9, 2016.

[73] Obermeyer, K. J., Ganguli, A.; Bullo, F.: *Multiagent deployment for visibility coverage in polygonal environments with holes*, International Journal of Robust and Nonlinear Control, vol. **21**, pp. 1467-1492, 2011.

[74] Okabe, A.; Boots, B.; Sugihara, K.; Chiu, S. N.: *Spatial tessellations: concepts and applications of Voronoi diagrams*, John Wiley, 2009.

[75] Orsag, M.; Korpela, C.; Bogdan, S., Oh, P.: *Valve turning using a dual-arm aerial manipulator*, In IEEE International Conference on Unmanned Aircraft Systems, pp. 836-841, DOI: 10.1109/ICUAS.2014.6842330, 2014.

[76] Pita, J.; Jain, M.; Tambe, M.; Ordonez, F.; Kraus, S.: *Robust solutions to stackelberg games: Addressing bounded rationality and limited observations in human cognition*, Artificial Intelligence, vol. **174**, pp. 1142 1171, 2010.

[77] Poduri, S., Sukhatme, G. S.: *Constrained coverage for mobile sensor networks*, In IEEE International Conference on Robotics and Automation, vol. **1**, pp. 165-171, 2004.

[78] Portugal, D.; Rocha, R. P.: *Cooperative multi-robot patrol with Bayesian learning*, Autonomous Robots, **40**, pp. 929-953, 2016.

[79] Pounds, P. E.; Bersak, D. R.; Dollar, A. M.: *Grasping from the air: Hovering capture and load stability*, In IEEE International Conference on Robotics and Automation, pp. 2491-2498, 2011.

[80] Rojas, I. Y.: *Optimized Photogrammetric Network Design with Flight Path Planner for UAV-based Terrain Surveillance*, MS Thesis, Brigham Young university, 2014.

[81] Rout, M.; Roy, R.: *Dynamic deployment of randomly deployed mobile sensor nodes in the presence of obstacles*, Ad Hoc Networks, vol. **46**, pp. 12-22, 2016.

[82] Roy, A.; Mitra, D.: *Unscented Kalman filter based multi-target tracking algorithms for airborne surveillance applications*, AIAA Journal of Guidance, Control and Dynamics, vol. **39**, pp. 1949-1966, 2016.

[83] Ruggiero, F.; Trujillo, M. A.; Cano, R. Ascorbe, H., Viguria, A., Perz, C., Lippiello, V.; Ollero, A.; Siciliano, B. : *A multilayer control for multirotor UAVs equipped with a servo robot arm* In IEEE International Conference on Robotics and Automation (ICRA), pp. 4014-4020, 2015.

[84] Sharma, V.; Patel, R. B.; Bhadauria, H. S.; Prasad, D.: *Deployment schemes in wireless sensor network to achieve blanket coverage in large-scale open area: A review*, Egyptian Informatics Journal, vol. **17**, pp. 45-56, 2016.

[85] Sharma, V.; Srinivasan, K.; Chao, H.C.; Hua, K.L.: *Intelligent deployment of UAVs in 5G heterogeneous communication environment for improved coverage*, Journal of Network and Computer Applications, http://dx.doi.org/10.1016/j.jnca.2016.12.012, 2017.

[86] Singh, M. K.: *Evaluating Levy flight parameters for random searches in a 2D space*, Doctoral dissertation, Massachusetts Institute of Technology, 2013.

[87] Sivaram Kumar, M. P.; Rajasekaran, S.: *Path planning algorithm for extinguishing forest fires*, Journal of Computing, vol. **4**, pp. 108-113, 2012.

[88] Song, C.; Liu, L.; Feng, G.; Xu, S.: *Optimal control for multi-agent persistent monitoring*, Automatica, vol. **50**, pp. 1663-1668, 2014.

[89] Sposato, M.: *Multiagent cooperative coverage control*, MS thesis, KTH, Royal Institute of Technology, Stockholm, Sweden, pp. 67, 2016.

[90] Srivastava, V.; Reverdy, P.; Leonard, N. E.: *On optimal foraging and multi-armed bandits*, In 51st IEEE Annual Allerton Conference on Communication, Control, and Computing (Allerton), pp. 494-499, 2013.

[91] Stranders, R.; Munoz, E.; Rogers, A.; Jenning N.R.: *Near-optimal continuous patrolling with teams of mobile information gathering agents*, Artificial Intelligence, vol. **195.**, pp. 63-105, 2013.

[92] Sun, S.; Sun, L.; Chen, S.: *Research on the target coverage algorithms for 3D curved surface*, Chaos, Solitons and Fractals, vol. **89**, pp. 397-404, 2016.

[93] Sutantyo, D. K.; Kernbach, S.; Nepomnyashchikh, V. A.; Levi, P.: *Multi-robot searching algorithm using Levy flight and artificial potential field*, IEEE International Workshop on Safety Security and Rescue Robotics (SSRR), 2010.

[94] Tambe, M.: *Security and Game Theory: Algorithms, Deployed Systems, Lessons Learned*, Cambridge University Press, 2012.

[95] Tuna, G., Gulez, K.; Gungor, V. C.: *The effects of exploration strategies and communication models on the performance of cooperative exploration*, Ad Hoc Networks, vol. **11**, pp. 1931-1941, 2013.

[96] Wang, Y.P. : *Regret-Based Automated Decision-Making Aids for Domain Search Tasks Using Human-Agent Collaborative Teams*, IEEE transactions on control systems technology, vol. **24**, pp. 1680-1695, 2016.

[97] Winfield, A. F.: *Towards an engineering science of robot foraging*, In Distributed Autonomous Robotic Systems (Springer Berlin Heidelberg), vol. **8**, pp. 185-192, 2009.

[98] Wilkins, D. E.; Smith, S. F.; Kramer, L. A.; Lee, T.; Rauenbusch, T.: *Airlift mission monitoring and dynamic rescheduling*, Engineering Application of Artificial Intelligence, vol. **21**, pp. 141-155, 2008.

[99] Xue, M. H.; Wang, T. Z.; Mao, S.: *Double evolutsional artificial bee colony algorithm for multiple traveling salesman problem* In MATEC Web of Conferences, vol. **44**, EDP Sciences, 2016, DOI:10.1051/mateconf/20164402025.

[100] Yakici, E.: *Solving location and routing problem for UAVs*, Computers and Industrial Engineering, vol. **102**, pp. 294-301, 2016.

[101] Yang, R.; Kiekintvled, C.; Ordonez, R.; Tambe, M.; John, R.: *Improving resource allocation strategies against human adversaries in security games: An extended study*, Artificial Intelligence Journal, vol. **195**, pp. 440-469, 2013.

[102] Yin, Z.; Xin Jiang, A.; Tambe, M.; Kiekintveld, C.; Leyton-Brown, K.; Sandholm, T.; Sullivan, J. P.: *Trusts: Scheduling randomized patrols for fare inspection in transit systems using game theory*, AI Magazine, vol. **33**, pp. 5972, 2012.

[103] Younis, M.; Akkaya, K.: *Strategies and techniques for node placement in wireless sensor networks: A survey*, Ad Hoc Networks, vol. **6**, pp. 621-655, 2008.

[104] Zannat, H.; Akter, T.; Tasnim, M.; Rahman, A.: *The coverage problem in visual sensor networks: A target oriented approach*, Journal of Network and Computer Applications, vol. **75**, pp. 1-15, 2016.

[105] Zhao, W.; Meng, Q.; Chung, P. W.: *A Heuristic distributed task allocation method for multi-vehicle multi-task problems and its application to search and rescue scenario*, IEEE Transactions on Cybernetics, vol. **46**, pp. 902-915, 2016.

[106] Zhu, C.; Zheng, C.; Shu, L.; Han, G.: *A survey on coverage and connectivity issues in wireless sensor networks*, Journal of Network and Computer Applications, vol. **35** pp. 619-632, 2012.

[107] Zorbas, D.; Pugliese, L. D. P.; Razafindralambo, T.; Guerriero, F.: *Optimal drone placement and cost-efficient target coverage*, Journal of Network and Computer Applications, vol. **75**, pp. 16-31, 2016.

CHAPTER5

第 5 章

搜索、跟踪与监视

5.1 引言

目标搜索和跟踪一般是由多无人机系统实现的，利用无人机可移动的优势，通过改变其空间分布动态地适应目标运动。目标跟踪是一个涉及多传感器信息融合、图像处理、控制技术等的复杂问题。针对不同的应用场景，其相关参数及假设是不同的[51]。

1. **目标数量**：根据要搜索或跟踪的目标数量，目标搜索和跟踪问题可分为两个主要场景。

（1）**单目标**：在无人机协同跟踪单个目标时，主要关注多个跟踪器上的传感器数据融合，以提高目标状态估计精度。

（2）**多目标**：多目标场景可以被视为单目标情况的延伸，并且存在许多不确定性。例如，目标数量可能未知，甚至可能随时间变化。但即使目标数量已知且不变，传感器测量仍存在不确定性，这是数据关联的问题。无人机需要通过任务分配的方法在多个目标之间适当地进行分布。目标数量与跟踪数量之比是影响求解方法的另一个重要特征。多目标跟踪算法分为两类：

①基于**经典数据关联**的方法主要以关联原则为目标进行测量。在这些方法中，用于跟踪关联的初始测量方法是基于跟踪门公式的。应选择相应门的尺寸，使得测量到门下降的可能性最大化。

②基于随机有限集的方法实时传播后验强度或者概率假设密度，并基于一组目标观察值更新该集合。

2. **目标移动性**：该问题主要是搜索静止目标或跟踪移动目标。对于静止目标，唯一的不确定性是观测噪声，即可能发生错误警报或存在测量缺失。但对于移动目标而言，其运动中具有不确定性。

3. **跟踪无人机的移动性**：无人机的移动性对于问题的解决至关重要。它控制着跟踪无人机的视图以及运动的速度与敏捷性。跟踪无人机可能与目标具有相同的移动模式，也可能与目标具有不同的移动模式。

4. **环境的复杂性**：环境的复杂性是影响**多无人机系统**（MRS）设计的一个重要因素，因为一架无人机与其他无人机以及环境的交互作用在执行任务时起着至关重要的作用。在开放空间中，唯一需要考虑的是跟踪无人机与目标之间的交互。在结构化环境中，可以利用环境结构进行目标检测或无人机的运动规划。但是，在非结构化且杂乱的环境中，应考虑由于环境结构遮挡所造成的传感器测量不确定性。由于不平坦的地形、障碍物以及风力等动态环境的变化，环境也可能影响跟踪无人机和目标的移动性。

备注164 当目标明显超过无人机跟踪的数量时，可能无法一直跟踪所有目标，此时，研究的目的是最大化可监视目标的平均值并保证在整个任务执行过程中每个目标至少被一架无人机监视。另一种可能的方法是将目标分组后再进行跟踪，而不是对每一个目标进行单独跟踪。当目标数量明显少于无人机跟踪数量时，可以一直跟踪所有的目标，也可形成无人机小组，将其分配给每个目标并对其进行跟踪。

监视任务也带来了许多挑战。

1. 在不可预测的环境中**管理不确定性**。

2. **有限资源**的分配。

3. 在反应和评估之间，以及多个异构观察者（包括混合主动场景中的人工操作员）之间的请求和承诺在通信上保持适当的平衡。

规划者必须为观察员无人机提出有效的战略，以便在面临所有相关限制时能实现其任务目标，例如有限的资源、紧迫的期限和不确定性。搜索与跟踪任务旨在跟踪目标并到达其目的地，这主要分两个阶段交错进行。

1. **跟踪**：观察员无人机飞越目标观察其情况。

2. **搜索**：若观察员无人机失去目标，则进行一系列机动以重新发现它。

一旦发现目标，观察员无人机就会切换为跟踪状态。以下过程用于管理搜索和跟踪任务的搜索阶段，其中每个步骤都是自主进行的。

1. 确定部署搜索工作的最佳区域，即最有可能找到目标的区域。

2. 将该区域划分为适当的子区域，以分配给各种单独的搜索模式，这些搜索模式是用于调查特定区域的一组机动。

3. 生成一组搜索模式，以优化覆盖每个子区域并选择它们的方向。

4. 为了执行，选择生成的搜索模式子集，并根据时间对其排序。

5. 执行所选择的模式序列，如果重新发现目标，则切换为跟踪状态。

在实际的搜索和跟踪操作中，存在许多偏差：目标的**最后已知位置**（LKP）、目标的意图（如果可以预测）、目标的大小和运动特征、可能的危险、先前的搜索结果、地形特征、路网结构和天气条件。这些特性用于预测目标位置随时间的变化情况，并为目标位置构建概率检测。这两个步骤的结果包括以下几个方面[14]。

1. 一个有限的搜索区域，通常是以目标的最后已知位置为中心的圆形区域。

2. 目标位置的概率密度函数在该区域内定义，并在考虑上述因素的情况下构建。

3. 区域内的多个点表示重新发现目标的概率最高，并且在这些点上部署了候选搜索模式。

民用无人机对安全领域的发展具有重要影响。用于安全目的的无人机可能会产生技术、法律和伦理上的影响，应通过无人机与安全这两个领域的协作、互补来解决这个影响。这种伙伴关系将有助于民用无人机法规的发展，并促进这项新技术在安全领域活动中的整合。

5.2　搜索理论与决策支持的相关基础

最初的搜索工作是通过将搜索问题简化为**区域覆盖问题**并应用区域覆盖技术来进行的。随后，随着检测概率作为一种概率度量的引入，搜索研究也得到了发展。搜索丢失目标的贝叶斯方法提供了有效的搜索计划，通过维持精确的目标位置概率密度函数，并对目标过程进行显式建模，找到了一种有效的搜索方案，以使在给定的时间限制内找到目标的概率最大化。基于目标预测位置的模型，对无人机进行控制，以最大限度地提高再发现的期望值，这个对目标进行搜索的方法是可用的。生成的无人机局部控制指令对目标的相对细粗度预测行为做出回应。目标预测行为的概率模型可以在有限区域内建立。另一种方法是利用标准的搜索模式，并将其用作搜索计划的块来构建，以最大限度地提高重新发现目标的期望值。一些搜索问题可能会使用多架搜索无人机搜索有价值的或非常重要的目标[29]。

在可能区域的某些子集上查找有限数量可用搜索工作的分配（时间、位置和数量），以最大化成功的概率，这称为**最优搜索问题**。这个问题的解决方案是为搜索计划设计者提供应该搜索的子区域，以及相应的搜索工作量[37]。最佳搜索问题的基本要素包括目标位置的先验分布、与搜索资源和检测概率相关的函数以及有限的搜索资源量。指数函数是描述目标检测概率的常用假设。最佳搜索基本问题的要素包括以下几个方面。

1. 搜索对象位置上的先验概率密度分布，用于估计可能区域内任意子集的**遏制概率**（POC）。

2. 如果对象在搜索区域中，则检测函数与搜索工作密度（或覆盖范围 C）和**检测概率**（POD）相关联。

3. 有限的搜索工作量。

4. 最大限度地找到对象概率的优化标准：**成功概率**（POS）受制于工作约束。POS 是在考虑所有合理的已知变量时找到目标的可能性。在随机搜索情况下，可以提出以下公式：

$$POS = 1 - \exp(-W \times L/A) \tag{5-1}$$

其中 W 是扫描宽度（传感器检测目标的最大距离）；L 是随机搜索的总长度；A 是要搜索的总面积。

概率最大化和路径规划问题有两个质量指标。

1. 在特定飞行时间后找到最大化的**累积检测概率**（CDP）路径。

2. 在最短时间内找到达到所需累积检测概率的路径。

5.2.1　搜索问题的类型

一些基本搜索概念的定义如下所示。

1. **有效搜索**（或扫描）宽度：

$$W = \frac{单位时间内检测到的对象数}{单位面积内的物体数 \times 搜索速度} \tag{5-2}$$

这取决于 3 类因素。

（1）搜索**对象的特征**影响使用中的传感器检测能力（对象大小、颜色、反射率/发射属性等）。

（2）使用中的**传感器性能**（视敏度、激光雷达或雷达在各种范围内可靠检测标准测试对象的能力、速度对性能的影响等）。

（3）搜索时间及地点的**环境条件**会影响使用中的传感器性能［能见度、天气、海况、植被（地面覆盖）等］。

2. **有效搜索（或扫描）速率** = $W \times$ 搜索速度。

3. **横向范围（检测）功能**：为远离搜索无人机的单轨迹距离函数的概率检测。

4. **工作**：搜索时搜索无人机轨道的总长度 $L = v \times t$。

5. **搜索工作**：区域有效扫描 $Z = W \times L$。

6. **搜索工作密度**：覆盖范围 $C = Z/$ 区域搜索。

7. **检测函数**：检测与覆盖函数的概率，例如，$POD = 1 - \exp^{-C}$，在随机搜索区域 A 的统一搜索中，给定搜索对象在该区域内的时间 t，则检测搜索对象的概率为

$$P(t) = 1 - \exp^{-W_{vt}/A} \qquad (5\text{-}3)$$

随机搜索 W_{vty}/A 是搜索工作或覆盖函数的密度。

根据所涉及的搜索问题类型对搜索理论进行分类也很方便。

1. **单边搜索问题**。

（1）**固定搜索对象**：对于搜索对象位置的分布，密度函数由下式给出：

$$p(x_1, x_2) = \frac{1}{2\pi\sigma_1\sigma_2} \exp\left(-\frac{1}{2}\left(\frac{x_1^2}{\sigma_1^2} + \frac{x_2^2}{\sigma_2^2}\right)\right) \qquad (5\text{-}4)$$

这是一个二元正态概率分布，其平均中心在（0，0）处。

（2）**移动搜索对象**：大多数移动搜索对象的问题都是通过冻结搜索对象在某个时间增量上的运动来解决的，在该时间增量期间分配工作，就像搜索对象是静止的一样，然后在下一个时间增量中重复该过程。

2. **双边搜索问题**。虽然与搜索飞机的速度相比，搜索对象的漂移非常缓慢，但当无人机进行现场搜索时，它们漂移几英里并不罕见。

（1）**协同搜索**：部署无人机团队执行搜索和跟踪相关的任务。首先，操作员标出搜索区域的边界。**作战区域**（AO）中存在多个静态目标（可能变为移动目标）。到达该区域后，无人机协同搜索作战区域内的目标。无人机将前往高度不确定的位置，并交换搜索结果，更新每架无人机上要维护的目标位置概率图。为了达到最佳搜索效果，无人机需要确保各自的搜索区域不重叠。当检测到目标时，发现目标的无人机将自己指定为管理员以分配目标监视（跟踪）任务。任务分配将基于合同网协议完成，合作搜索伪代码在算法 26 中给出[38]。

（2）为减少不确定性问题，**非协同搜索**可以通过使用多个搜索者及博弈论框架获得搜索路径策略。

算法26 协同搜索

1. **初始化**：初始化航路点（操作区域的入口区域）、检测概率和误报，然后将区域划分为单元格，并将每个单元格的初始概率设置为目标存在的最大不确定性。

2. **采样步骤**：无人机进行测量并更新其概率图，并与相邻无人机共享概率图。

（1）如果找到了目标，则无人机首先检查目标是否已被其他无人机跟踪。

（2）否则，无人机将指定自己作为管理员，并发出请求任务分配方案的通知。管理员将基于合同网协议提出任务分配方案。被指定的无人机将切换为跟踪模式。

3. **航路点规划**：如果找不到目标，无人机将保持搜索模式。航路点生成基于 Lloyd 类梯度下降控制律，并考虑概率图、无人机飞行约束和多无人机防碰撞。

4. **基于航路点的无人机路径规划**。

5. **返回步骤** 2。

搜索任务受时间或距离限制。对这一限制的实际解释是有限的电池容量或执行任务时时间窗的存在。由于这个限制，最佳搜索路径可能不会访问每个位置。实际上，有时会出现多次访问单个位置，而从不访问某些位置。该任务的另一个目标是找到单个对象最可能的位置或声明该对象不存在。其目的是最大限度地提高找到目标的概率，或在确定目标存在与否之前尽量减少预期花费的时间。在实际搜索过程中，对目标进行定位存在一定的局限性，如传感器测量的不完全性或对搜索环境的认识不确定性等。噪声传感器测量通常包括漏检（即未检测到存在的物体），以及误报（即检测到不存在的物体）。局部环境条件也可能影响传感器误报和漏检的数量。当使用无人机机载摄像机协助野外搜索和救援行动时，密集的植被、照明条件、阴影或摄像机与地面之间的距离等因素都会降低无人机的航测质量与探测概率。这归因于传感器和人类的局限性（如有限的注意力广度和信息工作量）。**部分检测**可以用任务难度图来表示，图上难度较大的子区域的检测概率较低。使用**任务难度**图可以将地理参考和与空间相关的传感器约束集成到问题公式中，该公式补充了传统传感器建模方法，并提高现实搜索场景中的搜索性能。一支飞机编队将会一直在偏僻的地方待命，而不是长途飞行或闲逛。但这里存在两个问题。

1. 这种存在能维持多久？

2. 在过渡期间，飞机应以何种空气动力学效率飞行？

Breguet 方程（航程和持久性）为**连续覆盖航程**提供了初步公式，其中存在两个传输阶段的空气动力系数。这些优化系数有良好的结果：对于给定推进类型与飞机数量，连续覆盖中最佳范围内的升力系数始终是最好范围内的升力系数的常数倍[56]。

然而，要优化的性能参数可能不是航程或续航时间，而是 N 架无人机团队保持的连续覆盖的航程，并用从基地抵达的无人机取代即将结束任务的无人机。**编队影响因素**是**任务激活时间或站内时间**与**任务空闲时间**之间的比值，它代表传输时间和维护时间的总和。系统性能将通过范围值（用 D_p 表示）来进行评估，在该范围内，可以通过给定编队内无人机的数量来维持连续覆盖。考虑一个问题：优化一架无人机的飞行距离，使比值（$Transit_{Time} + Turn_{around_{Time}}/Time_{On_{station}}$）保持在某个值以下，其中假设以最佳航程对应的速度执行运输，从而使覆盖距离的燃料消耗最小化。

备注 165 *可以做出以下假设：*

1. *多无人机团队中的无人机是同构的，每架无人机都可以执行搜索任务。*

2. *所有无人机均以相同的高度等速飞行，因此任务空间可以简化为二维空间。*

令无人机在二维空间中活动，任务区域被离散化为大小为 $L \times W$ 的网格图[37]。

野外地区的搜救任务规划可以作为一个**混合整数线性规划**优化问题来制订，其目标是为不同搜救队伍中的所有智能体共同定义搜索轨迹与最大化区域覆盖范围的活动调度。产生的轨迹由相邻环境区域的序列组成，而活动调度指定每个智能体沿着轨迹在每个区域内搜索的时间值。在实践中，最大化整个区域的覆盖范围不是任务执行效率的唯一代表因素。还需要考虑搜索和救援任务中常见的其他重要因素，以便能够处理现实世界的复杂性，并解决异构团队存在的需求和可能性。在这些方面，智能体在时空关系方面的互动对任务规划者来说是一个具有挑战性的问题。

1. **提供拓扑连接**以支持无线通信（向控制中心传输任务更新）。

2. **促进各智能体之间的合作**（如果一名救援人员和一架无人机同时在附近或重叠区域内进行探索，则无人机可以通过提供人类选择区域内的实时视频流请求来增强救援人员的视野）。

3. **提高智能体的安全性**（在夜间，为了保证人类安全，在野外进行搜索的人员可能需要彼此保持相对较近的距离）。

4. 尽量**减少负面干扰**（应在不同的远距离区域发送不同搜救无人机，以避免相互干扰）。

搜索区域被离散为一组方形的环境单元。考虑均匀单元网格分解，用 $C = \{c_1; \cdots; c_n\}$ 表示单元集。环境单元还可以作为评估任务覆盖状态的一种手段。覆盖图 $C_m: C \rightarrow [0; 1]$ 将单元格与表示当前所需覆盖量或每个单元格剩余的探测需求的数值相关联。基于上述单元定义，该区域进一步分解为分区，即相邻环境单元的集群（如 C 的子集）。由于在单个环境单元的分辨率下执行任务规划，如果单元非常小，则该规划可能会变得既不可行，也无法计算，因此为了实现高效搜索，需要考虑不同智能体的机动能力。定义分区边界需要仔细分析，理想情况下需要了解该地区。如果智能体编队具有异构性，则在对可能分区定义时必须考虑智能体性能与地形条件，以便正确地对它们进行配对。一旦确定了分区，就可以在内部分配资源，并决定每个区域将从何时、何处接收多少工作量。这是通过指定**智能体计划**来完成的，这些计划是根据**搜索任务**来定义的：在指定时间内，将智能体分配到开展探测活动的分区。

全局任务计划由一系列搜索任务组成，搜索任务由智能体逐个执行。搜索任务用（L；t_{start}；t_{end}）表示，其中 $L \subset C$ 是分区，t_{start} 与 t_{end} 是分区 L 内搜索任务的开始和结束时间。整个任务时间被离散化为长度等于 Δt 的任务间隔。出于规划目的，应在分配执行任务所需的时间内隐含地考虑任务之间的行进时间。显然，在搜索时需要穿越分区。每个智能体的分区集必须与任务间隔长度 Δt 的定义一致。假定此间隔表示分配给智能体任务的最小持续时间，则其长度必须保证每个智能体能够完整遍历对应当前任务的区域，并确保及时到达下一个已分配任务区域。因此，任务规划的设计应考虑连续任务，其所属的规划应在地理位置上是相隔较近的（如果不是相邻的）。为此，为每个智能体 $k \in A$ 定义**可遍历图** $G_k = (\Gamma_k; E_k)$，如果区域 j 处的任务可以在区域 i 处的任务之后立即调度，则 E_k 包含边（i；j）。为了设计有效的联合任务规划，规划者必须明确考虑到由于不同智能体的技能不同，以及当地条件的影响，不同智能体在同一环境中完成任务的绩效水平可能是不同的。相关的环境属性是从**地理信息系统**提供的空间数据中提取的，其中，定义了评估每个智能体和环境中不同部分预期搜索性能或**搜索效率**的过程。**搜索效率**由覆盖率、对每个智能体的移动跟踪加上在每个单元内花费的时间来指定[31]。

定义 166 **监视覆盖率**是指搜索到的网格与任务区域内所有网格的比值，如下所示：

$$P = \sum_{x=1}^{L} \text{node}_{x,y}/L \times W \quad \text{node}_{x,y} \in \{0,1\} \tag{5-5}$$

问题 167 搜索任务的目标是最大限度地提高**监视覆盖率**，以便找到最多的目标。为了使监视覆盖率最大化并搜索出更多目标，每架无人机都执行搜索任务。

当目标聚集时，即它们位于一组链接站点内时，每个组都被不间断地从一个站点到另一个站点进行检查。问题是如何有效地检测目标。搜索策略的选择极大地影响了搜索所带来的损失以及在一定时间内找到目标的概率。许多情况下，搜索和检测测试中可能会出现两种类型的错误。

1. 一种是漏检目标的**假阴性检测**。

2. 一种是**假阳性检测**（也称为误报），即错误地将一个好的目标分类为恶意目标。

遗憾的是，由于随机性和检测概率所导致的非线性，选择最佳搜索策略的问题从根本上来说是困难的[52]。

搜索效率对于野外搜索和救援非常重要，因为随着时间的推移，失踪人员的生存能力会降低，有效搜索半径增加速率约 3km/h。因此，一条良好的飞行路径应能利用有限的飞行时间，迅速最大化地找到失踪人员。当无人机的传感器扫描地面时，每条无人机路径上的信息都会随着时间积累。根据信息在环境中的分布方式，不同的路径以不同的方式执行此操作。其目标都是最大化**总探测概率**，即探测到目标的可能性。

侦察问题可以定义为**飞行路径选择问题**。无人机协同系统可以大大提高这一问题的信息优势。路径搜索问题一般可分为两类：一类是旅行商问题，另一类是邮递员问题。使用多架无人机的 TSP 可以被视为**任务分配**问题，通过将每个目标分配给无人机来最小化成本（时间或能量）[46]。规划和执行**情报、监视、侦察**（ISR）任务的管理不确定性和复杂性问题可以通过使用无人机传感器资源网络来实现。在此类应用中，设计均匀的覆盖动态非常重要，这样传感器覆盖范围之间就不会有重叠及剩余空间。**传感器覆盖范围**必须均匀分布，使目标难以逃避检测。对于**固定目标**的搜索，目标位置的不确定性可以用一个固定的概率分布来表示。光谱多尺度覆盖算法使传感器运动，从而使其轨迹上的点服从固定的概率分布。均匀的覆盖动态加上传感器检测，有助于减少目标位置的不确定性[7]。

5.2.2 摄像机属性

对于监测问题，必须确定**传感器的覆盖范围和分辨率**。它可以被建模为关于高度的线性函数：传感器有一个恒定的视野，其覆盖范围随着无人机的飞行高度而增加[27]。传感器分辨率在高海拔时会降低，建模如下：

$$c(z) = \begin{cases} z\tan\theta & \text{如果 } 0 \leq z \leq h_{max} \\ h_{max}\tan\theta - \dfrac{h_{max}\tan\theta}{h_0 - h_{max}}(z - h_{max}) & \text{如果 } h_{max} \leq z \leq h_0 \end{cases} \tag{5-6}$$

其中 c 和 z 分别是覆盖范围和高度；θ 表示传感器恒定视场；h_{max} 是传感器具有最大覆盖范围时的高度；h_0 表示传感器分辨率不适合进行空中监视时的高度。**对象检测、识别或辨识概率**（P-DRI）的度量描述了操作人员成功检测、识别或辨识由某架无人机提供的图像特征的概率。通过优化无人机飞行路径可以最大化指定对象的整体 P-DRI。存在几种估计对象检测、识别或辨识概率的方法。几何模型描述了**可见度度量**，其由无人机与摄像机位置、地形起伏、视角唯一性以及从摄像机上可看到的指定地形点中的图像帧数量来定义。计算可见度度量只需要很少的计算能力。可见性度量范围是 [0，1]，并且被认为是图像帧中使用外观数据进行**对象识别概率的估计**。然而，其他参数（诸如物体尺寸和照明条件），对于从图像中估计对象识别概率也是很重要的。另一种公式估计了 P-DRI，即**目标任务性能**（TTP）度量，它考虑了观察显示器的观察员可以检测到的所有空间频率，而 **Johnson 标准**只考虑对象可检测的有限的空间频率。一旦计算了目标任务性能度量，就可以估计目标上已解决的空间循环数，然后将其应用于描述检测、识别和辨识成像目标概率的逻辑函数。目标任务性能可以考虑包含空间频率为复数的内容，但能使用**傅里叶级数**系数表示良好的对象。通过精确的运动方程、良好的状态估计以及三维地形结构和照明信息，根据当前状态信息可以预测估计识别概率的参数，以便于路径规划人员通过确定优化路径来最大化识别概率[44]。

为了进一步减少人为参与并加快寻找失踪人员的过程，可以将采集到的视频分析任务委托给自动算法，该算法实时、在线地分析视频片段。为了完成这项任务，需要一种能够识别和从地理上定位人体所在位置的算法。在观察和分析人的外貌及动作的任务中，技术可以从许多方面进行分类[49]。

1. 一种是预处理需求（例如背景减法），这可以通过帧差分来实现。其他因素包括描述人类外观所需的特征类型，例如形状、肤色、轮廓。相当多的工作都是基于局部特征零件探测人类的。例如，可以将人建模为单独检测部分的集合，并由局部特征共同表现。也可以使用具有可变尺寸的定向梯度直方图块作为特征的级联滤波器。

2. 另一种方法利用了分类器，该分类器是级联的增强分类器。利用热成像技术探测人类会带来更多的挑战，例如低分辨率、热或冷物体周围的光晕，以及在摄像机移动时会弄脏工件等。

规划传感器智能体的轨迹，通过收集尽可能多的信息或减少环境的不确定性，并将信息度量纳入规划问题中，可以实现信息丰富的轨迹。不确定环境可以表示为**高斯过程**、**高斯马尔可夫随机场**或**高斯随机场**。持续监控问题可以表述为最优控制问题[25]。基于密度的描述符（例如颜色直方图）代表了低计算复杂性和对外观变化具有鲁棒性的替代方案。在具有挑战性的无人机应用环境中，通常在视觉算法中进行强有力的简化假设。基于颜色的算法用于跟踪固定目标并自动稳定其上方的无人机。由于硬件限制，所提出的跟踪方法假定目标清晰可见，不用处理遮挡，也不存在类似颜色的干扰物。视觉跟踪系统旨在提供相对位置的估计和无人机与目标之间的平面旋转。为了实现鲁棒性，选择基于颜色的表示，并且在粒子过滤框架中执行跟踪。通过视觉系统可以获得无人机与目标之间的相对位置和平移速度的估计值，这被用作所提出控制律的输入。

定义 168 **地理定位**使用有效载荷的视觉摄像机跟踪感兴趣的静止或移动点。这是利用传感器数据对地面兴趣点进行统计估计的过程。无人机地理定位系统是多个硬件组件（摄像机、无人机、GPS、姿态传感器）和软件组件（摄像机图像处理、内环和路径规划控制以及估算软件）的复杂集成，以精确估计被跟踪目标。

传感器偏差和未知兴趣点的状态可以以分散方式估计，同时使用来自机载导航系统的解决方案来节省大量计算。对于以分散方式协作的多架无人机，可以解决联合估计问题，使得无人机共享兴趣点的状态信息并模拟它们的局部偏差。这种分散式公式可以节省计算和通信，同时提供与集中式案例相当的地理位置精度。此外，这种分散方法不仅可以在具有潜在偏差的无人机之间进行有效协作，也可以在不同的传感器之间进行有效的协作。

环境会影响传感器性能，而且整个搜索区域的环境变化也会导致在某些位置的搜索性能比其他位置的更好。搜索任务的制导算法可以结合环境的随机信息来提高搜索性能，对于这种情况，可以获取**环境信息**以提高整体搜索性能。

1. 在执行搜索任务之前进行环境特征描述。
2. 环境特征描述与搜索任务同时通过单独的资产而不是搜索工具来执行。
3. 环境特征描述与执行搜索任务的无人机同时搜索。

可以使用决策理论值函数，其与环境中对象数量估计的准确性相关联。由于搜索性能取决于环境，因此更好的搜索计划可以提高环境信息，从而提高搜索性能。例如，可以选择避免搜索已知的又包含过多杂乱且误报较高的区域，而选择误报较低的环境。在未知环境下，获取环境信息可以提高搜索效率。可以获取环境的随机信息，其中应该调查环境以便提高整体搜索性能。获取环境位置信息的一种方法是简单地描绘能够最大程度减少环境不确定性的位置，并使**熵**的变化最大化[64]。

5.2.3　操作人员

无人机在态势评估和监视方面可以为人类专案组提供必要的支持。操作人员在确定无人机的能力、行为和可能取得的成就时需要以下信息：无人机在做什么、做的是什么、为何做，以及它是否已经实现了人在复杂环境中承受压力时执行的任务。情况、交互、计划和期望发生变化。随着情况的变化以及团队动态的影响，无人机需要调整行为和表现方式，以继续提供足够和有效的透明度。在系统设计中，人的视角贯穿于无人机构建的整体展现过程中以及它决定的行为方式中。当涉及人与无人机交互或规划时，必须明确地将人类建模为参与者，并以符合人操作实践的方式来规划行动和交互。无人机建立了动态空间的定性结构，并能对该空间内可能的行动做出推论。因此，映射建立了几个抽象层。

1. **静态目标搜索与救援**：为了使任务成功的概率最大化，可以发展一种具有固定目标的搜索与救援决策支持方法。路径规划通过 MILP 进行，用于滚动时域优化以基于新信息进行更新。该方法可以扩展到多目标和多智能体搜索和救援路径规划，两者都将注意力限制在网格路径上。

2. **漫游目标搜索和救援**：其模型和算法允许马尔可夫运动。

3. **约束搜索和救援**：该约束会强制访问顺序和摄像机检测范围。可以建立一个 MILP 规划模型。

4. **燃料限制系统**：首先假设搜索者独立且行程时间有限。该方法使用混合线性或非线性整数规划模型来优化单程任务或生成多个燃料有限的无人机任务序列。在这里，无人机可能会返回单一基站且无法返回服务。第一部分可以解决资源选择问题，而第二部分可以确定支持多航班飞行和无人机装载能力的任务分配方案。若不考虑时间段的多重化就会忽略生存概率的变化。

在参考文献［62］中，针对灾难响应中的无人机团队开发了一种方法，计划智能体在无人机的协助下收集信息，并代表响应者计划行动。场景涉及救援任务，这些任务分布在具有放射性云且正在扩散的物理空间中。在区域完全被放射性云覆盖之前，任务需要由响应者完成。由于响应者可能会死于辐射暴露，所以他们需要知道任务地点和任务路径上的放射性水平。在响应者决定下一步行动之前，无人机收集到的这些信息至关重要。一种基于**蒙特卡罗**模拟和信息价值的规划和感知相结合的算法，用于计算响应者和无人机的策略。通过在线规划与主动感知相结合，以实现更有效的救援任务。在每个时间步骤中，人类计算一个策略并指定其操作，无人机使用此策略更新感知操作。无人机的行动取决于为响应者选择的策略。反过来，他们可以根据无人机在所选区域报告的信息进行更新和增强策略。关键程序如下所示。

1. 如何计算响应者的策略。
2. 如何为无人机选择最佳传感动作。
3. 根据无人机的观测，如何更新放射性云的信念状态。

本段介绍了一种在搜索及救援任务中适用于人－无人机交互的多模态交互框架。作为一名高度专注的操作员，救援人员深入参与了搜救任务，因此只需向无人机提供快速、不完整、稀少的但价值很高的输入。由于人类还未完全专注于无人机的信息，因此机器人系统应该支持从自主行为到直接远程操作的不同控制模式。通过混合主动模式，用户可以执行一些操作，而其余的操作则依靠自主控制系统。人类应将其认识努力集中在相关的关键活动上，同时依靠自主性系统完成专门的任务。此外，在危险情况下，人类应近距离操作无人机。多模态交互应允许操作员利用手势、声音或基于平板电脑的命令以一种自然的、不完整的，但具有鲁棒性的方式与无人机进行通信。在参考文献［14］中提出的框架里，可以利用基于命令及操纵杆交互原型，并将其平滑地组合以影响无人机的行为。当无人机执行任务时，人类可以利用基于操纵杆原型中的手势来调整生成的轨迹或直接远程操作选定的无人机。事实上，人工干预会被混合主动系统持续地整合到机器人控制回路中，该系统可以根据操作员的意图调整无人机的行为。

人机交互的性能指标建立了一种描述和评估人－无人机在高风险、时间临界领域内执行任务性能的方法。人机交互指标集中在整个工作系统上，在现场环境中的实时人员绩效背景下，研究无人机对人员绩效的影响。城市搜救工作队可以视为在动态、高风险和时间紧迫的环境中工作的极端团队。团队成员必须在身体、精神和情感压力都很大的情况下工作。在城市搜救中，机器人辅助人类的衡量标准包括搜索、救援（解救）、结构评估、医疗评估与治疗、信息传递、指挥与控制以及后勤[13]。作为连续的监测网络，与基站通信的最佳策略是批量记录数据、逐段传输相关数据、存储和转发。有限的能量储备禁止通过网络传输每个检测到的图像，但是，可以执行自动图像分析来检测感兴趣的特征。对象检测通常是使用 Voila-Jones 对象检测框架来完成的，该框架将滤波器应用于积分图像，积分图像通过一次图像传递进行计算。每个滤波器都表现为弱分类函数，其精度略高于随机函数，将这些功能中的一部分组合产生一种高精度的探测器[40]。

5.3 信息收集

问题 169 **信息运动规划**由为动态约束的传感器智能体生成的轨迹组成。无人机作为运动智能体遍历操作环境，这通常受到动态约束。操作环境中的障碍物既能限制无人机的运动，又能阻挡观测。最后，可用传感机制的固有局限性又进一步限制了智能体计划的信息量。

为了实现信息丰富路径规划，可以考虑若干个解决方案。分析解决方案通常使用 Fisher 信息矩阵来量化最佳控制框架中的轨迹信息收集。例如，在轨迹结论中，**Fisher 信息矩阵**（FIM）的行列式下限可以寻求最大化的解决方案。虽然分析解通常具有简单的形式，并且对低维无约束问题性能最佳，但它们通常难以扩展到复杂的场景中。**信息丰富的快速探索随机树**（IRRT）算法在参考文献［61］中被提出，是一种在线求解方法，在信息运动规划问题中，它被构建以适应一般的约束特征。IRRT 方法通过嵌入信息收集来扩展 RRT，正如在树扩展和路径选择级别使用 Fisher 信息矩阵预测那样，从而修改了增长的可行计划收集结构，并将选择偏向于信息丰富的路径。一旦选择了概率分布，就可以计算 Fisher 信息度量。由于 IR-RT 是基于采样的运动规划器，因此可以在线生成可行的解决方案。另一种方法是在稳定状态下表现良好的**启发式路径形状**。对于侧面装有摄像机的无人机，提出了在固定高度和不同高度下具有最佳半径的圆形轨迹。虽然这些启发式约束轨迹可以捕获具有纯方向跟踪的物理和几何特性物体，但是当在真实的动态和感知约束下进行操作时，运动计划的预期信息和实现信息量之间的差距会变得非常大。**部分可观测马尔可夫决策过程**（POMDP）框架是一种用观测解决不确定性规划问题的方法，但也存在可跟踪性问题。信念空间规划既可以考虑目标跟踪问题，也可以考虑其相反问题，即在先前绘制的环境中通过传感器测量完全已知的目标来定位无人机。对于具有复杂动态的无人机模型，POMDP 解决方案目前是难以解决的[18]。利用**有限集内的旅行商问题**（FOTSP）可以近似访问 TSP 的多边形，从而构造路线图。在两步法中，第一步是在特定的约束条件下获得最优轨迹。在第二步中，无人机必须从危险区域中撤出。

在参考文献［33］中，针对多无人机的路径规划问题，要遵循最大化从**所需区域**（DR）中收集的信息量，同时避免进入**禁区**（FR），最终到达目的地。该方法扩展了三维环境约束下的多无人机先验研究。路径规划问题作为一种优化问题被研究，并通过优化算子的**遗传算法**（GA）得到了解决。利用模式搜索方法和求解**多旅行商问题**（MTSP）得到了种子路径，在种子路径中为每架无人机生成了初始种群。该技术既解决了无人机所需区域的访问顺序，又解决了无人机所需区域的分配问题。在任意一代遗传算法中，所有的总体路径都是通过装配有自动驾驶仪和制导算法的无人机动态数学模型来构建的。该算法包括 3 个主要步骤。

1. 通过求解无人机应访问目标区域的分配问题，将问题归结为多无人机路径规划问题，还确定了每架无人机所需区域的访问顺序。利用**模式搜索算法**求出所需区域中心之间的距离。问题的简化形式被建模为多旅行商问题。

2. 为了尽可能地满足问题的物理约束，不使用随机生成的总体进行路径搜索，而是为每架无人机形成种子路径。它为路径搜索提供了一个良好的起点。

3. 定义并实现了两个新的突变算子：**上升逃逸**（ATES）和**改变高度**（CALT）。这些算子还会模仿人类路径规划的思维过程。

问题的主要难点在于无人机的动态约束。否则，算法的第一步（模式搜索和 MTSP）就足以解决问题。尽管使用完整的动态模型会给问题带来更复杂的限制，但它使模拟更加现实，并保证生成的路径不会违反无人机的动态限制。此外，控制器的输出是饱和的，以处理无人机执行器的物理约束。

5.3.1 检测

机载无人机的**运动目标检测**的挑战包括：摄像机运动、图像中只有几个像素的小目标外观、改变的目标背景、目标聚集和噪声。一般来说，数字视频稳定性需要两个模块：**全局运动估测**模块和**运动补偿**模块。一个完美的运动校正需要精确的全局运动估计。有许多方法旨在精确估计全局运动。通过计算位于图像拐角处 4 个子图像的运动，可提出一种全局运动估计方法。基于圆块匹配的方法可估计局部运动。全局运动参数由重复的最小二乘法生成。通过提取和跟踪拐角点的特征，可以估计出全局运动。当一架无人机在数百米处飞行时，它提供了一个大范围的监视区域，但图像嘈杂而模糊。无人机监控系统中的运动传感器以低分辨率、低帧速率捕获视频，这对运动检测、前景分割、跟踪等相关算法提出了挑战。规模和视图变化以及感兴趣区域上的几个像素都是这些挑战之一。因此，为了获得更好的检测效果，需要进行预处理。视频本身的特性（如未建模的增益控制、卷帘快门、压缩、像素噪声和对比度调整）不遵守亮度恒定性和几何模型。由于无人机高速飞行，因此无人机监控平台的背景经常发生变化。

为了识别交通状况和事件，需要过滤复杂的背景，检测交通特征。**尺度不变特征变换**（SIFT）的特征提取可以识别关键点，以便在多帧视频中进行跟踪，对于图像的平移、旋转和缩放，它们都是不变的。特征点跟踪方法用于获取一系列特征，然后将这些特征分为三类：干扰运动、移动对象和静态对象[57]。

1. 利用 SIFT 特征点提取和匹配消除摄像机振动及噪声的全局运动估计。

2. 使用**随机样本一致性**（RANSAC）和**卡尔曼滤波**进行运动目标检测。

3. 使用**仿射变换**进行运动补偿。

参考文献［22］中描述了两种高级路径规划算法。

1. **广义轮廓搜索**：当轨道使能广义轮廓搜索路径规划算法时，控制框架式摄像机的能力旨在瞄准目标点。根据失踪人员可能位置的分布轮廓线，创建一个目标点队列，算法在均匀距离内进行插值和重采样。割草机路径和螺旋路径是分别从均匀分布和高斯分布的算法中自然产生的，它们是最佳路径。通过将摄像机对准无人机的侧面，也可以使用该算法跟踪陡峭地形的轮廓。

2. **智能路径规划**：第二路径规划算法在给定分布、起点（可选终点）和期望飞行时间时，旨在最大化所生成路径的累积概率。摄像机足迹遍历概率节点的网格（由框架摄像机启用），而无人机接近生成的路径。使用进化方法生成近似最佳飞行路径，其中使用各种登山算法及人工势场算法生成种子路径。

这些高级算法丰富了无人机操作员的自主工具集，并且在需要系统覆盖时可能对高优先级搜索和穷举搜索技术有用。

5.3.1.1 失踪者智能体模型

在**野外搜救**（WiSAR）中，必须找到**失踪者**（MP），然后才能营救或恢复他。搜索通常包括观察大范围的环境，以寻找失踪者动向的潜在信息。搜索算法可以被看作贝叶斯决策问题。当无人机探索其环境并用传感器监测时，失踪人员的位置分布通过使用**贝叶斯**规则进行更新。新的后验分布信息决定下一步方向。当报告有人失踪时，野外搜救就会起动。响应的第一个阶段是构建**失踪者概况**（MPP），其中包括关于失踪者身体状态的信息，以及最后一次看到失踪者的时间和地点，失踪者的路径方向，还有失踪者打算去哪里的相关信息。此外，还需收集环境信息（包括海拔、植被和地形）。在此基础上，构建搜索区域 A，在该区域内进行搜索活动。分布是非高斯的，A 使用基于网格的分解。具体地说，A 分解成一组大小相同 $M = |A|$ 的单元，其中 a 是第 a 个单元。假设 x 是包含失踪者的单元格，$p(x_k = a)$ 是 MP 在时间 k 处位于单元格 a 中的概率。随着时间的推移，可以使用贝叶斯规则对此进行更新。要开始此过程，必须选择先验概率 $p(x_{k_0} = a)$。然而，这很大程度上取决于环境本身。环境对失踪者行为和搜索问题的建模起着基础性作用，环境有 3 个特点。

1. **海拔模型** Γ。海拔模型描述了环境的感知坡度。根据以下内容对坡度进行分类。

$$\text{dom}(\Gamma) = \left\{ \begin{array}{l} |S_l| < S_{l\min}, S_{l\min} < S_{l\text{med}} \\ |S_l| < S_{l\text{med}}, S_l > + S_{l\text{med}} \\ S_l < S_{l\text{med}}, |S_l| < S_{l\max} \end{array} \right\} \tag{5-7}$$

其中是局部坡度为 S_l，$S_{l\min}$、$S_{l\text{med}}$、$S_{l\max}$ 是最小、中等和最大 S_l 的阈值。

2. **地形分类模型** Ψ。该模型根据地形对搜索区域进行分类。

$$\text{dom}(\Psi) = \{障碍, 水面, 地面, 路径\}$$

3. **植被分类模型** Φ。利用类别对植被密度进行分类。

$$\text{dom}(\Phi) = \{稀疏, 中等, 密集\}$$

基于扩散的模型，利用失踪者配置文件派生的分布 $p^*(x_0 = a)$ 初始化占用网格。扩散模型运行 S 次，其中第 k 次迭代是

$$p^*(x_k = a \mid \Gamma, \Phi, \Psi) = \gamma_k \sum_{m \in A} p(x_k = a \mid x_{k-1} = m) p^*(x_{k-1} = m \mid \Gamma, \Phi, \Psi) \tag{5-8}$$

其中 $p(x_k = a \mid x_{k-1} = m) p^*(x_{k-1} = m \mid \Gamma, \Phi, \Psi)$ 是失踪者在一个时间步长内从单元格 m 过渡到单元格 a 的概率；γ_k 是标准化常数。S 迭代完成后，搜索过程的先验概率由 $p^*(x_{k_0} = a) = p^*(x_s = a)$ 给出，其中 k_0 是搜索操作开始的时间。过渡概率受地形坡度、植被密度、局部地形等物理环境约束的影响。假定环境中不同特征的影响之间彼此独立。这种方法无法模拟这样一个事实：失踪者是一个智能实体，其内部状态随着时间的推移而演变。一个例子是扩大视野，一个人走到很高的地方（比如山顶），以提高对周围环境的了解[39]。智能体模型使用一个内部状态，该状态可用于描述复杂的行为和空间框架内的人或环境交互。

5.3.1.2 邻近关系

搜索救援任务的规划方法可分为两类：概率法和非概率法。当考虑概率框架时，任务分配试图通过最大化探测概率、最小化目标探测的预期时间或探测次数来优化搜索。探索的相关概念要求使用有界的范围变量，用于根据预期的勘探量对部分区域进行优先排序。无人机路径和多无人机任务分配问题的共同目标是有效地将空间任务分配给一组智能体。将任务分配问题定义为一个优化模型，该模型的求解方法是利用 MILP、动态规划和遗传算法的集中控制机制。对于使用多无人机处理移动目标的复杂任务，高效的任务分配机制是将搜索规划与分布式设置结合起来[31]。在概率法的物理搜索问题中，先验概率信息可估测每个站点可能的替代方案的价值。此外，出于探索的观测会导致同一类型资源的支出。无人机的电池不仅用于执行任务，还用于从一个潜在位置到另一个潜在位置的移动。因此，智能体需要仔细地规划探索行动，并利用探索成本和采购成本之间的可用预算进行平衡。问题的两种变体需要加以考虑。

1. **最大概率**考虑任务中有初始预算的智能体，并且需要以一种能最大化完成任务的概率方式来行动。

2. **最小预算**保证一些预先确定的成功概率，其目标是最小化必要的初始预算以实现成功概率。

由于概率物理搜索问题在一般图上很难，因此可以考虑具有保证界限的近似值或具有实际运行时间的启发式方法[42]。

如果机器人工具获取的数据不是以智能方式来管理的，那么作为数据采集器引入的无人机可能会导致人类搜索和救援工作人员的信息过载。

1. 不同的机器人系统需要可互操作的框架，以便系统间的数据进行相互传递，并传输到统一的指挥控制站。

2. 一种数据融合方法结合了不同异构机器人系统获取的数据。

3. 此过程所需的运算**在软件即服务**（SaaS）模型中发布。SaaS 模型通过普遍存在的以太网连接，有助于提供对机器人数据的访问。

该系统由可互操作与协作的无人地面车辆与无人机组成，使用经过现场验证的命令和控制工具进行操作。这些无人系统收集的数据以综合数据集的形式公开提供，移动数据中心可以实时处理这些数据，以提供高质量的环境地理参考（三维）数据。**开放地理空间联盟**（OGC）标准已用于存储和检索来自**地理信息系统**（GIS）的数据[6]。

5.4 目标的移动性

涉及**固定目标**的基本离散**搜索与研究**（SAR）或最优搜索者路径问题是 NP-hard 问题（非确定多项式时间）。SAR 通常可以通过多个维度和属性来描述，包括单向搜索，其中目标对于搜索者的行为无响应；双向描述目标行为，其多样性如下所示。

1. 合作、非合作或反合作
2. 静止与移动目标搜索
3. 离散与连续时间和空间搜索（工作不可分或可分）
4. 静态或动态、闭环决策模型
5. 观测模型、跟踪目标、目标和搜索者的多样性和差异性

由于搜索问题主要与目标搜索区域有关，因此经初步研究，将搜索问题简化为区域覆盖问题。**检测概率**的引入以及计算硬件的进步使搜索工作能得到更优化分配。最优搜索问题是一个涉及两个动态参与者的决策过程：搜索者拥有一个传感器和被搜索的目标。根据搜索区域表示、传感器类型和搜索者可能采取的行动，可以采用连续或离散的形式对该搜索问题进行建模。当被定位目标具有对称或不对称分布，且搜索者可获得的信息较少时，可在平面上讨论随机定位目标的问题。

平面上的另一个搜索计划将平面划分为相同的单元，搜索者沿着具有线段的螺旋线移动，以最小的成本找到圆弧和目标的最佳值。当搜索者沿抛物**螺旋线**移动时，目标位置和搜索者起点之间的距离取决于旋转次数，当 $t=2\pi$ 时完成完整的旋转。使用由 3 个搜索者 S_i（$i=1$，2，3）组成的团队，可以建立一个空间螺旋形运动目标的搜索模型。由于目标的重要性，搜索过程是通过同时使用多个搜索者来完成的，以减少搜索者第一次的汇合时间[20]。

近来关于目标搜索问题的分类和综合调查源于搜索理论和人工智能/分布式机器人控制，以及跟踪规避问题的视角。搜索理论方法主要涉及工作量（每次访问所花费的时间）分配决策问题，而不是路径构建。基于数学框架，人们越来越多地致力于算法贡献，以处理更复杂的动态问题中的设置及变量。与此相对应，机器人运动规划区域在搜索路径规划方面也有许多贡献，即地形获取和覆盖路径规划。机器人运动规划探索了搜索路径规划，主要为覆盖问题实例提供受约束的最短路径解决方案。这些研究通常使用有限的先验域信息来研究搜索环境中的不确定性问题，涉及未知的稀疏分布静态目标和障碍[12]。由于不同搜索子区域的检测

难度不同，因此割草机和螺旋线等飞行模式不能保证最佳覆盖。将任务难度图集成到路径规划中会增加另一个维度的复杂性，并导致现有贪婪算法的性能下降。路径规划问题可以建模为一个离散的组合优化问题和一个启发式的**模式优度**（MG）之比。这种启发式方法使用**高斯混合模型**（GMM）来识别和区分搜索子区域的优先级。层次结构使算法能够聚类概率容量，并在不同分辨率级别上对搜索子区域进行优先级排序[34]。

5.4.1   固定目标

在许多应用中出现了搜索隐藏或丢失对象的需求。搜索设备受搜索时间、燃料消耗和其他因素的影响。搜索的典型目标是最大化检测概率或最小化搜索成本（或时间）。搜索策略的选择对搜索成本和损失以及在特定时间内找到目标的概率有很大的影响。现对有假阴性和假阳性检测结果的搜索和检测过程进行研究。一般的资源约束问题是 NP-hard 问题，本研究仅限于在下面描述的特定情况下找到最优策略。该方法尽量减少搜索过程中产生的损失，并使用贪婪策略。在每个步骤中，无人机使用的机载计算机计算每个位置的当前搜索效率，并按顺序搜索当前搜索效率最高的下一个位置。局部最优（贪婪）策略产生全局最优。由于简单性和计算效率，这种局部搜索策略具有吸引力，可以确保找到目标识别具有的预先指定置信水平的最佳搜索序列[52]。

现假设有 N 架无人机的情况，并以一阶或二阶动态特性进行移动。需要一个适当的度量来量化轨迹以对给定概率分布 μ 采样轨迹。假设 μ 在 $U \in \mathbb{R}^n$ 矩形区域之外为 0，无人机的轨迹仅限于 U 区域。对于遍历的动态系统，轨迹所花费的一部分时间必须等于该集合的度量。设 $B(X, R) = \{R: \|Y - X\| \leq R\}$ 为球形集，$\chi(X, R)$ 为对应于集合 $B(X, R)$ 的指标函数。给定轨迹 $X_j: [0, t] \to \mathbb{R}^n (j = 1 \cdots N)$，无人机在集合 $B(X, R)$ 中花费的一部分时间如下：

$$d^t(X, R) = \frac{1}{Nt} \sum_{j=1}^{N} \int_0^t \chi(X, R)(X_j)(\tau) \mathrm{d}\tau \tag{5-9}$$

集合 $B(X, R)$ 的度量为：

$$\bar{\mu}(X, R) = \int_U \mu(Y) \chi(X, R)(Y) \mathrm{d}Y \tag{5-10}$$

对于**遍历动态**，必须验证以下关系：

$$\lim_{t \to \infty} d^t(X, R) = \bar{\mu}(X, R) \tag{5-11}$$

由于上面的等式对于几乎所有的点 X 和所有半径 R 都必须为真，这促使定义了以下度量：

$$E^2(t) = \int_0^R \int_U (d^t(X, R) - \bar{\mu}(X, R))^2 \mathrm{d}X \mathrm{d}R \tag{5-12}$$

$E^2(t)$ 是一个度量，量化了无人机在球形集中所花费的时间分数与球形集度量之间的距离。将分布 C^t 定义为

$$C^t(X) = \frac{1}{Nt} \sum_{j=1}^{N} \int_0^t \delta(X - X_j(\tau)) \mathrm{d}\tau \tag{5-13}$$

设 $\phi(t)$ 为 C^t 与 μ 之间的距离，由 $s = \frac{n+1}{2}$ 负指数 H^{-1} 的 Sobolev 空间范数给出，即

$$\phi^2(t) = \|C^t - \mu\|_{H^{-s}}^2 = \sum_K \Lambda_k |s_k(t)|^2 \tag{5-14}$$

其中

$$s_k(t) = C_k(t) - \mu k \quad \Lambda_k = \frac{1}{(1 + \|k\|^2)^s} \quad (5\text{-}15)$$

$$C_k(t) = \langle C^t, f_k \rangle \quad \mu_k = \langle \mu, f_k \rangle \quad (5\text{-}16)$$

这里，f_k 是波数向量 k 的**傅里叶基函数**。度量 $\phi^2(t)$ 量化了傅里叶基函数的时间平均值偏离其空间平均值的程度，这对于大尺度模式比小尺度模式更为重要。考虑这种情况，传感器通过一阶动态来移动，目标是设计反馈法则，以便智能体具有**遍历动态**。制订**模型预测控制**问题以在较短的时间范围结束时最大化覆盖度量 $\phi^2(t)$ 的衰减速率，并且随着滚动时域的大小变为零，在极限中导出反馈定律。

5.4.2　移动目标

5.4.2.1　目标可捕获性

循环跟踪问题可以被描述为这样一个问题，其中 n 个漏洞相互靠近，每个漏洞都在追逐它的领导者。在多智能体系统中，当多智能体同时会合时，各智能体必须达成一致或共识，同时，此任务必须以分散方式实现。包含智能体处于顶点的通信图及表示连接关系的边组成了连接图，这时取得了一致性。这种连通性意味着存在一条将任何智能体 i 连接到任何其他智能体 j 的路径。循环跟踪方案是最简单的有向图，它始终保持连接，而每个智能体与网络中的另一个智能体共享信息。一般来说，在循环跟踪中，任何一个智能体 i 的速度与该智能体距其领导者的距离成正比，并是一个方向沿着智能体 i 指向智能体 $i+1$ 的向量[42]。对所有的智能体来说，比例常数通常被选为都是相同的（同构）。对于位置一致性，智能体必须在稳定状态下收敛到一个点，并保持在那里。当增益同构时，收敛点（集合点）是智能体初始位置的质心。若为智能体选择异构增益，则收敛点可能会有所不同。即使最多有一个增益是负的，并且受制于下限，系统仍将保持稳定。选择此负增益可以显著地扩展可到达点集。然而，对于某些智能体的初始配置来说，即使有了这个负增益，二维空间的某些部分仍然无法到达。通过为每个智能体选择合适的偏差角度、可到达集合，可对其进一步扩展，以包括使用异构增益无法到达的点。然而，即使存在这些偏差，也无法实现全局可达性。循环跟踪的重点是在空间中对特定目标点进行编队。为了实现这一目标，循环跟踪算法有几种变体和修改版本。如果目标点延伸到目标轨迹，则可以使用循环跟踪来捕获目标。循环跟踪的固有优势（例如保持连通性的最低通信需求），可以被有效地用于跟踪移动目标，并抵消威胁。

在参考文献［17］中，目标是用 n 个智能体将固定目标包围起来的。假设每个智能体 i 都有关于目标位置和第 $i+1$ 个智能体位置的信息。对目标封闭问题的经典循环跟踪定律进行修正，使位于 P_i 处的智能体 i 不仅跟随 P_{i+1} 处的第 $i+1$ 个智能体，而且也跟随 P 处的目标。该加权方案在数学上等同于跟踪位于点 $P'_{i+1} = \rho P_{i+1} + (1-\rho) p$ 处的虚拟领导者，该点是 P 和 P_{i+1} 的凸组合，其中跟踪增益由 $0 < \rho < 1$ 给出。根据运动学，智能体可以形成同心圆或多边形。

5.4.2.2　轨迹优化

在复杂的移动目标规划中，目标与平台的时间线必须同步。搜索轨迹问题包括以下几个方面：目标位置的**概率图**、目标模型、传感器模型、平台模型、搜索目标。问题可以表述为以下形式。

问题 170 目标是确定搜索轨迹 $o = (o_1, \cdots, o_k)$，最大化时间段 K 的累计探测概率。

$$\max_o \mathrm{PD}(o) = \sum_{k=1}^{K} \sum_{c \in C} \mathrm{pd}_k(o_k, c) \tag{5-17}$$

其中，$\mathrm{pd}_k(o_k, c)$ 是在时间 k 处检测目标的概率，在单元格 c 中，通过以下公式计算：

$$\mathrm{pd}_k(o_k, c) = \mathrm{pc}_k(c) \mathrm{pg}_k(o_k, c) \tag{5-18}$$

遏制概率 $\mathrm{pc}_k(c)$ 通过以下等式计算：

$$\mathrm{pg}_k(o_k, c) = \mathrm{Prob}(Z_{c,k} = 1 \mid C_k = c, o_k)$$

$$\mathrm{pc}_{k+1}(c) = \sum_{c' \in C} d(c', c) \mathrm{pc}_k(c')(1 - \mathrm{pg}_k(o_k, c')) \tag{5-19}$$

在参考文献［48］中，搜索轨迹优化采用概率运动模型来考虑目标。它可以被归类为 k 步前瞻性规划方法，允许估计目标的未来位置并对其运动进行预测，然后通过优化累计检测概率的 MILP 方法进行求解。

在搜索任务中，对于飞行时间的有效利用要求飞行路径能够最大化找到所需目标的概率。基于无人机传感器信息的探测所需目标的概率因环境因素的不同（如植被密度或照明条件的变化）导致搜索区域有所不同，因此无人机可能只能探测部分目标。在参考文献［34］中，提出了一种以难度图形式解释部分检测的算法。它产生的路径近似于最优解的收益，路径规划被认为是离散优化问题。它使用启发式**模式优度比**，该方法使用高斯混合模型优先搜索子区域。该算法在不同分辨率的参数空间中搜索有效路径。任务难度图是传感器检测概率的空间表示，定义了不同难度级别的区域。

5.4.2.3 跟踪地面移动目标

在地面移动目标的空中监视中，一个重要的初始步骤是不断地估计无人机的状态信息。例如，为了分析车辆在监视区域的行为是否正常，需要提取车辆的位置和速度。为了连续估计车辆状态，基于贝叶斯框架的**卡尔曼**或粒子滤波器得到了广泛的应用。考虑到一个被跟踪目标可能有不同运动类型的机动，所以采用**交互式多模型**（IMM）方法对多状态模型进行状态估计。由于地面车辆的运动不是自由的，而是受其运行地形的约束，因此可以将一些地形信息与某些滤波算法结合起来。最广泛使用的地形信息是**公路网**[65]。

参考文献［23］提出了一种基于计算机视觉和转换控制器的无人机稳定策略，该系统的主要目标是跟踪地面目标。其应用架构由装备了嵌入式摄像机的无人机组成，该摄像机产生图像并将实时视频提供给计算机视觉算法模块。基于视觉的估计方法可以通过二维图像计算出与目标相关的无人机三维位置和平移速度。该估计方法可以给微控制器提供需要的状态测量值，从而使无人机在飞行期间保持稳定。控制策略包含一个转换控制器，在目标临时丢失或者离开摄像机画面时，该策略允许控制器做出决策。

目前的问题是，单镜头摄像机传感技术在无人机目标跟踪中的应用应是可靠的。根据基于视觉跟踪获得的图像，可以估计无人机相对于目标的位置、高度和偏航角。假设目标的一个维度是已知的，它可以是道路的宽度、车辆的长度或其他感兴趣的对象。现设计了两种地面目标模式。

1. 静态：该模式通过旋转和倾斜摄像机，在不改变设定位置的情况下跟踪目标。

2. 动态：这种模式通过倾斜和滚动来跟踪目标，以保持偏航和摄像机的倾斜常数。

该系统由两个不同的部分组成：跟踪器和**基于图像的视觉伺服系统**（IBVS）。跟踪器的主要功能是检测视频信号上选定的目标，并向 IBVS 提供位置 (X, Y)。IBVS 具有将跟踪器提供的信息转换为无人机接收信号的功能，以便适当地移动它[40]。

未知环境中运动物体的跟踪 在未知环境中，且无先验模型的情况下，考虑跟踪**运动物体**的任务。视觉信息的可靠性是实现视觉控制任务的关键。为了自主地执行此类任务，必须能够鲁棒性地从图像中提取物体的位置，尽管有一些困难，如大位移、闭塞、图像噪声、照明、姿势变化或图像模糊[55]。描述对象的一种简单方法是图像模板，它存储亮度或颜色值及其位置。描述对象的像素级外观、图像模板可以准确地恢复大范围的运动。但是，由于姿态变化、灯光变化、模糊或遮挡，它们对对象外观的某些修改非常敏感。

问题 171 考虑一个由 N 架无人机组成的团队，每架无人机都携带一个用于检测移动目标的摄像机，并在二维摄像机平面上有目标的位置信息。其目的是跟踪移动目标，同时保持无人机团队。利用摄像机平面上的目标位置来调节飞行摄像机的速度，可使目标保持在视场中心。

摄像机平面的大小为 $\left[-\dfrac{W}{2}, \dfrac{W}{2}\right] \times \left[-\dfrac{H}{2}, \dfrac{H}{2}\right]$；$\Phi$，$f_L$ 分别为视角和焦距。目标轨迹点 $x_t(k) \in R^3$ 在全局坐标系中定义。该团队由时间 k 的图 $F(k) = (C(k), D(k))$；$C(k) = \{C_i(k)\}_{i=1}^N$ 建模，其中 $C_i(k) = (x_i(k), R_i(k))$ 是第 i 架飞行摄像机的状态，$x_i(k) \in \mathbb{R}^3$ 与 $\mathbf{R}_i(k) \in SO(3)$ 分别是惯性坐标系和从本体框架到惯性框架的旋转矩阵。$D(k) \in \mathbb{R}^{N \times N}$ 是根据 $C(k)$ 之间的连通性和距离定义的图，D_i 是 $C_i(k)$ 的邻域集，$d_{i,j}(k)$ 是 $C_i(k)$ 和 $C_j(k)$ 之间的距离。推力控制，即将某个方向上应用的速度增大，分为两个步骤。

1. **增益**：通过函数 $M: \mathbb{R}^2 \to \mathbb{R}$ 计算推力增益，该函数随着摄像机平面中心距离的增加而增大：

$$M(\widetilde{x}_{t,i}(k)) = m_i(k) = 1 - \exp\left(-\frac{1}{2}\widetilde{x}_{t,i}(k)\sum_m^{-1}\widetilde{x}_{t,i}(k)\right) \tag{5-20}$$

其中 $\sum_m^{-1}$ 是协方差矩阵。

2. **方向**：通过摄像机平面在两个虚拟轴上的投影 $\widetilde{x}_{t,i}(k)$ 来计算推力方向，并用作推断目标动态的参考。

$$\begin{aligned} a_{x,i}(k) &= \mathrm{sgn}(\widetilde{x}_{t,i}(k) \cdot e_{x,i})m_i(k) \\ a_{y,i}(k) &= \mathrm{sgn}(\widetilde{x}_{t,i}(k) \cdot e_{y,i})m_i(k) \end{aligned} \tag{5-21}$$

其中 $\mathrm{sgn}()$ 是符号函数；$\cdot$ 是标量乘积；$e_{x,i} = \mathbf{R}_{c,i}e_1$，$e_{y,i} = \mathbf{R}_{c,i}e_2$，$\mathbf{R}_{c,i}$ 是摄像机相对于 $\mathbf{R}_i(k)$ 的固定方向，e_1、e_2 是固体平面中的酉向量。

参考文献［46］中提出的基于视觉的伺服系统可以处理噪声和丢失目标的观测，同时会考虑到无人机的振荡。通过几何原理推导出各摄像机的飞行方向，并采用分布式算法利用摄像机平面上的目标位置信息和相邻飞行摄像机的位置来保持编队。

风中移动非合作目标跟踪 在有风的情况下，无人机在水平面上的运动可以用以下方程描述：

$$\dot{x}_{a} = v_{a}\cos\psi_{a} + v_{w}\cos\psi_{w}$$

$$\dot{y}_{a} = v_{a}\sin\psi_{a} + v_{w}\sin\psi_{w}$$

$$\dot{v}_{a} = u_{a} \tag{5-22}$$

$$\dot{\psi}_{a} = \omega_{a}$$

其中 (x_{a}, y_{a})、v_{a}、ψ_{a} 分别表示无人机的惯性位置、空速和航向角；u_{a}、ω_{a} 是加速度和转弯率控制输入；v_{w}、ψ_{w} 表示风速和风向。固定翼无人机与地面移动目标之间的相对运动可以描述为：

$$\dot{\ell} = v_{a}\sin\overline{\psi}_{a} - v_{t}\sin\overline{\psi}_{t} + v_{w}\sin\overline{\psi}_{w} \tag{5-23}$$

$$\dot{\lambda} = \frac{-v_{a}\cos\overline{\psi}_{a} + v_{t}\cos\overline{\psi}_{t} - v_{w}\cos\overline{\psi}_{w}}{\ell + R} \tag{5-24}$$

其中 $\overline{\psi}_{*} = \psi_{*} - \lambda$；$R$ 是表示所需分离距离的正常数；v_{t} 是目标速度；ℓ 表示距离误差；$\lambda = \theta - \frac{\pi}{2}$，$\theta \in [0, 2\pi]$。相对运动模型允许公式直接控制无人机与地面运动目标之间的距离。角度 λ 定义了连接两架无人机的路线方向。目标运动可以视为目标与风的组合速度。假设无人机和风速满足 $0 \le v_{t} + v_{w} < v_{a}$，从而使跟踪问题可行。该跟踪问题的控制目标是将距离 ℓ 调节为零。

单架无人机对应单目标的任务，无人机速度是恒定的，转弯率 ω_{a} 是控制输入。如果目标状态可用，则单架无人机足以用于跟踪状态。多架无人机可以在一个编队中协同执行**持续跟踪**，由于传感器覆盖范围有限，因此可能会妨碍它们单独执行此任务。此外，多架无人机可以携带不同类型的传感器以便相互补充。此外，使用多架无人机的跟踪系统具有更高的冗余度，在发生故障时更为可靠。参考文献 [67] 中的无人机团队需要保持一个具有相等角度间隔的圆形编队。所得到的构造是一个刚性等边的 N 多边形，其中心代表整个构造的运动。多边形中心可以视为团队的虚拟领导者，并表示为 UAV_{0}。$N + 1$ 架无人机的平面运动可以用下式来描述：

$$\dot{x}_{i} = v_{i}\cos\psi_{i}$$

$$\dot{y}_{i} = v_{i}\sin\psi_{i}$$

$$\dot{v}_{i} = u_{i} \qquad i = 0, \cdots, n \tag{5-25}$$

$$\dot{\psi}_{i} = \omega_{i}$$

问题 172　现在设计控制律 u_{i} 和 ω_{i}

1. 当 $t \to \infty$ 时 $\ell_{i} \to 0$

2. 当 $t \to \infty$ 时 $(\lambda_{i+1} - \lambda_{i}) \to \dfrac{2\pi}{N}$

假设所有无人机（包括虚拟无人机）受到相同的风扰动，UAV_{0} 和 UAV_{i} 之间的相对运动可表示为：

$$\dot{\ell}_{i} = v_{i}\sin(\psi_{i} - \lambda_{i}) - v_{0}\sin(\psi_{0} - \lambda_{i}) \tag{5-26}$$

$$\dot{\lambda} = \frac{-v_{i}\cos(\psi_{i} - \lambda_{i}) + v_{0}\cos(\psi_{0} - \lambda_{i})}{\ell_{i} + R} \tag{5-27}$$

其中 $\lambda_i = \theta_i - \frac{\pi}{2}$ 和 $\theta_i \in [0, 2\pi]$。假设每架无人机都能感知其状态并拥有虚拟无人机的信息。

需要在无人机之间交换变量 $\lambda_i = \theta_i - \frac{\pi}{2}$ 以实现相等的角度分离。两架无人机之间的通信是双向的，通信图拓扑是时不变的。参考文献［67］中使用 Lyapunov 方法来解决这个问题。

5.4.2.4 移动源搜索

本部分重点介绍使用具有输入约束的多架无人机进行移动源搜索。有各种源可以生成矢量场或标量场。标量场可以表示整个空间的温度分布、声学信号的强度、化学试剂的浓度等。在每个标量场中，可能存在一个或多个点源、区域源或体积源。标量场源查找是指使用一个或多个基于测量数据的智能体来查找源。文献中提出了许多不同的方法来解决这个问题。这些工作主要分为两类。

1. **单智能体源搜索**，如果可以直接测量标量场的梯度，则通过采用简单的梯度爬升策略可以实现源定位或搜索。但是，大多数智能体只能测量场值而不是梯度。为了估计标量场梯度，一种常用的方法是用正弦输入操纵无人机。可以使用非完整智能体的角速度控制器以实现源搜索，同时调整前向速度以实现具有恒定角速度的源搜索。通过使用基于滑动模式的方法，也可以在没有梯度估计的情况下实现源搜索。所提出的基于滑动模式的转向率控制器可以在有限时间内将无人机驱动到场最大化的期望区域附近，并使其一直保持在该区域中。然而，由于需要场值的变化率，测量噪声可能导致计算中的显著误差。现提出随机源搜索方法，以使无人机收敛到未知源。首先，扩展同时扰动随机逼近技术生成随机轨迹，其次，设计简单的源搜索控制器以跟随该轨迹，从而实现切换源搜索。

2. 用于源搜索的**多机器人合作**具有优于单机器人的若干个优点，例如更快的收敛、更高的精度和更强的性能。移动传感器网络用于在感测的分布式环境中实现梯度爬升。梯度爬升问题分解为两个任务：**编队稳定**和**梯度爬升**，以便每个任务可以独立处理。可以设计协同**卡尔曼滤波器**来估计编队中心的梯度。采用几何方法设计编队控制器，其中编队形状和方向动态可以基于**雅可比变换**从编队动力学中分离出来。本书还提出了一种非线性滤波器，它仅用于目标跟踪时的距离测量。在测量范围内时，采用非线性滤波器对目标的位置、速度和加速度进行估计。然而，这种方法不适用于未知的标量场源寻找问题，因为场分布的结构是未知的。梯度爬升问题可以将一组无人机引导到未知标量场分布的极值处。首先使用领导者估计梯度，然后控制领导者以实现梯度爬升。通过使用基于被动的协调规则可以控制追随者无人机跟随领导者无人机。梯度由领导者无人机估计。在分布式源搜索中考虑了**通信约束**。基于无人机组的梯度估计，提出了一种协同控制器来实现源搜索。引入了最小二乘法以基于所有无人机的测量值来估计在领导者无人机位置处的标量场梯度。由于移动源速度未知，因此可以设计自适应估计器以获得速度。基于估计的梯度和源速度，提出了一种引导律和基于滑模的航向率控制器，用于指导无人机实现水平跟踪。还开发了跟随者无人机的航向率控制器，以形成围绕领导者无人机的圆形编队。此外，分析了梯度估计误差，并探讨了其对运动源速度估计和水平跟踪精度的影响[69]。

5.5 目标搜索和跟踪

在解决**目标搜索和跟踪**问题时，可以考虑各种设置[51]。

5.5.1 协同监测

在执行动态的、有噪声的且环境不确定的、存在敌方区域的自动目标搜索时，要求无人机可以在有界域内分散，并且能够在 $\mathbb{R}^2$ 中运动。在该问题中，目标位置或分布的信息在一开始就不可用，需要多次访问目标以确保完全分类（$n_{seen} > 1$）。弹出式威胁可以在搜索过程中的任意时间上变得活跃。集群威胁是同时弹出且位于同一位置的一组目标。无人机智能体能够在 $\mathbb{R}^3$ 中移动并配备 GPS、用于通信的无线模块、作为传感器的摄像机以及具有足够机载计算能力的定位设备[21]。

5.5.1.1 平面上的最优分布式搜索

参考文献［1］中提出了一种同时解决任务分解及任务分配子问题的多目标跟踪与监视协调方法。它依赖于区域分配树的使用，根据目标轨迹的概率分布将环境同时划分为感兴趣区域，并根据无人机的接近度将其分配给感兴趣的区域。区域分配树采用**二叉搜索树**的形式，因此允许在单次扫描中实现这些函数的**分而治之**方法。所得到的协调算法的计算复杂度与智能体和目标数量成线性比例关系，并且与在区域分配树中编码的候选区域成对数关系。在贝**叶斯多目标跟踪**中，首要的设计选择为确定其是单独估计目标状态，还是在联合状态空间中估计目标状态。假设目标运动是相互独立的，目标轨迹是单独保持的。这一假设导致了处理不确定性时使用更为保守的方法，但简化了实现，减少了联合状态估计中产生的计算负担。多无人机协作分类法使用三级分类：**信息级别**、**协调级别**和**通信级别**。

在具有有限可见度的平面上搜索对象通常被建模为在网格上搜索。搜索智能体在接触时识别目标。轴平行点阵在平面上引起曼哈顿或 L_1 度量，并使用该度量计算无人机所经过的距离。传统意义上，搜索策略是通过在线算法分析的竞争比值来进行分析的。

定义 173 对于单架无人机，**竞争比值**定义为机器人在搜索目标时所经过的距离与无人机起始位置和目标之间最短路径长度的比值。与最佳的最短路径相比，竞争比值衡量了搜索策略的迂回。

在使用 2 或 4 架具有对称路径的无人机进行搜索的情况下，参考文献［35］中证明了以下定理：

定理 174 在网格中未知距离为 n 时，用 $k = 2$、4 架无人机搜索一个点是 $\dfrac{2n + 4 + \dfrac{4}{3n}}{k} + o(1/n^2)$ 竞争的。

该定理可以推广为：

定理 175 用 k 架无人机并行搜索网格中未知距离为 n 的点需要至少 $\dfrac{2n^2 + 4n + \dfrac{4}{3}}{k} + o(1/n)$ 步，这意味着竞争比值至少为 $\dfrac{2n + 4 + \dfrac{4}{3n}}{k} + o(1/n^2)$。

总结出螺旋策略由 k 个嵌套螺旋以向外的搜索方式组成。另一种策略是 k 架无人机中的 1 架无人机覆盖一个象限的相等区域。

5.5.1.2　分布式估计及控制

本部分提出了一种通过无人机群协同监测的分布式估计及控制策略。重点不在于粒子所跨越的区域边界，而在于控制几何矩（一阶和二阶）编码群的抽象，以匹配无人机观测到粒子群的矩。**粒子**是指属于给定群中的任何离散实体，其在平面中的位置必须随时间变化被跟踪。智能体无法访问分布密度函数，但是其提供了对信息或某些发生在感兴趣区域内的事件概率的先验全局度量。传感器测量用于学习环境中传感信息的分布，每个智能体都配有一个有限覆盖范围的传感器，该传感器将这个范围降低到只检测整个粒子的一小部分。令智能体 i 的位置由 $P_i(t) \in \mathbb{R}^3$ 表示，智能体 n 的配置通过使用群矩函数 $f : (\mathbb{R})^n \rightarrow \mathbb{R}^\ell$ 来描述，假设为以下形式：

$$f(P) = \frac{1}{n} \sum_{i=1}^{n} \Phi(P_i) \tag{5-28}$$

矩**生成函数** $\Phi : \mathbb{R}^3 \rightarrow \mathbb{R}^\ell$ 定义为：

$$\Phi(P_i) = \left[P_{ix}, P_{iy}, P_{iz}, P_{ix}^2, P_{iy}^2, P_{iz}^2, P_{ix}, P_{iy}, P_{ix} \cdot P_{iz}, P_{iy} \cdot P_{iz}, \cdots \right] \tag{5-29}$$

且 $\ell = \frac{1}{2}(r+1)(r+2) - 1$。其中 $r \in \mathbb{Z}^+$ 是式（5-29）中矩的最大阶数，如果在 n 个智能体上指定矩约束 ℓ，那么通常存在满足它们的（$2n\ell$）维代数群组配置。一组无人机的几何矩是一组离散粒子的几何矩，这些离散粒子描述了一些需要监控的感兴趣事件的发生。智能体的主要目标是移动，以使其最终排列会最小化错误 $f(p)f^*$，其中目标向量 $f^* \in im(f)$ 定义所需的形状。f^* 是每个智能体都知道的常量和先验值。每个智能体运行一个**比例积分器平均一致性估计器**，并从环境数据中估计机群的期望矩[41]。

移动传感器网络已经实现了在较短的时间内增强传感器的灵活性及实现任务目标的能力。传感器之间的分散进一步提供了网络的**可扩展性**、**模块性**和**冗余性**。这降低了中央服务器发生故障时系统的脆弱性，从而进一步增强了系统的整体鲁棒性。一些解决方案本质上利用**动作感知回路**来设计基于人脑最新计算和决策模型的自主认知智能体。搜索问题可以表述为**概率信息收集任务**。作为团队目标函数的概率度量可分为两种。

1. **熵相关度量**，如相互信息或熵本身。

2. **检测相关措施**，如未检测到的概率或预期检测时间。

一旦找到目标，搜索任务就完成了。在一般（非高斯）目标概率分布中，基于熵的测量通常难以指导移动传感器找到目标。例如，检测目标的对数概率可以作为优化准则。因此，与使用熵相关的效用函数不同，基于目标函数的非检测可用于规划传感器轨迹，使目标未被检测到的概率最小化，或等效地使目标被检测到的概率最大化[33]。

该方案在参考文献［28］中的激励性应用是在 **GPS 拒绝环境**中使用机载传感器，将一个目标从一组无人机集群中的一架固定翼无人机转移到另一架无人机上。该估计方案利用机载摄像机的光学测量值来估计另一架无人机或目标物体的相对姿态及相对速度。它是通过将**拉格朗日 - 达朗伯原理**应用于拉格朗日算法上获得的，该算法使用光学测量的测量残差来构造。离散拉格朗日 - 达朗伯原理为了计算机实现将这种非线性姿态估计方案离散化，用离散时间的线性滤波器从光学测量中获得相对速度估计。

5.5.1.3　时间规划方法

当地面车辆在视线范围内时，要对其进行反应性跟踪并制订恢复策略，以便在每次目标丢失时重新定位目标。参考文献［9］中提出的方法旨在处理较大地理区域、复杂的目标运动模型及长期操作。无人机配备了成像系统，以便观察目标，但容易产生误差并受到来自地形的干扰。在每个观察周期内发现目标的概率取决于目标最后是如何被发现的、与目标实际位置的距离、地形和成像系统模式。摄像机有两种模式：

1. **广角模式**用于在当前未观察到目标时增加扫描区域，但代价是在图像的任何特定部分成功观察到目标的概率较低。

2. **窄角模式**的视野减小，但探测到目标的概率较高。

地形的影响降低了在城市、郊区、森林和山区发现目标的概率，而在崎岖或开阔的农村地区发现目标的概率更高。观察区内移动速度更快的目标更容易被发现。在目标先验分布和概率运动模型已知的前提下，概率方法依赖于**递归贝叶斯估计**（RBE）技术的使用，它对目标状态随时间变化的概率密度函数进行递归更新和预测。另一种策略可用于**时间窗定向运动问题**（OPTW）。搜索模式集合对应于 OPTW 的顶点集合，而搜索模式中处于活动状态的时隙对应于时间窗。如果无人机观察员在跟踪目标预测位置的短时间内失去目标，则必须遵循螺旋或 Boustrophedon 等搜索策略，尝试重新发现目标。

在参考文献［10］中，假定目标位于二维空间中，以**道路网络**（RN）为特征，其中每条道路都是一系列相连的线段。道路可以是不同的类型，在道路上有不同的速度限制。假设目标在每一段上的运动都有恒定的速度，在间隔 $[v_{min}, v_{max}]$ 中随机均匀地采样。其中 v_{min}、v_{max} 是该路段中允许的最小和最大速度，具体取决于道路类型。以目标最后**已知位置**为中心的圆形区域作为最优搜索区域。这个圆形向外延伸，其对称轴与观察期内目标的平均方位对齐。圆形半径是通过目标的行进速度及计划被执行的搜索时间段来确定的。目标运动建模为一个连续时间上的随机过程 $X(t) = V$，描述如下。

1. 根据概率分布 $\mu: W \to [0, 1]$ 对最终目的单元 $w \in W$ 进行采样。

2. $X(t)$ 通过最短路径 $\gamma_w = (v_0, v_1, \cdots, v_l = w)$ 从 v_0 移动到 w，并在随机时间 t_k 从 v_k 跳到 v_{k+1}。

3. 跳跃时间 t_k 迭代地确定为：$t_{k+1} t_k = \delta / v_k$，其中 v_k 是区间 $[v_{min}(v_k, v_{k+1}), v_{max}(v_k, v_{k+1})]$ 中均匀分布的随机变量。

除了可以让无人机从一个航路点移动到另一个航路点外，飞行动作还符合以下搜索模式：**螺旋式**、小型和大型**割草机式**和**轮廓搜索**，这些模式也可绕过障碍物。其中，小型搜索方法虽然只覆盖地图中有限的部分，但是其精确度却非常高。另一方面，大型搜索方法虽然有较高的覆盖范围，其精度却稍低。选取用于覆盖搜索区域的特定搜索方法是由搜索区域的特殊地形决定的。螺旋形、扩大的方形和扇形搜索模式提供了比割草机搜索更集中的覆盖范围；它们用于道路密度较高的城市和郊区。无人机域包含以下操作。

1. 起飞。

2. 着陆。

3. 悬停。

4. 在航路点之间飞行。

5. 执行平行轨道、爬行线、扩大的正方形、扇形搜索和轮廓搜索这 5 种模式。

6. 重新定位程序，计划在无人机的预期混乱程度超过某个阈值时执行。

在基于视觉的目标跟踪中，图像处理软件确定目标在图像帧中运动时的质心像素坐标。根据这些像素坐标、摄像机的内外参数以及地形数据，我们可以估计出目标在惯性坐标系下的三维位置，并计算出相关的误差协方差。这是摄像机地理定位的过程。**地理位置误差**对无人机与目标的相对位置高度敏感。当无人机距离目标较远时，相比于其在目标上方的高度，相关误差协方差在观察方向上被拉长。当无人机直接在目标上方时，最小的地理位置误差出现了，在这种情况下，相关的协方差是循环的。虽然无人机在理想情况下会直接悬停在目标上方以减小误差，在一段时间内，无人机与目标之间的相对动态通常会阻止无人机观察位置的稳定。在这两种无人机场景中，可以获得融合单个地理位置测量的方法，其目标是最小化地理定位误差协方差的融合位置估计。当至少一架无人机接近目标时，融合的地理位置误差较小；当两架无人机都在目标正上方时，融合的地理位置误差也较小。但当两架无人机都离目标较远时，且无人机具有正交视角时，融合的地理位置误差则会大大减小，尽管此时的误差仍然明显大于至少一架无人机位于目标上方的误差。对于两架无人机，一个普遍接受的做法是让无人机以标准化的定距距离绕着目标运行，并保持90°的角间隔。由于单个测量误差椭圆是正交的，因此90°分离角将定距跟踪距离的连接/融合地理位置（目标位置）测量误差最小化。这些原则产生合作（或协调）的**定距跟踪**。当考虑两架以上的无人机时，目标通常是让小组在以目标为中心的圆上实现角度均匀的分布。可以使用 **Good-Helmsman 转向**、**Lya-punov 引导矢量场**、**非线性模型预测控制**、**非线性反馈**以及将矢量场引导与自适应控制相结合的方法来解决定距跟踪问题。由于在一段固定的距离内，当多架定速飞行器追踪一个匀速目标时，无法维持统一的角度扩展。因此，现已进行新型扩展智能体的开发，该智能体可以与移动目标保持固定距离并沿着周期性轨迹飞行。许多方法采用**随机最优控制**，在连续时间的背景下，将目标建模为布朗粒子，将无人机建模为确定性杜宾斯飞行器。通过在无限范围内最小化总平方距离误差的预期成本，可以生成最佳的 bang-bang 转速控制器，这对于跟踪不可预测的目标运动非常稳健。其他学者研究了单无人机在有限的传感区域内以最佳方式执行基于视觉的目标跟踪问题，其中成本目标是待观测物体的函数。比较了**博弈论方法**（解决躲避目标运动）和**随机最优控制方法**（解决随机目标运动）的优缺点。其他人用最优控制方法研究了无人机在目标会改善状态估计时的最优协调问题。

多无人机跟踪多个目标的问题也可以用一个**部分可观测的马尔可夫决策过程**（POMDP）来表示，从而给出一个新的近似解。在与目标状态估计发生基站通信时存在包丢失的情况下，考虑带有方位传感器的两个可变空速的无人机跟踪随机地面目标的问题。解决方案涉及**在线后退水平控制器**，在规划范围内最大化扩展信息滤波器中目标状态估计的预期信息（逆协方差）。当目标远离基地时，一架无人机将充当基站的中继。

5.5.2 通信

5.5.2.1 异步通信协议

灾难环境是不可预测的，这将给搜救者带来不利条件。此外，被营救的人也不能保持静止。因此，搜索者必须合作并进行沟通。控制器根据过去对系统和环境状态的了解来选择动作，以使系统满足规范要求，并使它保持与环境的持续交互，因此这可以被视为一个反应性系统。除此之外，还应提供集成在该设置中的通信协议。**时间逻辑**中的规范可以很容易地被细化，因此它可以用作自主性系统的现成构建块。当前大多数将时间逻辑合并到应用中的主要限制是假定协同智能体是完全同步的，而忽略了通信。这种异步协议通过可靠的点对点通道传输数据并考虑异步性，从而克服了这种限制。此外，可靠的通信还受到一系列复杂因素的影响：网络本身容易受到数据丢失的影响；通信对等可能会失败，从而导致协议冲突和未知的延迟；缺乏同步可能会导致观测间断及遗漏故障。在证明规范分布的正确性时，必须考虑到这一点。只有当环境符合某些假设时，控制器才需要满足需求。此类规范被称为**假设/保证**（A/G）**规范**，这类似于系统与环境之间或多个子系统之间的合同，这意味着满足 A/G 规范的子系统可以组成一个更大的满足全局规范的系统。由于通信是在物理上分离的两个智能体之间进行的，因此必须扩展针对环境的两个玩家博弈的综合概念，以允许合成几个控制器，这些控制器一起满足一个全局规范，从而可以战胜环境。这种分布式系统由全局规范 φ 和一个体系结构来指定，该体系结构定义了要合成多少个**公平离散系统**（FDS），以及它们各自的系统和环境变量是什么。假设在可靠的单向链路上基于状态的传输具有未知但有限的延迟，即传输通过共享变量而不是通过消息传递来建模。在制订协议规范时，必须考虑这些要求和限制。无人机的控制不能集中协调，取而代之的是制订本地规范，从而共同实现可靠的全局搜索策略。无人机之间的交互由通信协议控制，该协议作为标准化的构建块包含在每架无人机的规范中。无人机的运动被建模为离散单元之间的转换。因此，无人机可以被看作在底层拓扑结构上进行移动，并由一个强连接的有向图 G 表示，也就是说，无人机可以从每个单元移动到任何其他单元。G 中的所有边最初都被标记。如果一架无人机沿边 $e=(v, v)$ 从 v 移动到 v，而另一架无人机保持在（防护）顶点 v 上，或者 v 边没有被标记，则 e 会被清理。如果 v 不再受到保护，并且边中至少有一个被标记，则边 (v, v) 将再次被标记。当一架无人机在两个单元之间移动时，目标可能会移动多次。如果两个目标都在同一顶点上或沿同一条边反向移动，无人机就会找到目标。根据拓扑图 G 可得出可靠地找到目标时需要的最少协同的无人机数量。每架无人机都配备了一个收发器，它们分别感知并设置通信协议的环境及系统变量 a_{in}、r_{in} 与 a_{out}、r_{out}。此外，每架无人机都能可靠地检测是否找到目标，以及当前顶点的外边或内边是否被清理或标记。无人机还配备了执行器以在顶点之间移动，一次移动一个边。局部策略是无人机在单元间执行传递、接收和移动的组合。将无人机 R_i 的控制器建模为公平的离散系统，其中传感器输入为环境变量，执行器为系统变量。增加了环境变量 $a_{in,i}$ 和 $r_{in,i}$ 与系统变量 $a_{out,i}$ 和 $r_{out,i}$ 进行通信，这些是公平的离散系统之间唯一共享的传输变量[61]。

5.5.2.2　移动自组网

移动自组网（MANET）被定义为由一组类似的移动节点组成，且能够动态且任意移动的分布式系统。这种移动节点的自主集合不需要有特定的基础设施、集中管理或分配的基站，因此网络拓扑会快速变化，其中每个节点通过分组无线电与位于传输范围内的其他主机进行通信。通过连接应急中心、广播系统和第一响应者，通信方法可以在灾难发生之前做好准备。这些技术可以有助于建立需求网络，以警告并教育受害者以及当局用于进行相关危险性提示。MANET 通常用于保证由于缺少网络或通信基础设施而受阻的相关救灾连接。自然灾害阶段通常可是灾难后或灾难前。灾前阶段包括缓解和准备，可以在灾难发生前进行计划并反应。灾后情景包括响应和恢复等阶段，这些阶段是灾难发生后执行的一系列行动[4]。

现解决将非协同 WiFi 设备定位到较大区域的问题。主要目的是通过定位 WiFi 设备来定位人类。采用主动传感方法，依靠无人机在信息丰富的位置收集信号强度的测量值。该方法定位测量接收信号强度的 WiFi 设备。按照 802.11x 标准的规定，移动站（MS）定期广播一个称为**探测请求帧**（PRF）的管理帧，以主动扫描环境并发现接入点。在监视器模式下操作的 WiFi 设备可以接收和解码探测请求帧，提取源的地址并测量相应的**接收信号强度指示**

（RSSI）。为了定位设备，无人机飞越 X 区域，其目的是从设备上接收测量值。假设到时间 t，n_i 的测量值带有时间戳 t_1，t_2，$\cdots$，t_n，使得 $t_1 < t_2 < \cdots < t_{n_i} < t$。当进行第 i 次测量时，无人机的位置用 x_{t_i} 表示，y_{t_i} 是相应的 RSSI 测量。RSSI 测量是一个随机过程 Y，取决于无人机的当前位置、设备的实际位置和测量时间等诸多因素。将 RSSI 用于定位是有问题的，因为测量信号的强度与发射器及接收器之间的距离没有明显的联系。由于测量值是在任意时间接收的，并且只有当无人机靠近设备时才会接收，因此这个问题具有挑战性。可以采用基于**高斯过程**（GP）回归的贝叶斯优化方法。该数据的主要特点是，测量强度的平均值在发射装置周围最高[16]。

如果只有一架无人机执行目标跟踪任务，则目标很容易从**摄像机视场**（FOV）中逃逸，而视场是一个小的圆形区域，不能覆盖整个规划空间。但是团队跟踪目标可以通过无人机之间的信息共享来提高传感器的覆盖率，无人机的实际飞行环境通常非常复杂，在很多情况下，无人机在避免各种障碍的同时跟踪目标。为提高无人机的监视侦察能力，应提出一种有效的目标跟踪方法。此外，由于规划空间内存在密集的静态障碍物和移动威胁，因此无人机在目标跟踪过程中应能安全地避开这些障碍物。此外，合作机制还应考虑无人机之间的防碰撞和集群维护问题。为保证路径的可行性，规划路径应满足无人机动态约束。总体来说，合作路径规划问题实际上是在各种约束条件下的一个优化问题。在约束条件下，应快速生成满足一定优化指标的离散航路点，并通过连接它们得到规划路径[63]。

为简化障碍物或威胁模型，可采用以下函数：

$$\Gamma = \left(\frac{x - x_0}{a}\right)^{2p} + \left(\frac{y - y_0}{b}\right)^{2q} + \left(\frac{z - z_0}{c}\right)^{2r} \tag{5-30}$$

其中 a、b、c 是尺寸参数；p、q、r 是形状参数；x_0、y_0、z_0 是障碍物中心的位置。通过选择不同的参数，可以得到各种各样的障碍物，如球体和圆柱体。$\Gamma = 1$ 为障碍物表面；$\Gamma < 1$ 为危险区，即障碍物的内部区域；$\Gamma > 1$ 为安全区，即障碍物的外部区域。如果无人机离障碍物表面太近，根据机动性限制，它可能无法对障碍物进行反应性避让。

每个搜索都用以下输入来初始化。搜索空间限于平面 Θ 内的一个有界区域，该平面包含一个隐藏的、固定的物体，其位置为 $\theta \in \Theta$。搜索空间的特征是预先指定参数 $c(x, y)$，该参数对应于 Θ 中点 (x, y) 处的**障碍物密度**。这些障碍物可能是建筑物、雾、植被等。一个由 n 个人和 k 个自动智能体组成的分布式小组协同控制一组 m 架无人机，并安装摄像机进行数据收集。每个智能体都有一个权限级别 $\alpha_i \in [0; 1]$，并在主体位置 Θ 上维护 PDF $P_{i,t}$。在会话的每次迭代中，智能体都指定一个矩形框架以进行进一步研究。

定义 176 帧 $f(x, y, z, t)$ 对应于搜索空间的矩形子区域，以点 $(x; y)$ 为中心，缩放级别为 z，并按时间 t 来索引。

人类和自动智能体都以这种统一的格式提交请求。在每次迭代中，系统必须计算 m 帧集，以最大化智能体之间的总满意度。一旦收集到 f 帧的数据，就会处理该信息，并返回一个二进制值 $B(f)$，其表示是否在 f 中检测到物体。$B(f)$ 是一个伯努利随机变量，当帧分辨率高且障碍物密度低时，它更有可能返回正确答案。当图像所覆盖的区域或障碍物密度增加时，信息质量降低，a 是候选帧中预先指定的终止阈值时，对应于误报的最大可接受概率。当传感器在足够小区域的帧中检测对象时，搜索会话终止，概率 $1 - a$ 表示传感器信息准确。端接框架的最大面积仅是 a 及框架中平均密度的函数：

$$c_f = \frac{1}{\text{Area}(f)} \int_f c(x,y)\,\mathrm{d}y\mathrm{d}x \qquad (5\text{-}31)$$

由于时间是决定搜索和救援操作以及系统成功的主要因素，因此每个智能体的目标是最小化 t，即定位主体所需的迭代次数。现为搜索过程的以下 4 个步骤开发了模型和算法[12]。

1. **智能体帧请求**：所有智能体根据主体位置的各个 PDF 生成帧请求。
2. **无人机帧分配**：收集请求并计算无人机的最佳帧分配。
3. **传感器数据提取**：处理生成的图像数据并指定是否检测到主体。
4. **先验分布更新**：所有智能体更新其概率分布函数并合并新数据。

5.6 监视

监视被定义为活动及各种变化信息的观察过程（通常是人们），其目的是影响、管理、指导或保护。大多数应用程序都要求在特定的时间限制下以最佳方式执行任务。这些应用的高级任务规范通常包括子任务的时序、运动排序和同步等。一些方法主要集中于**线性时序逻辑**（LTL），它可以执行指定任务（如访问目标、定期测量区域），并保持稳定及安全。LTL 的主要缺点是它不能指定任务之间的时间间隔。在监视示例中，一个简单的任务可能是在至少时间 x 内单独监视多个区域。此外，LTL 公式一般假定环境是静态的。传统的方法通常从创建环境的有限抽象（包括动态）开始，然后与 LTL 规范生成的自动机相结合。在抽象过程中执行的单元分解要求环境是静态的；但在大多数情况下，情况并非如此。例如，在商业空域使用无人机进行监视需要考虑其他飞机的运动。基于自动机方法的另一个缺点是计算成本很高，应考虑在空域内具有有限时间的任务约束进行监视的运动规划和安全保障。目标区域内的另一架飞机被认为是无人机的动态障碍物。此外，这些动态障碍物的运动可以在规划期间预测，也可以先验已知。由于以往方法的局限性，基于**度量时序逻辑**（MTL）的方法和用于解决最佳规划问题的公式似乎是解决该问题的有趣方法。MTL 扩展了 LTL 时间算子，以便它可以表达事件和事件持续时间之间的时间间隔要求。这可以描述动态障碍和调查持续时间。在给定的时间内，出于监视的目的可以考虑调查持续时间下每个区域的路径规划问题及访问每个区域的总体时间约束。生成的路径通过避免工作空间中的静态和移动障碍来保证安全性，并且路径在最小化预定义成本函数的意义上是最佳的。对于与地区有关的具体时间限制，必须通过这些时间界限完成监视[68]。

5.6.1 随机监视策略

一队无人机正在以不可预测的方式执行监视任务。分析假设这些无人机可以像旋翼飞机那样前后移动。随机规则用于指导无人机的运动，通过关注每个智能体的局部规则可以最小化集中计算和通信需求。监视问题抽象地表示为**超图上的随机步**，其中超图上的每个节点对应于环境的一个部分，并且图的每个边都标记有节点之间的转换概率。当一组智能体在图上的不同状态间移动时，可以研究**并行马尔可夫链**和**最快混合问题**。超图与普通的搜索环境类相关联，该类搜索环境被建模为平面中有界域的一组线段。由于状态是航路点之间的定向段，因此状态之间的转换可以视为一组转弯概率。具有以下转移概率矩阵的马尔可夫链如下所示：

$$\boldsymbol{P} = \begin{bmatrix} P_{ij} \end{bmatrix} \qquad (5\text{-}32)$$

$$\sum_i P_{ij} = 1 \tag{5-33}$$

$$0 \leqslant P_{ij} \leqslant 1 \tag{5-34}$$

其中 P_{ij} 是一个随机矩阵，代表智能体从 j 状态进入 i 状态的概率。式（5-33）和式（5-34）的约束必须保持不变，因为概率之和为 1，且所有概率必须为非负。

确定监视策略的问题是参数化的，需要处理以下问题。

1. 随机的无人机能提供什么类型的**监视覆盖**（即具有特定转弯概率的无人机系统的稳态分布是什么？）

2. 无人机系统中不变分布的**收敛速度**是多少？

3. 比较不同监视策略的适当措施是什么？

4. 如何在无人机的运动中捕捉到**随机性**？

5. **随机性**和**收敛速度**之间如何权衡？

算法可以使用三角形网格模式，即无人机在搜索过程中一定要经过三角形网格的顶点。根据完全覆盖任意有界区域所需的无人机最少数量原则，三角形网格模式是渐近最优的。因此，使用三角形网格覆盖的顶点可以保证对所有区域的完全搜索，并且在搜索时间方面具有优势。有一种基于随机三角形网格的无人机搜索算法，该算法将无人机定位在公共三角形网格的顶点上。因此，它可以利用传感器探测周围区域，探测区域的大小取决于传感器的感应范围。在探索该区域后，无人机移动到另一个点，该点可能是三角形网格中 6 个相邻顶点之一。为了确保无人机协同对整个区域进行探索，团队成员必须至少对 W 区域集中三角形覆盖网格的每个顶点进行一次访问。考虑到 T 是 W 的一个三角形覆盖网格，且团队成员至少访问 T 的每个顶点一次，这可以确保多无人机协同已经完全探索了 W 区域。由于无人机一开始没有地图，因此需要逐步完善地图。当无人机对其地图进行任何更改时，它会通过传输数据包将新地图发送给其他无人机。另一方面，当无人机接收到数据包时，它从接收到的地图中提取新的顶点，并将它们添加到地图中。由于无人机的通信范围有限，因此如果两架无人机相距较远，就不能直接通信，只能通过其他无人机进行通信。由于有一架无人机连接网络，每架无人机在网络中都可作为集线器，以便在无人机之间共享地图。因此，所有已连接并构成网络的无人机都有一个公共地图。在算法的第二阶段，当无人机有共同的三角形网格图时，一架无人机可以远离其他无人机，并暂时脱离协同。在这种情况下，断开连接的无人机和其他无人机之间共享地图的过程将暂停，直到无人机再次返回团队的通信范围内。在下一步中，每架无人机随机选择地图中最近邻顶点中的一个并到达那里。由于无人机的地图是一个连通的集合，因此存在至少 1 个相邻顶点，最多 6 个顶点。如果无人机到达目标顶点，它会在地图中将该顶点标记为已探索的顶点，并将其发送给其他相邻的无人机[8]。

5.6.1.1 分析方法

本节的目的是分析随机无人机能够提供的监视覆盖和不变分布的类型。每次 $k+1$ 的概率分布根据以下公式确定：

$$\vec{p}_i^{k+1} = P_i \vec{p}_i^k \tag{5-35}$$

其中 $\vec{p}_i^k$ 是无人机 i 在时间 k 时的概率分布；P_i 是无人机 i 的转移概率矩阵。不可约的非周期性的马尔可夫链存在唯一的不变分布，其是与特征值 1 相关联的特征向量。这种不变分布表示无人机处于任何状态时的稳态概率。马尔可夫链的特征值可以按大小排序：

$$1 = |\lambda_1|(P) \geqslant |\lambda_2|(P) \geqslant \cdots \geqslant |\lambda_n|(P) \tag{5-36}$$

马尔可夫链的**混合速度**是

$$\mu(P) = |\lambda_2|(P) \tag{5-37}$$

其中，$|\lambda_2|(P)$ 是特征值，在数量级上它是第二大的。混合速度越小，马尔可夫链收敛到稳态分布的速度越快。a 的预期复合分布是

$$\vec{p} = \frac{\sum_{i=1}^{a} \vec{p}_i^k}{a} \tag{5-38}$$

无人机可以随机独立地移动。

5.6.1.2 单无人机调查

本节的目的是展示优化问题参数是如何影响不变分布的。在具有 n 个节点的一维网格中，无人机的右转概率为 ρ，左转的概率为 $1-\rho$。对于给定的初始概率分布 $p_1^0, \cdots, p_n^0$，每次的概率分布为：

$$\vec{p}^{k+1} = P\vec{p}^k \tag{5-39}$$

其中

$$P = \begin{bmatrix} 0 & 1-\rho & 0 & \cdots & 0 \\ 1 & 0 & 1-\rho & \cdots & 0 \\ 0 & \rho & 0 & \cdots & 0 \\ \vdots & \vdots & \vdots & \ddots & \ddots & \vdots \\ 0 & 0 & \cdots & \rho & 0 \end{bmatrix} \tag{5-40}$$

稳态不变分布满足

$$\vec{p} = P\vec{p} \tag{5-41}$$

这种稳态分布的分量可以作为递推方程的解。

5.6.1.3 多无人机调查

本节提出了一种一维 n 个节点网格的方法。通过适当的参数选择，可以实现一种概率策略，其中无人机以尽可能快的速度在网格域内分散。此策略的转向参数由以下关系分配

$$\rho_i = \begin{cases} 0.9 & \text{当 } k \leqslant \dfrac{a+1-i}{a+1} \times n \\ 0.5 & \text{其他} \end{cases} \tag{5-42}$$

其中 ρ_i 是无人机 i 右转的概率；k 是步数；a 是无人机数；n 是网格中的节点数。该策略在切换到等转弯概率之前，将无人机沿图分散。在切换到相等的转弯概率之前，无人机不具有均匀的稳态分布。在无人机在切换到相等的转弯概率后，初始分布随时间被抑制时，它们的稳态分布接近均匀分布。

5.6.2 城市监控

无人机和无人车的任务都是对地形特征进行观测，识别移动或静止的目标。无人机用于监视无人车所在的特定区域，以执行检查任务。安装在无人机上的摄像机拍摄的图像被连续发送到地面站。图像被实时处理，并向无人车提供定位信息，通过操作员选择的航路点在该区域进行导航。为了在合理的时间范围内成功地检查给定区域，必须同时获得全局和局部覆

盖，如果无人机和无人车同时部署，这是可能的。操作员监控视频流，并为无人车逐步选择导航路径点。当无人车通过指定的航路点导航时，无人机会持续跟踪无人车，以便使用视觉伺服将其保持在覆盖视图（图像平面的中心）中。要在给定区域内成功导航，应知道无人车的相对姿态[26]。**可伸缩性**为拥有数百到数千名成员且行为丰富的群组提供了群控方法。即使受控组的行为由于不确定性而没有很好地被建模，**鲁棒性**可以允许控制器智能体（无人机和无人车）生成控制策略。为了实现这一目标，**基于动态数据驱动的自适应多尺度仿真**（DDDAMS）的规划和控制框架引导了数据更新和系统控制的测量过程[60]。无人车可以在高分辨率观察范围内观察子群体中单个智能体的动态移动。无人机可以提供有关人群的整体动态运动，但信息不太准确。通过将无人车和无人机的信息在时间 t 上整合，可以更好地估计未来时间范围内（例如时间 $t+1$）人群区域的动态。在规划阶段，决策规划者将在基于智能体的仿真环境中设计出一套最佳的无人机/无人地面车辆控制策略，用于实际系统的发展。基于智能体的仿真实现了多种算法（如无人机/无人车搜索、检测、跟踪、路径规划），这有助于针对不同场景评估替代控制策略。例如，无人机/无人车路径规划算法涉及确定性、概率性和混合策略中的一种。在类似的问题背景下，根据不同的选择策略，结果可能会有所不同。此外，由于不同的算法集成在相同的仿真环境中，因此应考虑策略交互和权衡，以获得最佳的系统级性能，从而有利于单个算法性能。接下来，每个潜在的策略组合会被初始化以作为基于仿真的评估实例。最后一步，由于模拟输出中的固有变化，执行统计分析以选择最佳控制策略。

在持续监视中，可以将环境抽象为图，在图上明确定义的智能体移动和优化的效用函数被公式化为对环境的潜在损害成本。有两种可能的环境表示形式，两种都是连续区域的离散化。

1. 环境可以用树图 $G = (N, E)$ 表示。节点集 N 表示区域的被监控部分；连接这些节点的边的长度等于智能体传感器的直径 l。原始系统中相邻节点部分由有向边 $e \in E$ 连接，其中 E 是所有边的集合（即对于每对节点 n 和 m，存在一对边 $e(n, m)$ 和 $e(m, n)$）。

2. 环境可以划分成网格，通过将环境划分为六边形网格来覆盖待检测区域，网格的直径等于传感器的最大探测范围。六边形网格用有向图 $G_h = (N_h, E_h)$ 表示。节点 $n \in N_h$ 表示六边形网格的中心，长度为 l 的有向边 $e \in E_h$ 连接相邻网格的节点。

现考虑完整图，并研究了产生最快混合和接近均匀稳态分布的相关转向参数。

定理 177 对于有 n 个顶点的完整图，具有转移概率矩阵

$$p_{ij} = \begin{cases} \dfrac{1}{n-1} & \text{如果 } i \neq j \\ 0 & \text{其他} \end{cases} \tag{5-43}$$

其概率随机路径具有多重性，特征值为 1。该马尔可夫链的不变分布是均匀的，并且特征值 $\dfrac{-1}{n-1}$ 小于对应于其他转移概率集的第二大特征值。

在一般情况下，问题的结构可以看作有界平面上的直线段，其顶点上的一个完整图与 $H(x, \varepsilon)$ 中表示搜索环境的一组线段的每个边（秩 ≥ 3）相关联。这些完整图的边表示从一个段过渡到另一个段的可能。任何一般的图都可以分解成相互连接的完整子图和**集群系统**。有两个顶点的集群与两个以上顶点的集群是不同的。在有两个顶点集群对应的过渡中，无人

机唯一可用的选择是向前或向后移动。一般图的交叉点可以看作完整图，其中完整图的节点数等于无人机可以做的选择数。在不限制无人机运动的情况下，完整图中的节点数等于图表示中入射到交叉点的边数。将线性图和完整图的策略结合起来，得到了一种混合策略。它提供了通用图的统一覆盖，同时快速实现这一覆盖，而无人机行为的随机性却没有大的牺牲。有关此情况的更多详细信息，请参见参考文献［24］。

5.6.3　山火边界监控

有如下假设。

1. 事件指挥员及无人机之间的 GPS 和通信系统始终可用。无人机可以始终对自身进行定位，也不需要返回起始位置来传输收集到的数据。

2. 无人机可以模拟火力边界，以便找到热点位置。

3. 无人机假定具有无限的续航能力。

自无人机上次跟踪以来，每个热点都有一个相应的时间，以及过去未跟踪的最长时间（ϕ）。可以选择所有热点的 ϕ 之和作为评估算法有效性的度量，因此防火带强度成为事件指挥员所需的关键信息。通过将它们聚集到热点来监控强度，直接关系到向事件指挥员提供有关火灾进展的最新信息的目标。

$$J(t) = \sum_{i=0}^{hotspots} \phi_i \qquad (5\text{-}44)$$

其中 ϕ 是未跟踪的最大时间。在任务开始时，无人机必须首先找到火种并开始识别热点区域。通过计算前一组热点与新热点之间的距离，可以完成跟踪热点。为了确定热点随火灾进展而移动的时间，需要确定一个阈值。如果热点不在任何先前热点的距离阈值内，则将其作为新热点。即使在仔细调整之后，这种方法仍然可能导致未能跟踪一些热点，这些热点的存在对于无人机的任何响应而言太短了。为了识别热点，使用一种称为 Mini-batch K 均值的聚类技术来解析边界上所有防火带强度高于标准化阈值的点。选择 K 均值聚类是因为它直接将兴趣点的数量（火焰的活跃程度）与聚类中心（热点）的数量联系起来。算法 27 是该方法的说明。

算法27　基线算法

1. 输入：无人机位置、边界

2. **for** 所有边界上的点 **do**

3. 点 . 距离 $= \sqrt{(\text{点}\,.\,x - \text{无人机位置}\,.\,x)^2 + (\text{点}\,.\,y - \text{无人机位置}\,.\,y)^2}$

4. **end for**

5. 最近的点 $= \min(\text{点}\,.\,\text{距离})$

6. 最近矢量 $= ([\text{无人机位置}\,.\,x - \text{最近}\,.\,\text{点}\,.\,x], [\text{无人机位置}\,.\,y - \text{最近}\,.\,\text{点}\,.\,y])$

7. 向量归一化 $=$ 最近向量 $=$ 最近距离

8. **if** 最近距离 $>$ 最大火灾距离 **then**

9. 路径矢量 $=$ 最近矢量

10. **Else if** 最近距离 $<$ 最小火灾距离 **then**

11. 路径矢量 $= -$ 最近矢量

12. **Else**

13. 路径矢量 = (− 最近向量 . x，最近向量 . y)

14. **Else if**

15. 路径 = 路径向量

随着火势的发展，聚类数量或中心数（K）也会发生变化。通过以下方式主动确定自适应热点提取的 K 值：

$$K = \sqrt{N/2} \tag{5-45}$$

其中，N 为兴趣点的个数。算法 A^* 的路径规划可用于生成从无人机到火灾周围热点位置的路径。将成本图传递给 A^* 算法，在该成本图中，某一时刻的着火点将被标记并给图中的着火区域分配较高的成本，如算法 28 所示。这有助于确保为无人机生成的路径不在火灾的危险范围内，但仍然可以导航到足够近的位置来监视热点[52]。

算法 28　加权算法

1. 输入：热点位置、未跟踪时间、α、无人机位置

2. **for** 热点中的所有 h **do**

3. h. 路径，h. 路径成本 = ASTAR（h. 位置，无人机 . 位置）

4. h. 得分 = h. 未追踪时间 − α ∗ 路径成本（h）

5. **if** 热点 . 得分 > 目标热点 . 得分 **then**

6. 目标热点 = h

7. **End if**

8. **End for**

9. 路径 = 目标热点 . 路径

5.6.3.1　风险敏感区域的监测

现寻找无人机团队**持续监控**风险敏感区域的反应性运动规划方法。规划者力图使安装在每架无人机上的传感器覆盖区域最大化，以保持高传感器数据质量，并降低检测风险。为了实现规定的目标，成本函数将检测风险与不确定性度量相结合，该不确定性度量旨在跟踪已调查的区域和上次调查的时间。通过将每架无人机移动到附近的低成本区域，可以降低不确定性和检测风险。通过减少不确定性，可以增加覆盖范围，并提供了持续监视。此外，为了最大限度地提高传感器数据质量，同时将风险降到最低，采用非线性优化公式确定每架无人机的最佳飞行高度[58]。

在具有本地通信能力的多无人机监测任务中，将监测信息发送到基站的一种方式是通过连接网络上的多跳通信进行瞬时数据流传输。但是，如果一些无人机离开监视区域，则连接的通信网络可能会断开。在参考文献［3］中提出了一种本地适用、高效和可扩展的策略，它可以在任何智能体删除的情况下，保持基地与智能体之间的连接通信网络。设计的分散策略基于一系列本地替换，这些替换由离开网络的智能体起动。替换序列总是以智能体的重新定位结束，该智能体从当前位置离开不会断开网络连接。此外，通过在决策机制中引入局部**临界性**概念，可以提高方案的最优性。在多智能体系统中，通信网络的连通性对于通过局部交

互实现无人机之间的协同具有重要作用。如果无人机拥有包括基地在内的连接通信网络，则无人机可以将监视数据流带回到基地。即使无人机开始使用连接的通信网络执行任务，这种系统仍有可能移除智能体。在这种情况下，通信网络可能会断开。在网络化系统中，可以分别通过主动或被动方法避免或修复断开。在主动方法中，预先设计一个具有鲁棒性的网络拓扑结构，使网络能够承受一定数量的智能体删除。

备注 178   在应用程序中，如果大量无人机最终可能会从网络中删除，那么仅依赖主动方法可能是不切实际的。在被动方法中，提出的一种控制策略可使网络能够在智能体删除时进行自我重构。

根据决策方案中所利用的信息，恢复过程可以被描述为集中或分散的。在大型系统中，单架无人机的全局信息可用性通常是不可行的，因此，出于**实用性**和**可扩展性**的考虑，分散策略比集中策略更可取。

参考文献［43］中提出了一种多无人机系统的分散控制策略，该系统能够实现并行多目标探测，同时确保在混乱的三维环境中实现时变连接拓扑结构。通过构建最近的连接维护方法可保证灵活的连接性，同时考虑有限的范围、视线可见性和防碰撞。分散多目标探测算法的完整性是通过在探测任务中动态分配具有不同运动行为的无人机来保证的。根据当前领导者无人机的行进效率与行进及连通力之间的方向一致性，主要集群受到行驶力适当缩小的影响。这有助于领导者无人机到达当前目标，以及在更大的时间范围内，整个团队实现总体任务。

5.6.3.2　协同监控

相同的无人机旨在协同观察由操作员在有障碍环境中分配的一组**感兴趣区域**（AoI）。这些障碍物可能是物理障碍物，如建筑物或禁飞区。AoI 的监视可以通过单架无人机在足够低的高度飞行或几架无人机在较高的高度上飞行并利用重叠监视摄像机视图来实现。在参考文献［50］中提出了集群部署方法，它通过单一的优化过程找出环境中的最终集群分布以及所有无人机从基地到达这些位置的可行轨迹。这确保了无人机可以到达监视位置、保持运动和相对定位约束。一般来说，监视区域被划分为单元，目标概率或状态的不确定性级别与表示先验信息的单元相关联。由于目标的移动，目标概率和状态的不确定性级别可能随时间变化。在分布式滚动时域优化中，无人机在运动规划中通常需要其他相邻无人机的决策，以规划在耦合约束下的最优运动，例如避免碰撞。无人机可以按顺序更新计划：每一步只允许一架无人机计划其运动，并与相邻的无人机共享计划结果，而其他无人机则保持当前计划。优化迭代也可分为两个步骤。

1. 无人机在不考虑耦合约束的情况下规划其假定运动，并与相邻无人机共享假定运动。
2. 考虑耦合约束来调整假定运动，以获得可行运动。

然而，该方法基于的假定运动和最佳可行运动之间的差异很小，更新足够快。对于多智能体稳定集群，利用势场方法可以实现分布式滚动时域控制中的目标耦合。集群内部充分的信息共享是协同与信息融合的必要条件，同时必须保持网络的连通性。对于离散时间系统，智能体可以从允许集（称为连接约束集）中选择控制输入，以便在下一步中保持连接。框架包括以下几个方面：

1. 网络拓扑结构控制层，用于调节网络拓扑结构并保持网络连通性。
2. 运动规划层，使用分布式滚动时域优化来规划无人机的运动。

根据目标概率和无人机在该区域内的探测历史，建立了无人机协同搜索问题的模型。引入遗忘因子，以驱动无人机重新访问之前搜索过的区域。此外，在删除通信链路时，考虑到通信链路的中心性，它可以实现覆盖增强和网络性能之间的权衡。为了在不违反防碰撞和网络连通性约束的情况下获得了无人机的最优运动，提出了滚动时域优化中的势场设计[18]。

如果考虑一组无人机，其目标通常是协同行动，从监视区域内的一组**移动目标**中收集尽可能多的信息。这是一个涉及严重不确定性的决策问题。依靠不完善的传感器和模型，无人机需要选择目标来监视并确定跟踪它们的最佳动作。目标位置未知，只能用不完善的传感器进行观察；场景中的元素或其他无人机可能会被遮挡；无人机和跟踪器的动态模型不完善。解决跟踪问题时考虑这些不确定性是确保获得最佳解决方案的关键。在参考文献［15］中，从以下角度广泛考虑了目标跟踪问题。

1. **检测**可以保持对目标位置及其相关不确定性的估计。为此，许多不同的随机滤波器整合了从传感器处获得的观测结果。在几架无人机协同执行跟踪任务的情况下，还存在多机器人过滤器，它们可以融合来自所有队友的信息。然而，该问题也是一个决策问题，因为在利用无人机估计目标位置的同时控制这些传感器以优化某些目标也很重要。在有多个目标和多架无人机时，需要动态地决定哪些无人机跟踪哪些目标，然后决定它们如何移动。要优化的标准可能因应用而异，但它们通常考虑每个目标在视野内所占时间的百分比、目标位置的不确定性程度、燃料消耗、通信限制等。

2. **决策**常被表述为优化效用函数的**随机最优控制问题**，还提出了许多方法来解决多架无人机协同的多目标跟踪问题，目标估计是不确定的，并且最大化从目标处收集的信息通常是非常相关的。这些信息可以通过不同的度量来量化，例如**熵**或**交互信息**。许多研究假设高斯不确定性和卡尔曼滤波器作为基础估计框架，基于这些信息度量定义效用函数以确定执行动作。但是，在估算目标位置时，跟踪应用程序可能会导致多模态分布。因此，其他工作也考虑替代表示，例如离散**贝叶斯滤波器**或粒子滤波器。许多研究提出了基于启发式或刚性优化问题的信息收集方法，这些方法通常对不同场景和优化标准缺乏适应性。POMDP 为不确定性下的规划提供了数学框架。由此产生的策略会导致不确定性，并且可以结合多个目标，例如最大化信息和燃料消耗。此外，这些策略并不局限于特定的场景，因为它们可以通过调整所涉及的模型或所需目标来重新计算。然而，POMDP 的计算成本通常很高。

5.6.3.3 协同中继跟踪

监控的二维空间被划分为若干个区域：由 **Voronoi 单元**组成的 Voronoi 图。在跟踪过程中，跟踪智能体需要相互配合，中继方案涉及拓扑结构的切换。忽略边界效应，假设每个智能体的感应半径为 R_s，则相应的感应覆盖面积为 πR_s^2。在区域 S_c 的二维感应场中，实现 1 覆盖所需的智能体 N_m 的最小数量由以下公式给出：

$$N_m = \text{floor}\left(\frac{S_c}{\pi\left(\frac{\sqrt{3}R_s}{2}\right)^2}\right) \tag{5-46}$$

智能体 k 重叠的区域称为 **k 覆盖**区域。**三边定位**算法可用于确定目标的位置，该位置基于其目标邻域的距离测量。三边定位是根据三架无人机的已知位置 $(x_{a_1}, y_{a_1}, z_{a_1})$、$(x_{a_2}, y_{a_2}, z_{a_2})$、$(x_{a_3}, y_{a_3}, z_{a_3})$ 与目标之间的测量距离 $(d_{T_1}, d_{T_2}, d_{T_3})$ 计算三维目标位置 (x_T, y_T, z_T) 的过程。因此，目标和智能体之间的距离关系如下：

$$d_{T_1} = \sqrt{\left(x_T - x_{a_1}\right)^2 + \left(y_T - y_{a_1}\right)^2 + \left(z_T - z_{a_1}\right)^2}$$
$$d_{T_2} = \sqrt{\left(x_T - x_{a_2}\right)^2 + \left(y_T - y_{a_2}\right)^2 + \left(z_T - z_{a_2}\right)^2}$$
$$d_{T_3} = \sqrt{\left(x_T - x_{a_3}\right)^2 + \left(y_T - y_{a_3}\right)^2 + \left(z_T - z_{a_3}\right)^2} \tag{5-47}$$

从而获得目标位置：

$$\begin{bmatrix} x_T \\ y_T \end{bmatrix} = \begin{bmatrix} 2\left(x_{a_1} - x_{a_3}\right) & 2\left(y_{a_1} - y_{a_3}\right) \\ 2\left(x_{a_2} - x_{a_3}\right) & 2\left(y_{a_2} - y_{a_3}\right) \end{bmatrix}^{-1} \begin{bmatrix} x_{a_1}^2 - x_{a_3}^2 + y_{a_1}^2 - xa_3^2 + d_{T_3}^2 - d_{T_1}^2 \\ x_{a_2}^2 - x_{a_3}^2 + y_{a_2}^2 - ya_3^2 + d_{T_3}^2 - d_{T_2}^2 \end{bmatrix} \tag{5-48}$$

因此，定位至少需要 3 个智能体，这意味着这个监控区域应该是三覆盖。

当目标进入一个新的 Voronoi 单元时，不仅拓扑会转换，而且其中一个跟踪器也会被相应的 Voronoi 位置所取代，从而引起跟踪误差的跳跃。为了最大限度地覆盖某一特定区域，智能体的分布应保证覆盖整个区域[19]。算法 29 给出了中继跟踪算法。

算法 29   协同中继跟踪

1. 计算所需的智能体数量并初始化部署，确保监控区域重叠 3 次。
2. 当目标进入监控区域时，3 个相邻智能体 $a_i (i=1, \cdots, 3)$ 将其检测到的距离发送到目标所在的 Voronoi 站点智能体。
3. 使用三边定位关系，**Voronoi** 站点智能体通过 3 个测量距离估计目标的位置。
4. Voronoi 站点智能体和 $N_f - 1$ 个其他最近的智能体开始跟踪目标，成为跟踪智能体。
5. 如果跟踪智能体是监控智能体，则为了保证该区域至少三覆盖，最近的冗余无人机立即移动到监控智能体的先前位置。如果跟踪智能体是冗余智能体之一，则其他智能体停留在原始位置，然后重新创建一个新的 Voronoi 图，其中目标和跟踪智能体是独有的。
6. 如果未在第一个 Voronoi 单元中捕获目标，则它将转到下一个 Voronoi 单元。新的相应 Voronoi 站点智能体将成为跟踪智能体，同时，原始跟踪智能体中的一个将根据距离规则退出跟踪。
7. 当目标被捕获时，它会停止移动并释放相应的跟踪智能体以成为冗余智能体，这称为释放策略，域中将会有更多冗余智能体。重复所有过程，直到没有新的和未捕获的目标。

5.6.3.4   具有时序逻辑约束的路径规划

假设无人机在环境中的运动被建模为一个过渡系统，该系统是通过使用三边定位和矩形分区将环境划分为多个区域来获得的[53]。无人机的任务是收集奖励，这些奖励会动态地改变所在区域的价值，并且它只能在无人机当前位置的附近才能被感知到。对于这类问题（即动态变化装置上的优化问题）的一种处理方法是使用**模型预测控制**或**滚动时域控制**，它们基于迭代重新规划和有限范围内成本函数的优化。本节重点介绍了将滚动时域控制与路径合成进行集成，关于给定时间的逻辑公式它是不适用的。虽然需要满足线性时序逻辑任务，但目标也要在给定的范围内获得最大的回报。两个目标之间的权衡可以部分地由用户定义的偏好来驱动，在无人机运动执行期间，这些偏好可能会发生动态变化。特别是，LTL 任务包括监视一组区域和用户明确的偏好函数，其表示在给定无人机运动历史的情况下对监视和奖励集合之间的期望进行权衡。考虑到无人机在二维分区环境中的运动，将其建模为一个加权确定的过渡系统，并将动态变化的非负实值奖励与过渡系统中的每个状态相关联。无人机感知靠近它的奖励并在访问环境区域时收集奖励，即转换系统的状态发生改变。此外，无人机还具有高水平的线性时序逻辑任务。一个由用户定义的偏好函数表示是否优先靠近被监视的区域或收集奖励，这应考虑到无人机运动的历史。其次，应考虑任意奖励动态，通过状态势函数获取具体的奖励动态假设。问题在于设计一种控制策略，该策略保证任务的满意度在本地优化奖励的集合，并考虑偏好函数和奖励动态假设。

问题 179 环境中的无人机运动作为过渡系统给出：$\mathbb{T} = (Q, q_0, T, \Pi, L, W)$。可以在无人机当前位置 q_k 的可见范围 $v \in \mathbb{R}^{*+}$ 内，时间 t_k 处感知到奖励。

$$V(q_k) = \{q \mid W^*(q_k, q) \leqslant v\} \tag{5-49}$$

令 $q \in V(q_k)$，$\forall (q_k, q) \in T$ 且 $R: Q \times Q^+ \to \mathbb{R}^+$ 为奖励函数，并假设在状态 q 下 t_k 时刻执行趋向于 $q_0, \cdots, q_k$ 后的奖励为 $R(q, q_0, \cdots, q_k)$。当且仅当 $q \in V(q_k)$ 时，在可见范围 v 内的状态集将被定义。此外，在 t_k 时刻或之后，状态集是已知的。

可以使用用户定义的计划范围和状态势函数来捕获用户对奖励动态及其兴趣的假设。例如，奖励可能根据概率分布出现，或者其变化可能是随机的。一旦奖励被无人机收集，它可能会消失。在权重不超过计划范围的有限运行期间内，用户可以对从给定状态收集的最大的、预期或最小的奖励总和感兴趣。范围是 $h \in \mathbb{R}^{*+}$，$h \geqslant \min\limits_{(q,q') \in T} W(q, q')$，状态势函数是 pot：$Q \times Q^+ \times \mathbb{R}^{*+}$，其中 pot$(q, q_0, \cdots, q_k, h)$ 是时间 t_k 时状态 q 的势。pot$(q, q_0, \cdots, q_k, h)$ 的值是针对所有 q 定义的，其中 $(q_k, q) \in \mathbb{T}$ 和在有限运行 $\rho_{\mathrm{fin}} \in P_{\mathrm{fin}}(q, q_k, h)$ 期间执行运行前缀 $q_0, \cdots, q_k$ 之后可以捕获收集的奖励，其中 $P_{\mathrm{fin}}(q, q_k, h) = \{\rho_{\mathrm{fin}} \mid \rho_{\mathrm{fin}}\}$ 是 $\mathbb{T}$ 的有限次运行}，使得

1. ρ_{fin} 在 q 上开始
2. $W(\rho_{\mathrm{fin}}) + W(q_k, q) \leqslant h$
3. 出现在 ρ_{fin} 中的状态属于 $V(q_k)$

有一组区域标有监视建议 $\pi_{\mathrm{sur}} \in \Pi$，任务的一部分是定期访问其中一个区域。任务是 LTL 形式的公式：

$$\phi = \varphi \bigvee GF\pi_{\mathrm{sur}} \quad \text{其中 } \varphi \text{ 是 } \Pi \text{ 上的 LTL 公式} \tag{5-50}$$

公式 $GF\pi_{\mathrm{sur}}$ 规定最终必须访问 π_{sur}，即不限次数。操作员可以部分地指导无人机是否应该获得高奖励，或者是否应该通过偏好函数向 π_{sur} 的满意度迈出一步。形式上，函数 pref：$Q^+ \to \mathbb{R}^+$ 为 $\mathbb{T}$ 的每个执行运行前缀 $q_0, \cdots, q_k$ 分配非负实数值，并考虑状态势函数的当前值。缩短指示器函数 I 指示过渡是否导致无人机更接近受监视的状态：$I: \mathbb{T} \to \{0, 1\}$ 定义如下：

$$I(q, q') = \begin{cases} 1 & \min\limits_{q_\pi \in Q_\pi} W(q', q_\pi) < \min\limits_{q_\pi \in Q_\pi} W(q, q_\pi) \\ 0 & \text{其他} \end{cases} \tag{5-51}$$

其中 $(q, q') \in \mathbb{T}$ 以及 $Q_\pi = \{q_\pi \mid \pi_{\mathrm{sur}} \in L(Q_\pi)\}$。

问题 180 给出无人机运动模型 $\mathbb{T} = (Q, q_0, T, \Pi, L, W)$，监视命题 $\pi_{\mathrm{sur}} \in \Pi$，可见范围 v，时间 t_k 的奖励 $R(q, q_0, \cdots, q_k)$，$\forall q \in V(q_k)$，计划范围 h，状态势函数 pot，Π 上的线性时序逻辑公式 ϕ，在式（5-50）和偏好函数 pref 中，找到一个控制策略，使得：

1. 由 C 生成的运行满足任务 ϕ。
2. 假设 $q = C(q_0, \cdots, q_k)$，成本函数

$$\mathrm{pot}(q, q_0, q_k, h) + I(q_k, q) . \mathrm{pref}(q_0, q_k) \tag{5-52}$$

在时刻 t_k 最大化。

一般而言，若满足第二个条件可能会导致违反第一个目标。因此，目标是保证完成任务并尽可能最大化式（5-50）所给的关系。

该解决方案包括两个单独的步骤。

1. 系统部署前的**离线准备**工作包括为给定的线性时序逻辑任务构建 Buchi 自动机，并且使用过渡系统构建其产品 $\mathbb{P}$。离线算法为每个转换产品分配两个布尔指示符，用于指示转换是否导致该过程转向子目标，即转换系统的已调查状态以及产品的调查状态和接受状态。

2. **在线反馈算法**确定无人机访问的下一个状态是否是迭代运行的。在每次迭代中，计算 $\mathbb{P}$ 状态的吸引力。

5.6.4　概率天气预报

雷雨、结冰、湍流、大风等天气条件对无人机的安全和任务成功有很大影响。因此，将天气预报纳入路径规划是非常重要的。数值天气预报的最新发展使得高分辨率的集合预报成为可能。在集合预报中，不同的天气模型（包括模型输入、初始条件和边界条件），在每次运行中都会发生轻微的变化。每个单独运行包含不同数量的集合成员并生成预测范围。这允许建立支持统计后处理的客观和随机的天气预报[54]。基于这一信息，可以构建一个概率天气图，通过连续集合预报以每时间单位更新一次的速率进行更新，该分析提供在线四维天气图。在概率三维天气图中，可以对路径进行优化。问题定义如下。

问题 181　给定由非均匀网格描述的操作区域中的无人机，每个航路点分配有定期更新的恶劣天气的概率，根据规定的条件以最低成本找到从起点到终点的路径，并满足任务失败风险的约束。成本函数定义为：

$$\text{Min}(J = w_{\text{time}} T_{\text{time}} + w_{\text{wea}} W_{\text{wea}}) \tag{5-53}$$

使得

$$R_{\text{mission}} < R_{\text{critical}} \quad T_{\text{time}} < T_{\text{max}} \tag{5-54}$$

其中 w_{time}、w_{wea} 为任务持续时间和天气状况的加权因子，且 $w_{\text{time}} + w_{\text{wea}} = 1$；$R_{\text{mission}}$ 为任务风险；R_{critical} 为用户定义的关键风险水平；T_{time} 是任务持续时间；T_{max} 是允许的最大任务持续时间；W_{wea} 是飞行路线上的天气状况。

增量搜索算法对未知空间进行假设，并找到从当前位置到目标的成本最低路径。在探索新区域时，会更新地图信息，并在必要时重新规划新的路径。重复这个过程，直到达到目标，或者发现无法达到目标（例如，由于障碍）。当天气图更新后，靠近无人机的单元格中的天气比远离无人机的单元格中的天气更确定。从这个意义上说，网格中的天气不确定性与无人机的距离成正比。当不确定性变大时，天气状况可以认为是未知的。因此，天气图还不完全已知。

任务风险评估和管理可以通过在路径规划中集成不确定性因素来改进。网格中表示为 $U_{\text{un}}(x)$ 的不确定因素可定义为高斯函数：

$$U_{\text{un}}(x) = 1 - \exp\left(-\frac{(X-X_0)^2}{2\sigma^2}\right) \tag{5-55}$$

其中 σ 是可调参数；X_0 是无人机当前位置；X 是网格的中心。每次更新天气预报时，都会重新计算这一不确定性因素，以获得一组新的不确定性，从而更新恶劣天气对任务成功的影响。然后用不确定性因素对每个网格中恶劣天气的概率进行加权。

$$P_{\text{ad-un}} = P_{\text{ad}}(i)(1 - U_{\text{un}}(i)) \tag{5-56}$$

其中 $P_{\text{ad-un}}$ 为调整不确定性因素后的恶劣天气概率；$P_{\text{ad}}(i)$ 为第 i 个网格中恶劣天气概率；$U_{\text{un}}(i)$ 为调整不确定因素前的恶劣天气概率。

为了评估计划路径的任务风险，每个网格单元中的恶劣天气概率需要转换为无人机在穿过该单元时的失效概率。**威布尔分布**可用于计算失效概率。输入为沿着路径的每个单元发生的恶劣天气概率以及无人机在每个单元中飞行的时间。在参考文献［66］提出的研究中，威布尔比例系数计算如下：

$$\alpha = \frac{\mu_{\text{失效}}}{\Gamma\left(1 + \dfrac{1}{\beta}\right)} \tag{5-57}$$

其中 $\Gamma(\cdot)$ 是伽马函数；$\mu_{\text{失效}}$ 是每个单元中飞机的平均失效时间。然后可以建立威布尔分布来计算无人机的失效概率。

5.7 结论

搜索、跟踪和监视在日常生活及灾难中都非常重要。搜索和跟踪是搜索移动目标及发现移动目标后进行跟踪的问题。需要考虑多无人机、移动目标、受限资源和异构无人机的能力。在监视任务中，复杂的行为序列规划通常包括在约束条件下尽可能多地收集信息，并将结果传达给操作员。观察员通常在信息变化迅速、不可预测的环境中工作。他们必须决定要采取什么行动以及同时如何与其他观察员协调，并接受高强度训练，以便迅速做出反应。与此同时，观察员的资源有限，需要在决定采用何种方法时保持战略性，预测无人机剩余寿命并在此时间框架内实现目标。

参考文献

[1] Adamey, E.; Oguz, A. E.; Ozguner, U.: *Collaborative Multi-MSA Multi-Target Tracking and Surveillance: a Divide and Conquer Method Using Region Allocation Trees*, Journal of Intelligent and Robotic Systems, pp. 1-15, DOI 10.1007/s10846-017-0499-4, 2017.

[2] Adams, S. M.; Friedland, C. J.: *A Survey of Unmanned Aerial Vehicle (UAV) Usage for Imagery Collection in Disaster Research and Management*, publisher not identified, 2011.

[3] Aksaray, D.; Yazicioglu, A. Y.; Feron, E.; Mavris, D. N.: *Message-Passing Strategy for Decentralized Connectivity Maintenance in Multi-agent Surveillance*, AIAA Journal of Guidance, Control and Dynamics, vol. 38, pp. 542-555, 2015.

[4] Anjum, S. S.; Noor, R. M.; Anisi, M. H.: *Review on MANET Based Communication for Search and Rescue Operations*, Wireless Personal Communications, 1-22, DOI 10.1007/s11277-015-3155-y, 2015.

[5] Babel, L.: *Curvature-constrained traveling salesman tours for aerial surveillance in scenarios with obstacles*, European Journal of Operational Research, doi:10.1016/j.ejor.2017.03.067, 2017.

[6] Balta, H.; Bedkowski, J.; Govindaraj, S.; Majek, K.; Musialik, P.; Serrano, D.; Alexis, K.; Siegwart, R.; De Cubber. G.: *Integrated data management for a fleet of search and rescue robots*, Journal of Field Robotics, vol. **34**, pp. 539-582, 2017.

[7] Banaszuk, A.; Fonoberov, V. A.; Frewen, T. A.; Kobilarov, M.; Mathew, G.; Mezic, I; Surana, A: *Scalable approach to uncertainty quantification and robust design of interconnected dynamical systems*, IFAC Annual Reviews in Control, vol. **35**, pp. 77-98, 2011.

[8] Baranzadeh, A.; Savkin, A. V.: *A distributed control algorithm for area search by a multi-robot team*, Robotica, pp. 1-21, DOI: http://dx.doi.org/10.1017/S0263574716000229, 2016.

[9] Bernardini, S.; Fox, M.; Long, D.; Bookless, J.: *Autonomous Search and Tracking via Temporal Planning*, In Proceedings of the Twenty-Third International Conference on Automated Planning and Scheduling, pp. 353-361, 2013.

[10] Bernardini, S.; Fox, M.; Long, D.: *Combining temporal planning with probabilistic reasoning for autonomous surveillance missions*, Autonomous Robots, vol. **41**, pp. 181-203, 2017.

[11] Bernaschi, M.; Lulli, M.; Sbragaglia, M.: *GPU based detection of topological changes in Voronoi diagrams*, Computer Physics Communications, vol. **213**, pp. 19-28, 2017.

[12] Bitton, E.; Goldberg, K.: *Hydra: A framework and algorithms for mixed-initiative UAV-assisted search and rescue*, In IEEE International Conference on Automation Science and Engineering, pp. 61-66, 2008.

[13] Burke, J. L.; Murphy, R. R.; Riddle, D. R.; Fincannon, T.: *Task performance metrics in human-robot interaction: Taking a systems approach*, Proceedings of the Performance Metrics for Intelligent Systems Workshop, Gaithersburg, MD, pp. 1-8, 2004.

[14] Cacace, J.; Finzi, A.; Lippiello, V.: *Multimodal Interaction with Multiple Co-located Drones in Search and Rescue Missions*, arXiv preprint arXiv:1605.07316, 2016.

[15] Capitan, J.; Merino, L.; Ollero, A.: *Cooperative Decision-Making Under Uncertainties for Multi-Target Surveillance with Multiples UAVs*, Journal of Intelligent and Robotic Systems, pp. 1-16, DOI 10.1007/s10846-015-0269-0, 2015.

[16] Carpin, M.; Rosati, S.; Khan, M. E.; Rimoldi, B.: *UAVs using Bayesian Optimization to Locate WiFi Devices*, arXiv preprint arXiv:1510.03592, 2015.

[17] Daingade, S.; Sinha, A.; Borkar, A. V.; Arya, H.: *A variant of cyclic pursuit for target tracking applications: theory and implementation*, Autonomous Robots, vol. **40,** pp. 669-686, 2016.

[18] Di, B.; Zhou, R.; Duan, H.: *Potential field based receding horizon motion planning for centrality-aware multiple UAV cooperative surveillance*, Aerospace Science and Technology, vol. **46**, pp. 386-397, 2015.

[19] Dong, L.; Chai, S.; Zhang, B.; Nguang, S. K.; Li, X.: *Cooperative relay tracking strategy for multi-agent systems with assistance of Voronoi diagrams*, Journal of the Franklin Institute, vol. **353**, pp. 4422-4441, 2016.

[20] El-Hadidy, M. A.: *Optimal searching for a helix target motion*, Science China Mathematics, vol. **58**, pp. 749-762, 2015.

[21] Gade, S.; Joshi, A.: *Heterogeneous UAV swarm system for target search in adversarial environment* In IEEE International Conference on Control Communication and Computing (ICCC), pp. 358-363, 2013.

[22] Goodrich, M. A. et al.: *Supporting Wilderness Search and Rescue with Integrated Intelligence: Autonomy and Information at the Right Time and the Right Place*, 24th AAAI Conference on Artificial Intelligence, pp. 1542-1547, 2010.

[23] Gomez-Balderas, J. E.; Flores, G.; Garcia Carrillo, L. R.; Lozano, R.: *Tracking a ground moving target with a quadrotor using switching control*, Journal of Intelligent and Robotic Systems, vol. **70**, pp. 65-78, 2013.

[24] Grace, J.; Baillieul, J.: *Stochastic strategies for autonomous robotic surveillance*, In Proceedings of IEEE Conference on Decision and Control, pp. 2200-2205, 2005.

[25] Ha, J.S.; Choi, H.L.: *Periodic sensing trajectory generation for persistent monitoring*, In Proceedings of 53rd IEEE conference on Decision and Control, Los Angeles, pp. 1880-118, 2014.

[26] Harik, E. H. C.; Gurin, F.; Guinand, F.; Breth, J. F.; Pelvillain, H.: *A decentralized interactive architecture for aerial and ground mobile robots cooperation*, In IEEE International Conference on Control, Automation and Robotics (ICCAR), pp. 37-43, 2015.

[27] Hosseini, S.; Mesbahi, M.: *Energy aware aerial surveillance for a long endurance solar-powered unmanned aerial vehicle*, AIAA Journal of Guidance, Control and Dynamics, vol. **39**, pp. 1-13 , 2016.

[28] Izadi, M.; Sanyal, A. K.; Barany, E.; Viswanathan, S. P.: *Rigid Body Motion Estimation based on the Lagrange-d'Alembert Principle*, arXiv preprint arXiv:1509.04744, 2015.

[29] Kassem, M. A. E. H.; El-Hadidy, M. A. A.: *Optimal multiplicative Bayesian search for a lost target*, Applied Mathematics and Computation, vol. **247**, pp. 795-802, 2014.

[30] Khaleghi, A. M.; Xu, D.; Wang, Z.; Li, M.; Lobos, A.; Liu, J.; Son, Y. J.: *A DDDAMS-based planning and control framework for surveillance and crowd control via UAVs and UGVs*, Expert Systems with Applications, vol. **40**, pp. 7168-7183, 2013.

[31] Kim, M. H.; Baik, H.; Lee, S.: *Response threshold model based UAV search planning and task allocation*, Journal of Intelligent and Robotic Systems, vol. **75**, pp. 625-640, 2014.

[32] Klodt, L.; Khodaverdian, S.; Willert, V.: *Motion control for UAV-UGV cooperation with visibility constraint*, In 2015 IEEE

Conference on Control Applications (CCA) pp. 1379-1385, DOI: 10.1109/CCA.2015.7320804, 2015.

[33] Lanillos, P.; Gan, S. K.; Besada-Portas, E.; Pajares, G.; Sukkarieh, S.: *Multi-UAV target search using decentralized gradient-based negotiation with expected observation*, Information Sciences, vol. **282**, pp. 92-110, 2014.

[34] Lin, L.; Goodrich, M. A.: *Hierarchical heuristic search using a Gaussian mixture model for UAV coverage planning*, IEEE Transactions on Cybernetics, vol. **44**, pp. 2532-2544, 2014.

[35] Lopez-Ortiz, A.; Maftuleac, D.: *Optimal Distributed Searching in the Plane with and without Uncertainty*, International Workshop on Algorithms and Computation. Springer International Publishing, pp. 68-79, 2016.

[36] McCune, R.; Purta, R.; Dobski, M.; Jaworski, A.; Madey, G.; Wei, Y.; Blake, M. B.: *Investigations of dddas for command and control of uav swarms with agent-based modeling*, In Proceedings of the IEEE Winter Simulation Conference: Simulation: Making Decisions in a Complex World, pp. 1467-1478, 2013.

[37] McCune, R. R.; Madey, G. R.: *Control of artificial swarms with DDDAS*, Procedia Computer Science, vol. **29**, pp. 1171-1181, 2014.

[38] Meng, W.; He, Z.; Teo, R.; Su, R.; Xie, L.: *Integrated multi-agent system framework: decentralised search, tasking and tracking*, IET Control Theory and Applications, vol. **9**, pp. 493-502, 2015.

[39] Mohibullah, W.; Julier, S. J.: *Developing an Agent model of a missing person in the wilderness*, In IEEE International Conference on Systems, Man, and Cybernetics, pp. 4462-4469, DOI: 10.1109/SMC.2013.759, 2013.

[40] Montserrat, D. M.: *Ground target chasing with a UAV*, Master thesis, Universtat politecnica de Catalunya, Barcelona, Spain, 2015.

[41] Morbidi, F., Freeman, R. A.; Lynch, K. M.: *Estimation and control of UAV swarms for distributed monitoring tasks*, In Proceedings of the IEEE American Control Conference, pp. 1069-1075, 2011.

[42] Mukherjee, D.; Ghose, D.: *Target capturability using agents in cyclic pursuit*, AIAA Journal of Guidance, Control and Dynamics, vol. **39**, pp. 1034-1045, 2016.

[43] Nestmeyer, T.; Giordano, P. R.; Bulthoff, H. H.; Franchi, A.: *Decentralized simultaneous multi-target exploration using a connected network of multiple robots*, Autonomous Robots, pp. 1-23, DOI: 10.1007/s10514-016-9578-9, 2016.

[44] Niedfeldt, P.; Beard, R.; Morse, B.; Pledgie, S.: *Integrated sensor guidance using probability of object identification*, In Proceedings of the 2010 American Control Conference, pp. 788-793, 2010.

[45] Pace, P.; Aloi, G.; Caliciuri, G.; Fortino, G.: *A Mission-Oriented Coordi-*

nation Framework for Teams of Mobile Aerial and Terrestrial Smart Objects, Mobile Networks and Applications, pp. 1-18, DOI 10.1007/s11036-016-0726-4, 2016.

[46] Poiesi, F., Cavallaro, A.: *Distributed vision-based flying cameras to film a moving target*, In IEEE International Conference on Robotics and Automation, vol. **3**, pp. 2453-2459, 2015.

[47] Quintero, S. A.; Ludkovski, M.; Hespanha, J. P.: *Stochastic optimal coordination of small UAVs for target tracking using regression-based dynamic programming*, Journal of Intelligent and Robotic Systems, vol. **82**, pp. 135-162, 2016.

[48] Raap, M.; Zsifkovits, M.; Pickl, S.: *Trajectory optimization under kinematical constraints for moving target search*, Computers and Operations Research, 2017.

[49] Rudol, P.; Doherty, P.: *Human body detection and geolocalization for UAV search and rescue missions using color and thermal imagery*, In IEEE Aerospace Conference, pp. 1-8, 2008.

[50] Saska, M.; Vonsek, V.; Chudoba, J.; Thomas, J.; Loianno, G.; Kumar, V.: *Swarm distribution and deployment for cooperative surveillance by micro-aerial vehicles*, Journal of Intelligent and Robotic Systems, vol. **84**, pp. 469-492, 2016.

[51] Senanayake, M.; Senthooran, I.; Barca, J. C.; Chung, H.; Kamruzzaman, J.; Murshed, M.: *Search and tracking algorithms for swarms of robots: A survey*, Robotics and Autonomous Systems, vol. **75**, pp. 422-434, 2016.

[52] Skeele, R. C.; Hollinger, G. A.: *Aerial vehicle path planning for monitoring wildfire frontiers*, Field and Service Robotics, pp. 455-467, 2016.

[53] Svorenova, M.; Tumova, J.; Barnat, J.; Cerna, I.: *Attraction based receding horizon path planning with temporal logic constraints*, IEEE 51th Control and Decision Conf., pp. 6749-6754, 2012.

[54] Sydney, N.; Paley, D. A.: *Multiple coverage control for a non stationary spatio-temporal field*, Automatica, vol. **50**, pp. 1381-1390, 2014.

[55] Teuliere, C.; Eck, L.; Marchand, E.: *Chasing a moving target from a flying uav*, In IEEE/RSJ International Conference on Intelligent Robots and Systems (IROS), pp. 4929-4934, 2011.

[56] Vitte, T.: *Optimization of the range for continuous target coverage*, AIAA Journal of Aircraft, vol. **52**, pp. 896-902, 2015.

[57] Walha, A.; Wali, A.; Alimi, A. M.: *Video stabilization with moving object detecting and tracking for aerial video surveillance*, Multimedia Tools and Applications, vol. **74**, pp. 6745-6767, 2016.

[58] Wallar, A.; Plaku, E.; Sofge, D. A.: *Reactive motion planning for unmanned aerial surveillance of risk-sensitive areas*, IEEE Transactions on Automation Science and Engineering, vol. **12**, pp. 969-980, 2015.

[59] Wanasinghe, T. R.; Mann, G. K.; Gosine, R. G.: *Relative localization*

approach for combined aerial and ground robotic system, Journal of Intelligent and Robotic Systems, vol. **77**, pp. 113-133, 2015.

[60] Wang, Z.; Li, M.; Khaleghi, A. M.; Xu, D.; Lobos, A.,; Vo, C.; Lien, Y. M.; Son, Y. J.: *DDDAMS-based crowd control via UAVs and UGVs*, Procedia Computer Science, vol. **18**, pp. 2028-2035, 2013.

[61] Wiltsche, C.; Ramponi, F. A.; Lygeros, J.: *Synthesis of an asynchronous communication protocol for search and rescue robots*, In European Control Conference, pp. 1256-1261, 2013.

[62] Wu, F.; Ramchurn, G.; Chen, X.: *Coordinating human-UAV teams in disaster response*, soton.ac.uk, 2016.

[63] Yao, P.; Wang, H.; Su, Z.: *Cooperative path planning with applications to target tracking and obstacle avoidance for multi-UAVs*, Aerospace Science and Technology, vol. **54**, pp. 10-22, 2016.

[64] Yetkin, H.; Lutz, C.; Stilwell, D.: *Environmental Information Improves Robotic Search Performance*, arXiv preprint arXiv:1607.05302, 2016.

[65] Yu, M.; Oh, H.; Chen, W. H.: *An improved multiple model particle filtering approach for maneuvering target tracking using airborne GMTI with geographic information*, Aerospace Science and Technology, vol. **52**, pp. 62-69, 2016.

[66] Zhang, B.; Tang, L.; Roemer M.: *Probabilistic weather forecasting analysis of unmanned aerial vehicle path planning*, AIAA Journal of guidance, control and dynamics, vol. **37**, pp. 309–312, 2014.

[67] Zhang, M.; Liu, H. H.: *Cooperative tracking a moving target using multiple fixed-wing UAVs*, Journal of Intelligent and Robotic Systems, vol. **81**, pp. 505-529, 2016.

[68] Zhou, Y.; Maity, D.; Baras, J. S.: *Optimal mission planner with timed temporal logic constraints*, In European Control Conference (ECC), pp. 759-764, DOI: 10.1109/ECC.2015.7330634, 2015.

[69] Zhu, S.; Wang, D.; Low, C. B.: *Cooperative control of multiple UAVs for moving source seeking*, Journal of Intelligent and Robotic Systems, vol. **74**, pp. 333-346, 2014.

CHAPTER 6

第 6 章

总　　结

在不断发展的监管边界和创新技术引进之间，商用无人机发展迅速。这是一个规则变化迅速的新兴行业。近年来，无人机的民用应用大幅增加，这是由于其可用性更高，传感器、GPS、惯性测量单元和其他硬件的小型化带来的。这种技术使无人机能够在从分表到全尺寸的范围内，自动检查、绘制地图、测量和运输，并将其应用于基础设施、农业、采矿、应急响应、货物运输等领域。

本书可以让读者检查不同的任务类型，并提供有关处理工作流程和优化方法的理论基础及新见解，这些方法与技术与以人为中心的学科相互重叠。读者可以独立于应用程序发现需要解决的实际问题。自主性的一个共同特点是根据所涉及任务的性质来划分职能，例如，与适用于任务级活动的无人机相比，它们是唯一的。无人机独有的自主性包括飞行器稳定和飞行控制、机动飞行和基本自动着陆。任务级自主性包括诸如自动导航、路线规划、任务目标确定、突发事件时的飞行计划、动态轨迹管理、任务执行和碰撞/避障等功能。在任务层面使用通用机器人方法，例如定向运动、覆盖、部署、巡察和捕获。在无人机、控制站和数据链路的正式定义中，没有明确提及任务的准备和执行。然而，无人机系统的重要组成部分是任务规划和管理子系统。尽管任务规划和实时管理组件通常是商用无人机的集成部分，但仍存在一些设计缺陷。

在不久的将来，先进的传感器、实时态势导航、人工智能等的发展，无人机行业将迅速发展。其次，延长无人机的电池寿命对无人机非常重要。对于无人机来说，飞行时间仍然是一个挑战，尤其是那些被公司用于执行超视线范围的无人机。例如，运输公司希望无人机具有更高的电池寿命，并正在测试使用无人机运送包裹的功能，以测试它们能飞行多远。无人机技术还支持开发新的解决方案，例如在高空长续航和高空伪卫星类别中提供使用无人机的通信接入。技术要求无人机进行远程识别；操作要求包含区域限定，以确保无人机不进入禁区。与工业预防性维护、精准农业和研究用途等服务相关的大数据分析仍处于早期发展阶段，后续应继续发展，以使相关的无人机应用能够成功转型。在检测和避免、数据通信技术、空中交通管理、安全和网络依赖以及授权和安全测试环境的适用性方面仍然需要改进。

未来的商业机是在商业广告中，这是执行自主或半自主操作的超视线范围。为了获得高可靠性，组织者必须在高质量决策和实践的基础上进行一致的、可持续的和低失误的操作。基于近年来的快速发展，未来不可预见的任务可能会使无人机的价值和需求倍增。增值服务有望成为价值链中最大的市场机会。**利用无人机技术带来的服务能力**与洞察力是商业用户及相关利益者的真实意图。

缩写词对照表

2-D	Two-dimensional （二维）	
3-D	Three-dimensional （三维）	
4-D	Four-dimensional （四维）	
AANET	Aeronautical ad-hoc network （航空自组网）	
ABS	Agent-based navigation （基于智能体的导航）	
ACO	Ant colony optimization （蚁群优化算法）	
ACT	Adaptive control of thought rationale （自适应控制基本思想）	
ADS-B	Automatic dependent surveillance broadcast （广播式自动相关监视）	
AFCS	Automatic flight control system （自动飞行控制系统）	
AFF	Artificial force field （人工力场）	
AGL	Above ground level （海拔）	
AGP	Art gallery problem （美术馆问题）	
AGS	Adaptive group size （自适应群体大小）	
AI	Artificial intelligence （人工智能）	
AIA	Adaptive intelligent agents （自适应智能体）	
ANO	Air navigation order （空中航行秩序）	
APM	Autopilot module （自动驾驶仪模块）	
ASRM	Aviation system risk model （航空系统风险模型）	
ATOL	Automatic take-off and landing （自动起飞与降落）	
ATC	Air traffic control （空中交通管制）	
ATSP	Asymmetric traveling salesman problem （不对称旅行商问题）	
BCD	Boustrophedon cellular decomposition （耕牛式单元分解）	
BDI	Belief desire intention （信念欲望意念图）	
BIM	Building information model （建筑信息模型）	

BN	Bayesian network（贝叶斯网络）
BVLOS	Beyond visual line-of-sight（超视线范围）
BVP	Boundary value problem（边值问题）
C3	Command, control, communication（指挥、控制、通信）
CA	Control allocation（控制分配）
CAA	Civil aviation authority（民用航空管理局）
CAGR	Compound annual growth rate（复合年均增长率）
CAS	Collision avoidance system（防撞系统）
CBAA	Consensus-based auction algorithms（基于共识的拍卖算法）
CCF	Common cause failures（共因失效）
CCPP	Capacitated Chinese postman problem（有容量限制的中国邮递员问题）
CD	Complex dependencies（复杂依赖性）
CDT	Center of democracy and technology（民主技术中心）
CDV	Coverage driven verification（覆盖驱动验证）
CLARATy	Coupled layered architecture for robotic autonomy（自主机器人耦合层体系结构）
CM	Cognitive model（认知模型）
COA	Certificate of authorization（授权证书）
CONOPS	Concept of operations（操作概念）
CPP	Chinese postman problem（中国邮递员问题）
CSM	Crop surface model（作物表面模型）
CSP	Constraint satisfaction problem（约束满足问题）
CT	Coordinated turn（协同转向）
DAC	Data analysis center（数据分析中心）
DAG	Directed acyclic graph（有向非循环图）
DBA	Distributed bidding algorithm（分布式投标算法）
DDDAMS	Dynamic data driven application multi-scale system（动态数据驱动的多尺度应用系统）
DDDAS	Dynamic data driven application system（动态数据驱动应用系统）
DDL	Domain description language（域描述语言）
DEM	Digital elevation model（数字高程建模）
DISO	Direct sensor orientation（直接传感器定向）
DME	Distance measurement equipment（测距装置）
DMVP	Dynamic map visitation problem（动态地图访问问题）
DoF	Degrees of freedom（自由度）
DRPP	Dynamic rural postman problem（动态农村邮递员问题）
DSL	Domain specific language（图形领域特定语言）
DSM	Digital surface model（数字表面模型）
DSPP	Dubins shortest path problem（杜宾斯最短路径问题）
DSS	Decision support system（决策支援系统）
DTM	Digital terrain model（数字地形模型）

DTMC	discrete-time Markov chain（离散时间马尔可夫链）
DTRP	Dynamic traveling repairman problem（动态旅行修理工问题）
DTSP	Dynamic traveling salesman problem（动态旅行商问题）
DWI	Driving while intoxicated（酒后驾驶）
EA	Evolutionary algorithm（进化算法）
EA-DDAS	Energy aware-dynamic data driven application system（考虑能量的动态数据驱动应用系统）
EASA	European aviation safety agency（欧洲航空安全局）
EEDI	Ergodic exploration of distributed information（分布式信息遍历探索）
EFC	Equitable facility configuration（合理的设施配置）
EFCS	Electronic flight control system（电子飞行操控系统）
EID	Expected information density（预期信息密度）
EIF	Extended information filter（广义信息滤波）
EKF	Extended Kalman filter（广义卡尔曼滤波器）
ELP	Equitable location problem（合理的定位问题）
ELOS	Equivalent level of safety（等效安全水平）
EP	External pilot（外部飞行员）
ESD	Event sequence diagram（事件序列图）
ESS	Expanding square search（扩展方形搜索）
ESSW	Early-site specific weed management（早期杂草管理）
EST	Expansive search tree（扩展搜索树）
ETSP	Euclidean traveling salesman problem（欧几里得旅行商问题）
ETTD	Expected time to detection（预期检测时间）
EVLOS	Extended visual line-of-sight（扩展视线范围）
EVS	Enhanced vision system（视觉增强系统）
EXIF	Exchanged image format（交换图像格式）
EWS	Early warning system（早期预警系统）
FAA	Federal aviation administration（美国联邦航空局）
FAR	Federal aviation regulations（联邦航空条例）
FCC	Flight control computer（飞控计算机）
FCFS	First-come first-serve（先到先服务）
FDD	Fault detection and diagnosis（故障检测及诊断）
FDI	Fault detection isolation（故障检测与隔离）
FDS	Fair discrete system（公平离散系统）
FDSS	Forestry decision support system（林业决策支持系统）
FFA	Functional fault analysis（功能性故障分析）
FIFO	First-in first-out（先进先出）
FL	Flight level（飞行高度）
FLOA	Functional level of autonomy（自主性级别）

FMEA	Failure modes and effects analysis （故障类型和影响分析）
FOM	Figures of merit （性能表征）
FOTSP	Finite-one in set traveling salesman problem （有限集的旅行商问题）
FOV	Field-of-view （视野）
FPV	First person view （第一人称视角）
FRBS	Flight rule-based system （飞行规则系统）
FU	Footprint of uncertainty （不确定性覆盖范围）
GA	Genetic algorithm （遗传算法）
GCP	Ground control points （地面控制点）
GCS	Ground control station （地面控制站）
GIS	Geographic information system （地理信息系统）
GMM	Gaussian mixture model （高斯混合模型）
GNC	Guidance, navigation and control （导航、制导与控制）
GNSS	Global navigation satellite system （全球导航卫星系统）
GPS	Global positioning system （全球定位系统）
GUI	Graphical user interface （图形用户界面）
GVD	Generalized Voronoi diagram （广义 Voronoi 图）
GVRP	Generalized vehicle routing problem （一般飞行器路径问题）
HAS	Human-agent collaboration （人 - 智能体协同）
HCAS	Hazard classification and analysis system （危险源分类与分析系统）
HDRA	Hybrid deliberative reactive architecture （混合协商的反应式体系结构）
HMI	Human-machine interaction （人机交互）
HRI	Human-robot interface （人机界面）
HSC	Human supervisory control （人的监督控制）
IA	Instantaneous assignment （瞬时分配）
IAI	Intelligent adaptive interface （智能自适应接口）
IBVS	Image-based visual servoing （基于图像的视觉伺服系统）
IC	Incident commander （事件指挥员）
ICAO	International civil aviation organization （国际民航组织）
ID	In-schedule dependencies （时间表依赖性）
IF	Information fusion （信息融合）
IFR	Instrument flight rule （仪表飞行规则）
ILS	Instrument landing system （仪表着陆系统）
IMU	Inertial measurement unit （惯性测量装置）
INS	Inertial navigation system （惯性导航系统）
INSO	Indirect sensor orientation （间接传感器定向）
IRRT	Information-rich rapidly exploring random tree （信息丰富的快速遍历随机树）
IRS	Indoor residual spraying （室内滞留喷洒）
IRU	Inertial reference unit （惯性基准装置）

ISA	International standard atmosphere（国际标准大气）
ISHM	Integrated system health management（集成系统健康管理）
ISO	Integrated sensor orientation（集成传感器定向）
ISR	Intelligence，surveillance，reconnaissance（情报、监视、侦察）
JAR	Joint aviation regulations（联合航空条例）
KF	Kalman filter（卡尔曼滤波器）
KPA	Key performance attributes（关键性能属性）
KSA	Knowledges，skills and attitudes（知识、技能和态度）
LAN	Local area network（局域网）
LKP	Last known position（最后已知位置）
LOA	Levels of autonomy（自主性级别）
LOS	Line-of-sight（视距）
LRU	Line replaceable unit（外场可更换单元）
LRV	Least recently visited（最近最少访问）
LSM-LC	Larval source management via larviciding（幼虫处理方法）
LSS	Logistic service station（物流服务站）
LTL	Linear temporal logic（线性时序逻辑）
LTID	Linear temporal incremental deployment（线性时序增量部署）
MA	Maneuver automaton（机动自动机）
MANET	Mobile ad-hoc network（移动自组网）
MAS	Multi-agent system（多智能体系统）
MATP	Maximum area triangulation problem（最大面积三角剖分问题）
MBFS	Model-based fuzzy system（基于模型的模糊控制）
MC	Monte Carlo（蒙特卡罗）
MCDA	Multi-criteria decision analysis（多准则决策分析）
MCMC	Markov chain Monte Carlo（马尔可夫链蒙特卡罗）
MCS	Motion capture system（运动测量系统）
MCS-OPTW	Maximum coverage stochastic orienteering problem with time windows（带时间窗的随机定向运动最大覆盖问题）
MDL	Mission description language（任务描述语言）
MDP	Markov decision process（马尔可夫决策过程）
MFP	Mission flight planning（飞行任务规划）
MILP	Mixed integer linear programming（混合整数线性规划）
MIP	Mixed integer programming（混合整数规划）
MIMO	Multi-input multi-output system（多输入多输出系统）
ML	Machine learning（机器学习）
MLD	Master logic diagram（主逻辑图）
MP	Mission priority（任务优先级）
MR	Mission risk（目标和风险）

MRTA	Multi-robot task allocation（多无人机任务分配）
MRTP	Minimum relay triangulation problem（最小中继的三角测量问题）
MSN	Mobile sensor network（移动传感器网络）
MST	Minimum spanning trees（最小生成树）
MTSP	Multiple traveling salesmen problem（多旅行商问题）
MTOM	Maximum take-off mass（最大起飞质量）
MTOW	Maximum take-off weight（最大起飞重量）
NAAA	National agricultural aviation association（全国农业航空协会）
NAS	National air space（国家空域）
NBC	Nuclear, biological, chemical（核、生物、化学）
NCRSTF	National consortium for remote sensing in transportation flows（进行交通流遥感的国家联盟）
NDVI	Normalized difference vegetation index（归一化植被指数）
NDM	Naturalistic decision making（自然主义决策）
NETD	Noise equivalent temperature difference（噪声等效温差）
NHTSA	National highway traffic safety administration（美国国家公路交通安全管理局）
NIR	Near infrared（近红外）
NNI	Nitrogen nutrition index（氮营养指数）
NP	Non-polynomial（非多项式）
OLS	Orthogonal least squares（正交最小平方）
OOBN	Object-oriented Bayesian network（面向对象贝叶斯网络）
OODA	Observe, orient, decide, act（观察、定位、决定、行动）
ORS	Outdoor residual spraying（室外残留喷洒）
OS	Orientation system（定位系统）
OTP	Optimal travel path（最佳出行路径）
PbD	Privacy by design（设计隐私）
PCTL	Probabilistic computation tree logic（概率计算树逻辑）
PDC	Parallel distributed compensator（并行分布式补偿器）
PDF	Probability distribution function（概率分布函数）
PDP	Pick-up and delivery problem（收发问题）
PID	Proportional integral derivative（比例积分导数）
PLS	Point last seen（最近看到的点）
PN	Proportional navigation（比例导航）
POC	Probability of containment（遏制概率）
POI	Point of interest（兴趣点）
POMDP	Partially observable Markov decision process（部分可观察马可夫决策过程）
PRF	Probe request frame（探测请求帧）
PRA	Probabilistic risk assessment（概率风险评估）
PRM	Probabilistic road map（随机路标图）

PTS　　　　Parallel track search（平行航线搜索）

PV　　　　Photovoltaic（光电的）

PVDTSP　　Polygon visiting Dubins traveling salesman problem（多边形访问杜宾斯旅行商问题）

PWM　　　Primary way-points mission（主要航路点任务）

QV　　　　Quantization vector（向量量化）

RANSC　　Random sample consensus（随机样本一致性）

RBE　　　Recursive Bayesian estimation（递归贝叶斯估计）

RBF　　　Radial basis function（径向基函数）

RC　　　　Radio control（无线电控制）

RCA　　　Root cause analysis（根本原因分析）

RF　　　　Radio frequency（无线电频率）

RGB　　　Red, green, blue（红，绿，蓝）

RHTA　　　Receding horizon task assignment（滚动时域任务分配）

RL　　　　Relative localization（相对定位）

ROM　　　Rough order of magnitude（粗略数量级）

ROW　　　Right of way（通行权）

RPA　　　Remotely piloted aircraft（遥控飞机）

RPAS　　　Remotely piloted aircraft system（遥控无人机系统）

RPDM　　　Recognition primed decision making（识别始发态决策）

RRT　　　Rapidly exploring random tree（快速扩展随机树）

RS　　　　Robust stabilizability（鲁棒稳定）

RSA　　　Random sequential adoption（采用随机顺序）

RSSI　　　Received signal strength indication（接收信号强度指示）

RT　　　　Risk tolerance（风险度量）

SAA　　　Sense and avoid（感应与避免）

SAR　　　Search and rescue（搜救）

SAROPS　　Search and rescue optimal planning system（搜救优化规划系统）

SCA　　　Swarm control agent（群控智能体）

SCADA　　Supervisory control and data acquisition（数据采集与监视控制系统）

SCP　　　Set covering problem（集合覆盖问题）

SCS　　　Stochastic coverage scheme（随机覆盖方案）

SDL　　　Scenario description language（场景描述语言）

SEC　　　Software enabled control（软件激活控制）

SF　　　　Scaling factor（比例因子）

SFC　　　Specific fuel consumption（燃料消耗率）

SFDIA　　　Sensor fault detection, isolation, accommodation（传感器故障检测、分离、调节）

SFM　　　Structure from motion（运动结构）

SHM　　　System health management（系统健康管理）

SIFT　　　Scale invariant feature transform（尺度不变特征变换）

SISO　　　　　Single-input single-output（单输入单输出）

SLAM　　　　Simultaneous localization and mapping（同时定位和制图）

SoS　　　　　System of systems（体系）

SP　　　　　Synchronization and precedence（同步和优先级）

SPOI　　　　Sensed point of interest（检测的兴趣点）

SPP　　　　　Shortest path problem（最短路径问题）

SSE　　　　　Sum square errors（误差平方和法）

SSWM　　　　Site specific weed management（特定地点杂草管理）

ST　　　　　Single task（单任务）

STSP　　　　Symmetric traveling salesman problem（对称旅行商问题）

TA　　　　　Terrain avoidance（地形回避）

TAA　　　　Technical airworthiness authority（技术适航局）

TAP　　　　Task assignment problem（任务分配问题）

TCAS　　　　Traffic collision avoidance system（交通防撞系统）

TCG　　　　Temporal causal graph（时间因果图）

TDL　　　　Team description language（协同描述语言）

TF　　　　　Terrain following（地形跟踪）

TGP　　　　Task graph precedence（任务图优先级）

TPR　　　　Third party risk（第三方风险）

TSP　　　　Traveling salesman problem（旅行商问题）

TSPN　　　　Traveling salesman problem with neighborhoods（带邻域的旅行商问题）

TW　　　　　Time window（时间窗）

UAS　　　　Unmanned aerial system（无人机系统）

UAV　　　　Unmanned aerial vehicle（无人机）

UCA　　　　Uniform cost assignment（统一成本分配）

UGS　　　　Unattented ground sensor（未注意的地面传感器）

UKF　　　　Unscented Kalman filter（无迹卡尔曼滤波器）

USAR　　　　Urban search and rescue（城市搜救）

VFR　　　　Visual flight rules（目视飞行规则）

VI　　　　　Vegetation index（植被指数）

VLL　　　　Very low level（非常低的水平）

VLOS　　　　Visual line-of-sight（视线范围）

VNS　　　　Variable neighborhood search（变邻域搜索）

VOR　　　　VHF omni-directional range（甚方位范围）

VSN　　　　Visual sensor network（视觉传感器网络）

VR　　　　　Virtual reality（虚拟现实）

VRT　　　　Variable rate technology（变量技术）

VRTW　　　Vehicle routing problem with time windows（有时间窗的车辆路径问题）

VTP　　　　Virtual target point（虚拟目标点）

WAMI   Wide area motion imagery（广域运动图像）
WG   Way-point generation（航路点生成）
WiSAR   Wilderness search and rescue（野外搜救）
WLC   Weighted location coverage（加权定位覆盖）
WLS   Weighted least squares（加权最小二乘法）
WSN   Wireless sensor network（无线传感器网络）
WUI   Wildland urban interface（城镇森林交界域）
ZVD   Zermelo-Voronoi diagram Zermelo-Voronoi（图）

无人机网络与通信

书号:978-7-111-63430-0 作者:(美)卡米什·纳莫杜里(Kamesh Namuduri) 定价:99.00元

第一本专注于无人机的通信和网络方面的图书,侧重于空中通信和网络策略,即通过无人机的自组织空中网络增强态势感知。这一独特的资源提供了在该领域进行研究所需的基本知识,深入了解无人机和无人机网络的最新进展,讨论了部署的规则、政策和程序(包括风险和回报的分析),以及在紧急通信等领域的实际应用。本书为研究人员、专业人员和高校学生提供必要的知识,帮助他们了解无人机网络和通信领域的研究挑战。这是研究生、研究人员和通信和网络专业人士的重要读物。